창의력과학

세페이드

2F. 생명과학(상)

국내 최초로 중고등 과정의 과학 문제 / 과학 창의력 문제
중등 과학 기초 - 중등 과학 완성 - 고등학교 I - 고등학교 II - 실전 문제 풀이 - 모의고사로 구성한 **세페이드 과학 시리즈 - 무한 상상편!**
이제 편안하게 과학공부를 즐길 수 있습니다.

http://cafe.naver.com/creativeini

결국은 창의력입니다.

창의력은 유익하고 새로운 것을 생각해 내는 능력입니다.
창의력의 요소로는 자기만의 의견을 내는 독창성, 다른 주제와 연관성을 나타내는 융통성, 여러 의견을 내는 유창성, 조금 더 정확하고 치밀한 의견을 내는 정교성, 날카롭고 신속한 의견을 내는 민감성 등이 있습니다. 한편, 각종 입시와 대회에서는 창의적 문제해결력을 측정하고 평가합니다. 최근 교육계의 가장 큰 이슈가 되고 있는 STEAM 교육도 서로 별개로 보아 왔던 과학, 기술 분야와 예술 분야를 융합할 수 있는"창의적 융합인재 양성"을 목표로 하고 있습니다.

창의력과학 세페이드 시리즈는 과학적 창의력을 강화시킵니다.

창의력과학

세페이드 시리즈의 구성

1F 중등 과학 기초 — 물리, 화학

2F 중등 과학 완성 — 물리, 화학, 생명과학, 지구과학

3F 고등 과학 Ⅰ — 물리, 화학, 생명과학, 지구과학

4F 고등 과학 Ⅱ — 물리, 화학, 생명과학, 지구과학

5F 영재학교 / 과학고 창의 기출 150제 — 물리, 화학, 생명과학, 지구과학

- 모의고사
- 고등 통합과학
- 고등학교 물리학 Ⅰ

단원별 내용 구성

이론 - 유형 - 창의력 - 과제 등의 단계별 학습으로
가장 효과적인 자기주도학습이 가능합니다.

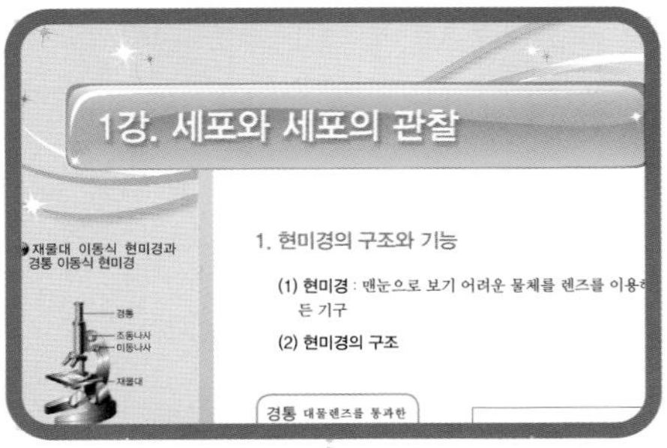

1. 강의

관련 소단원 내용을 4~6편으로 나누어 강의용/학습용으로 구성했습니다. 개념에 대한 이해를 돕기 위해 보조단에는 풍부한 자료와 심화 내용을 수록했습니다.

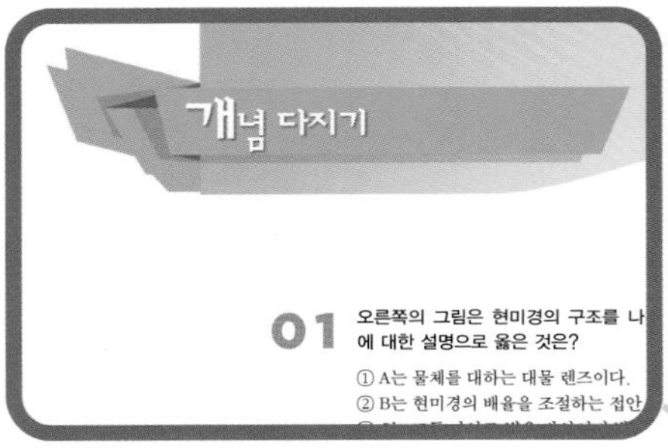

3. 개념확인 확인+, 개념다지기

강의 내용을 이용하여 쉽게 풀고 내용을 정리할 수 있는 문제로 구성하였습니다.

4. 유형익히기 & 하브루타

관련 소단원 내용을 유형별로 나누어서 각 유형별로 대표 문제와 연습 문제를 제시하였습니다.

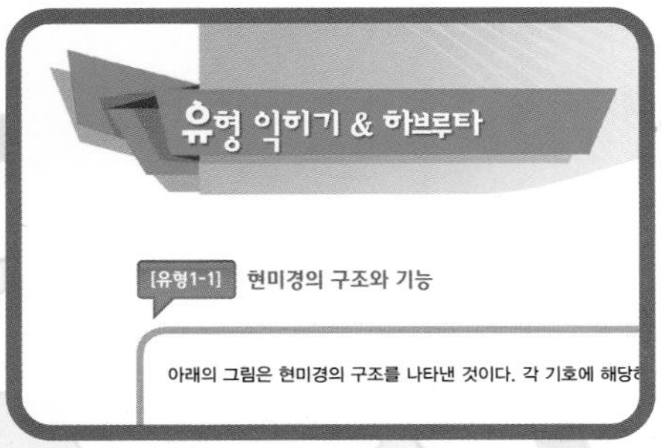

5. 창의력 & 토론 마당

관련 소단원 내용에 관련된 창의력 문제를 풍부하게 제시하여 창의력을 향상시킴과 동시에 질문을 자연스럽게 이끌어 낼 수 있도록 하였고, 관련 주제에 대한 토론이 가능하도록 하였습니다.

2. 간단 실험 / 생각해보기

간단 실험은 강의 및 학습 시 간단하게 할 수 있는 실험이며, 내용과 관련된 다양한 현상에 관한 질문을 하여 융합된 사고를 할 수 있도록 하였습니다.

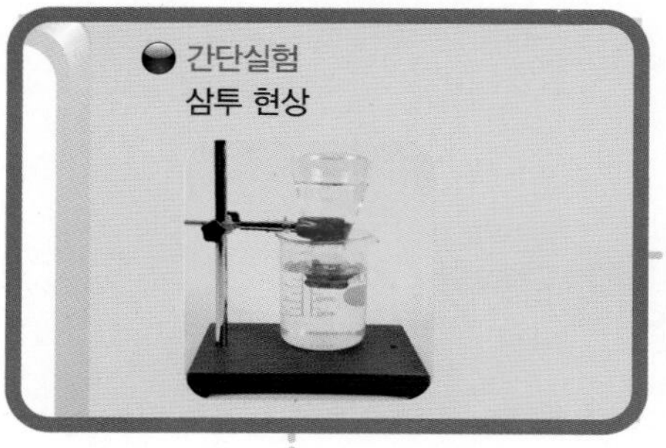

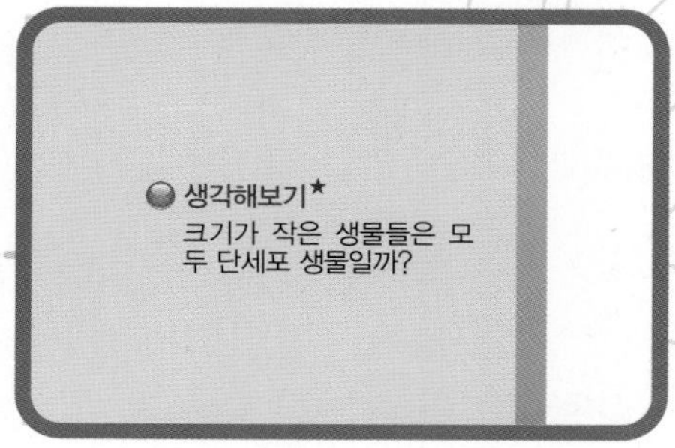

7. Project

대단원이 마무리될 때마다 충분한 읽기 자료를 제공하여 서술형/논술형 문제에 답하도록 하였고, 단원의 주요 실험을 할 수 있도록 하였습니다. 융합형 문제가 같이 제시되므로 STEAM 활동이 가능할 것입니다.

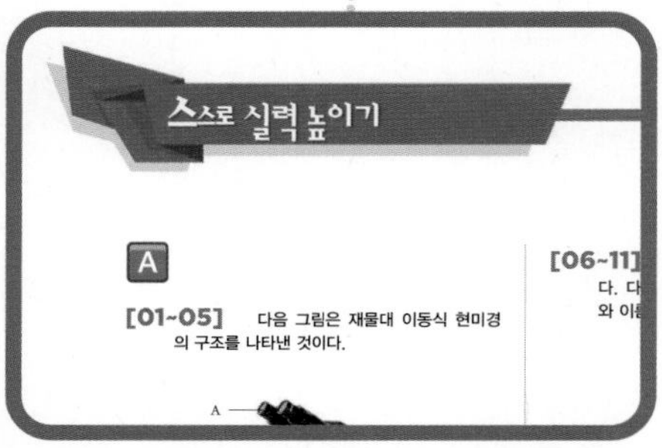

6. 스스로 실력 높이기

학습한 내용에 대한 복습 문제를 오답 문제와 같이 충분한 양을 제공하였습니다. 연장 학습이 가능할 것입니다. 정답을 온라인으로 입력하고 채점할 수 있게 했습니다.

http://cafe.naver.com/creativeini ▶『문제풀이 바로가기』 를 클릭하세요

CONTENTS / 목차

2F 생명과학(상)

2F 생명과학(하)

I

생물의 구성

우리 몸은 어떻게 이루어져 있을까?

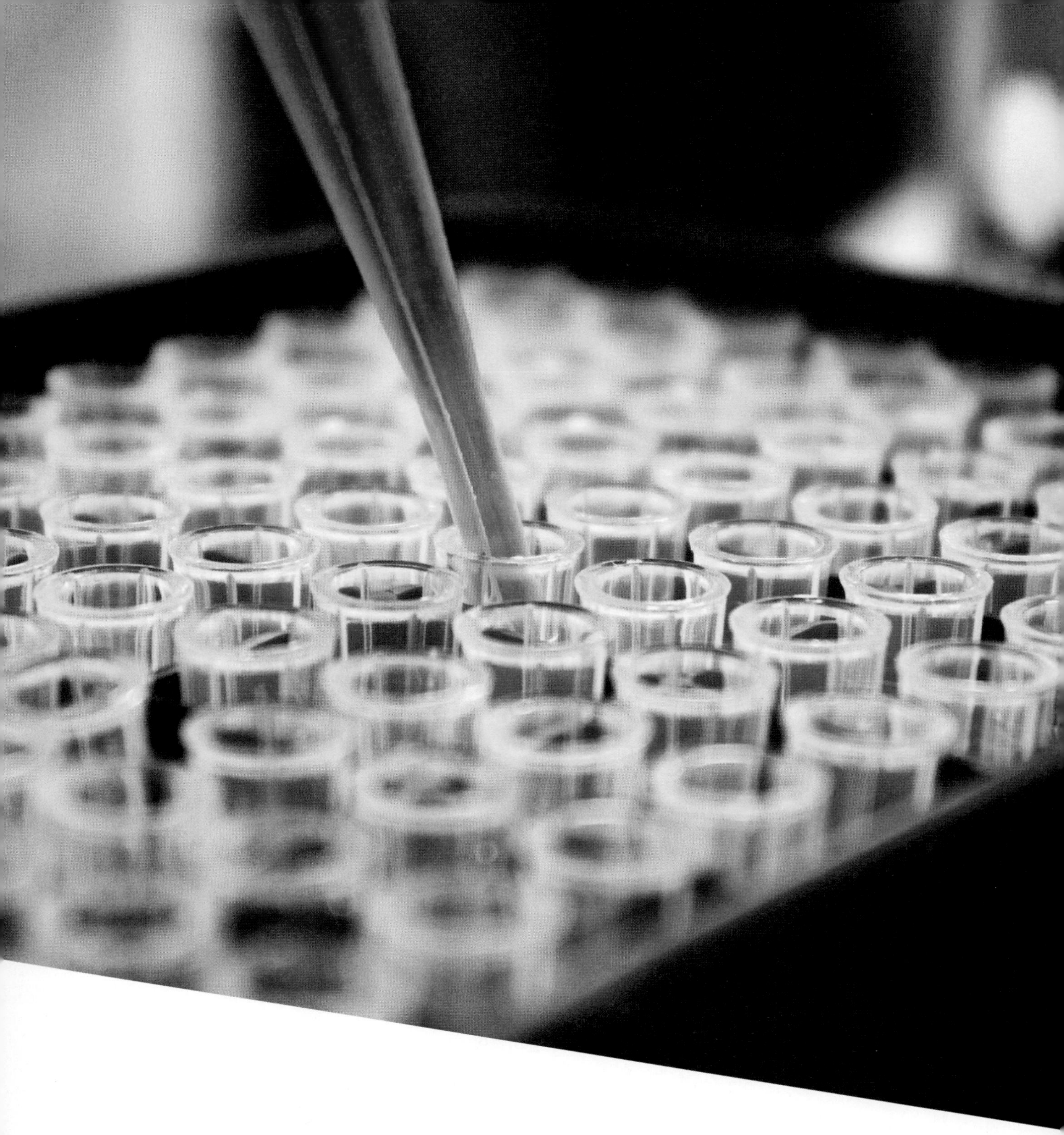

1강. 세포와 세포의 관찰

● 재물대 이동식 현미경과 경통 이동식 현미경

· 경통 이동식 현미경
조절 나사를 돌리면 경통이 상하로 움직이며 상이 상하좌우 반대로 보이는 현미경

· 재물대 이동식 현미경
조절 나사를 돌리면 재물대가 상하로 움직이며 상이 좌우 반대로 보이는 현미경

● 현미경의 조작 순서

① 저배율 설정
② 밝기 조절
③ 재물대에 표본 고정
④ 재물대를 최대한 올린 뒤 내리면서 초점 조절
⑤ 관찰

미니사전

접안렌즈 [接 접하다 眼 눈 –렌즈] 눈과 접하는 렌즈

대물렌즈 [對 마주하다 物 물체 –렌즈] 물체를 대하고 있는 렌즈

배율 [倍 곱하다 率 비율] 실체 물체와 보이는 상의 크기 비율

표본 [標 나타내다 本 근본] 현미경으로 관찰할 재료

상 [像 모양] 눈에 보이는 사물의 모습

1. 현미경의 구조와 기능

(1) 현미경 : 맨눈으로 보기 어려운 물체를 렌즈를 이용해 확대하여 볼 수 있도록 만든 기구

(2) 현미경의 구조

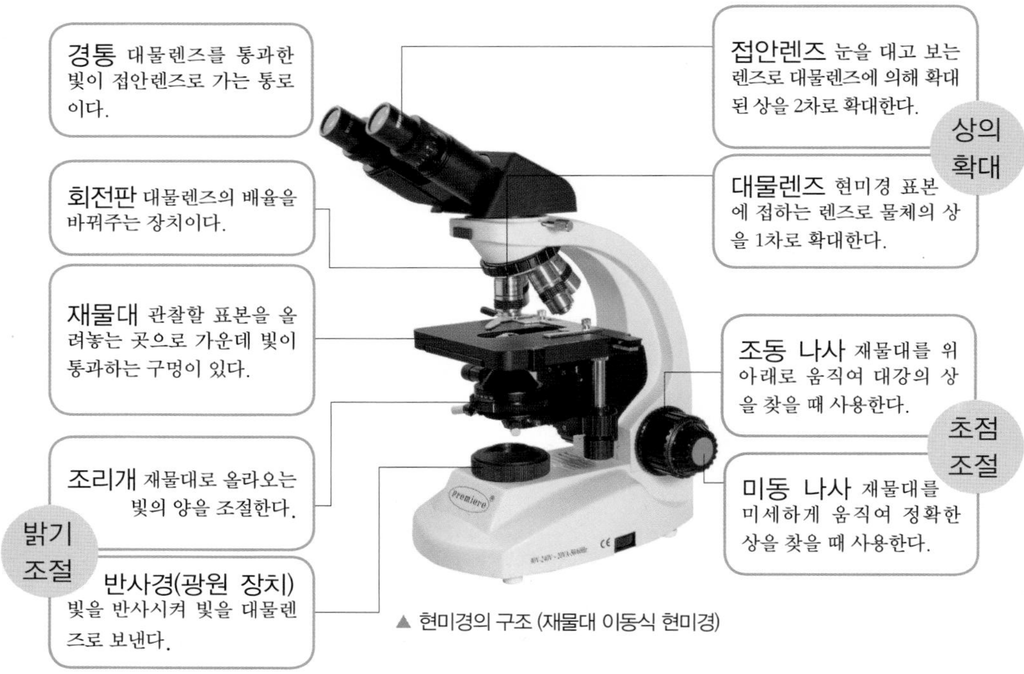

▲ 현미경의 구조 (재물대 이동식 현미경)

개념확인 1 재물대 이동식 현미경의 구조를 나타낸 것이다. 상을 확대하는 기능을 하는 구조를 모두 찾아 기호와 이름을 쓰시오.

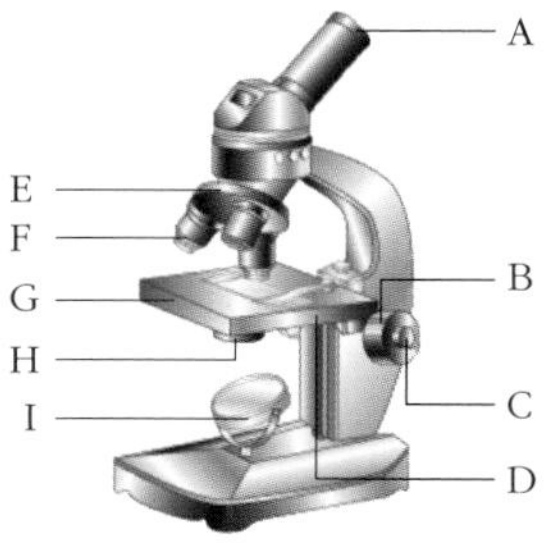

확인 +1 현미경 시야에서 상을 찾고 뚜렷하게 보기 위해 조작해야 하는 것을 모두 찾아 기호와 이름을 쓰시오.

2. 현미경의 사용

(1) 현미경의 배율 : 접안렌즈 배율 × 대물렌즈 배율

① 저배율과 고배율의 비교

구분	대물렌즈 길이	상의 크기	상의 밝기	상의 범위	보이는 상의 수	작동 거리	상의 모습
저배율	짧다	작다	밝다	넓다	많다	길다	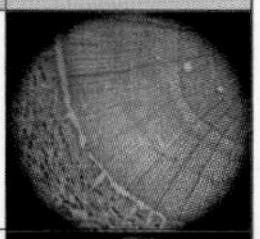
고배율	길다	크다	어둡다	좁다	적다	짧다	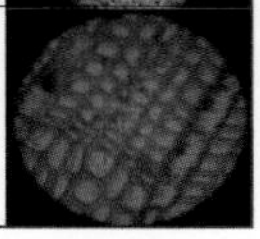

(2) 현미경으로 관찰할 때 상의 이동 방향

구분	상에 나타난 글자 모습	현미경 표본의 이동 방향
경통 이동식 현미경	상하좌우가 바뀜 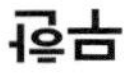	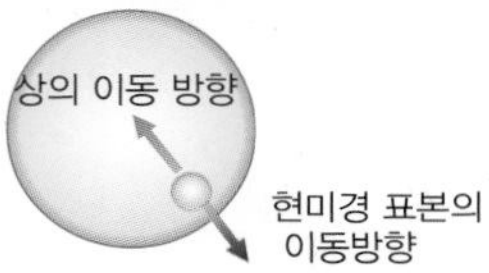
재물대 이동식 현미경	좌우가 바뀜 	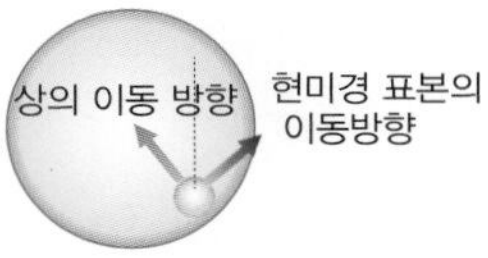

정답 및 해설 02쪽

개념확인 2 접안 렌즈의 비율이 ×20, 대물 렌즈의 배율이 ×40 으로 설정된 현미경으로 물체를 관찰한다면 보이는 상은 실제와 비교해서 몇 배로 확대되어 나타나는가?

(　　　　　)배

확인 +2 다음은 저배율과 고배율을 비교하여 나타낸 표이다. 빈칸에 알맞은 말을 써 넣으시오.

구분	대물렌즈 길이	상의 크기	상의 밝기	상의 범위	보이는 상의 수
저배율	㉠(　　　)	㉡(　　　)	밝다	㉢(　　　)	많다
고배율	㉣(　　　)	크다	㉤(　　　)	좁다	㉥(　　　)

렌즈의 배율

접안렌즈 길이가 짧을수록, 대물렌즈 길이가 길수록 배율이 높다.

▲ 접안렌즈

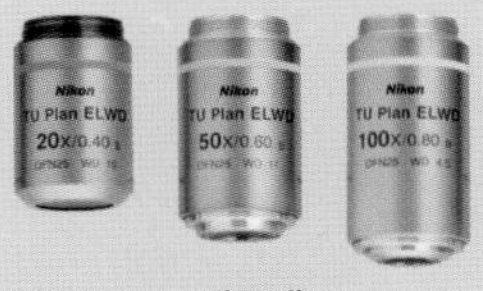

▲ 대물렌즈

작동거리

초점이 맞추어졌을 때 대물렌즈 끝부분과 재물대 위의 표본 사이의 거리

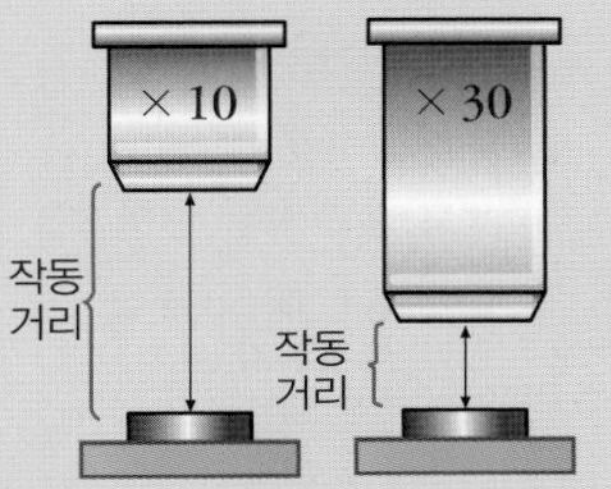

▲ 저배율　▲ 고배율

대물렌즈의 배율이 높을수록 길이가 길어지므로 작동 거리는 짧아진다.

현미경 사용시 유의점

- 밝고 안정된 곳에서 관찰하며 직사광선을 피한다.
- 처음에는 저배율로 관찰 후, 점차 배율을 높여 관찰한다.
- 렌즈는 렌즈 페이퍼로 닦는다.
- 보관할 때에는 대물렌즈는 저배율로 바꾸고, 건조하고 그늘진 곳에 보관한다.

3. 세포

(1) 세포 : 모든 생물체를 구성하는 구조적, 기능적 기본 단위

(2) 세포의 특징

① 세포의 크기와 모양은 생물체의 종류에 따라 다양하다.

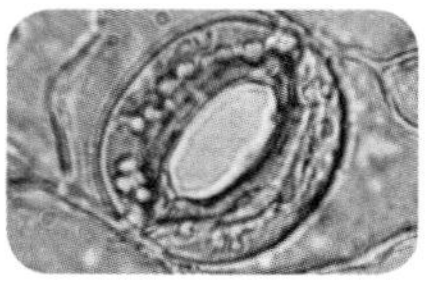
▲ 식물의 공변 세포

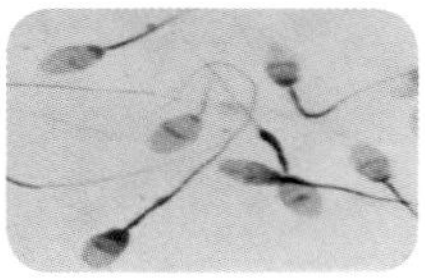
▲ 정자

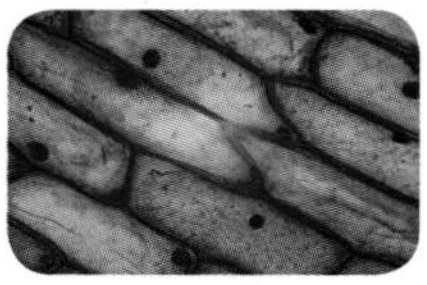
▲ 양파 표피 세포

② 세포의 크기와 모양은 한 생물체 내에서도 부위에 따라 다르다.

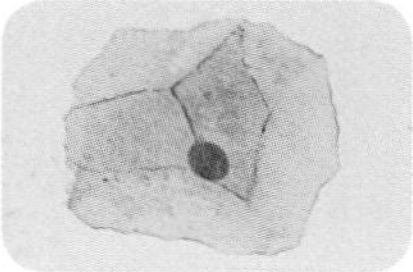
▲ 사람의 입 안 상피 세포

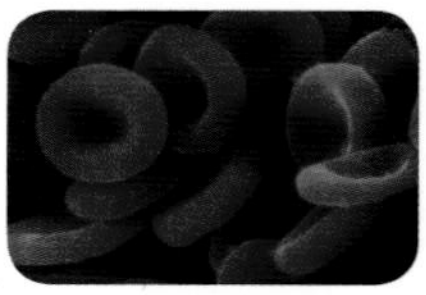
▲ 사람의 적혈구

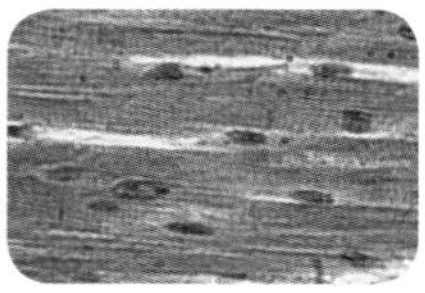
▲ 사람의 근육 세포

③ 세포가 성장할 때 일정 크기 이상으로 무한정 성장하지 않는다.
→ 세포는 어느 정도까지 성장한 후에는 세포 분열을 한다.

④ 생물체는 세포 수를 늘림으로써 생장한다.
→ 코끼리가 쥐보다 몸집이 큰 이유는 쥐보다 세포 수가 많기 때문이다.

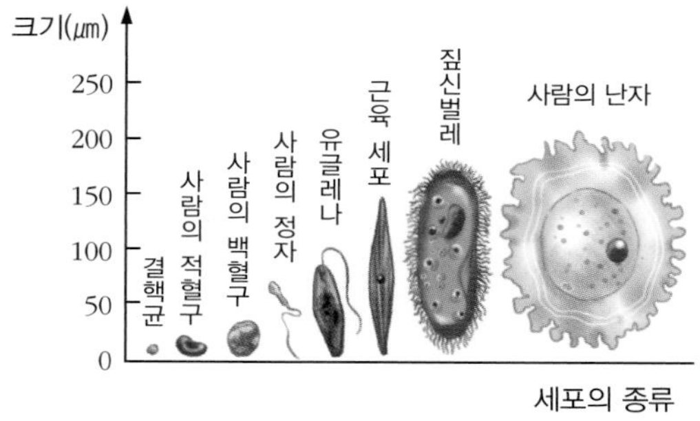

▲ 다양한 세포의 모양과 크기

개념확인 3 생물체의 몸을 구성하는 구조적, 기능적 단위를 무엇이라고 하는가?

확인 + 3 세포에 대한 설명으로 옳은 것은 O표, 옳지 않은 것은 X표 하시오.

(1) 모든 세포에는 세포벽이 있다 ( )
(2) 맨눈으로 볼 수 있는 커다란 세포도 있다. ( )
(3) 세포는 생물체를 구성하는 기본 단위이다. ( )
(4) 한 생물체는 같은 모양의 세포로 구성된다. ( )
(5) 다세포 생물체의 몸이 자라는 것은 세포의 수가 늘어나는 것이다. ( )

구조적 단위와 기능적 단위

- 구조적 단위 : 생물의 몸은 수많은 세포가 모여 이루어져 있다.
- 기능적 단위 : 세포 안에서 생물이 살아가는 데 필요한 물질과 에너지가 만들어지는 생명 활동이 일어난다.

성장과 생장

- 성장 : 생물의 크기, 무게, 부피가 증가하는 일이다. 발육과는 구별되며, 형태의 변화가 따르지 않는 증량을 이룬다. 사람이나 동물 따위가 자라서 점점 커지는 것
- 생장 : 세포의 수가 많아져 생물체의 크기가 커지거나 무게가 증가하는 것

눈으로 관찰 가능한 세포

세포의 크기는 현미경을 통해서만 관찰할 수 있는 세포부터 맨눈으로 볼 수 있는 세포까지 크기가 다양하다.

▲ 타조알과 달걀

타조알과 달걀도 1개의 세포이며, 사람의 신경 세포 중 큰 것은 길이가 1m 이상이다.

미니사전

공변 세포 [孔 구멍 邊 가장자리 -세포] 잎에서 기체가 드나드는 통로 주변의 세포

표피 조직 [表 바깥 皮 껍질 -세포] 표면을 덮고 있는 조직

상피 조직 [上 위 皮 껍질 -조직] 피부의 겉면을 싸고 있는 막 모양의 조직

적혈구 원반 모양의 붉은 색의 혈액 세포

4. 식물 세포와 동물 세포

(1) 세포의 구조와 기능

① 핵 : 세포 활동을 조절하며 유전 물질(DNA)이 들어 있다.
② 세포막 : 세포를 감싸고 있는 막으로 세포 내 물질을 보호하고 물질의 이동을 조절한다.
③ 세포질 : 핵과 세포막 사이의 물질로 세포 소기관을 포함한다.
④ 미토콘드리아 : 세포 내 호흡 기관으로 활동에 필요한 에너지를 생성한다.
⑤ 액포 : 생명 활동 결과로 생긴 양분과 노폐물의 저장 장소이며, 식물 세포가 더 크게 발달되어 있다.
⑥ 엽록체 : 식물의 광합성이 일어나는 장소이다.
⑦ 세포벽 : 식물 세포의 세포막 바깥쪽을 둘러싸고 있는 단단한 벽으로, 세포의 형태를 유지한다.

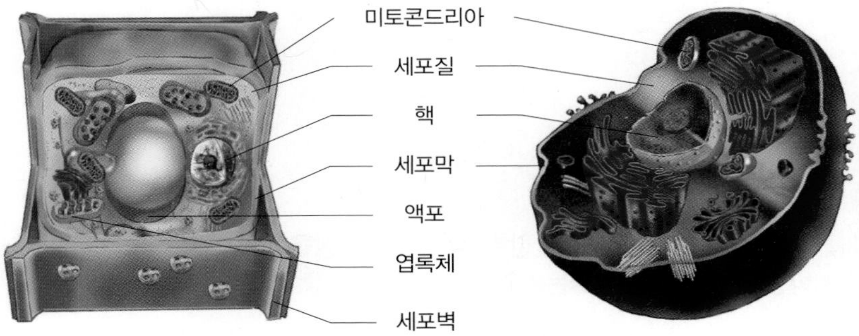

▲ 식물 세포의 구조　　▲ 동물 세포의 구조

(2) 동물 세포와 식물 세포의 비교

구분	핵	세포막	세포질	미토콘드리아	액포	엽록체	세포벽
동물 세포	있다	있다	있다	있다	작거나 없다	없다	없다
식물 세포	있다	있다	있다	있다	크게 발달	있다	있다

미토콘드리아
세포 내 호흡 기관인 미토콘드리아는 에너지를 많이 필요로하는 세포인 근육 세포, 심장 세포 등에 발달되어 있다.

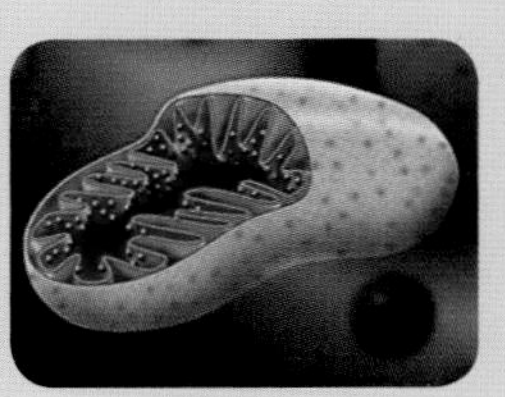

▲ 미토콘드리아

액포
생명 활동 결과 생긴 노폐물이 저장되는 곳으로, 동물은 노폐물을 스스로 배설하므로 동물 세포에서는 잘 발달되지 않는다. 과일은 성숙할수록 액포에 당이 축적되면서 과일의 당도가 높아진다.

▲ 귤의 알맹이

귤의 속껍질의 작은 알갱이는 액포가 매우 발달한 하나의 세포이다.

정답 및 해설 02쪽

개념확인 4 다음에 해당하는 세포 구조를 쓰시오.

(1) 노폐물의 저장 장소이다. (　　　　)
(2) 세포의 생명 활동의 중심이다. (　　　　)

확인 + 4 식물 세포에만 있는 세포의 구조를 모두 쓰시오.

미니사전
세포 활동 세포가 화학반응을 통하여 에너지와 생물체 구성 성분을 합성하는 활동
유전 물질 어버이의 형질을 자손에게 전하는 물질
광합성 [光 빛 合 더하다 成 이루어지다] 빛 에너지를 이용하여 포도당을 합성하는 화학 작용

개념 다지기

01 현미경의 구조를 나타낸 것이다. 각 부분에 대한 설명으로 옳은 것은?

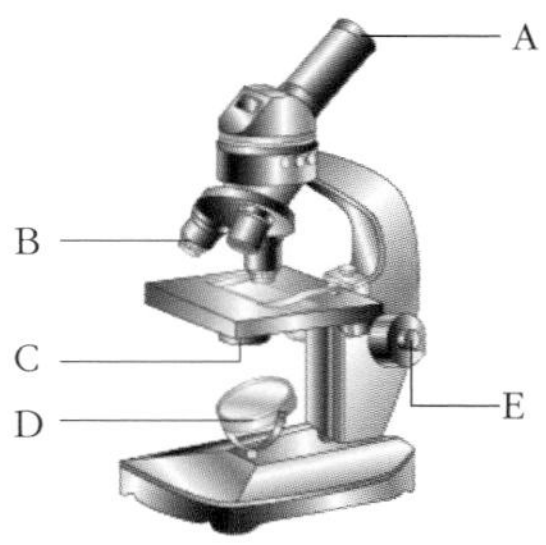

① A는 물체를 대하는 대물 렌즈이다.
② B는 현미경의 배율을 조절하는 접안 렌즈이다.
③ C는 조동 나사로 빛을 반사시켜 밝기를 조절한다.
④ D는 접안 렌즈를 통과하는 빛의 양을 조절한다.
⑤ E는 미동 나사이며, 물체의 초점을 정확하고 세밀하게 맞출 때 사용한다.

02 재물대 이동식 현미경으로 관찰한 상이다. 이 상을 중앙으로 옮기기 위해서는 표본을 어느 방향으로 움직여야 하는가?

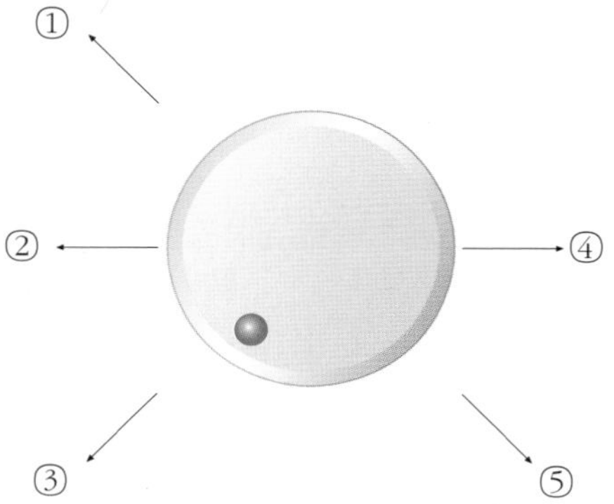

03 사람의 몸을 구성하는 여러 가지 세포를 나타낸 것이다. 이 자료로 알 수 있는 사실은?

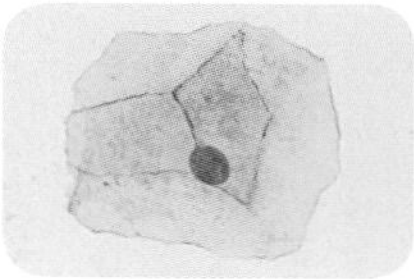
▲ 사람의 입 안 상피 세포

▲ 사람의 적혈구

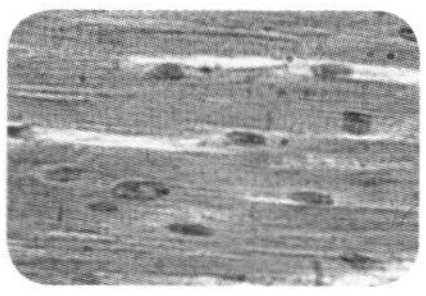
▲ 사람의 근육 세포

① 모든 세포는 크기가 같다.
② 모든 생물은 위의 세포를 가지고 있다.
③ 세포가 오래될수록 세포의 크기가 크다.
④ 세포의 하는 일과 모양은 별 관계가 없다.
⑤ 세포의 형태는 몸의 각 부위에 따라 다양하다.

정답 및 해설 02쪽

04 세포에 대한 설명으로 옳은 것만을 〈보기〉에서 있는 대로 고른 것은?

〈 보기 〉

ㄱ. 생물마다 세포의 수는 다르다.
ㄴ. 모든 생물의 세포 크기는 같다.
ㄷ. 모든 생물은 세포로 구성되어 있다.
ㄹ. 같은 생물체에서도 세포의 기능은 각각 다르다.
ㅁ. 생물들은 각각 같은 종류의 세포로 구성되어 있다.

① ㄱ, ㄴ, ㅁ ② ㄴ, ㄷ, ㄹ ③ ㄱ, ㄴ, ㄹ ④ ㄱ, ㄷ, ㄹ ⑤ ㄴ, ㄹ, ㅁ

05 세포의 각 구조에 대한 설명으로 옳은 것은?

① 세포질 - 섬유질로 되어 있어 단단하고 두껍다.
② 세포벽 - 핵 주위의 물질로 원형질에 해당한다.
③ 핵 - 양분과 노폐물이 들어 있으며, 모든 세포에 있다.
④ 세포막 - 물질이 세포 안팎으로 이동하는 것을 조절한다.
⑤ 미토콘드리아 - 호흡 작용을 하며, 식물 세포에서는 볼 수 없다.

06 어떤 세포의 모식도이다. 이 세포가 식물 세포임을 알 수 있게 해 주는 것의 기호를 모두 고른 것은?

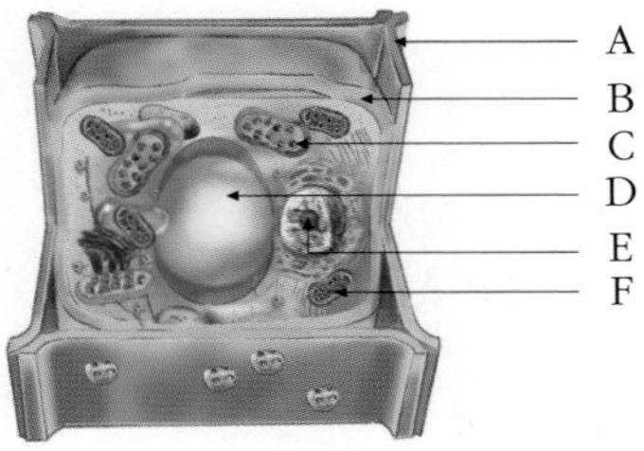

① A, B, D ② A, C, D ③ A, D, E
④ B, D, E ⑤ C, D, E

유형 익히기 & 하브루타

[유형1-1] 현미경의 구조와 기능

현미경의 구조를 나타낸 것이다. 각 기호에 해당하는 현미경 구조의 이름을 쓰시오.

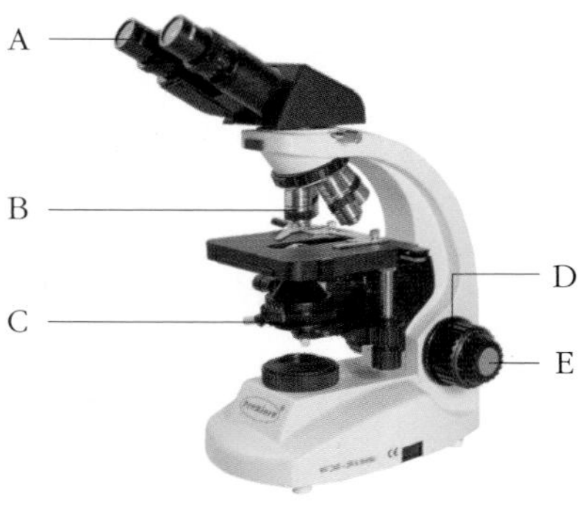

A : (　　　　　)　B : (　　　　　)　C : (　　　　　)　D : (　　　　　)　E : (　　　　　)

01 재물대 이동식 현미경의 구조를 나타낸 것이다.

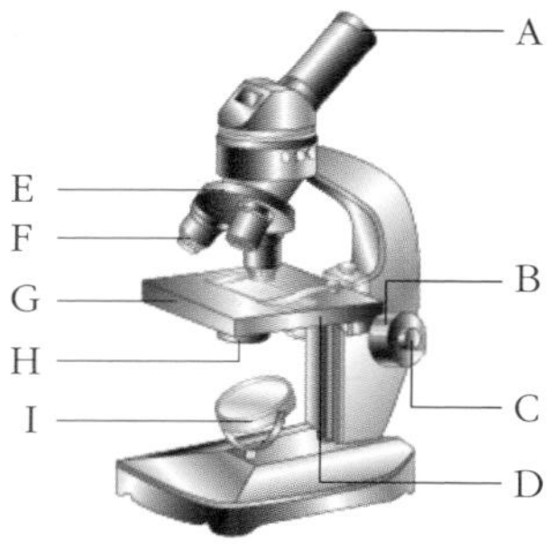

빛의 양을 조절하기 위해 사용하는 부분을 모두 골라 기호와 이름을 각각 쓰시오.

02 경통 이동식 현미경의 구조를 나타낸 것이다.

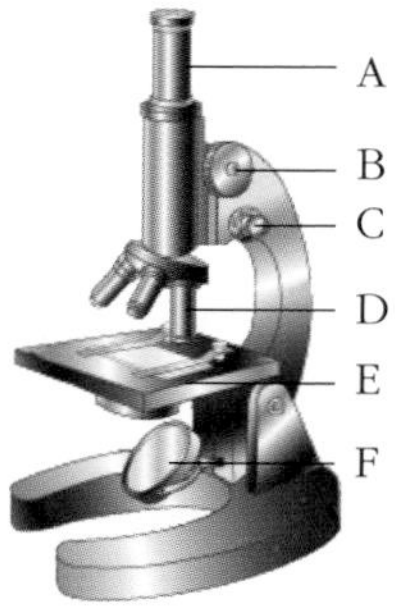

물체의 상을 확대하는 부분을 모두 골라 기호와 이름을 각각 쓰시오.

정답 및 해설 02쪽

[유형1-2] 현미경의 사용

상이 상하좌우 반대로 보이는 현미경으로 '상'이라는 글자를 관찰하였을 때 나타나는 상의 모습으로 옳은 것은?

①

②

③

④

⑤

03

다음의 접안렌즈와 대물렌즈가 있다.

20배 15배 10배 20배 50배 100배

▲ 접안렌즈 ▲ 대물렌즈

위의 렌즈들을 이용하여 세포를 관찰할 때, 가장 많은 수의 세포를 관찰할 수 있는 배율은 얼마인가?

( )배

04

고배율의 특징을 모두 고르시오. (2개)

① 작동거리가 짧다.
② 상의 크기가 작다.
③ 시야의 넓이가 좁다.
④ 시야의 밝기가 밝다.
⑤ 보이는 상의 수가 많다.

유형 익히기 & 하브루타

[유형1-3] 세포

여러 가지 세포를 나타낸 그림이다. 그림을 보고 옳게 말한 사람은?

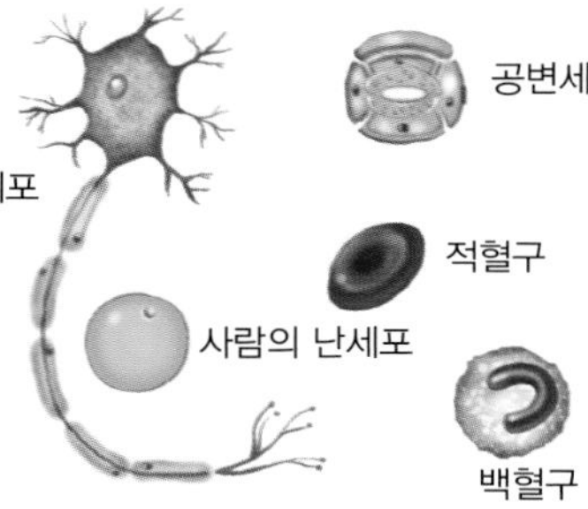

① 이슬 : 세포의 크기는 모두 같다.
② 희선 : 세포는 오래될수록 크기가 크다.
③ 진혁 : 세포의 하는 일과 모양은 별 관계가 없다.
④ 민국 : 모든 생물은 위의 세포들을 공통적으로 가진다.
⑤ 대훈 : 세포의 형태는 생물에 따라, 몸의 부위에 따라 다양하다.

05 학생들이 세포에 대해 이야기를 하고 있는 내용이다. 세포에 대해 잘못된 이야기를 하고 있는 사람은 누구인가?

① 명수 - 모든 세포의 크기와 모양은 다르다.
② 재석 - 살아있는 생물은 세포로 이루어져 있다.
③ 형돈 - 세포의 형태는 몸의 각 부위에 따라 다르다.
④ 동훈 - 세포는 우리 몸을 이루는 구조적이고 기능적인 기본 단위이다.
⑤ 준하 - 코끼리처럼 몸이 큰 동물은 쥐처럼 작은 동물보다 세포의 크기가 크다.

06 세포에 대한 설명으로 옳은 것은 O표, 옳지 않은 것은 X표 하시오.

(1) 같은 생물이면 세포의 모양은 모두 같다. ( )
(2) 몸이 자라는 것은 세포의 수가 늘어나는 것이다. ( )
(3) 세포는 동물체에서만 볼 수 있는 기본 단위이다. ( )

정답 및 해설 03쪽

[유형1-4] 식물 세포와 동물 세포

식물 세포의 모식도이다. 세포 구조 (A~F)에 해당하는 이름을 쓰시오.

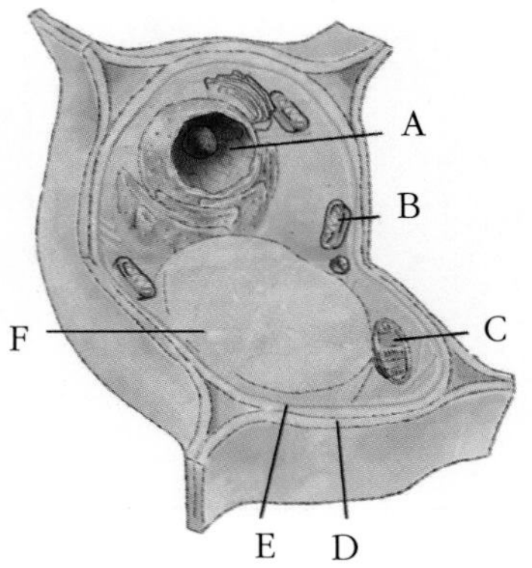

A : (　　　　　　　)　　B : (　　　　　　　)　　C : (　　　　　　　)
D : (　　　　　　　)　　E : (　　　　　　　)　　F : (　　　　　　　)

07

다음에 해당하는 세포 내 구조의 이름을 쓰시오.

(1) 세포 안과 밖의 물질의 출입을 조절한다.

(2) 식물 세포에만 있으며 광합성을 하는 곳이다.

(3) 세포의 호흡을 담당하여 에너지를 생산한다.

(4) 생명 활동의 결과 생긴 노폐물이 저장되는 곳이다.

08

그림을 보고 식물 세포에만 있는 구조의 기호와 이름을 모두 쓰시오.

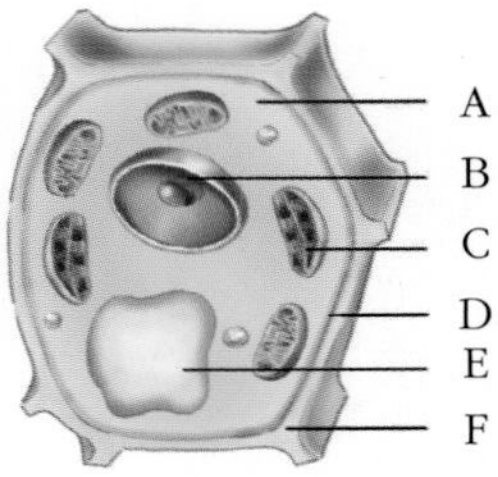

창의력 & 토론마당

01 습하고 온도가 높은 장소에 음식을 보관하면 곰팡이가 피는 것을 볼 수 있다. 하지만 벌꿀에는 곰팡이가 생기지 않는다. 곰팡이의 특징과 관련하여 그 이유가 무엇인지 쓰시오.

▲ 식빵에 핀 곰팡이

▲ 벌꿀

〈곰팡이의 특징〉 곰팡이는 주변에서 가장 흔히 볼 수 있는 미생물로 진핵세포의 구조를 가지고 있다. 폭 10㎛ 내외의 실 모양의 균사체형으로 이루어져 있다. 곰팡이는 식품을 부패시키는 원인 중의 하나이지만, 막걸리, 약주를 비롯한 양조 제품, 효소, 유기산, 항생물질 등 유용하게 생활에 이용되기도 한다.

02 동물 세포와 식물 세포이다. (단, 식물 세포를 관찰할 때 염색약은 사용하지 않았다.)

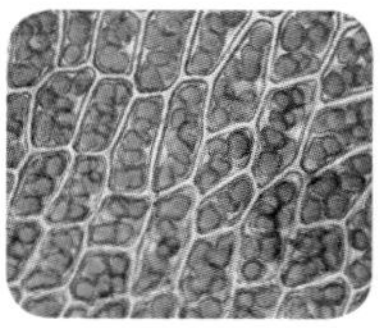
(가)

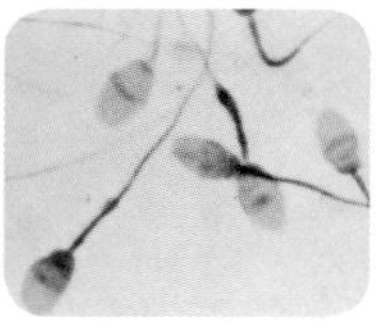
(나)

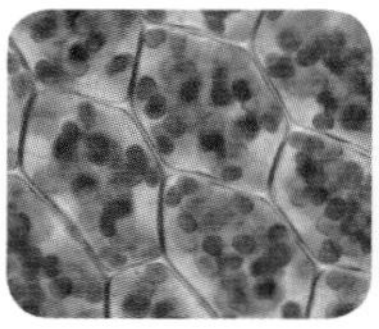
(다)

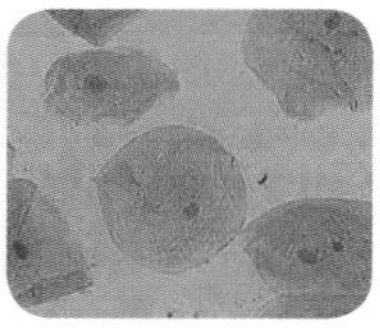
(라)

(1) (가)~(라) 중 동물 세포와 식물 세포로 구분하시오.

(2) 위와 같이 동물세포와 식물 세포로 구분한 이유를 2가지 이상 쓰시오.

정답 및 해설 03쪽

03 혈액세포인 적혈구에 대한 설명이다.

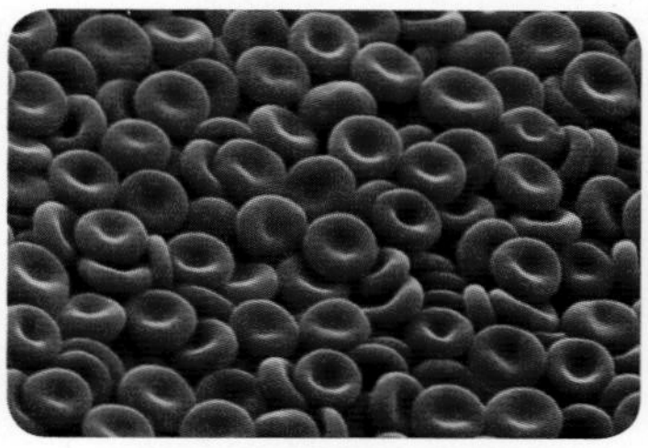

▲ 적혈구

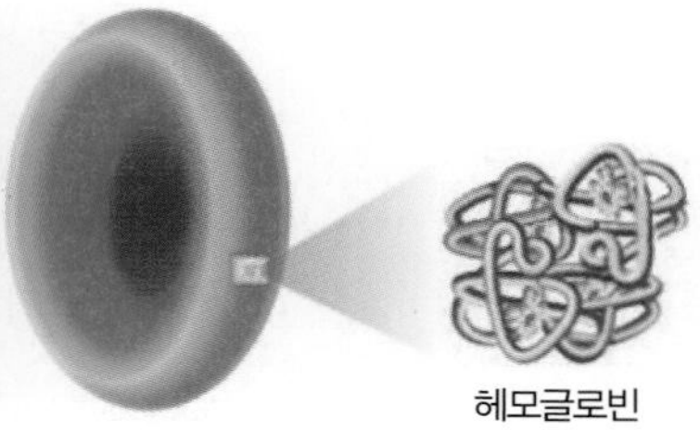

헤모글로빈

적혈구는 혈액세포 중에서 가장 많은 비율을 차지하는 세포로 붉은 색의 가운데가 오목한 원반 모양을 하고 있으며 혈관을 통해 우리 몸의 조직에 산소를 공급하고 이산화 탄소를 제거하는 역할을 한다. 적혈구는 산소 운반에 특화된 세포로 다른 세포들과는 다르게 핵이 없고 여러 가지 세포 소기관이 없는 대신에 헤모글로빈을 많이 포함하고 있다. 헤모글로빈은 색소 단백질로 산소를 운반하는 역할을 하는 단백질로 1g당 1.36mL의 산소와 결합할 수 있다. 적혈구 1개에는 약 300만 개의 헤모글로빈이 들어있다.

적혈구가 다른 세포들과는 다르게 매우 단순한 구조를 하고 있어서 좋은 점에는 어떤 것이 있는지 그 기능과 관련지어 서술하시오.

창의력 & 토론마당

04 세포는 눈에 보이지 않는 아주 작은 크기부터 맨눈으로 볼 수 있는 크기까지 그 크기가 매우 다양하다. 그 중 우리 몸을 구성하는 세포들은 대부분 매우 작은 크기로 이루어져 있으며, 일정한 크기 이상 커지지 않고 세포 분열이라는 활동을 통해 여러 개의 세포로 나누어진다. 세포의 크기가 작을수록 유리한 점과 불리한 점에는 각각 어떤 것들이 있을지 설명해 보자.

· 세포의 크기가 작을수록 유리한 점 :

· 세포의 크기가 작을수록 불리한 점 :

정답 및 해설 04쪽

05 세포는 특수한 기능을 하는 내부 기관으로 나누어져 있다. 이처럼 내부 기관이 나누어져 있어서 좋은 점을 서술하시오.

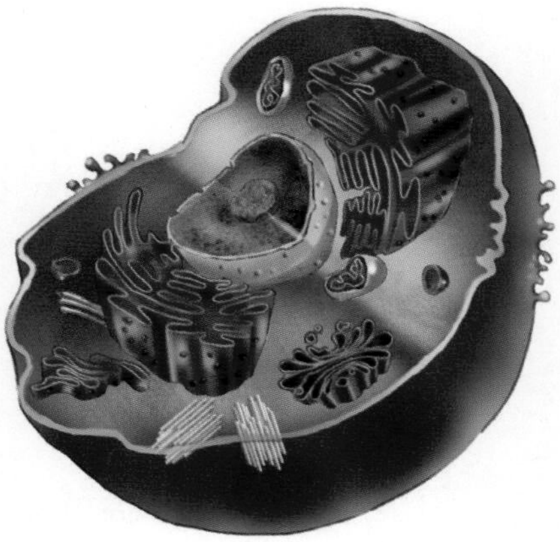

▲ 동물 세포

▲ 식물 세포

A

[01~05] 재물대 이동식 현미경의 구조를 나타낸 것이다.

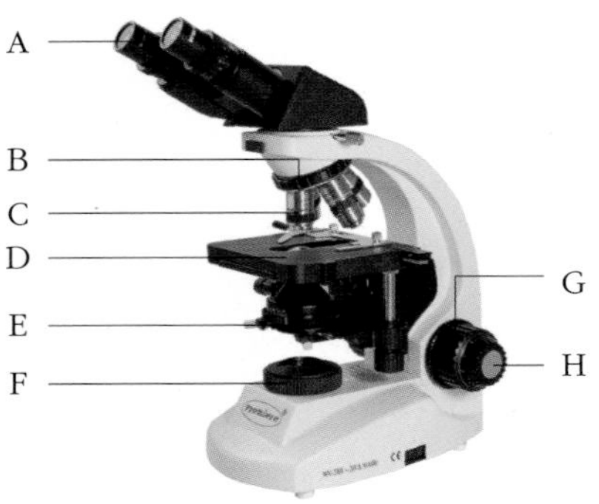

01 현미경 표본을 대하는 렌즈의 기호와 이름을 쓰시오.

기호 : ( ), 이름 : ( )

02 빛의 양을 조절 하는 장치의 기호와 이름을 쓰시오.

기호 : ( ), 이름 : ( )

03 정확한 조점을 맞출 때 사용하는 조절 나사의 기호와 이름을 쓰시오.

기호 : ( ), 이름 : ( )

04 시야의 밝기를 조절하는 기능과 관련된 부분의 기호를 모두 쓰시오.

05 위 현미경의 각 부분에 대한 설명으로 옳은 것은?

① 배율을 높이면 C와 D사이가 멀어진다.
② F에서 나오는 빛은 H를 돌려 조절한다.
③ 시야를 밝게 하려면 E와 G를 조절한다.
④ B는 현미경의 표본의 위치를 바꿀 때 사용한다.
⑤ 고배율로 관찰할 때에는 H를 돌려 초점을 정확히 맞춘다.

[06~11] 식물 세포의 모식도이다. 설명에 해당하는 세포 구조의 기호와 이름을 쓰시오.

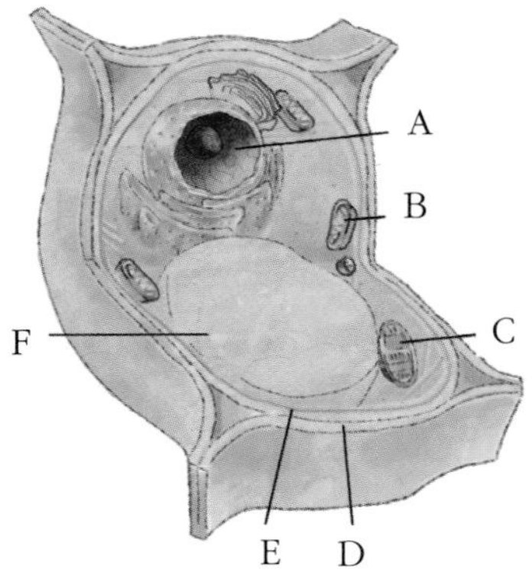

06 식물 세포의 세포막을 둘러싸고 있는 단단한 벽으로 세포의 형태를 유지

기호 : ( ), 이름 : ( )

07 식물의 광합성이 일어나는 장소

기호 : ( ), 이름 : ( )

08 세포내 호흡 기관으로 세포 활동에 필요한 에너지를 생성하는 곳

기호 : ( ), 이름 : ( )

09 세포질을 감싸고 있는 막으로 세포 안과 밖 사이의 물질 이동을 조절

기호 : ( ), 이름 : ( )

10 세포 활동 조절 중심이며 유전 물질이 들어있음

기호 : ( ), 이름 : ( )

11 세포의 생명 활동 결과 생긴 물질의 저장 장소

기호 : ( ), 이름 : ( )

정답 및 해설 04쪽

B

12 현미경의 배율을 나타낸 것이다. 빈칸에 알맞은 말을 쓰시오.

현미경의 배율 = ㉠(　)의 배율 × ㉡(　)의 배율

· ㉠ : (　　　　　)

· ㉡ : (　　　　　)

13 접안 렌즈의 배율이 ×10, 대물 렌즈의 배율이 ×20으로 설정된 현미경으로 물체를 관찰한다면 보이는 상은 실제와 비교해서 몇 배로 확대되어 나타나는가?

(　　　　　)배

14 저배율에 해당하는 내용을 고르시오.

(1) 상의 크기가 (크다, 작다)

(2) 상의 밝기가 (밝다, 어둡다)

15 세포에 관한 설명이다. 이 중 옳지 <u>않은</u> 것은?

① 살아 있는 생물은 세포로 이루어져 있다.
② 우리 몸의 부분에 따라 세포의 크기와 모양이 다르다.
③ 세포는 우리 몸을 이루는 구조적이고 기능적인 기본 단위이다.
④ 코끼리처럼 몸이 큰 동물은 작은 동물보다 세포의 크기도 크다.
⑤ 대부분의 생물의 몸에서는 살아 있는 동안 계속 새로운 세포가 만들어진다.

16 세포 구조에 대한 설명이다. 옳은 것을 <u>모두</u> 고르시오.(2개)

① 세포벽은 동물 세포에만 있다.
② 핵은 세포 활동을 조절하며 유전 물질이 들어 있다.
③ 세포막은 세포 안팎으로 물질이 드나드는 것을 조절한다.
④ 액포는 주로 동물 세포에서 발달되어 있으며, 늙은 세포일수록 크다.
⑤ 미토콘드리아는 식물에만 있으며 식물의 광합성이 일어나는 장소이다.

17 동물 세포와 식물 세포를 비교한 것이다. 각각의 세포에 있는 구조이면 O표, 그렇지 않으면 X표 하시오.

구분	핵	세포막	세포질	액포	엽록체	세포벽
동물 세포	㉠(　)	㉡(　)	㉢(　)	작거나 없다	㉣(　)	㉤(　)
식물 세포	㉥(　)	㉦(　)	㉧(　)	크게 발달	㉨(　)	㉩(　)

18 '무한'이라는 글자를 재물대 이동식 현미경으로 관찰했을 때 나타나는 상의 모습으로 옳은 것은?

① 무한
② 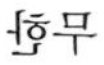
③ 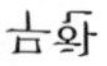
④ 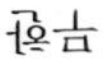
⑤ 

19 그림 (가)와 같은 현미경으로 관찰한 상이 (나)와 같았다. (나)의 상을 가운데로 옮기기 위해서는 현미경 표본을 어느 방향으로 움직여야 하는가?

(가)

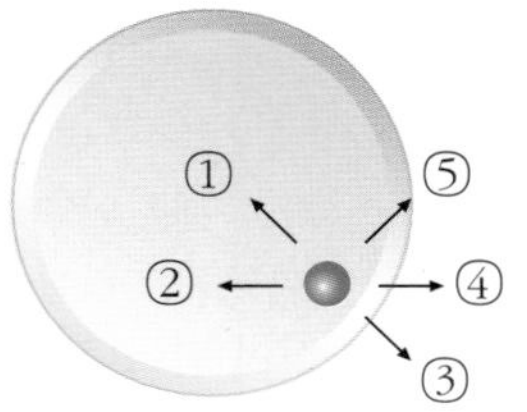

(나)

C

20 다음은 접안렌즈와 대물렌즈이다.

▲ 접안렌즈 ▲ 대물렌즈

위의 렌즈들을 이용하여 관찰할 때, 상이 가장 크게 보이도록 하는 접안렌즈와 대물렌즈의 배율은 각각 얼마인가?

(1) 접안렌즈 배율 : (　　　)배

(2) 대물렌즈 배율 : (　　　)배

[22~24] 식물 세포의 모식도이다.

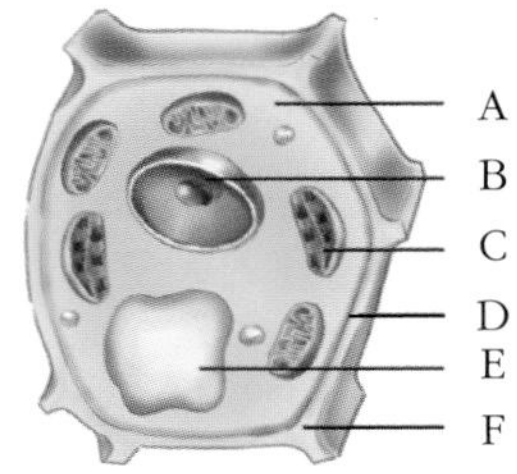

21 각 구조의 이름과 그 특징을 설명한 것 중 옳지 않은 것은?

① A는 세포질로 세포막의 안쪽 부분을 채우는 물질로 여러 세포 소기관이 존재한다.
② B는 세포내 호흡 기관으로 세포 활동에 필요한 에너지를 생성한다.
③ D는 세포막으로 세포질을 감싸고 있다.
④ E는 액포로 노폐물의 저장 장소이다.
⑤ F는 세포벽으로 세포의 형태를 유지시킨다.

22 식물 세포에만 있는 구조 두 가지를 바르게 골라 놓은 것은?

① A, D　② A, C　③ D, E
④ C, F　⑤ E, F

23 C에 대한 설명으로 옳은 것은?

① 유전 물질이 들어 있다.
② 동물 세포도 가지고 있다.
③ 세포의 생명 활동을 조절한다.
④ 광합성을 하여 양분을 생성한다.
⑤ 세포 활동에 필요한 에너지를 생성한다.

24 기호와 각 구조의 명칭이 바르게 연결된 것은?

① A - 핵　② B - 액포
③ C - 미토콘드리아　④ D - 세포막
⑤ E - 엽록체

정답 및 해설 05쪽

25 식물 세포와 동물 세포의 구조를 벤다이어그램으로 나타낸 것이다.

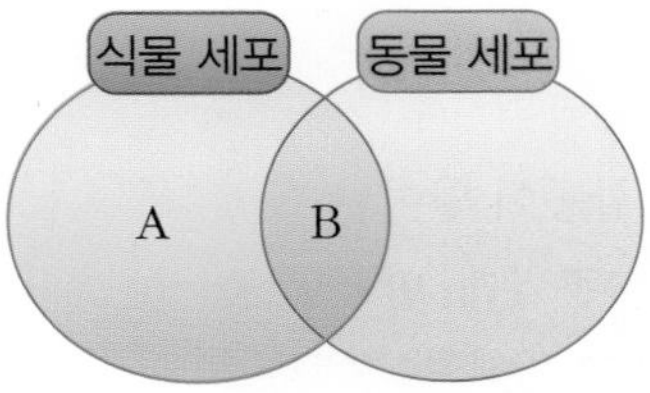

A, B에 해당하는 것을 바르게 묶은 것은?

구분	A	B
①	세포벽, 액포, 엽록체	세포막, 핵
②	세포막, 세포벽, 미토콘드리아	액포, 핵
③	세포막, 핵, 액포	엽록체, 세포벽, 미토콘드리아
④	엽록체, 액포, 미토콘드리아	핵, 세포벽
⑤	세포벽, 엽록체	핵, 세포막, 미토콘드리아

26 현미경에서 상의 초점을 맞추는 구조를 모두 쓰고, 그 구조의 기능을 쓰시오.

27 현미경 500배로 상을 관찰하다가 50배로 상을 바꾸어 관찰하였다. 이때 나타나는 변화를 아래의 3가지 요소를 모두 포함하여 설명하시오.

· 상의 크기 · 상의 밝기 · 상의 시야

28 세포의 모양과 크기에 대한 특징을 2가지 이상 서술하시오.

29 사람이 개미보다 몸집이 더 큰 이유는 무엇인가?

30 다음 중 식물 세포의 기호를 쓰고, 식물 세포에서만 볼 수 있는 세포의 구조의 이름과 기능을 모두 쓰시오.

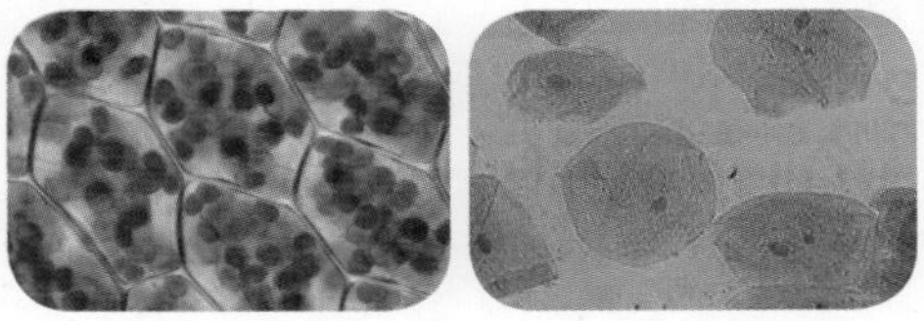

(가) (나)

창의력 서술

31 김장을 할 때 소금을 뿌린 배추의 숨이 죽는 이유는 무엇인가?

32 고농도 용액에서 적혈구(동물 세포)는 터질 수 있지만 양파의 표피세포(식물 세포)는 터지지 않는다. 그 이유는 무엇인가?

2강. 생물체의 구성과 분류

1. 단세포와 다세포

(1) 단세포 생물

① 몸이 한 개의 세포로 이루어진 생물
② 하나의 세포 안에서 모든 생명 활동이 일어난다.
→ 아메바, 짚신벌레, 유글레나, 종벌레, 반달말 등

단세포 생물의 특징

· 엽록체가 있어 광합성을 하는 생물 : 유글레나, 돌말, 반달말 등
· 운동 기관이 있는 생물
① 위족 운동 : 아메바
② 섬모 운동 : 짚신벌레, 종벌레
③ 편모 운동 : 유글레나

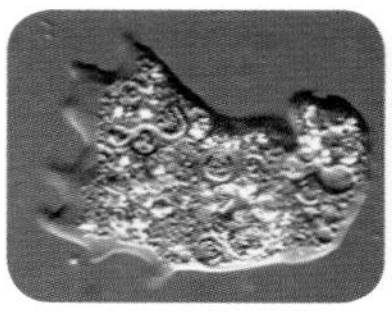

▲ 아메바

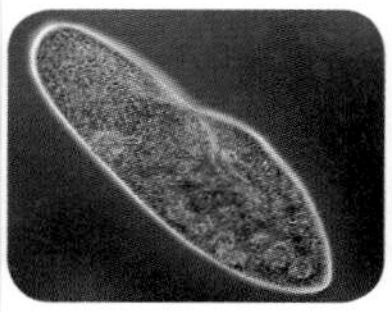

▲ 짚신벌레

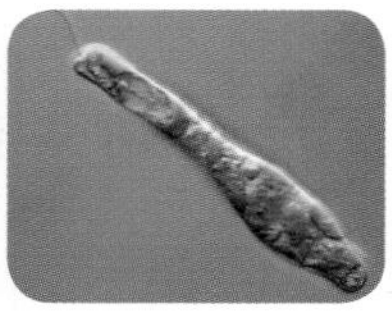

▲ 유글레나

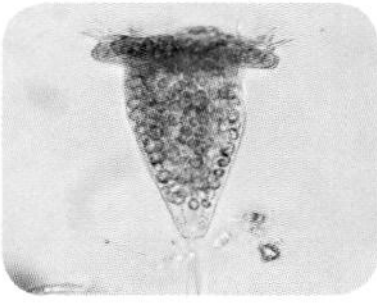

▲ 종벌레

(2) 다세포 생물

① 몸이 여러 개의 세포로 이루어진 생물
② 크기는 단세포 생물보다 크다.
③ 세포들이 특정한 기능을 하도록 분업화되어 있기 때문에 살아가는데 단세포 생물보다 더 효율적이다.
→ 물벼룩, 해캄, 백합, 비둘기, 상어 등

생각해보기★

크기가 작은 생물들은 모두 단세포 생물일까?

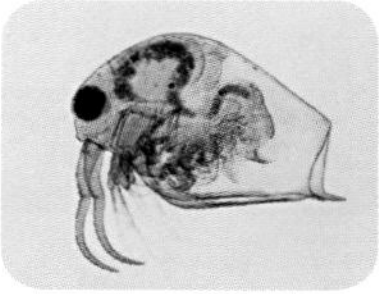

▲ 물벼룩

▲ 백합

▲ 비둘기

▲ 상어

개념확인 1 다음 글을 읽고 괄호 안에 알맞은 말을 쓰시오.

몸이 한 개의 세포로 이루어진 생물을 ㉠(　　　　) 생물이라고 하고, 여러 개의 세포로 이루어진 생물을 ㉡(　　　　)생물이라고 한다.

미니사전

아메바 수십 개의 위족으로 운동을 하며, 몸이 두 개로 나누어지는 이분법으로 분열을 함.

종벌레 종을 거꾸로 한 모양이며, 입 부분에 고리 모양의 섬모가 있음.

반달말 초승달 모양으로 중앙부가 불룩하며 한쪽으로 휘어져 있음. 몸의 중앙부에 1개의 핵이 있고 좌우 대칭으로 생김.

확인 +1 다음 〈보기〉에서 단세포 생물과 다세포 생물을 각각 골라 그 기호를 쓰시오.

〈 보기 〉

ㄱ. 짚신벌레	ㄴ. 반달말	ㄷ. 장미
ㄹ. 유글레나	ㅁ. 물벼룩	ㅂ. 아메바

(1) 단세포 생물 : (　　　　　　　　)
(2) 다세포 생물 : (　　　　　　　　)

2. 생물의 구성 단계

(1) 생물의 구성 : 동물, 식물과 같은 다세포 생물의 경우 다양한 모양과 기능을 가진 세포들이 체계적으로 모여 다양한 생물체가 된다.

(2) 생물의 구성 단계

세포	→	조직	→	(조직계)	→	기관	→	(기관계)	→	개체
생물체를 구성하는 기본 단위		모양과 기능이 비슷한 세포들의 모임		조직의 모임 (식물에만 있는 구성 단계)		여러 조직이 모여 일정한 형태와 고유의 기능을 하는 단계		기관의 모임 (동물에만 있는 구성 단계)		생명 활동이 가능한 독립적인 생물체

(3) 식물의 구성 단계

조직	· 분열 조직 : 세포 분열이 일어남 (생장점, 형성층) · 영구 조직 : 세포 분열이 일어나지 않음 (표피 조직, 통도 조직, 유조직)
조직계	· 표피 조직계 : 식물체를 감싸 보호함 (표피 조직, 뿌리털, 공변 세포 등으로 구성) · 기본 조직계 : 양분의 합성과 저장 (울타리 조직, 해면 조직 등으로 구성) · 관다발 조직계 : 물질의 이동 및 식물체를 지지함 (물관, 체관, 형성층으로 구성)
기관	· 영양 기관 : 양분의 합성, 이동 및 저장 (뿌리, 줄기, 잎으로 구성) · 생식 기관 : 씨를 만들어 자손을 만듦 (꽃, 열매로 구성)

(4) 동물의 구성 단계

조직	· 상피 조직 : 몸을 둘러쌈 (피부, 소장의 융털) · 신경 조직 : 감각과 반응 조절 (감각 신경, 운동 신경 등) · 근육 조직 : 근육과 내장 운동 담당 (골격근, 내장근) · 결합 조직 : 조직이나 기관을 연결하거나 몸을 지탱함 (혈액, 림프, 뼈, 힘줄)
기관	· 감각 기관 : 눈, 귀, 코, 혀 · 호흡 기관 : 폐, 기관지 · 배설 기관 : 신장, 방광, 요도 · 순환 기관 : 심장, 혈관 · 소화 기관 : 입, 식도, 위, 소장
기관계	소화계, 호흡계, 순환계, 배설계, 감각계

생물의 구성 단계

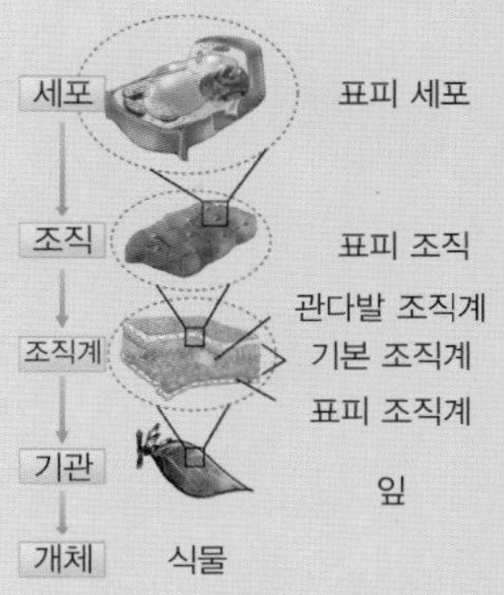

▲ 식물의 구성 단계

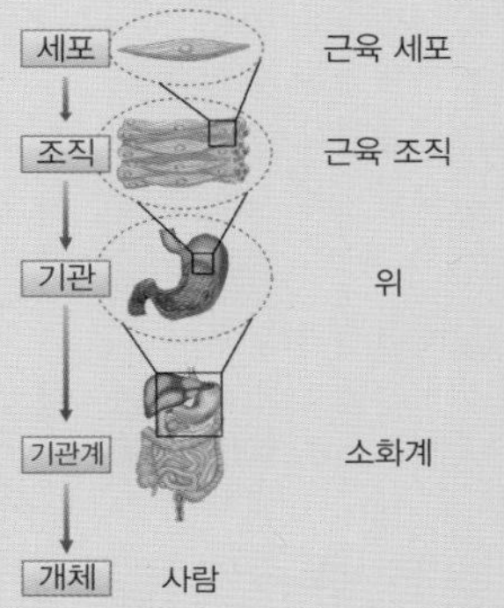

▲ 동물의 구성 단계

유조직과 통도 조직

· 유조직 : 광합성이 일어나는 울타리 조직, 해면 조직과 양분을 저장하는 저장 조직 등으로 구성된다.

· 통도 조직 : 물이나 양분의 이동 통로가 되는 조직으로 물관, 체관이 이에 속한다.

정답 및 해설 06쪽

개념확인 2 생물의 구성 단계 중 같은 단계끼리 선으로 연결하시오.

(1) 혈액 ·	· ㉠ 조직 ·	· A 열매
(2) 달걀 ·	· ㉡ 기관 ·	· B 나무
(3) 방광 ·	· ㉢ 개체 ·	· C 꽃가루
(4) 사람 ·	· ㉣ 세포 ·	· D 체관

확인 + 2 다음 중 동물과 식물에서만 각각 볼 수 있는 생물의 구성 단계를 쓰시오.

(1) 동물에서만 볼 수 있는 구성 단계 : (　　　　　　)

(2) 식물에서만 볼 수 있는 구성 단계 : (　　　　　　)

미니사전

울타리 조직 잎의 표피 밑에 가늘고 긴 세포가 빽빽히 들어선 조직

해면 조직 [海 바다 綿 솜 -조직] 울타리 조직 밑부분에 위치하며, 세포 간극이 넓어 물질 이동의 통로가 된다

상피 조직 [上 위 皮 피부 -조직] 피부의 겉면을 싸고 있는 막 모양의 조직

3. 생물의 분류

(1) 분류

① 뜻 : 다양한 생물을 일정한 기준에 따라 구분하는 것이다.

② 목적 : 생물의 고유한 특성을 이해하고 분류하여 생물들 사이의 유연 관계와 진화의 계통을 밝히기 위해서이다.

(2) 분류 방법

① 인위 분류 : 사람들이 정한 임의의 기준에 따라 생물을 분류하는 방법

② 자연 분류 : 생물 고유의 특징을 기준으로 분류하는 방법

(3) 생물의 분류 단계

① 종 : 생물을 분류하는 기본 단위로, 자유롭게 교배하여 생식 능력을 가진 자손을 낳을 수 있는 개체들을 말한다.

② 분류 단계 : 종 < 속 < 과 < 목 < 강 < 문 < 계

(4) 계통과 계통수

① 계통 : 같은 조상을 가지며 같은 유전자형을 가진 개체의 모임

② 계통수 : 생물 사이의 유연관계를 나무 모양의 그림으로 나타낸 것

· 계통수에서 가장 위쪽에 위치한 생물이 가장 고등한 생물이다.

· 같은 가지에서 뻗어나온 생물일수록 유연관계가 가깝다.

· 고양이, 호랑이, 곰은 같은 가지에서 갈라져 나왔으므로 공통 조상으로부터 진화하였다.

· 계통수에서 호랑이는 곰보다 고양이와 유연관계가 더 가깝다.

개념확인 3 설명하는 분류 단계는 무엇인지 쓰시오.

> · 생물을 분류하는 기본 단위이다.
> · 자연 상태에서 자유롭게 교배하여 생식능력을 가진 자손을 낳을 수 있는 개체들을 말한다.

확인 +3 두 종류의 생물이 분류 단계에서 같은 '과'에 속한다면 이들은 같은 A에도 속한다. A에 해당하는 분류를 〈보기〉에서 모두 고르시오.

〈 보기 〉

종　　속　　목　　강　　문　　계

종

암말과 수탕나귀 사이에서 태어난 노새는 생식 능력이 없으므로 말과 당나귀는 서로 다른 종이다.

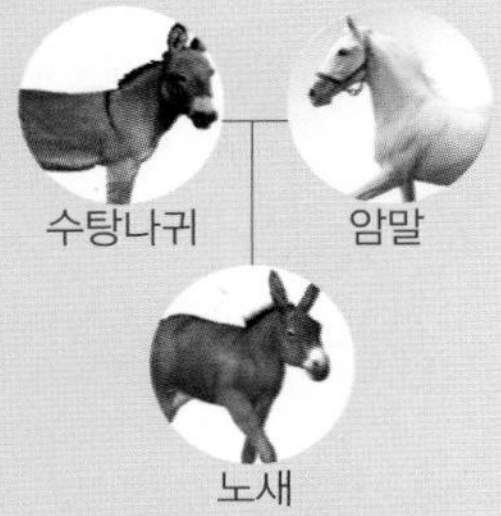

인위 분류의 예

· 사람의 이용 측면
식용 식물, 약용 식물

· 생물의 식성
초식 동물, 육식 동물

· 서식지
수상 식물, 육상 동물

자연 분류의 예

· 생물의 형태나 구조
척추동물, 무척추동물

· 번식 방법
포자식물, 종자식물

생물의 분류 단계

비슷한 특징을 지닌 종을 묶어 속으로 분류하고, 비슷한 속을 묶어 과로 분류한다. 같은 방법으로 묶어 목, 강, 문, 계로 분류한다.

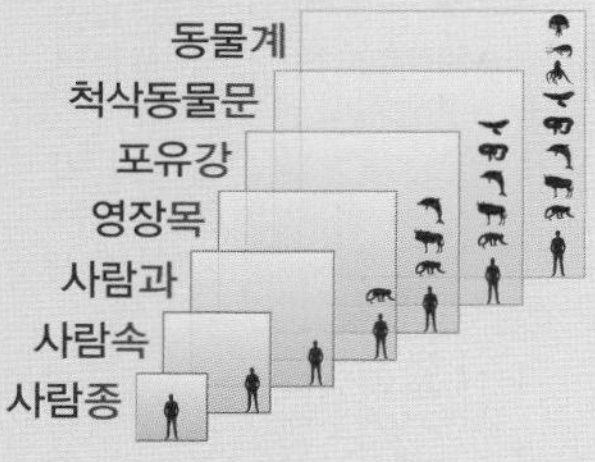

▲ 사람의 분류 단계

사람은 사람종 – 사람속 – 사람과 – 영장목 – 포유강 – 척삭동물문 – 동물계에 속한다.

미니사전

계통 [系 거느리다 統 합치다] 생물이 진화해 온 경로

유연관계 [類 무리 緣 인연 –관계] 생물의 분류에서 발생 계통이 어느 정도 가까운가를 나타내는 관계

4. 생물의 5계 분류 체계 1

(1) 생물의 분류 : 원핵생물계, 원생생물계, 식물계, 균계, 동물계의 5계로 분류한다.

① 원핵생물계 : 핵이 없는 세균류로 가장 원시적인 형태의 생물들

특징	· 뚜렷이 구분되는 핵이 없고, 유전 물질은 세포질 내에 존재하는 원핵세포이다. · 단세포 생물이며 세포벽이 있다. · 여러 개의 세포가 모여 군체를 이루기도 한다. · 주로 분열법으로 번식한다. · 편모를 가지고 운동을 하는 것도 있고, 광합성을 하는 것도 있다.
생물 예	→ 남세균(광합성을 하는 세균) : 흔들말, 염주말 등 세균류 : 대장균, 폐렴균, 포도상구균, 헬리코박터 파일로리균 등 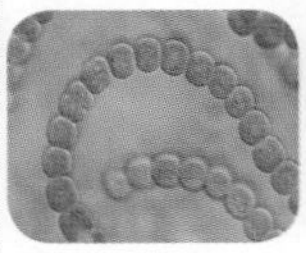 ▲ 염주말 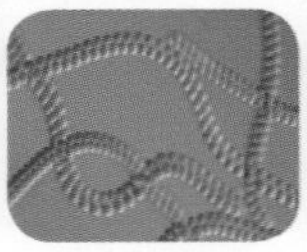 ▲ 흔들말 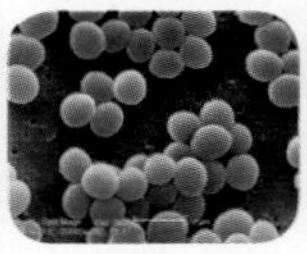 ▲ 포도상구균 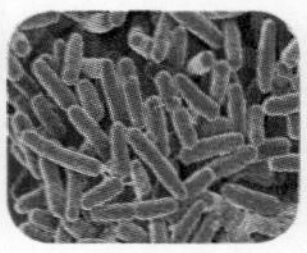 ▲ 대장균 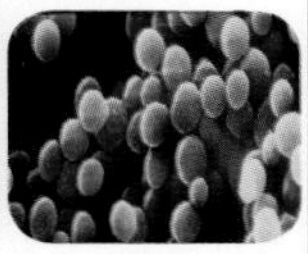 ▲ 폐렴균

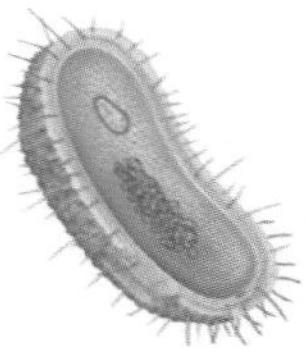

▲ 원핵세포

· 원핵세포 : 핵막이 없어 뚜렷하게 구분되는 핵이 없어서 유전 물질이 세포질에 퍼져 있으며, 세포 소기관이 없는 단순한 세포

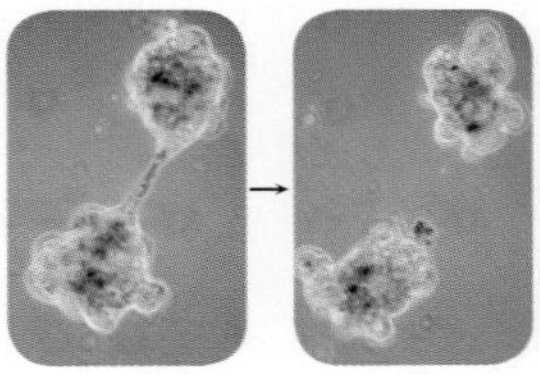

▲ 분열하는 세포

· 분열법 : 한 개체가 둘 또는 그 이상으로 나누어져 각각 새로운 개체가 되는 생식 방법

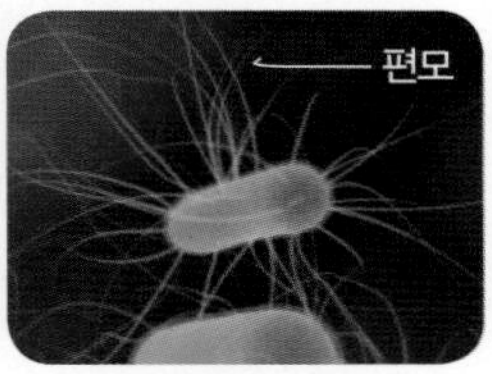

▲ 헬리코박터 파일로리균

· 편모 운동 : 편모의 움직임에 의한 운동
· 편모 : 가늘고 긴 돌기 모양의 운동성 세포소기관

정답 및 해설 06쪽

개념확인 4 설명하는 계는 무엇인가?

> · 뚜렷이 구분되는 핵이 없다.
> · 주로 분열법으로 번식한다.
> · 단세포 생물이며 세포벽이 있다.

확인 +4 〈보기〉 중 원핵생물계에 속하는 생물을 모두 골라 기호를 쓰시오.

〈 보기 〉

ㄱ. 대장균　ㄴ. 짚신벌레　ㄷ. 염주말　ㄹ. 아메바

분류 체계
다양한 생물을 비교하여 서로 관련이 있는 생물들끼리 묶어서 정리한 것

포도상구균
자연계에 널리 분포되어 있는 세균으로 식중독뿐만 아니라 피부염, 방광염 등을 일으키는 원인균

헬리코박터 파일로리균
사람의 윗속 점막에만 서식하는 세균으로, 위염, 위궤양 등과 관련이 있다.

3역 6계 분류 체계
· 분자생물학적 지식이 발달함에 따라 생물들의 다양한 정보들이 추가되어 현재에는 원핵생물계를 세균계와 고세균계로 나누는 3역 6계 분류 체계로 분류 하기도 한다.
· 고세균계는 고온, 고염도, 산소가 없는 극한 환경에서 사는 단세포 원핵생물 무리이다.

미니사전
군체 [群 무리 體 몸] 같은 종의 생물이 무리를 이룸

5. 생물의 5계 분류 체계 2

진핵세포
핵막으로 둘러싸인 핵이 있으며, 세포 소기관이 발달한 세포

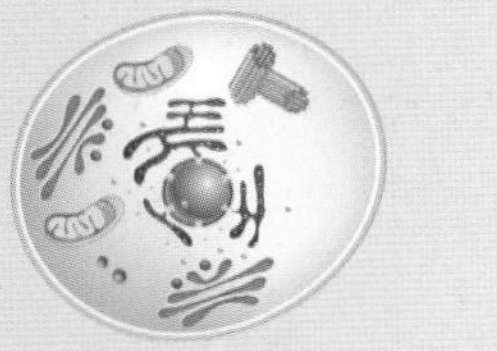

▲ 진핵세포

② 원생생물계 : 핵이 있고, 기관이 발달하지 않은 다양한 생물들

특징	· 진핵세포로 구성된 생물 중 식물계, 동물계, 균계에 속하지 않는 생물들의 무리이다. · 대부분 물속에서 생활한다. · 먹이를 섭취하거나 광합성을 하여 양분을 얻는다. · 크기가 매우 작은 단세포 생물이지만 맨눈으로 볼 수 있는 다세포 생물도 포함된다. · 종류와 특징이 매우 다양하다.
생물 예	→ 광합성을 하는 생물 : 김, 미역, 다시마, 해캄, 유글레나 등 광합성을 하지 않는 생물 : 아메바, 짚신벌레 등  ▲ 다시마  ▲ 미역  ▲ 해캄 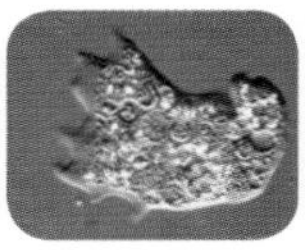 ▲ 아메바 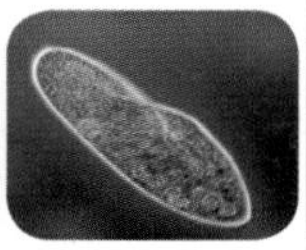 ▲ 짚신벌레

균사
균류의 몸을 이루고 있는 가는 실 모양의 다세포 섬유

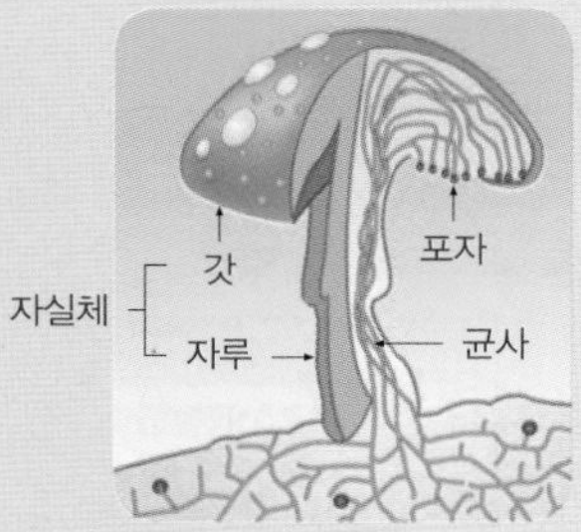

▲ 버섯의 구조

③ 균계 : 몸이 균사로 이루어진 곰팡이, 버섯 등

특징	· 진핵세포로이루어진 다세포 생물로 운동성이 없다. · 세포에 엽록체가 없어 광합성을 하지 못하고 몸 밖으로 효소를 분비하여 영양분을 분해한 후 흡수한다. · 버섯과 곰팡이는 세포에 세포벽이 있다. · 버섯과 곰팡이는 몸이 실과 같은 균사로 이루어져 있다. · 주로 포자로 번식한다.
생물 예	→ 버섯, 누룩곰팡이, 푸른곰팡이, 붉은빵곰팡이, 효모 등  ▲ 버섯 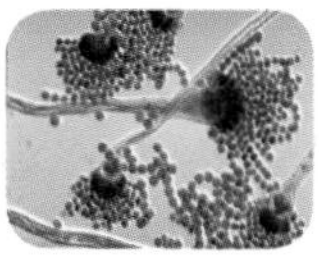 ▲ 푸른곰팡이  ▲ 효모

엽록체
· 세포 소기관 중 하나로 광합성을 하는 장소
· 엽록체 안에는 녹색을 띠는 색소(엽록소)가 많아 녹색으로 보인다.

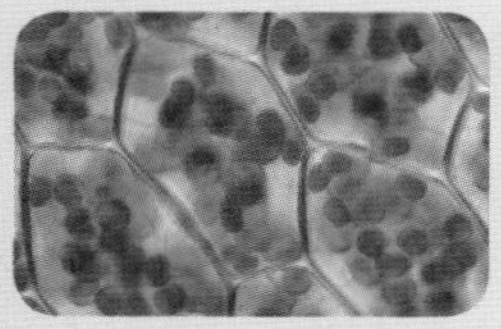

▲ 세포 속의 엽록체

개념확인 5 몸이 균사로 이루어진 생물들로 이루어진 계는 무엇인가?

확인 +5 〈보기〉 중 원생생물계를 모두 골라 기호를 쓰시오.

〈 보기 〉

ㄱ. 다시마	ㄴ. 짚신벌레	ㄷ. 염주말
ㄹ. 해캄	ㅁ. 곰팡이	ㅂ. 버섯

6. 생물의 5계 분류 체계 3

④ 식물계 : 기관이 발달하고, 광합성을 하는 생물

특징	· 진핵세포로 이루어진 다세포 생물로, 세포에 세포벽이 있다. · 세포에 엽록체가 있어 광합성을 통해 스스로 양분을 만든다. · 대부분 뿌리, 줄기, 잎과 같은 기관이 발달되어 있다. · 육상 식물은 육상 환경에 적응하기 위한 구조가 발달하였다. · 포자나 종자로 번식한다.
생물 예	→ 이끼류, 고사리, 소나무, 은행나무, 민들레, 벼 등  ▲ 고사리  ▲ 우산이끼  ▲ 소나무  ▲ 민들레  ▲ 벼

⑤ 동물계 : 기관이 발달하고, 운동성이 있으며 먹이를 섭취하는 생물

특징	· 진핵세포로 이루어진 다세포 생물로, 세포에 세포벽이 없다. · 세포에 엽록체가 없어 광합성을 하지 못하고 먹이를 섭취하여 양분을 얻는다. · 대부분 특정 기능을 하는 기관계가 발달하였다. · 운동성이 있으며, 대부분 수정을 통해 번식한다.
생물 예	→ 독수리, 지렁이, 개, 소라, 돌고래, 사람 등  ▲ 독수리  ▲ 지렁이  ▲ 개  ▲ 소라  ▲ 돌고래

포자
어린 식물체가 될 일종의 세포로, 단단한 막에 둘러 싸여 쉽게 건조되지 않으며 습한 곳에서 싹이 나와 새로운 개체로 자란다.

▲ 고사리의 포자

종자
어린 생물체가 될 세포들이 양분과 함께 단단한 껍질에 싸여 있는 것

▲ 솔방울 씨 (종자)

정답 및 해설 06쪽

개념확인 6 다음과 같은 특징을 가지는 생물은?

> · 포자나 종자로 번식한다.
> · 진핵세포로 이루어진 다세포 생물이다.
> · 세포에 엽록체가 있어 광합성을 통해 스스로 양분을 만든다.

① 효모 ② 버섯 ③ 이끼 ④ 해캄 ⑤ 미역

확인 + 6 동물계에 속하지 않는 생물은?

① 지렁이 ② 물벼룩 ③ 아메바 ④ 해파리 ⑤ 말미잘

미니사전
수정 [受 받아들이다 精 정하다] 암수의 생식세포가 하나로 합쳐지는 것

개념 다지기

01 단세포 생물을 모두 고르시오.(2개)

① 해캄 ② 물고기 ③ 반달말 ④ 물벼룩 ⑤ 짚신벌레

02 생물의 유기적 구성에 대한 설명으로 옳은 것은?

① 식물은 동물에 비해 구성 단계가 복잡하다.
② 식물의 구성 단계와 동물의 구성 단계는 같다.
③ 생물의 구성 단계 중 가장 넓은 범위는 조직이다.
④ 생물의 유기적 구성 단계에서 최소 단계는 개체이다.
⑤ 기관은 여러 조직과 조직계가 모여 일정한 기능을 담당하는 단계이다.

03 몇 종류 생물의 계통수를 나타낸 것이다. 고래와 가장 가까운 생물은?

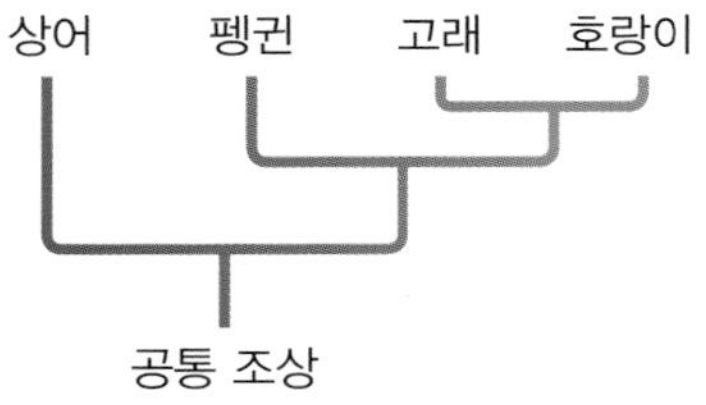

① 상어
② 펭귄
③ 호랑이
④ 상어, 펭귄
⑤ 상어, 호랑이

04 원핵생물계의 특징으로 옳은 것은?

① 세포벽이 없다.
② 균사로 이루어져 있다.
③ 포자로 번식하기도 한다.
④ 진핵세포로 구성된 생물 무리이다.
⑤ 단세포 생물이며 주로 분열법으로 번식한다.

정답 및 해설 06쪽

05 생물들의 공통적인 특징으로 옳은것은?

흔들말, 헬리코박터 파일로리균

① 세포벽이 없다.
② 균계에 속한다.
③ 다세포 생물이다.
④ 포자로 번식한다.
⑤ 세포에 핵이 없다.

06 원생 생물계에 속하는 생물이 아닌 것은?

① 김 ② 해캄 ③ 미역 ④ 다시마 ⑤ 흔들말

07 균계의 특징으로 옳은 것은?

① 주로 포자로 번식한다.
② 원핵세포로 구성된 생물이다.
③ 운동성이 있어 스스로 움직인다.
④ 대장균, 폐렴균이 균계에 속한다.
⑤ 엽록체가 있어 광합성을 통해 스스로 양분을 만든다.

08 생물의 5계 분류 체계의 특징에 대한 설명으로 옳지 않은 것은?

① 원핵생물계 : 원핵세포로 구성된다.
② 원생생물계 : 원핵세포로 구성된다.
③ 균계 : 운동성이 없다
④ 식물계 : 엽록체가 있어 광합성을 한다.
⑤ 동물계 : 세포벽과 엽록체가 없다.

유형 익히기 & 하브루타

[유형2-1] 단세포와 다세포

〈보기〉 중 하나의 세포로 이루어진 생물을 모두 골라 기호를 쓰시오.

〈 보기 〉

ㄱ. 달걀

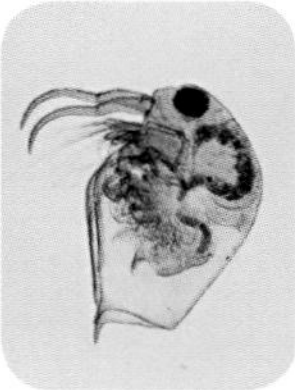

ㄴ. 물벼룩

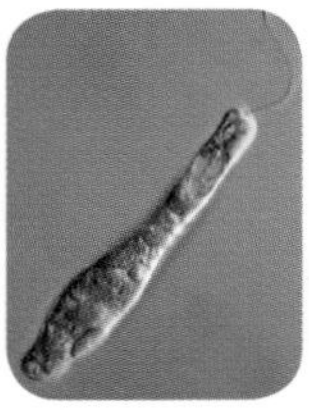

ㄷ. 유글레나

ㄹ. 민들레

ㅁ. 해캄

Tip!

01 괄호 안에 알맞은 말을 쓰시오.

몸이 한 개의 세포로 이루어진 생물을 ㉠(　　　　　) 생물이라고 하고, 여러 개의 세포로 이루어진 생물을 ㉡(　　　　　)생물이라고 한다.

02 단세포 생물끼리 바르게 짝지은 것은?

① 사람, 비둘기, 개
② 아메바, 종벌레, 개미
③ 유글레나, 양파, 돼지
④ 아메바, 유글레나, 해캄
⑤ 짚신벌레, 유글레나, 반달말

정답 및 해설 07쪽

[유형2-2] 생물의 구성 단계

식물의 구성 단계를 순서 없이 나타낸 것이다. 각 단계를 〈보기〉에서 찾아 기호를 쓰시오.

〈 보기 〉

ㄱ. 기관　　ㄴ. 세포　　ㄷ. 조직　　ㄹ. 조직계　　ㅁ. 개체

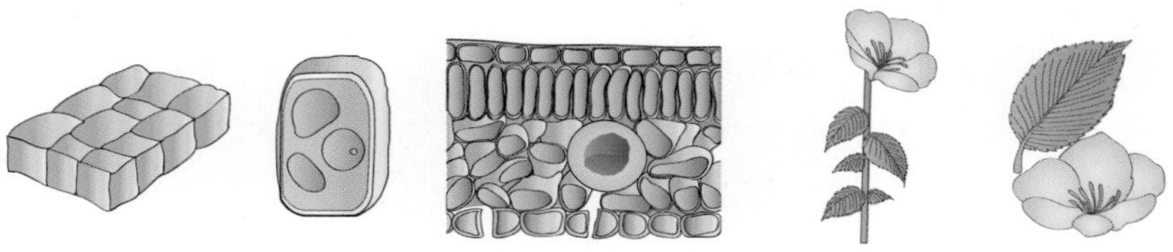

(가)　　(나)　　(다)　　(라)　　(마)

(가) (　　)　(나) (　　)　(다) (　　)　(라) (　　)　(마) (　　)

03

설명에 해당되는 생물의 구성 단계를 쓰시오.

(1) 모양과 기능이 비슷한 세포들의 모임 (　　　　)

(2) 생물체를 구성하는 기본 단위 (　　　　)

(3) 생명 활동이 가능한 독립적인 생물체 (　　　　)

(4) 여러 조직이 모여 일정한 형태와 고유의 기능을 하는 단계 (　　　　)

04

사람은 기관, 기관지, 폐를 이용하여 기체를 교환한다. 이들의 구성 단계로 옳은 것은?

① 조직　　② 조직계　　③ 기관
④ 기관계　　⑤ 개체

Tip!

[유형2-3] 생물의 분류

A~E에 이르는 여러 종의 생물들 사이의 유연관계를 나타낸 계통수이다. 이 계통수에 대한 설명으로 옳은 것을 보기에서 모두 고른 것은?

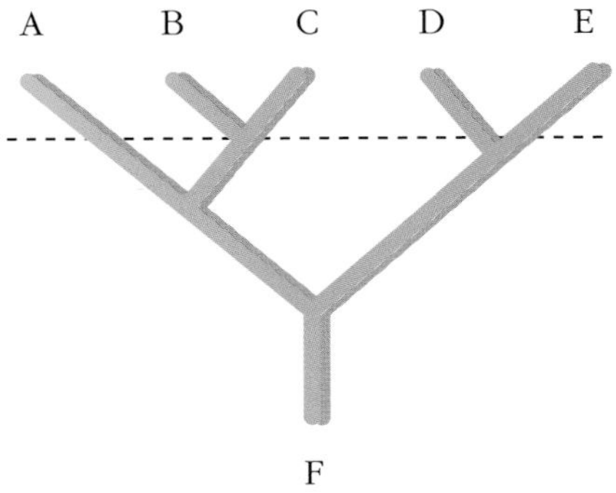

〈 보기 〉

ㄱ. F가 가장 고등한 생물이다.

ㄴ. A~E는 모두 F로부터 진화하였다.

ㄷ. B와 가장 유연관계가 가까운 생물은 A이다.

① ㄱ ② ㄴ ③ ㄷ ④ ㄱ, ㄴ ⑤ ㄴ, ㄷ

Tip!

05 종에 대한 설명으로 옳은 것은 O표, 옳지 않은 것은 X표 하시오.

(1) 생물을 분류하는 기본 단위이다. ( )

(2) 말과 당나귀 사이에서 새끼를 낳을 수 있으므로 같은 종이다. ( )

(3) 사자와 호랑이 사이에서 태어난 라이거는 생식 능력이 없으므로 사자와 호랑이는 서로 다른 종이다. ( )

06 자연 분류에 해당하는 것은?

① 고래는 바다에 사는 동물이다.
② 사과는 먹을 수 있는 식물이다.
③ 개구리는 척추가 있는 동물이다.
④ 이끼는 습한 곳에 사는 식물이다.
⑤ 감초는 약용으로 쓰이는 식물이다.

정답 및 해설 07쪽

[유형2-4] 생물의 5계 분류 체계 1

〈보기〉중 원핵생물계에 속하는 생물들을 모두 고르시오.

〈 보기 〉

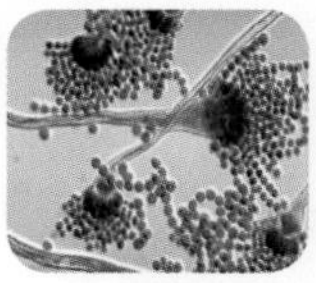
ㄱ. 푸른곰팡이

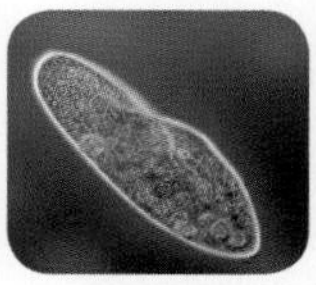
ㄴ. 짚신벌레

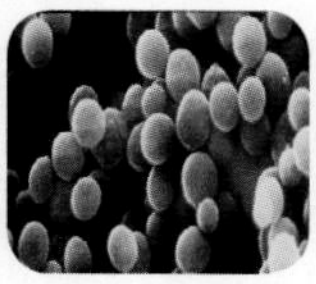
ㄷ. 폐렴균

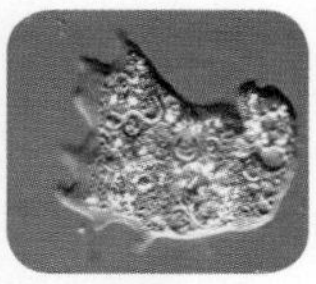
ㄹ. 아메바

ㅁ. 효모

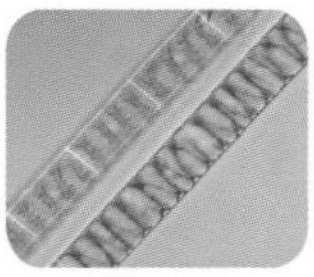
ㅂ. 해캄

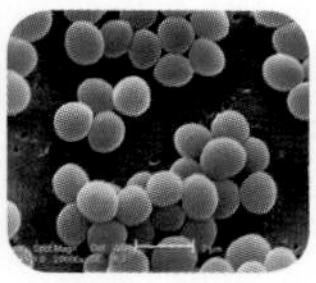
ㅅ. 포도상구균

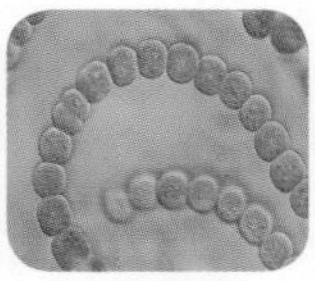
ㅇ. 염주말

07

생물의 5계 분류 체계 중에서 가장 원시적인 형태의 생물 무리는 무엇인가?

08

원핵생물계의 특징으로 옳지 않은 것은?

① 세포벽이 있다.
② 주로 단세포 생물이다.
③ 가장 진화된 생물 무리이다.
④ 원핵세포로 구성된 생물 무리이다.
⑤ 엽록체가 있어 광합성을 하는 생물도 있다.

Tip!

[유형2-5] 생물의 5계 분류 체계 2

5계 중 한 무리에 속하는 생물들이다.

▲ 다시마

▲ 미역

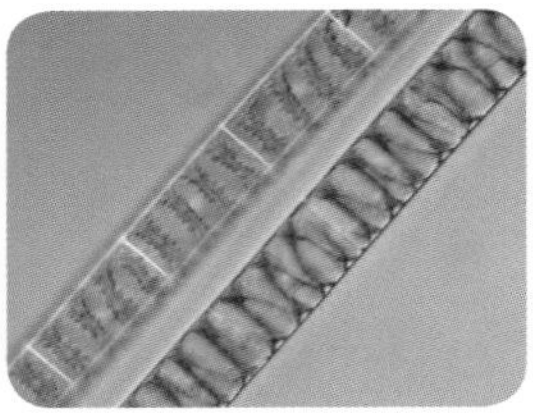
▲ 해캄

이들이 속하는 생물 무리의 특징으로 옳지 않은 것은?

① 대부분 물속에서 생활한다.
② 광합성을 하여 양분을 얻는다.
③ 아메바와 짚신벌레가 이 계에 속한다.
④ 대부분 단세포 생물이지만 다세포 생물도 포함된다.
⑤ 핵막으로 둘러싸인 핵이 있는 원핵세포로 이루어져 있다.

Tip!

09 균계에 포함되는 생물로만 짝지은 것은?

① 버섯, 이끼 ② 효모, 이끼
③ 버섯, 효모 ④ 곰팡이, 대장균
⑤ 곰팡이, 아메바

10 원생생물계에 속하며 광합성을 하는 생물을 모두 고르시오.(2개)

① 해캄 ② 다시마 ③ 염주말 ④ 고사리 ⑤ 우산이끼

정답 및 해설 07쪽

[유형2-6] 생물의 5계 분류 체계 3

생물의 5계 분류 체계 중 일부 무리에 대한 설명이다.

(가)	(나)
진핵세포	진핵세포
엽록체와 세포벽이 있다	엽록체와 세포벽이 없다
운동성이 없다	운동성이 있다
포자나 종자로 번식	수정을 통해 번식

다음 표를 보고 (가)와 (나)에 속하는 생물들을 바르게 짝지은 것은?

	(가)	(나)
①	이끼, 벼	나비, 물벼룩
②	고사리, 해캄	이끼, 독수리
③	소나무, 다시마	해파리, 말미잘
④	민들레, 미역	곰팡이, 소라
⑤	버섯, 이끼	호랑이, 메뚜기

11

5계의 특징에 대한 설명으로 옳은 것은 O표, 옳지 않은 것은 X표 하시오.

(1) 균계는 핵이 없는 세균류이다. ( )

(2) 원핵생물계는 원핵세포로 구성된 생물 무리이다. ( )

(3) 원생생물계는 먹이를 섭취하는 생물도 있고, 광합성을 하는 생물도 있다. ( )

12

동물계의 특징으로 옳지 <u>않은</u> 것은?

① 진핵세포로 이루어졌다.
② 세포벽이 있는 다세포 생물이다.
③ 운동성이 있으며, 수정을 통해 번식한다.
④ 감각, 신경, 소화 등 특정 기능을 하는 기관계가 발달하였다.
⑤ 세포에 엽록체가 없어 광합성을 못해 먹이를 통해 양분을 얻는다.

Tip!

창의력 & 토론마당

01 생물의 구성 단계를 집과 비교할 때, 생물의 각 구성 단계에 해당하는 집의 구성 요소를 바르게 연결하여 써 보고, 그렇게 생각한 이유를 쓰시오.

▲ 벽돌

▲ 거실

▲ 유리창

▲ 유리

▲ 집

▲ 전선 한가닥

▲ 주방

▲ 전선들

▲ 벽

생물의 구성 단계	세포	조직	기관	개체
집의 구성 요소				
이유				

정답 및 해설 08쪽

02 **파리지옥에 관한 설명이다.**

파리지옥은 곤충을 잡아먹는 식충식물이다. 파리, 나비, 거미 등의 곤충을 산 채로 먹으며 일단 먹이를 삼키면 소화가 완전하게 될 때까지 잎을 닫아 놓는다. 파리지옥은 유인 냄새를 뿌려 파리가 덫으로 들어오게 하고, 잎의 안쪽의 자극털을 건드리면 덫을 닫는다. 보통 일주일이나 10일간의 소화 기간을 가지며 소화가 끝나면 잎이 열리고 소화가 안 되는 뼈다귀 등이 나오며 이것들은 바람에 날려간다.

파리지옥은 동물처럼 다른 생물을 잡아먹는다. 파리지옥은 식물일까 동물일까? 자신의 의견을 이유를 제시하여 서술하시오.

03 **단세포 생물과 다세포 생물을 비교했을 때 어느 것이 생존하는데 더 유리할 지 생각해 보고 그 이유를 2가지 이상 쓰시오.**

04

동물과 식물의 구성 단계를 나타낸 것이다.

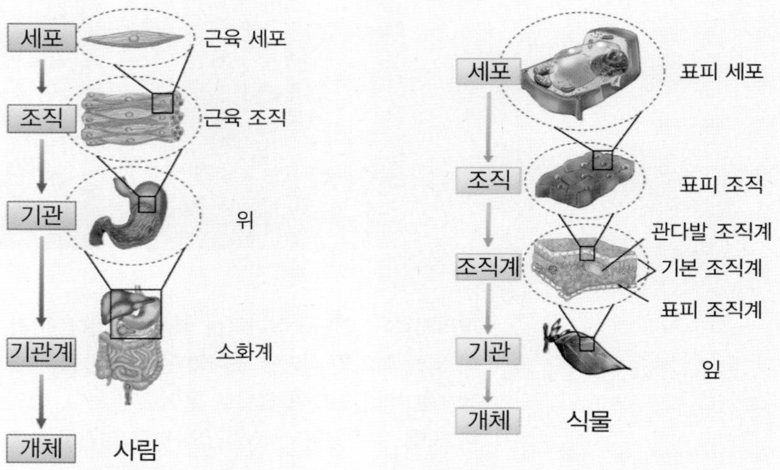

▲ 동물의 구성 단계 ▲ 식물의 구성 단계

위와 같이 동물의 구성 단계에는 식물에 없는 기관계가 존재한다. 그 이유가 무엇일지 서술해 보자.

정답 및 해설 08쪽

05 세계에서 가장 큰 나무는 '제너럴 서먼 '이라고 불리는 아메리카 삼나무이다. 이 나무는 높이 84m, 지름 11m, 둘레 34m이다. 동물과 달리 식물은 이처럼 계속해서 크게 자랄 수 있는데 그 이유가 무엇일까?

스스로 실력 높이기

A

01 〈보기〉에서 다세포 생물을 모두 찾아 기호를 쓰시오.

〈 보기 〉

ㄱ. 짚신벌레　　ㄴ. 반달말
ㄷ. 백합　　　　ㄹ. 해캄
ㅁ. 물벼룩　　　ㅂ. 아메바

02 〈보기〉 중 하나의 세포로 이루어진 생물을 모두 골라 기호를 쓰시오.

〈 보기 〉

ㄱ. 유글레나　ㄴ. 물벼룩　ㄷ. 달걀　ㄹ. 아메바　ㅁ. 종벌레

03 식물의 구성 단계를 나타낸 것이다. 빈칸에 알맞은 말을 쓰시오.

세포 → ㉠(　　　) → ㉡(　　　) → 기관 → 계체

04 다양한 생물을 일정한 기준에 따라 구분하는 것을 무엇이라고 하는가?

05 생물 분류의 목적으로 옳은 것은?

① 새로운 생물을 발견하기 위해서
② 생물의 생활 환경을 알아보기 위해서
③ 인간 생활에 유익하게 이용하기 위해서
④ 멸종 위기의 동물들을 보호하기 위해서
⑤ 생물들 사이의 유연 관계와 진화의 계통을 밝히기 위해서

06 생물의 분류 단계를 순서대로 나열한 것이다. 빈칸에 알맞은 말을 쓰시오.

종 → ㉠(　) → 과 → ㉡(　) → 강 → ㉢(　) → ㉣(　)

07 인위 분류에는 '인', 자연 분류에는 '자'라고 쓰시오.

(1) 식용 동물　(　　)
(2) 약용 식물　(　　)
(3) 육상 생물　(　　)

08 생물의 5계 분류에서 각 계에 해당하는 특징을 연결하시오.

(1) 원핵생물계 ·　　· ㉠ 몸이 균사로 이루어진 생물 무리
(2) 원생생물계 ·　　· ㉡ 핵막이 없는 원핵세포로 구성된 무리
(3) 균계 ·　　· ㉢ 기관이 발달하고, 광합성을 하는 생물 무리
(4) 식물계 ·　　· ㉣ 운동성이 있으며 먹이를 섭취하는 생물 무리
(5) 동물계 ·　　· ㉤ 핵이 있고, 기관이 발달하지 않은 다양한 생물 무리

정답 및 해설 08쪽

09 원핵생물계가 아닌 생물은?

① 흔들말 ② 염주말
③ 대장균 ④ 해캄
⑤ 포도상구균

10 원생생물계의 특징으로 옳은 것은?

① 주로 포자로 번식한다.
② 원핵세포로 구성된 생물 무리이다.
③ 대부분 온도가 높은 육지에서 생활한다.
④ 대장균, 젖산균 등이 원생생물계에 속한다.
⑤ 진핵세포로 되어 있는 생물들 중에서 균계, 식물계, 동물계에 속하지 않는 생물무리이다.

B

11 식물의 구성 단계를 나타낸 것이다. 비슷한 기능을 하는 조직의 모임 단계의 기호를 쓰시오.

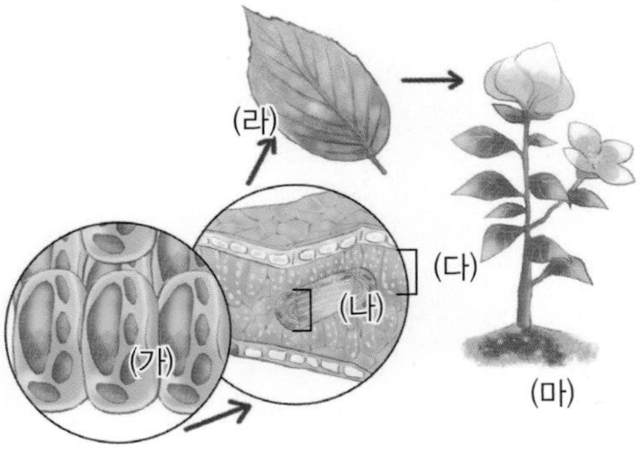

12 구성 단계가 다른 하나를 찾으시오.

① 잎 ② 물관 ③ 열매
④ 꽃 ⑤ 줄기

[13~14] 생물 사이의 유연관계를 나무 모양의 그림으로 나타낸 것이다.

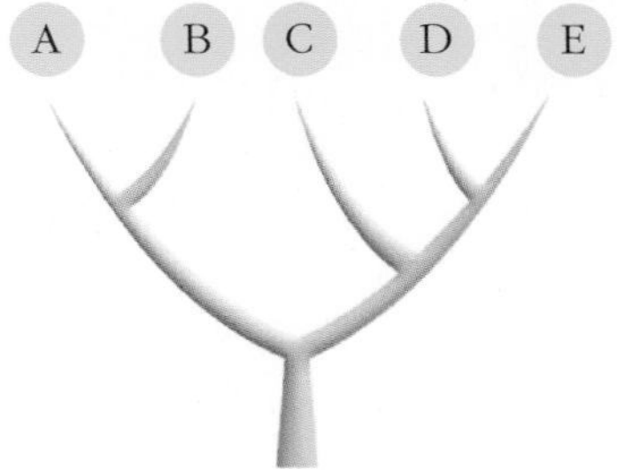

13 이와 같은 그림을 무엇이라고 하는가?

14 E 와 유연관계가 가장 가까운 생물의 기호를 쓰시오.

15 다음 생물들의 공통점은?

▲ 양송이 버섯 ▲ 누룩 곰팡이

① 세포벽이 없다. ② 엽록체가 있다.
③ 운동성이 있다. ④ 식물계에 속한다.
⑤ 포자로 번식한다.

[16~17] 사람 몸의 구성 단계를 순서 없이 나열한 것이다.

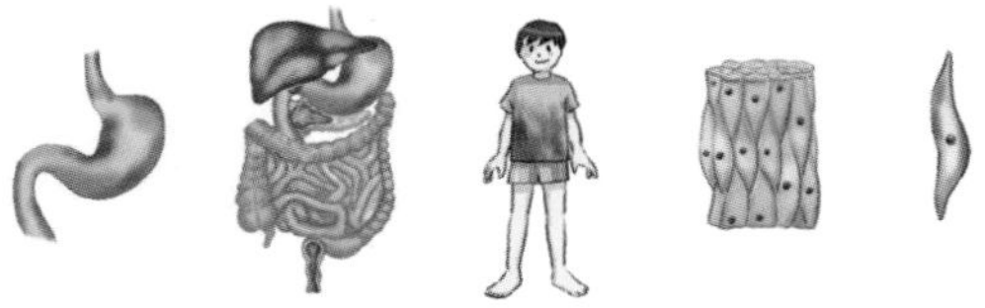

16 위에 대한 설명으로 옳지 않은 것은?

① A는 식물의 물관이나 체관과 구성 단계가 같다.
② B는 식물의 구성 단계에서 볼 수 없다.
③ 결합 조직은 D 단계에 해당된다.
④ E는 세포에 해당된다.
⑤ 구성 단계는 E→D→A→B→C 이다.

17 동물의 소화계, 순환계, 배설계 등은 위 그림의 A ~ E 단계 중 어디에 속하는가?

[18~19] 우리 몸의 여러 가지 기관계를 나타낸 것이다.

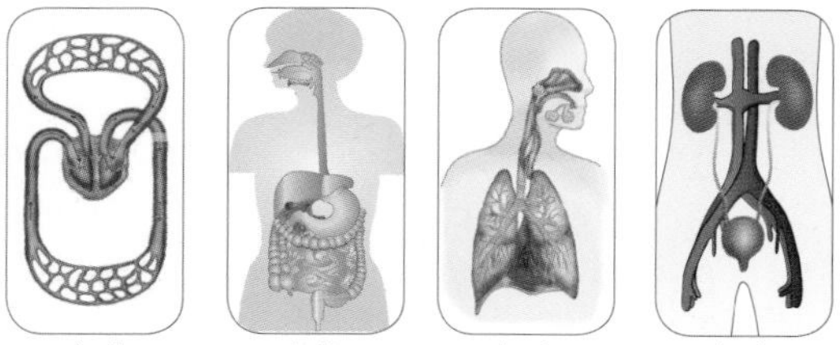

18 (가)~(라)에 해당하는 기관계의 이름을 보기에서 각각 찾아 기호로 답하시오.

〈 보기 〉

ㄱ. 호흡계 ㄴ. 순환계 ㄷ. 배설계
ㄹ. 신경계 ㅁ. 소화계

(가) : (나) : (다) : (라) :

19 (나)에 해당하지 않는 기관은?

① 방광 ② 위 ③ 소장
④ 식도 ⑤ 입

C

[20~21] 늑대, 여우, 고양이의 유연관계를 나타낸 것이다.

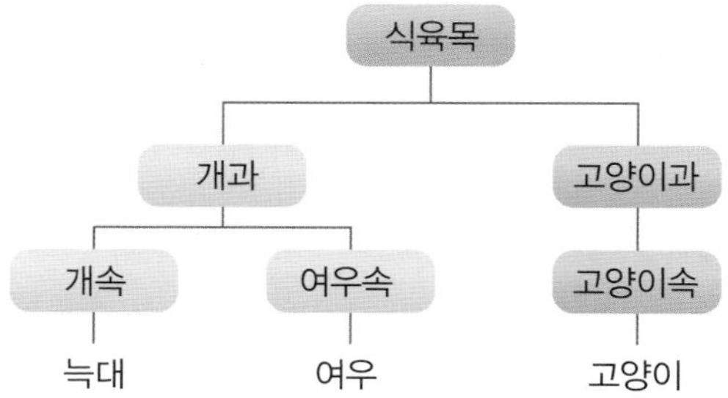

20 여우와 유연관계가 가장 가까운 것은 무엇인가?

정답 및 해설 09쪽

21 옳은 것은 O표, 옳지 않은 것은 X표 하시오.

(1) 개와 여우는 같은 강에 속한다. ( )
(2) 여우와 고양이는 다른 강에 속한다. ( )
(3) 개속에 속하는 생물의 수보다 식육목에 속하는 생물이 더 많다. ( )

22 여러 가지 생물을 분류한 것이다.

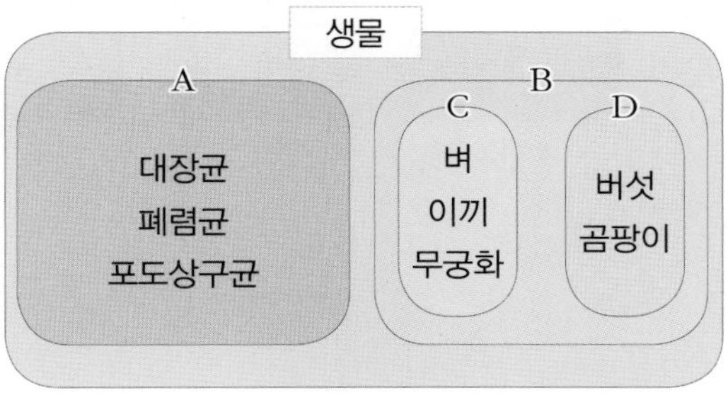

이에 대한 설명으로 옳은 것을 〈보기〉에서 모두 고른 것은?

〈 보기 〉

ㄱ. A는 균계, B는 식물계이다.
ㄴ. A는 세포벽이 없지만 B는 세포벽이 있다.
ㄷ. C는 광합성을 할 수 있지만 D는 광합성을 할 수 없다.

① ㄱ ② ㄴ ③ ㄷ
④ ㄱ, ㄴ ⑤ ㄱ, ㄴ, ㄷ

[23~25] 〈보기〉는 여러 가지 생물들을 나타낸 것이다. 다음 물음에 답하시오.

〈 보기 〉

ㄱ. 사자	ㄴ. 고사리	ㄷ. 소나무
ㄹ. 아메바	ㅁ. 송이버섯	ㅂ. 미역
ㅅ. 대장균	ㅇ. 흔들말	ㅈ. 해캄
ㅊ. 곰팡이	ㅋ. 지렁이	ㅌ. 이끼

23 원핵생물계에 속하는 생물들을 모두 찾아 기호로 쓰시오.

24 원생생물계에 속하는 생물들을 모두 찾아 기호로 쓰시오.

25 동물계에 속하는 생물들을 모두 찾아 기호로 쓰시오.

26 단세포 생물과 다세포 생물의 가장 큰 차이점을 서술하고, 단세포 생물과 다세포 생물의 예를 2가지씩 쓰시오.

27 동물의 구성단계를 쓰고, 식물의 구성 단계와의 차이점을 쓰시오.

28 수탕나귀와 암말 사이에서는 노새가 태어난다. 하지만 당나귀와 말은 서로 다른 종으로 분류하는데 그 이유가 무엇인지 서술하시오.

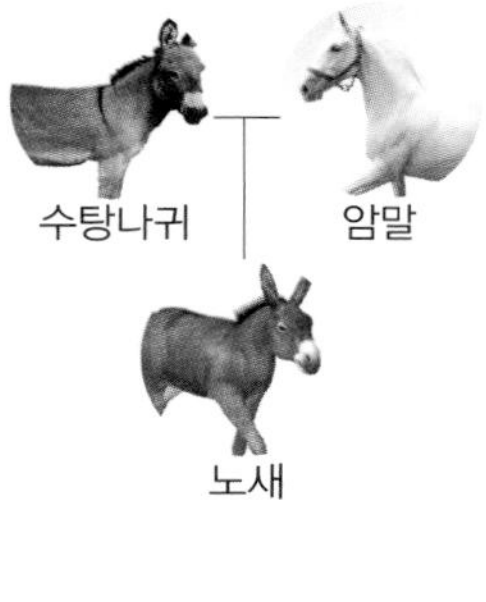

29 원핵생물계와 원생생물계의 차이점을 쓰고, 두 생물계에 속하는 생물의 예를 2가지씩 쓰시오.

30 다음 생물들이 속하는 생물계의 특징을 3가지 서술하시오.

▲ 버섯

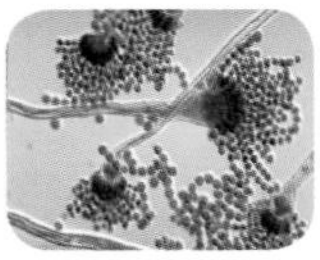
▲ 푸른곰팡이

▲ 효모

정답 및 해설 10쪽

창의력 서술

31 단세포 생물인 유글레나는 동물인가? 식물인가? 아니면 동물과 식물의 특징을 모두 가지고 있는가?

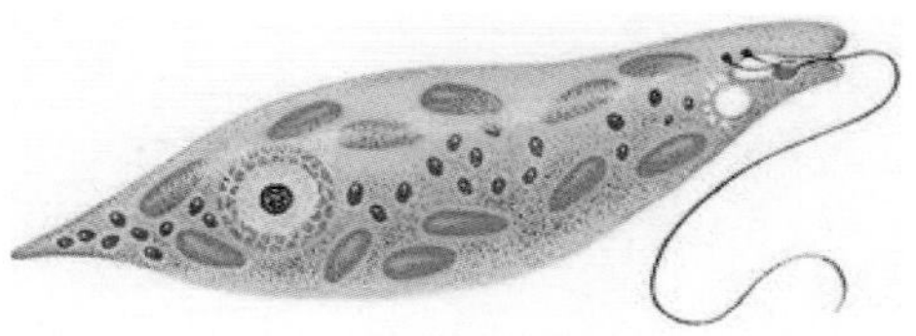

32 식충식물이 곤충을 잡아먹는 이유는 무엇인가?

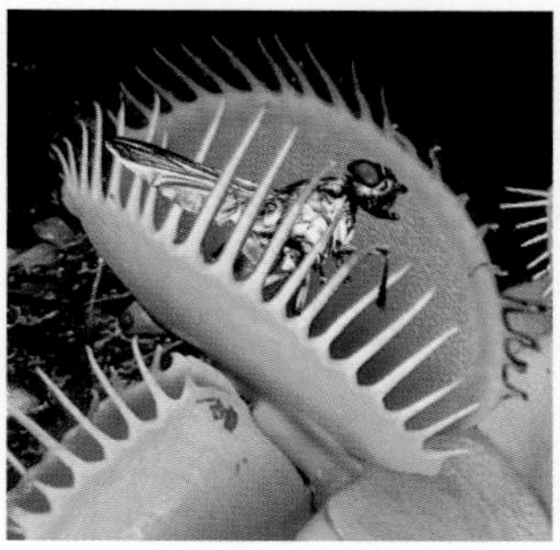

세포의 Life

우리 몸을 구성하는 세포의 수명

사람의 몸을 구성하는 세포의 수는 50~60조 개이다. 이 세포들은 아기때 만들어져서 죽지 않고 살아 있는 것일까?

우리 몸을 구성하는 세포는 아기 때 만들어진 것보다는 세포 분열을 통해 새로이 만들어진 것이 더 많다. 우리 몸을 이루는 세포는 분열 과정을 거쳐 새로운 세포를 계속 만들고, 수명이 다한 세포는 죽어서 우리 몸에서 떨어져 나간다.

세포의 수명은 우리 몸의 어떤 조직을 구성하느냐에 따라 다르다. 수명이 가장 짧은 것은 위장세포로 생겨난지 2시간 정도면 죽는 것으로 알려져 있다. 백혈구는 48시간, 적혈구는 120일, 뼈 · 근육 · 인체 장기를 구성하는 세포는 120~200일 정도 산다. 또한 피부 세포는 28일, 두피 세포는 60일을 사는데, 뇌세포와 심장 근육 세포는 60년 가까이 사는 것으로 알려져 있다.

뇌세포와 심장 근육, 눈을 이루는 세포는 태아때부터 20~25세가 될 때까지만 분열과 증식을 통해 세포의 수를 늘린다. 그래서 사람이 나이가 들면 노안이 오거나 노인성 치매(과거의 기억을 잃거나 판단력이 흐려지는 병)에 걸리는 사람이 많아지게 된다.

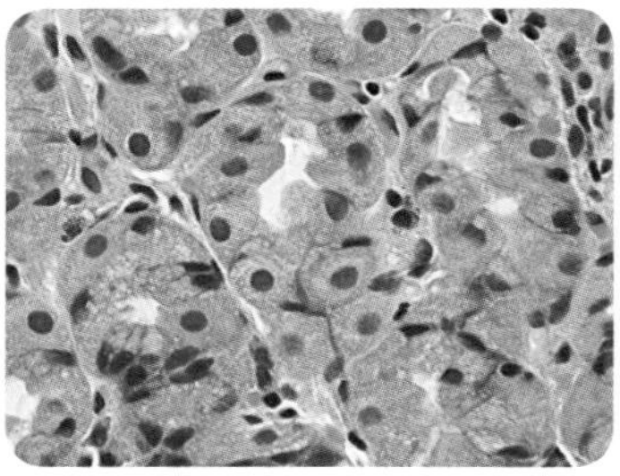
▲ 위장 세포

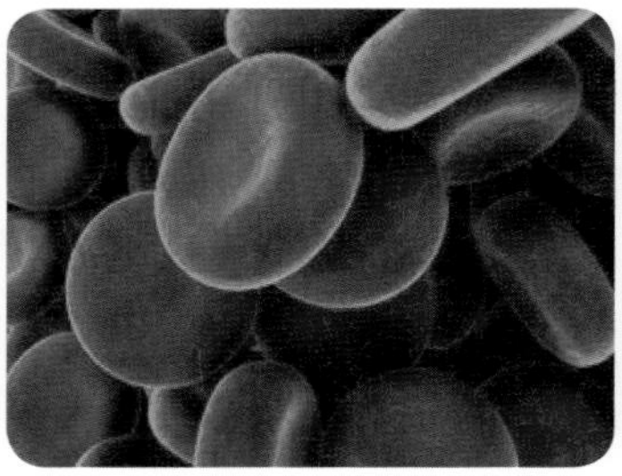
▲ 적혈구

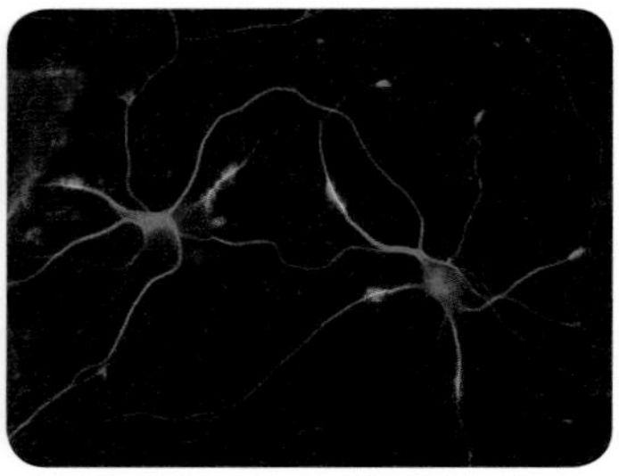
▲ 뇌를 이루는 신경 세포

Q1 **사람이 나이가 들면 노안이나 노인성 치매에 걸리게 되는 이유는 무엇일지 뇌세포의 탄생과 죽음으로 설명하시오.**

정답 및 해설 10쪽

세포의 죽음

세포의 죽음은 그 죽음에 이르는 형태와 과정에 따라서 크게 네크로시스(necrosis : 괴사)와 아폽토시스(apoptosis : 자사)로 나눌 수 있다.

· 네크로시스

네크로시스는 '세포 괴사'라고도 하며 가장 일반적인 세포의 죽음이다. 사람으로 치면 타살이라고 불릴만한 죽음으로, 세포가 상처를 입는 등 외부로부터의 압력에 의해 죽게 되는 죽음이다.

세포가 상처를 입으면 세포막은 팽창하고 세포막 사이 외부와 내부의 삼투압의 차이는 수백에서 수만 배 이상에 이르게 된다. 세포 내에서 에너지를 만들어내는 역할을 하는 미토콘드리아의 활동이 정지되고 광범위하게 단백질이 분해되면서 세포가 죽게 된다.

· 아폽토시스

아폽토시스는 세포가 스스로 에너지를 소모해 가면서 죽음에 이르는 과정이다. 세포가 아폽토시스를 일으키는 이유는 생체 내에서 적절한 세포의 수를 유지하기 위해서이거나, 전체 개체에 해를 끼치는 비정상적인 세포를 제거하기 위해서이다. 예를 들어서 유전자에 변형이 일어나는 등 세포가 암세포가 될 가능성이 있을 때, 암으로 발전하기 전에 아폽토시스를 일으켜서 죽음으로써 세포 자신이 암이 되는 것을 막는 것이다.

또한 엄마 몸 속에서 태아가 발생할 때 세포의 분열과 소멸이 적절히 일어남으로 인해 기형이 되는 것을 방지한다. 초기 발달이 일어나는 동안 인간의 손과 발은 오리 발과 같은 형태로 붙어 있는 하나의 조직 세포로, 손가락과 발가락은 막으로 연결되어 있다. 막에 있는 세포들이 죽음으로 인해 막이 제거되고, 각 손가락과 발가락은 자유롭게 움직일 수 있게 된다.

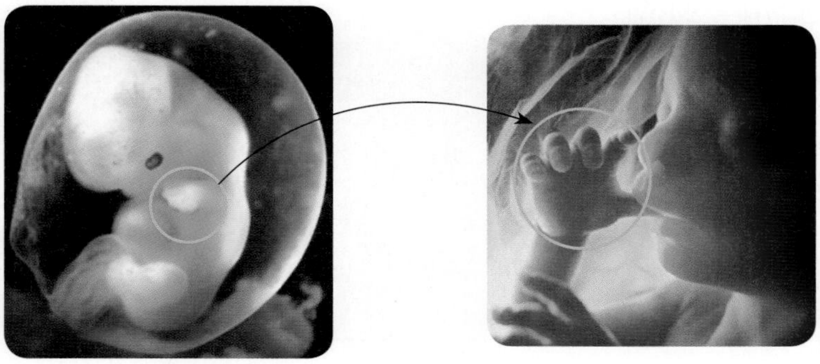

▲ 태아 초기　　▲ 6개월된 태아

Q2 **운동을 하다가 넘어져 상처가 났다면 그 상처 부위에서 세포가 죽는 과정은 네크로시스(necrosis)일까 아폽토시스(apoptosis)일까? 설명하시오.**

Project 1 - 탐구

현미경의 모든 것

현미경의 구조

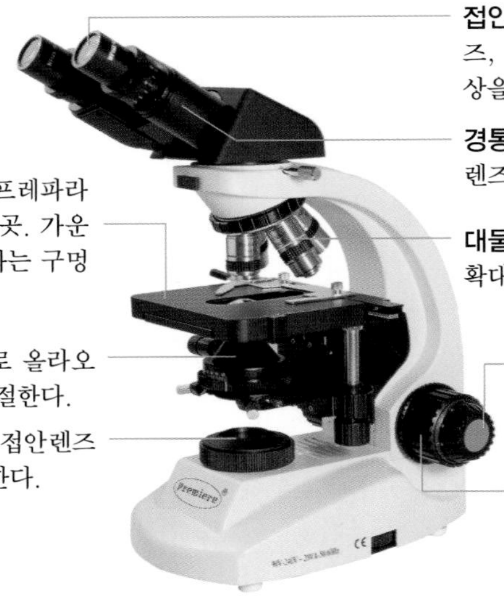

- **접안렌즈** 눈을 대고 보는 렌즈, 대물렌즈에 의해 확대된 상을 한번 더 확대한다.
- **경통** 광원 장치의 빛을 접안렌즈까지 전달한다.
- **대물렌즈** 물체의 상을 1차로 확대한다.

→ 물체의 상을 확대하는 부분

- **재물대** 관찰할 프레파라트를 올려 놓는 곳. 가운데에 빛이 통과하는 구멍이 있다.

빛의 밝기를 조절하는 부분
- **조리개** 재물대로 올라오는 빛의 양을 조절한다.
- **광원 장치** 빛이 접안렌즈까지 전달되게 한다.

- **미동 나사** 조동나사로 조절한 상의 초점을 좀 더 정확하게 맞춘다.
- **조동 나사** 경통이나 재물대를 위아래로 이동시켜 상의 초점을 맞춘다.

→ 초점을 맞추는 부분

현미경의 배율

현미경의 배율 = 접안렌즈의 배율 × 대물렌즈의 배율

· **접안렌즈의 배율** 렌즈의 길이가 짧을수록 배율이 높다.
· **대물렌즈의 배율** 렌즈의 길이가 길수록 배율이 높다.

▲ 접안렌즈

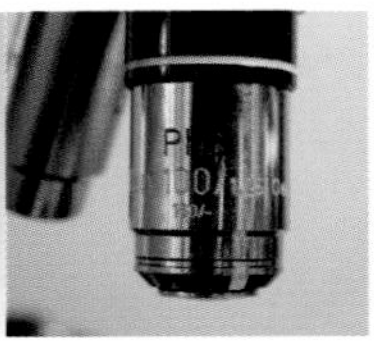
▲ 대물렌즈

〈저배율과 고배율의 비교〉

구분	접안렌즈	대물렌즈	상의 크기	상의 밝기	상의 범위	대물렌즈 작동거리	상의 모습
저배율	길다	짧다	작다	밝다	넓다	길다 	
고배율	짧다	길다	크다	어둡다	좁다	짧다 	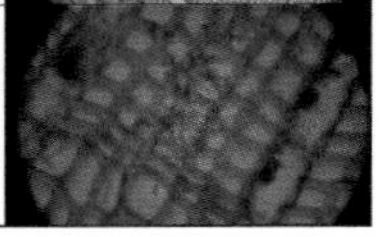

〈현미경으로 이동할 때의 상의 이동 방향〉

구분	상에 나타난 글자 모습	현미경 표본의 이동 방향
경통 이동식 현미경	'무한'을 재물대 위에 놓았을 때 → 상하좌우가 바뀜 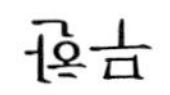	표본과 상의 이동 방향은 정반대이다. 
재물대 이동식 현미경	'무한'을 재물대 위에 놓았을 때 → 좌우가 바뀜 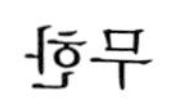	표본과 상의 이동 방향은 좌우의 방향이 반대이다.(점선대칭) 

정답 및 해설 10쪽

[탐구-1] 현미경 사용법 익히기

준비물 현미경, 받침 유리, 덮개 유리, 면봉, 스포이트, 핀셋, 거름종이

실험 과정

1. 현미경 표본 제작

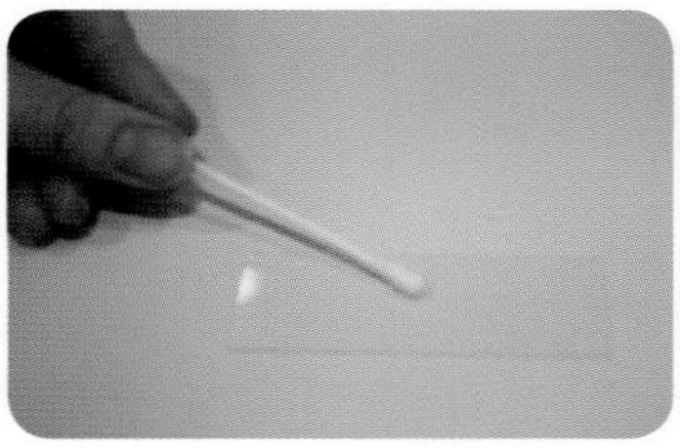

① 받침 유리 위에 관찰할 물체를 올려 놓는다.

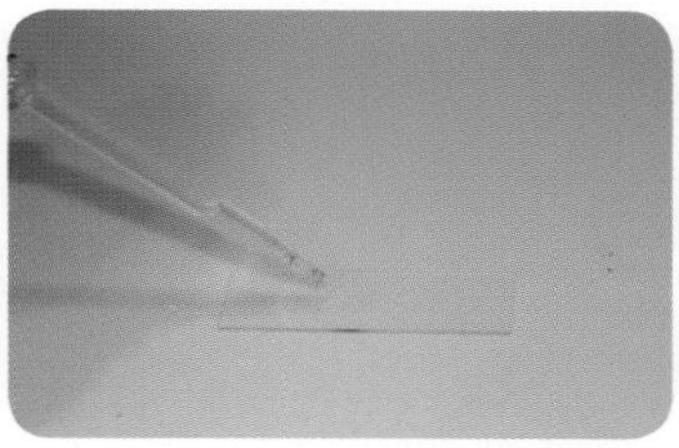

② 스포이트로 물을 한 방울 떨어뜨린다.

③ 덮개 유리를 45° 기울여 조심히 덮어준다.

2. 현미경 관찰하기

① 저배율의 대물렌즈가 경통 밑에 오도록 한다.

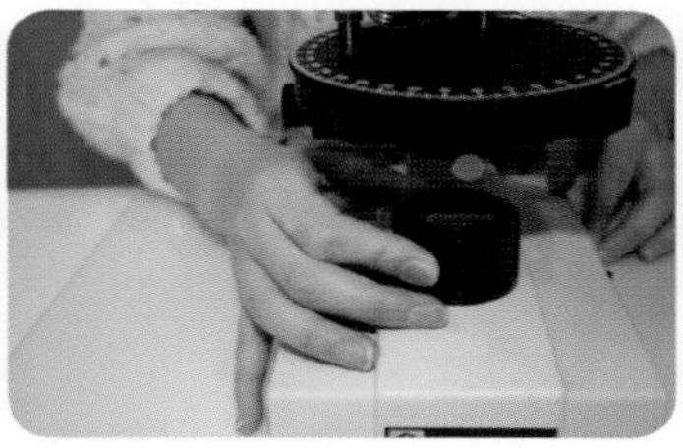

② 조광 장치와 조리개로 시야를 밝게 조절한다.

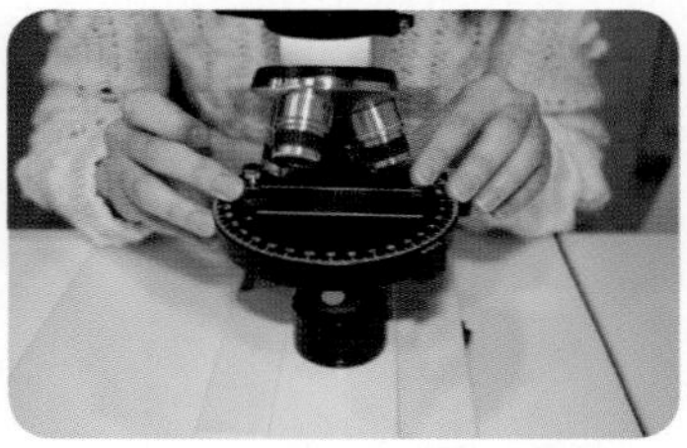

③ 현미경 표본을 재물대 위에 올려 고정시킨다.

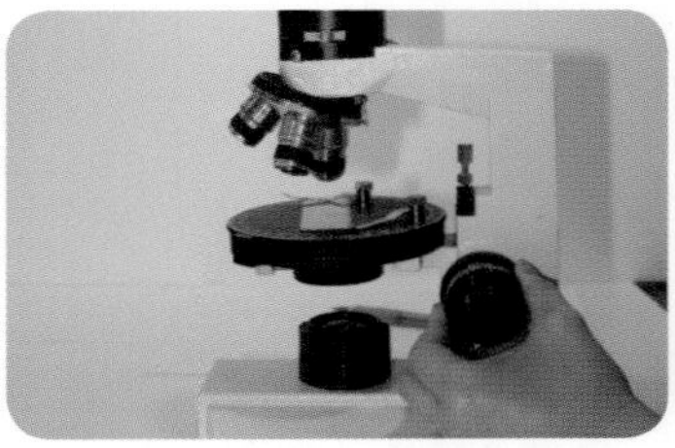

④ 옆에서 보면서 대물렌즈와 현미경 표본 사이를 최대한 가깝게 조절한다.

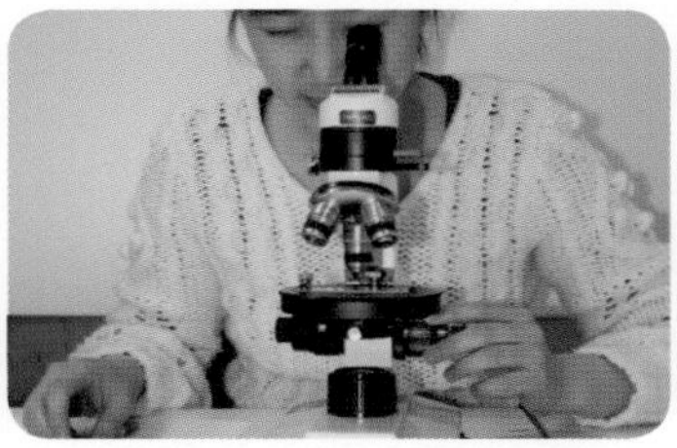

⑤ 조동 나사로 상을 찾고 미동 나사로 초점을 맞춘다.

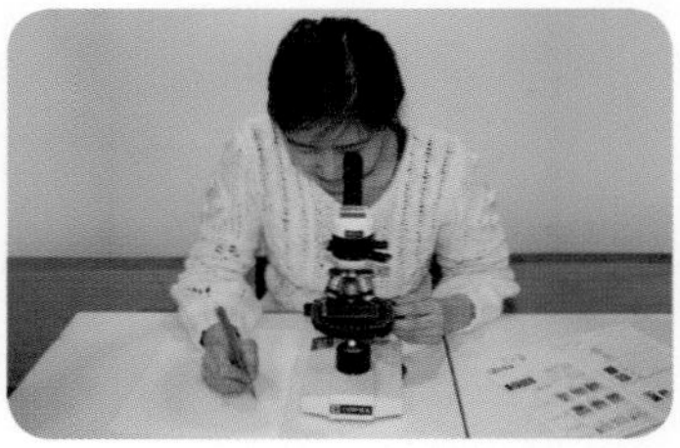

⑥ 상을 관찰하고 스케치한다.

실험 과정 이해하기

1. 관찰할 표본 위에 물을 한 방울 떨어뜨리는 이유는 무엇인가?

2. 덮개 유리를 45° 기울여 덮는 이유는 무엇인가?

3. 재물대 이동식 현미경의 상이 다음 그림과 같이 나타났을 때 상을 렌즈의 중심으로 오도록 하기 위해 현미경 표본을 어느 방향으로 이동시켜야 하는지 쓰시오.

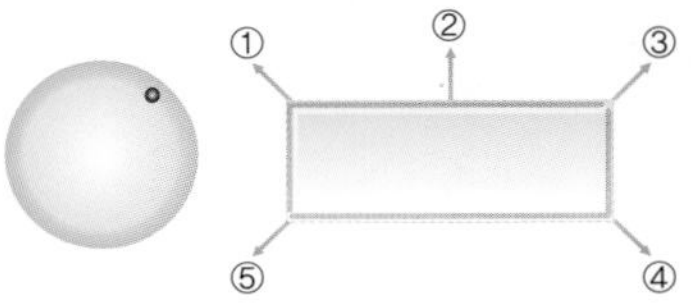

Project 1 - 탐구

[탐구-2] 식물 세포와 동물 세포 관찰하기

준비물 양파 , 아세트산카민 , 메틸렌 블루 , 현미경 , 받침 유리 , 덮개 유리 , 면봉 , 스포이트 , 핀셋 , 거름종이

실험 과정

1. 식물 세포 관찰 – 양파 표피 세포

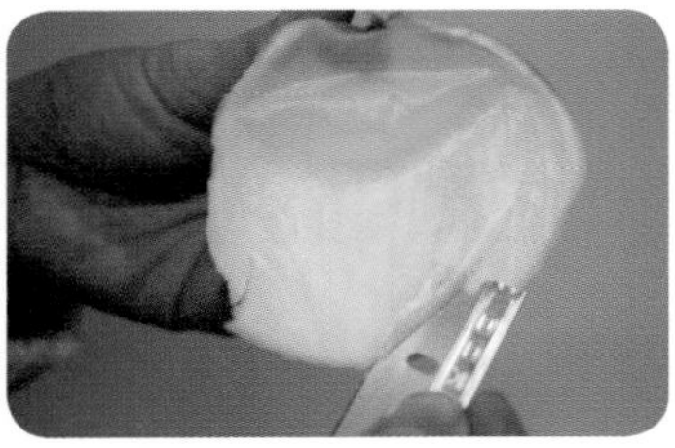

① 양파의 비늘 조각을 5mm 정도의 정사각형 모양으로 자른 후 껍질을 얇게 벗겨낸다.

② 벗겨낸 양파 껍질을 받침 유리 위에 올려 놓고, 물을 한 방울 떨어뜨린 후 덮개 유리로 덮는다.

③ 아세트산 카민 용액을 한 방울 떨어뜨리고 반대편에서 거름종이로 모두 흡수시킨 후 현미경으로 관찰한다.

2. 동물 세포 관찰 – 구강 상피 세포

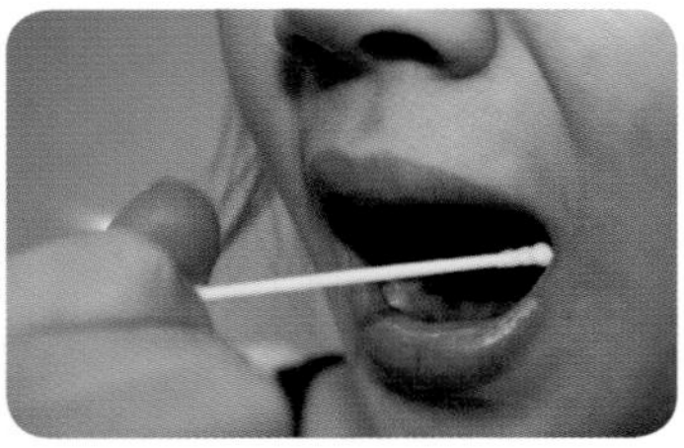

① 면봉으로 입 안쪽의 상피 세포를 살짝 긁어낸다.

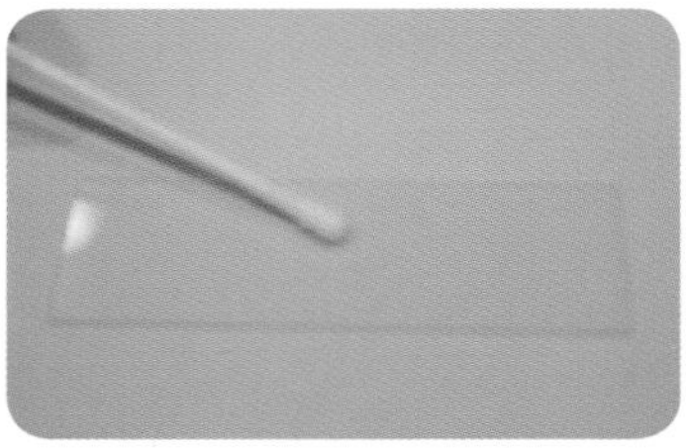

② 구강 상피 세포가 붙어 있는 면봉을 받침 유리 위에 문지르고 물을 한 방울 떨어뜨린 후 덮개 유리로 덮는다.

③ 메틸렌 블루 용액을 한방울 떨어뜨리고 반대편에서 거름종이로 모두 흡수시킨 후 현미경으로 관찰한다.

왜 식물 세포의 핵은 아세트산 카민 용액으로 동물 세포의 핵은 메틸렌 블루 용액으로 염색하는 걸까?

식물 세포에는 엽록체(초록색)가 있고, 동물 세포에는 혈액(붉은색)이 있어 반대색의 염색약을 사용하는 것이다. 양파 표피 세포에는 엽록체가 없고, 구강 상피 세포에는 혈액이 없으므로 바꾸어 사용해도 상관없다.

정답 및 해설 10쪽

탐구 결과

1. 현미경으로 관찰한 상의 모습을 그리고, 관찰 결과를 표에 쓰시오.

양파 표피 세포

배율 : ×

구강 상피 세포

배율 : ×

구분	세포 배열	세포 모양	핵의 유무
양파 표피 세포			
구강 상피 세포			

탐구 문제

1. 세포를 관찰할 때 염색액을 사용한 이유는 무엇인지 쓰시오.

2. 다음은 양파 표피 세포의 특징이 나타나는 이유를 설명한 글이다. 다음 빈칸에 알맞은 세포의 구조를 쓰시오.

양파 표피 세포(식물 세포)에는 두꺼운 (　　　　)이 있어서 규칙적이고 일정한 구조의 모양으로 배열되어 있다.

3. 구강 상피 세포의 모양이 모두 다른 이유는 무엇인지 쓰시오.

Ⅱ
식물의 구조와 기능

식물은 어떤 구조를 하고 있으며 각 구조의 기능은 무엇일까?

4강. 뿌리와 줄기

1. 뿌리의 구조와 기능

(1) 뿌리의 구조

종 단 면	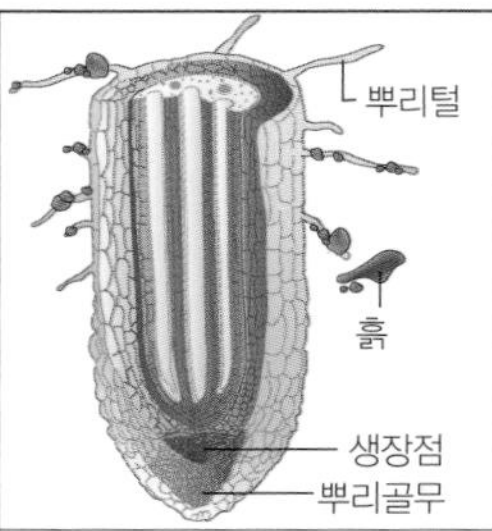	뿌리털 : 흙 속의 물과 무기 양분을 흡수함 · 한 개의 표피 세포가 변형되어 만들어짐 · 뿌리털이 많을수록 흙과의 접촉면이 넓어져 물과 무기 양분을 효율적으로 흡수함 생장점 : 세포 분열이 활발하게 일어나 새로운 세포가 만들어져 생장함 → 뿌리의 길이 생장 뿌리골무 : 생장점을 싸서 보호함, 죽은 세포로 구성
횡 단 면	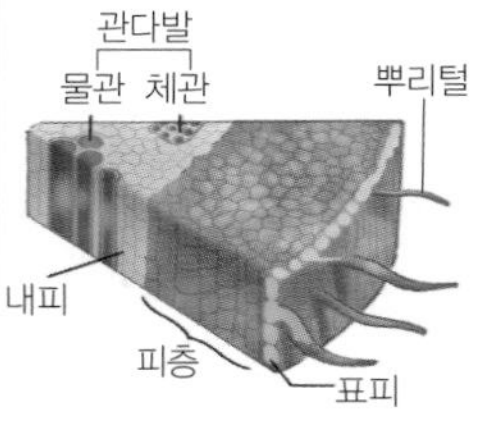	관다발 : 물질의 이동 통로 · 물관 : 뿌리털에서 흡수한 물과 무기 양분의 이동 통로 · 체관 : 잎에서 만든 유기 양분의 이동 통로 표피 : 뿌리의 가장 바깥쪽의 한 겹의 세포층으로 내부를 보호함 피층 : 표피 안쪽으로부터 내피 사이의 여러 겹의 세포층 내피 : 피층 안쪽의 한 겹의 세포층

(2) 뿌리의 종류

① 곧은뿌리 : 곧게 뻗은 원뿌리 주변에 곁뿌리가 나 있다.
→ 쌍떡잎식물(봉선화, 민들레, 땅콩, 해바라기), 겉씨식물(소나무, 은행나무)

② 수염뿌리 : 굵기와 길이가 비슷하여 원뿌리와 곁뿌리의 구별이 없는 뿌리
→ 외떡잎식물(벼, 보리, 양파, 옥수수, 강아지풀, 백합)

(3) 뿌리의 기능

① 지지 작용 : 식물체를 지탱해 준다.
② 저장 작용 : 유기 양분을 뿌리에 저장한다.
③ 흡수 작용 : 물과 무기 양분이 흡수된다.
④ 호흡 작용 : 흙 속의 산소 흡수, 이산화 탄소 배출

● 뿌리털

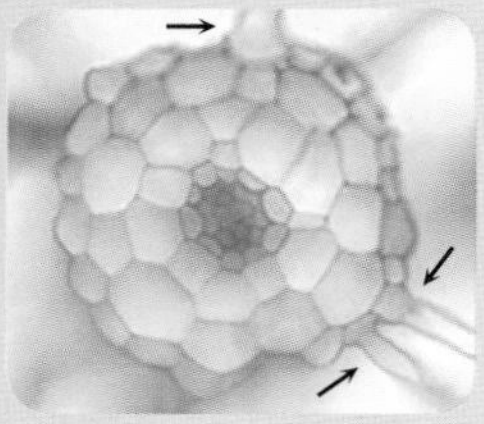

별도의 세포가 있는 것이 아니라 한개의 표피 세포가 길게 변형된 것이다.

● 곧은뿌리와 수염뿌리

▲ 곧은뿌리

▲ 수염뿌리

● 뿌리의 저장 작용

▲ 고구마

▲ 무

▲ 당근

▲ 달리아

미니사전

유기 양분 [有 있다 機 틀 養 먹이다 分 나누다] 탄수화물, 지방, 단백질 등 탄소를 포함한 영양분

무기 양분 [無 없다 機 틀 養 먹이다 分 나누다] 칼슘, 마그네슘, 나트륨 등 탄소를 포함하지 않는 영양분

세포 분열 [細 가늘다 胞 세포 分 나누다 裂 분할하다] 1개의 세포가 2개의 세포로 갈라져 세포의 수가 늘어나는 현상

지탱 식물체를 오랫동안 버티고 유지하는 상태

개념확인 1 그림에서 죽은 세포로 되어 있으며, 생장점을 보호하는 기능을 하는 구조의 기호와 이름을 쓰시오.

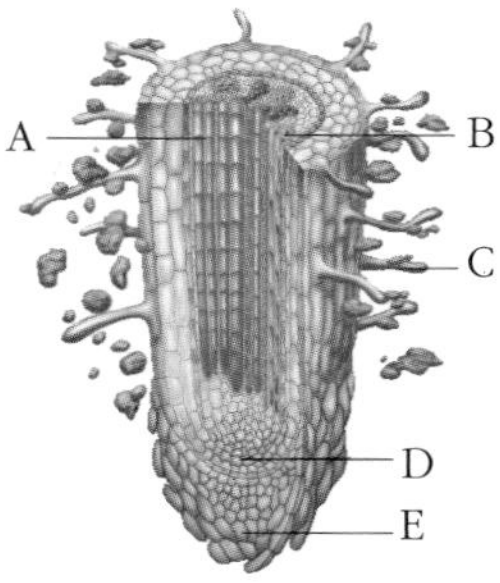

확인 +1 뿌리의 종류를 각각 쓰시오.

(1)

(   )

(2)

(   )

2. 뿌리에서 물의 흡수와 이동

(1) 뿌리에서 물의 흡수 원리 : 삼투 현상에 의해 흡수된다.

① 삼투 현상 : 반투과성 막을 통해서 저농도 용액에서 고농도 용액으로 물이 이동하는 현상

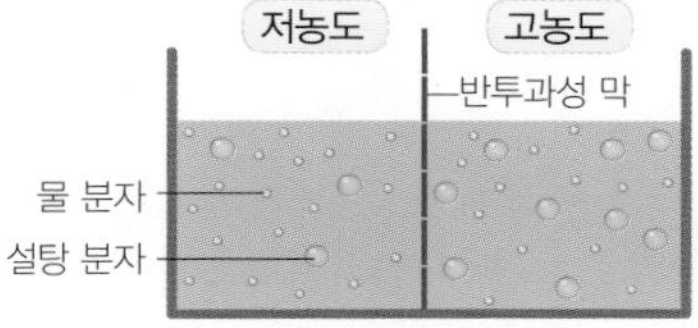

▲ 삼투 현상이 일어나기 전

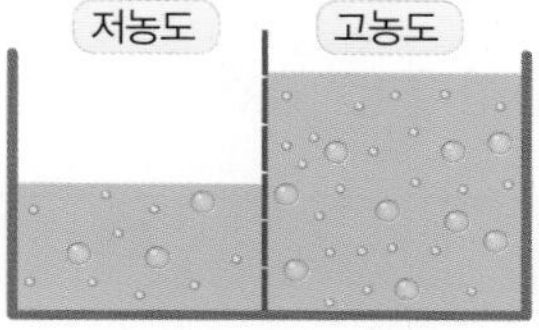

▲ 삼투 현상이 일어난 후

② 뿌리털의 세포막은 반투과성 막으로, 뿌리 내부의 농도가 흙의 농도보다 높아 삼투 현상에 의해 물이 흙에서 뿌리털로 이동하게 된다.

(2) 뿌리에서 물의 이동 : 뿌리를 구성하는 세포들은 안쪽으로 갈수록 농도가 높아지기 때문에 흡수된 물이 뿌리 안쪽 물관으로 계속 이동하게 된다.

① 뿌리 각 부위의 농도 : 흙 속 < 뿌리털 < 피층 < 내피 < 물관

② 물의 이동 경로 : 흙 속 → 뿌리털 → 피층 → 내피 → 물관

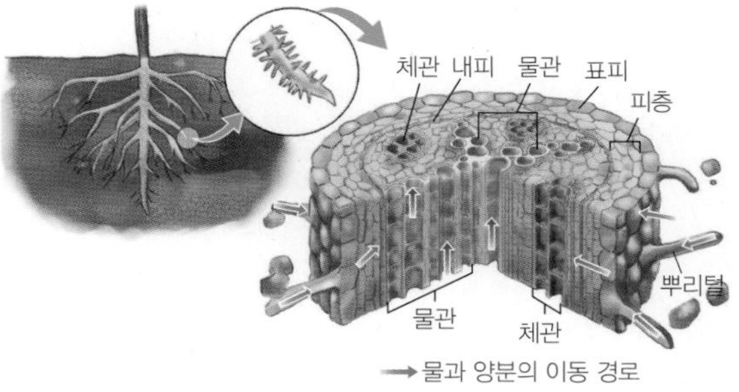

▲ 뿌리에서 물과 양분의 이동 경로

정답 및 해설 11쪽

※ **뿌리의 횡단면 그림을 보고 물음에 답하시오.**

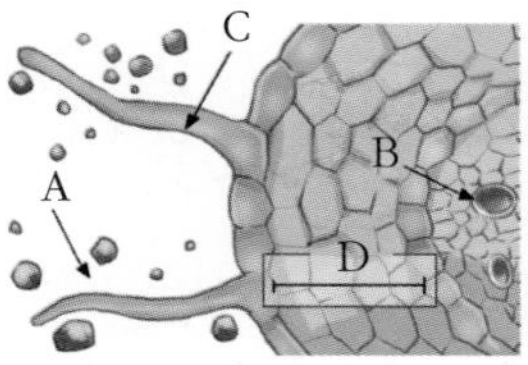

개념확인 2 A, B, C, D 부분을 농도가 큰 곳부터 작은 곳 순으로 나열하시오.

확인 + 2 물의 이동 경로를 A, B, C, D 기호로 나열하시오.

간단실험

삼투 현상

① 삼각플라스크에 진한 설탕물을 넣고 셀로판 막으로 입구를 막는다.

② 증류수가 담긴 비커에 삼각플라스크를 뒤집은 채 고정시킨다.

③ 삼각플라스크 안에 들어있는 설탕물의 높이 변화를 관찰한다.

반투과성 막

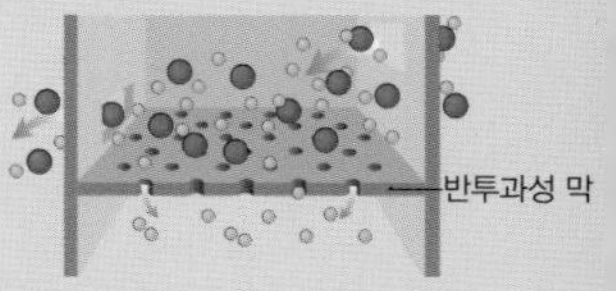

분자의 크기가 큰 것은 통과하지 못하고, 크기가 작은 물만 통과시키는 막

→ 세포막, 셀로판 막, 달걀 속껍질

▲ 달걀의 속껍질

삼투현상의 예

- 배추에 소금을 뿌리면 숨이 죽는다.
- 매실을 설탕에 재면 쭈글쭈글해 진다.
- 시들시들한 채소에 물을 뿌리면 싱싱해 진다.
- 화분에 비료를 많이 주면 식물이 말라 죽는다.

미니사전

농도 [濃 짙다 度 정도] 용액이 얼마나 진하고 묽은지 수치로 나타낸 값

● 형성층이 있는 식물

속씨식물 / 겉씨식물

외떡잎 식물 / 쌍떡잎 식물

형성층은 쌍떡잎식물과 겉씨식물에만 있다. 형성층이 있는 식물은 줄기가 굵어져 나무줄기를 이루지만, 형성층이 없는 외떡잎식물은 줄기가 굵어지지 않는다.

▲ 강아지풀 (외떡잎식물)

● 체판

체관의 위아래 세포벽에 체처럼 구멍이 많은 구조

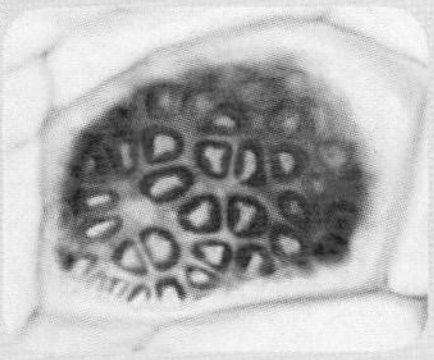
▲ 체판

● 생각해보기★

나이테는 어떻게 생겨나는 것일까?

▲ 나이테

미니사전

관다발 [管 대롱 –다발] 물관, 체관 등의 관의 다발이라는 뜻으로 식물체 내 물질 수송의 중요한 통로

부피 생장 식물이 생장할 때 줄기가 굵어지는 것

3. 줄기의 구조와 기능 1

(1) 줄기의 구조

① 표피 : 줄기의 가장 바깥쪽에 있는 한 겹의 세포층으로 줄기를 싸서 보호함
② 피층 : 표피 안쪽의 여러 겹의 세포층
③ 속 : 줄기의 가장 안쪽의 세포층
④ 관다발 : 물관 + 체관 + 형성층 (외떡잎식물은 형성층이 없음)

구분	물관	체관	형성층
기능	뿌리에서 흡수한 물과 무기 양분의 이동 통로	잎에서 광합성으로 만들어진 유기 양분의 이동 통로	세포 분열이 일어나 줄기의 부피 생장이 일어나는 부분
위치	형성층 안쪽	형성층 바깥쪽	물관과 체관 사이
구성 세포	죽은 세포로 구성 세포벽이 두꺼움	살아 있는 세포로 구성 세포벽이 얇음	세포 분열이 활발한 살아 있는 세포로 구성
특징	위아래 세포벽이 없어져 연속된 하나의 관 모양을 이루며, 겉 부분에 다양한 무늬가 있음 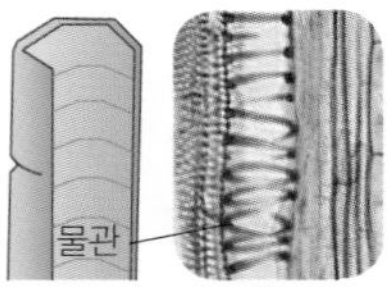 ▲ 물관의 단면	위아래 세포들 사이에 구멍이 뚫린 체판이 있어 이를 통해 양분이 이동함 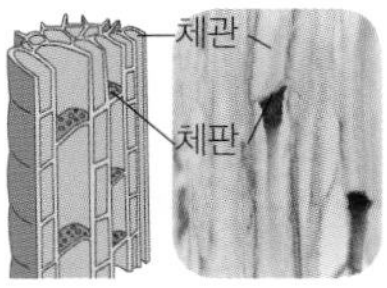 ▲ 체관의 단면	쌍떡잎식물과 겉씨식물에만 있음 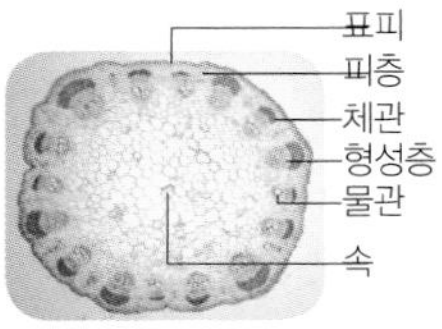 ▲ 줄기의 단면

개념확인 3 〈보기〉에서 설명하는 줄기의 구조를 쓰시오.

〈 보기 〉
· 형성층 바깥쪽에 있다.
· 살아 있는 세포로 되어 있다.
· 위아래 세포벽에는 체 모양의 작은 구멍이 있는 체판이 있다.

확인 +3 세포 분열이 왕성하게 일어나 줄기의 부피 생장이 일어나는 곳의 기호와 이름을 쓰시오.

4. 줄기의 구조와 기능 2

(1) 줄기의 기능

① 지지 작용 : 식물체를 지탱한다.
② 운반 작용 : 물과 양분을 운반한다.(물관과 체관을 통함)
③ 저장 작용 : 여분의 양분을 줄기에 저장한다.
④ 호흡 작용 : 피목을 통해 산소를 호흡하고 이산화 탄소를 내보낸다.

(2) 쌍떡잎식물과 외떡잎식물의 줄기 비교

쌍떡잎식물	외떡잎식물
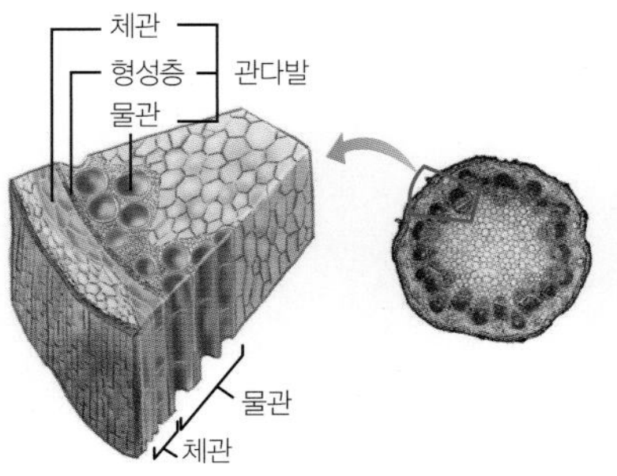	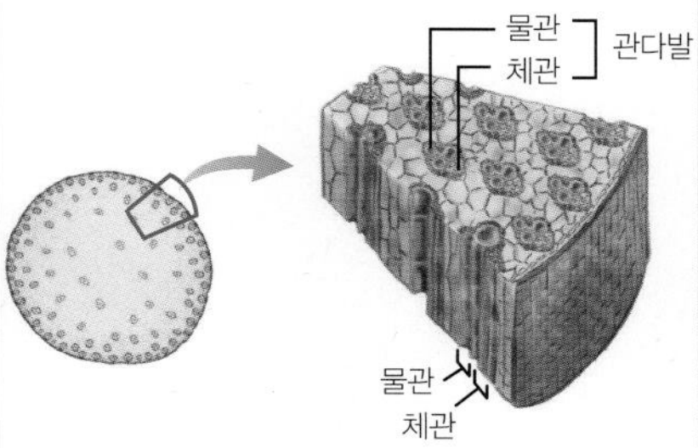
· 관다발 배열이 규칙적 · 형성층이 있어 부피 생장이 일어남 → 봉선화, 민들레, 해바라기, 땅콩 등	· 관다발 배열이 불규칙적 · 형성층이 없어 부피 생장이 일어나지 않음 → 보리, 벼, 강아지풀, 옥수수, 백합 등

정답 및 해설 11쪽

개념확인 4 줄기의 4가지 기능을 모두 쓰시오.

확인 + 4 줄기의 단면을 나타낸 것이다. (가)와 (나)는 쌍떡잎식물인지 외떡잎식물인지 각각 쓰시오.

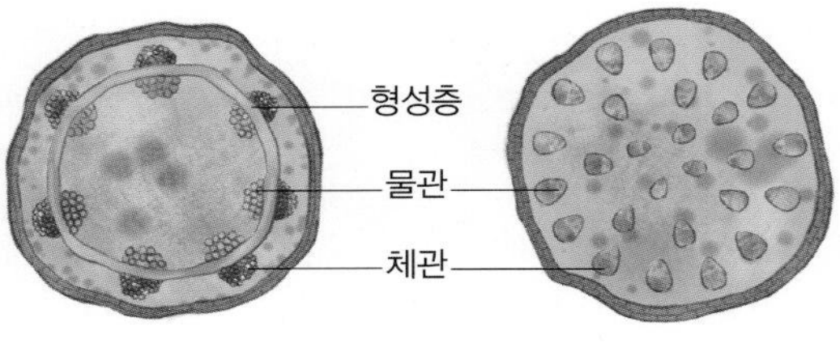

(가) : (　　　　　)　　　　(나) : (　　　　　)

● 피목

나무 줄기 표면에 작게 갈라진 틈으로, 잎이 떨어진 겨울철에 이 구멍을 통해 기체가 드나들어 식물이 호흡한다.

▲ 피목

● 체관의 기능을 확인하는 방법 : 환상 박피

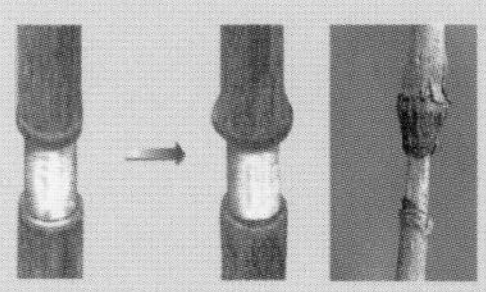

줄기의 껍질을 고리 모양으로 벗긴 후 시간이 지나면 벗겨낸 부위의 위쪽이 두꺼워진다.

· 이유 : 체관이 제거되어 유기 양분이 아래쪽으로 이동하지 못하고 윗부분에 쌓였기 때문
· 알 수 있는 사실 :
① 체관은 유기 양분이 이동하는 통로이다.
② 체관은 관다발 바깥쪽에 위치한다.
· 환상 박피 하는 이유 : 양분의 이동을 막아 박피한 윗부분의 과일이 떨어지는 것을 막고, 열매를 크게 만들기 위해서이다.

● 줄기의 저장 작용

▲ 감자

▲ 양파

▲ 선인장

▲ 토란

미니사전

피목 [皮 가죽 目 눈] 식물의 줄기 표피에 있는 껍질눈

환상 박피 [環 고리 狀 모양 剝 벗기다 皮 가죽] 식물 줄기의 껍질을 고리 모양으로 벗겨냄

개념 다지기

01 뿌리의 종단면을 나타낸 것이다. A~E에 해당하는 이름과 기능이 올바르게 짝지어지지 않은 것은?

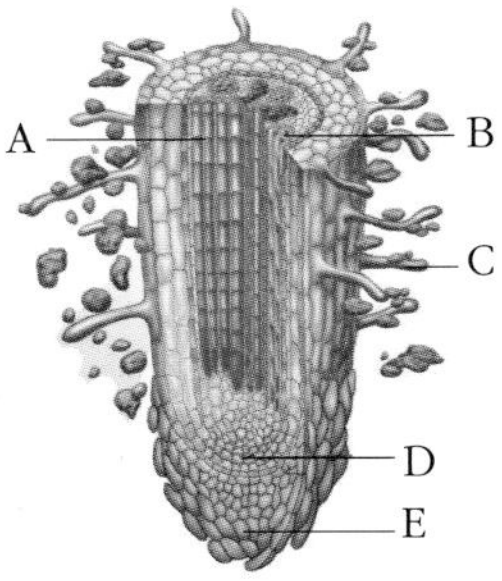

① A : 물관 - 뿌리털에서 흡수한 물이 이동하는 통로
② B : 체관 - 뿌리에서 흡수한 유기물의 이동 통로
③ C : 뿌리털 - 흙 속의 무기 양분을 흡수
④ D : 생장점 - 새로운 세포가 만들어지는 곳
⑤ E : 뿌리골무 - 생장점을 싸서 보호

02 뿌리의 기능으로 옳지 않은 것은?

① 유기 양분을 저장한다.
② 물과 무기 양분을 흡수한다.
③ 식물체를 쓰러지지 않게 한다.
④ 빛을 이용하여 양분을 만든다.
⑤ 산소를 흡수하고 이산화 탄소를 배출한다.

03 흙 속의 물이 뿌리로 이동할 때 각 부분의 농도를 바르게 비교한 것은?

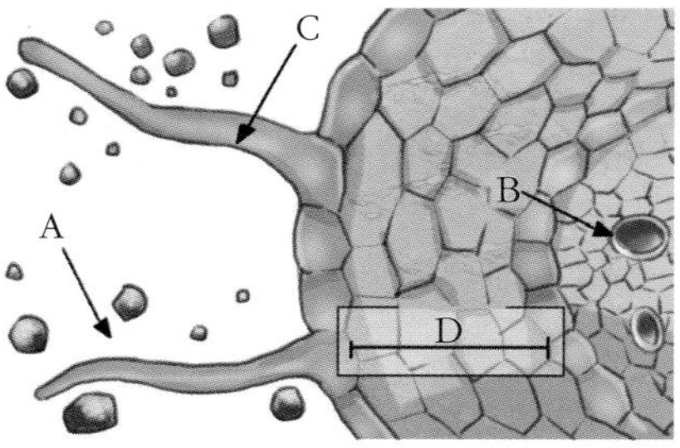

① A = B = C = D
② A 〉 C 〉 D 〉 B
③ A 〈 C 〈 D 〈 B
④ A 〈 B = C 〈 D
⑤ A 〉 B = C = D

정답 및 해설 11쪽

04 줄기의 기능을 모두 고르시오.(4개)

① 저장 작용 ② 지지 작용 ③ 흡수 작용
④ 호흡 작용 ⑤ 증산 작용 ⑥ 운반 작용

05 두 종류 식물의 줄기 구조를 나타낸 것이다.

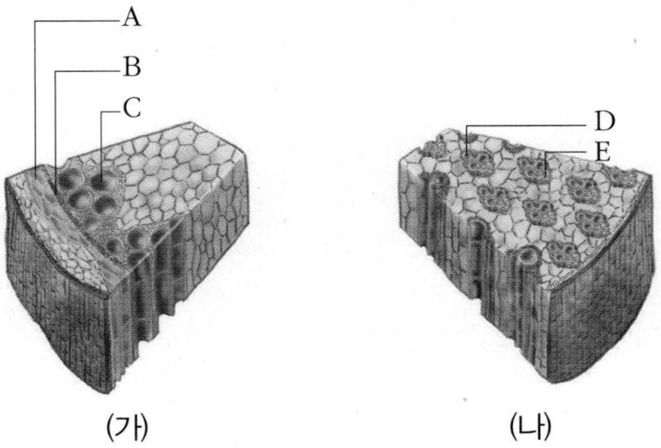

위에 대한 설명으로 옳은 것은?

① (나)는 외떡잎식물이다.
② B는 외떡잎식물에만 있다.
③ 나이테는 C 때문에 생기는 것이다.
④ (가)와 (나) 모두 부피 생장을 한다.
⑤ A와 E는 뿌리에서 흡수한 물과 양분의 이동 통로이다.

06 쌍떡잎식물에 대한 설명으로 옳지 않은 것은?

① 관다발이 규칙적이다.
② 물관은 형성층의 안쪽에 있다.
③ 옥수수, 보리가 여기에 속한다.
④ 체관은 형성층의 바깥쪽에 있다.
⑤ 형성층이 있어 부피 생장을 한다.

[유형4-1] 뿌리의 구조와 기능

뿌리의 종단면을 나타낸 그림이다. 각 기호에 알맞은 구조의 이름을 각각 쓰시오.

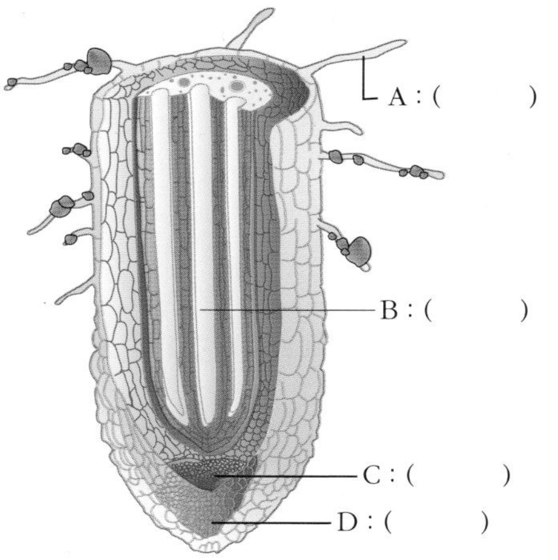

01 싹튼 무씨의 뿌리털이다. 뿌리털에 대한 설명으로 옳지 않은 것은?

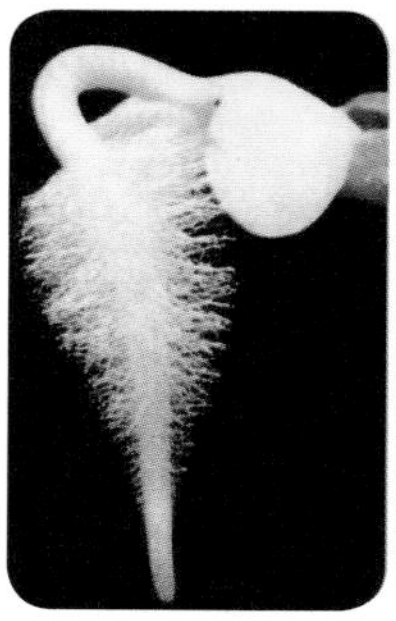

① 뿌리의 표면적을 넓힌다.
② 표피 세포가 변형된 것이다.
③ 하나의 세포로 이루어져 있다.
④ 세포 분열이 왕성하게 일어나는 곳이다.
⑤ 뿌리털이 많을수록 물과 양분을 흡수하는 데 유리하다.

02 두 종류의 식물의 뿌리를 나타낸 것이다.

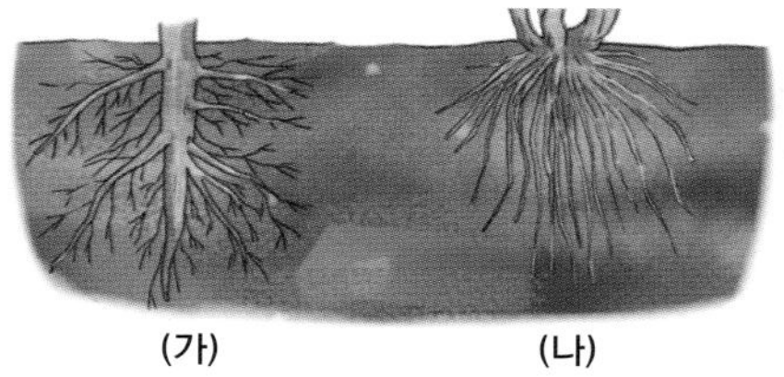

위의 그림에 대한 설명으로 옳은 것은?

① (가)는 원뿌리와 곁뿌리의 구분이 없다.
② (가)는 수염뿌리이고, (나)는 곧은뿌리이다.
③ (가)는 벼, 파, 강아지풀에서 관찰할 수 있다.
④ (나)는 민들레, 봉선화, 소나무에서 관찰할 수 있다.
⑤ (가)는 쌍떡잎식물의 뿌리이고, (나)는 외떡잎식물의 뿌리이다.

정답 및 해설 11쪽

[유형4-2] 뿌리에서 물의 흡수와 이동

뿌리에서 물이 흡수되는 과정을 그림으로 나타낸 것이다.

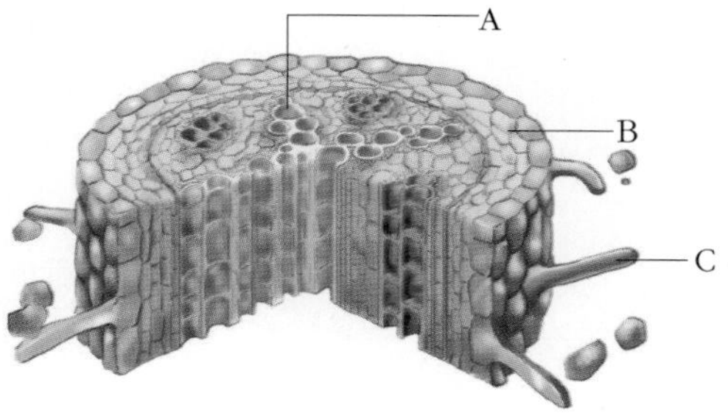

(1) 뿌리에서 물이 흡수되는 원리는 무엇인가?

(2) A, B, C 각 부분의 농도를 부등호(>, =, <)를 이용해 비교하시오.

03

뿌리의 횡단면을 모식적으로 나타낸 것이다. 뿌리에서 물의 흡수에 대한 설명으로 옳은 것은?

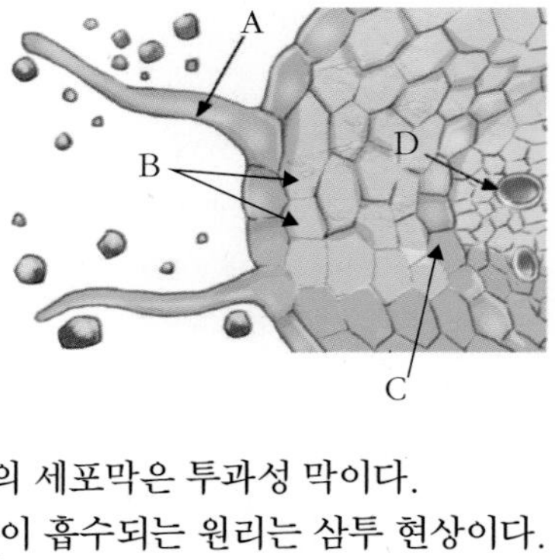

① A의 세포막은 투과성 막이다.
② 물이 흡수되는 원리는 삼투 현상이다.
③ 물은 최초에 B를 통해 뿌리 속으로 흡수된다.
④ 물은 농도가 높은 쪽에서 낮은 쪽으로 이동한다.
⑤ 물은 A에서 D로, 무기 양분은 D에서 A로 이동한다.

04

뿌리에서 물이 흡수되는 원리와 관계 깊은 현상은?

① 맑은 날에 빨래가 잘 마른다.
② 향수 냄새가 방 전체로 퍼진다.
③ 시들은 채소에 물을 뿌리면 싱싱해진다.
④ 가는 관 속에서 물이 기둥을 이루며 위로 올라간다.
⑤ 물에 잉크를 한 방울 떨어뜨리면 잉크가 물 전체로 퍼져 나간다.

[유형4-3] 줄기의 구조와 기능 1

줄기의 횡단면을 나타낸 그림이다. 설명에 해당하는 줄기 구조를 그림에서 찾아 기호와 이름을 쓰시오.

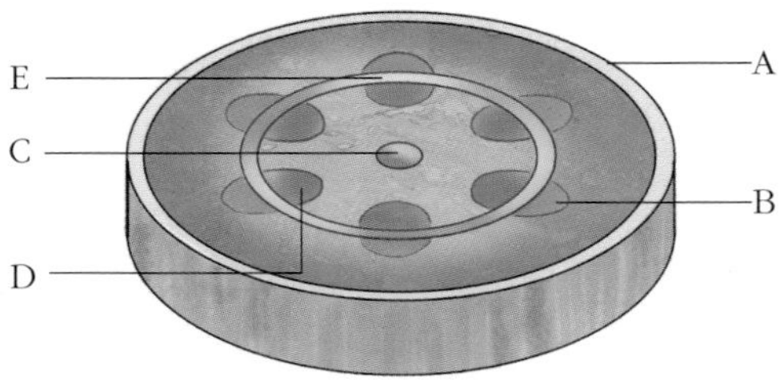

(1) 줄기의 가장 안쪽 세포층　기호 : (　　)　이름 : (　　　　)
(2) 물과 무기 양분의 이동 통로　기호 : (　　)　이름 : (　　　　)
(3) 세포 분열이 일어나며 부피 생장을 함　기호 : (　　)　이름 : (　　　　)
(4) 줄기 가장 바깥쪽의 한 겹의 세포층　기호 : (　　)　이름 : (　　　　)
(5) 살아 있는 세포로 구성되며, 유기 양분의 이동 통로　기호 : (　　)　이름 : (　　　　)

05 식물의 줄기 단면을 나타낸 것이다.

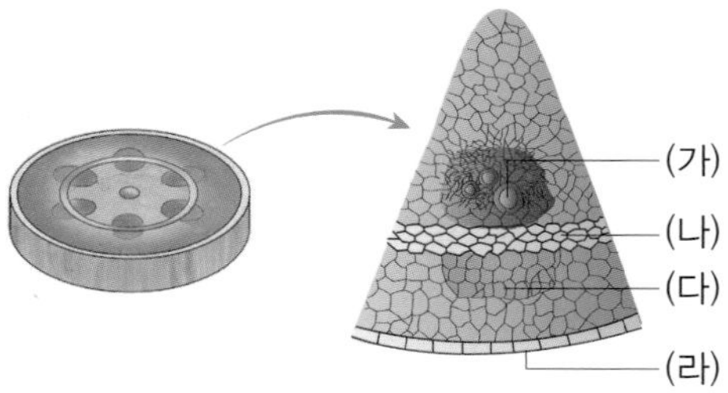

각 부분에 대한 설명으로 옳지 않은 것은?

① (가)를 통해 뿌리에서 흡수한 물이 이동한다.
② (나)는 외떡잎식물에서는 관찰할 수 없다.
③ (다)의 위아래 세포 사이에는 작은 구멍이 나 있다.
④ (다)는 죽은 세포로 이루어져 있다.
⑤ (라)는 1층의 세포로 되어 있다.

06 물관에 해당하면 '물', 체관에 해당하면 '체'로 답하시오.

(1) 죽은 세포로 되어 있다. (　　)
(2) 위아래 세포벽이 없어 긴 대롱 모양을 이룬다. (　　)
(3) 세포벽이 두껍고 세포벽 안쪽으로 다양한 무늬가 있다. (　　)
(4) 위아래 세포벽에 작은 구멍이 있어 물질이 이동할 수 있다. (　　)

정답 및 해설 12쪽

[유형4-4] 줄기의 구조와 기능 2

식물 줄기의 단면도를 현미경으로 관찰한 결과의 일부이다.

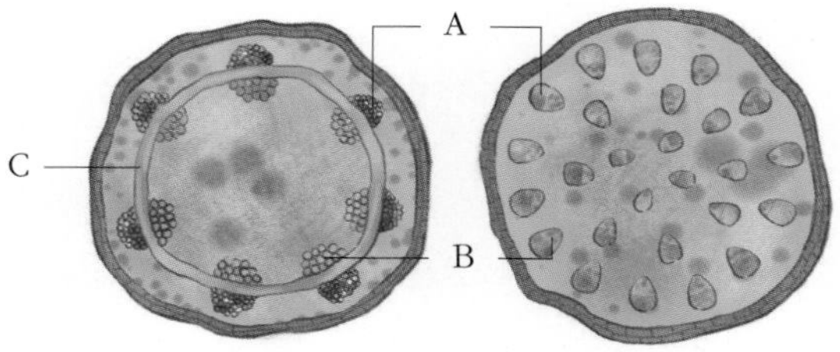

각 부분의 명칭과 설명이 바르게 짝지어진 것을 모두 고르시오.(3개)

① (가)는 외떡잎식물이다.
② (나)는 쌍떡잎식물이다.
③ A는 체관으로 잎에서 만들어진 양분의 이동 통로이다.
④ B는 물관으로 뿌리에서 흡수한 물의 이동 통로이다.
⑤ C는 형성층으로 세포 분열이 일어나는 곳이다.

07 백합을 붉은 잉크를 탄 물에 하루 정도 담근 뒤 가로와 세로로 얇게 잘라 현미경으로 관찰한 것이다.

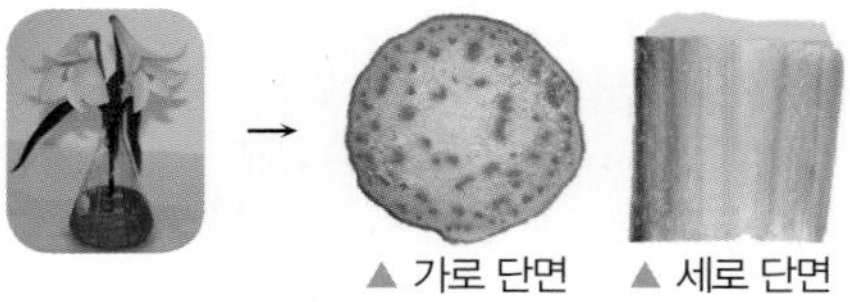

▲ 가로 단면 ▲ 세로 단면

식물을 붉은 물감을 탄 물에 넣었을 때 줄기에서 붉게 물드는 부분의 이름을 쓰시오.

08 쌍떡잎식물과 외떡잎식물의 줄기를 비교하여 나타낸 것이다. ㉠~㉢에 들어갈 알맞은 말을 고르시오.

구분	형성층	부피생장	관다발
쌍떡잎식물	㉠	한다	규칙적
외떡잎식물	없다	㉡	㉢

㉠ : (있다, 없다)
㉡ : (한다, 안한다)
㉢ : (규칙적, 불규칙적)

창의력 & 토론마당

01 우리 몸의 소장과 폐에 대한 설명이다.

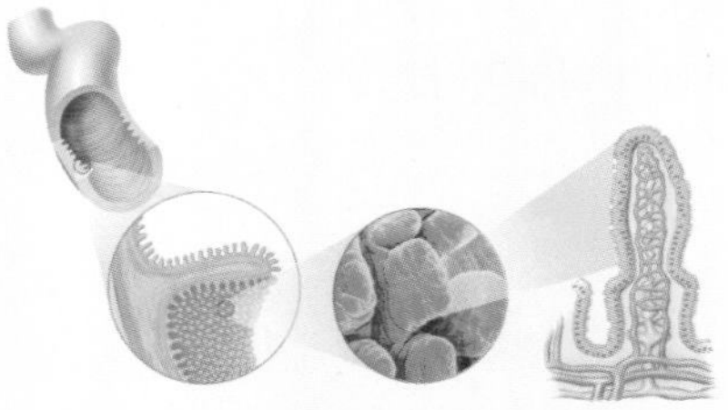

▲ 소장의 융털

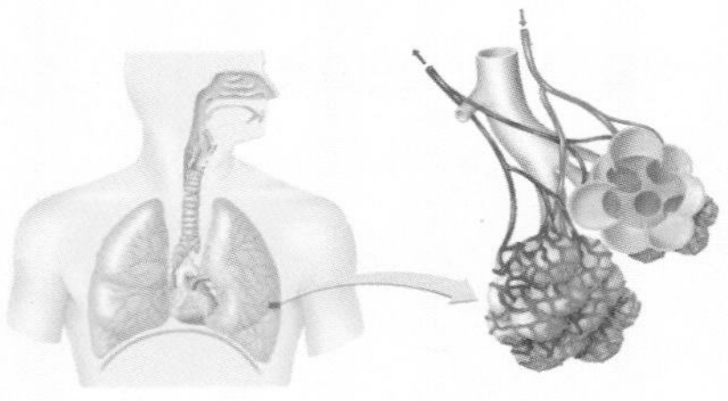

▲ 폐를 이루는 폐포

소장의 안쪽 벽에 많은 주름과 융털이 있어 영양소와 접촉할 수 있는 표면적을 넓혀 영양소를 효과적으로 흡수한다.

폐는 약 3억~4억 개의 폐포로 구성되어 공기와 접촉할 수 있는 표면적을 넓게 하여 기체 교환이 효율적으로 일어난다.

이와 가장 흡사한 원리를 이용하는 식물의 구조는 무엇이며, 그 구조의 장점을 함께 쓰시오.

02 은행 나무를 옮기기 위한 굴취 작업 현장의 모습이다. 나무를 옮겨 심을 때 다른 곳에서도 잘 자라게 하는 방법과 그렇게 생각한 이유를 함께 쓰시오.

정답 및 해설 12쪽

03 나이테는 나무의 변화 형태뿐만 아니라 나무가 성장한 지역의 환경 변화까지 보여 준다. 다음 두 나무의 나이테를 관찰하여 나무가 자란 환경을 유추해 보자.

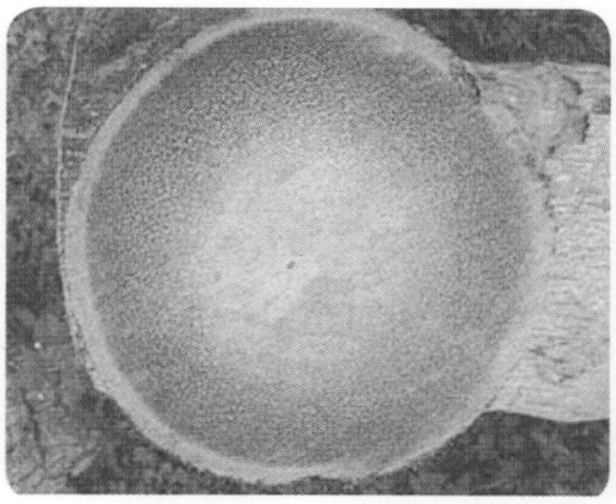

(가)

(나)

04 일제 강점기에 송진을 체취하기 위해 일본인들이 소나무에 칼집을 내고 남은 소나무의 흉터 모습이다. 나무의 껍질에 깊은 흉터가 남았지만 소나무는 죽지 않고 여전히 잘 자라고 있다. 그렇다면 식물의 줄기에 흉터가 생겼을 때 식물이 생존할 수 있는 범위는 어느 정도가 될까?

정답 및 해설 13쪽

05 길이가 1m인 어린 나무에 뿌리로부터 1m인 지점에 칼로 표시를 해 놓고 1년이 지난 뒤에 그 위치를 확인하였을 때 표시한 부분의 위치는 어떻게 변했을지 이유와 함께 쓰시오.

A

[01~03] 뿌리의 구조를 나타낸 것이다. 다음 설명에 해당되는 구조의 기호와 이름을 차례대로 쓰시오.

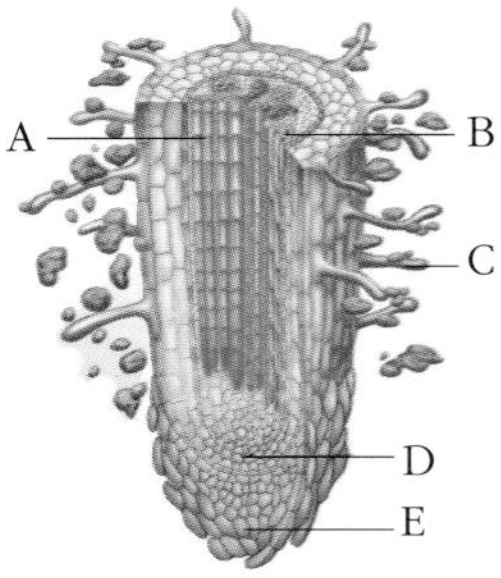

01 표면적을 넓혀 물과 무기 양분을 효율적으로 흡수할 수 있다.

기호 : (　　) 이름 : (　　　　　)

02 세포 분열이 활발하게 일어나서 뿌리를 길게 자라도록 한다.

기호 : (　　) 이름 : (　　　　　)

03 죽은 세포로 되어 있으며, 생장점을 보호하는 기능을 한다.

기호 : (　　) 이름 : (　　　　　)

04 괄호 안에 알맞은 말을 고르시오.

> 농도가 다른 두 용액이 반투과성 막을 사이에 두고 있을 때, ㉠(고, 저) 농도 용액에서 ㉡(고, 저)농도 용액으로 물이 이동하는 현상을 삼투 현상이라고 한다.

[05~07] 줄기의 횡단면을 나타낸 것이다. 다음 물음에 답하시오.

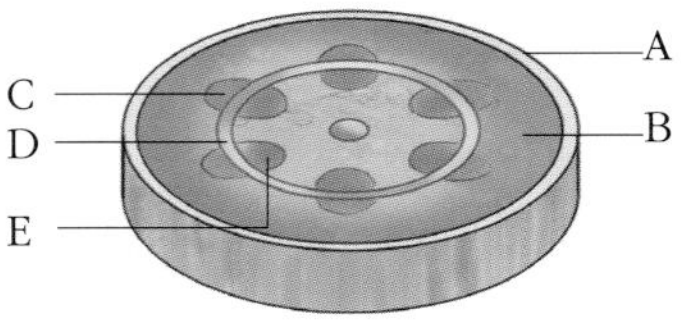

05 잎에서 만들어진 유기물의 이동 통로가 되는 부분의 기호와 이름을 쓰시오.

기호 : (　　) 이름 : (　　　　　)

06 뿌리에서 흡수한 물과 무기 양분의 이동 통로가 되는 부분의 기호와 이름을 쓰시오.

기호 : (　　) 이름 : (　　　　　)

07 세포 분열이 일어나 식물의 부피 생장을 일으키는 부분의 기호와 이름을 쓰시오.

기호 : (　　) 이름 : (　　　　　)

08 〈보기〉에서 줄기의 기능을 모두 고르시오.

〈 보기 〉

ㄱ. 호흡 작용　ㄴ. 증산 작용　ㄷ. 운반 작용
ㄹ. 저장 작용　ㅁ. 흡수 작용　ㅅ. 지지 작용

정답 및 해설 13쪽

[09~11] 뿌리의 종단면을 나타낸 것이다.

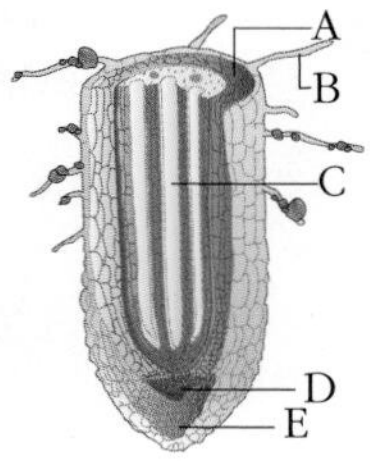

09 이에 대한 설명으로 옳지 않은 것은?

① A는 여러 층의 세포로 되어 있다.
② B는 흙과 닿는 표면적을 넓혀 물과 무기 양분을 효율적으로 흡수한다.
③ C는 물과 유기 양분의 이동 통로이다.
④ D에서는 세포 분열이 활발하게 일어난다.
⑤ E는 죽은 세포로 되어 있다.

10 세포 분열이 활발하게 일어나 뿌리의 길이 생장을 할 수 있게 하는 부분은?

① A ② B ③ C
④ D ⑤ E

11 E 부분에 대한 설명으로 옳은 것은?

① 생장점을 싸서 보호한다.
② 물과 무기 양분을 흡수한다.
③ 길이 생장을 할 수 있게 한다.
④ 살아 있는 세포로 이루어져 있다.
⑤ 뿌리의 표면적을 넓혀 주는 역할을 한다.

B

12 뿌리의 기능에 해당되지 않는 것은?

① 유기 양분을 저장한다.
② 유기 양분을 합성한다.
③ 식물체를 땅에 고정시킨다.
④ 물과 무기 양분을 흡수한다.
⑤ 산소를 흡수하고 이산화 탄소를 내보낸다.

13 두 종류의 식물의 뿌리를 나타낸 것이다.

(가) (나)

이에 설명으로 옳은 것은?

① (가)는 원뿌리와 곁뿌리의 구분이 없다.
② (가)는 강아지풀, 벼, 옥수수에서 관찰할 수 있다.
③ (가)는 쌍떡잎식물, (나)는 외떡잎식물의 뿌리이다.
④ (나)는 당근, 봉선화, 민들레에서 관찰할 수 있다.
⑤ (나)는 주로 유기 양분을 흡수하기 위해 발달한 구조이다.

14 뿌리에서의 물의 흡수와 이동에 대한 설명으로 옳지 않은 것은?

① 물은 흙에서 뿌리털로 이동하여 흡수된다.
② 삼투 현상에 의해 물의 이동이 이루어진다.
③ 뿌리털에서 흡수된 물은 물관을 통해 잎까지 올라간다.
④ 뿌리털 속의 무기물 농도가 흙 속의 무기물 농도보다 더 높다.
⑤ 흙에 비료를 많이 줄수록 흙 속의 물이 뿌리로 잘 흡수되어 식물이 더 잘 자랄수 있게 된다.

스스로 실력 높이기

15 뿌리에 양분을 저장하는 식물끼리 바르게 짝지은 것은?

① 당근, 감자　② 무, 옥수수
③ 고구마, 감자　④ 당근, 무
⑤ 민들레, 보리

[16~17] 바닥이 뚫린 플라스크를 셀로판지로 막고 진한 설탕물을 넣은 후 플라스크를 증류수에 담근 모습이다.

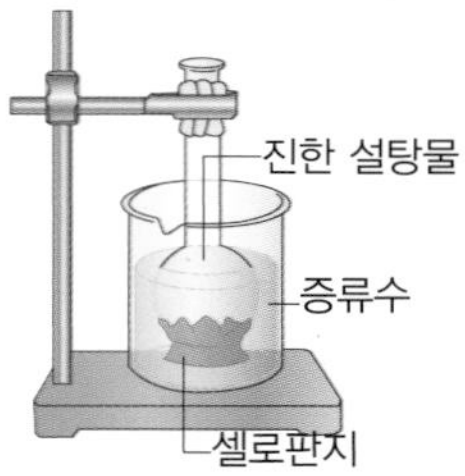

16 시간이 지난 후 유리관 속 진한 설탕물의 높이 변화는 어떠하겠는가?

(올라간다, 변화없다, 내려간다)

17 이 실험과 관련 있는 것을 <u>모두</u> 고르시오.(3개)

① 겨울에 눈이 오면 도로에 소금을 뿌린다.
② 땅 속의 물은 뿌리털을 거쳐 물관까지 흡수된다.
③ 배추를 절일 때 소금을 뿌리면 배추의 숨이 죽는다.
④ 이산화 탄소는 잎의 기공을 통해 식물로 흡수된다.
⑤ 식물의 뿌리에 비료를 많이 주면 식물이 말라 죽는다.

18 식물의 뿌리에서 물과 무기 양분이 흡수되어 이동하는 모습을 나타낸 것이다.

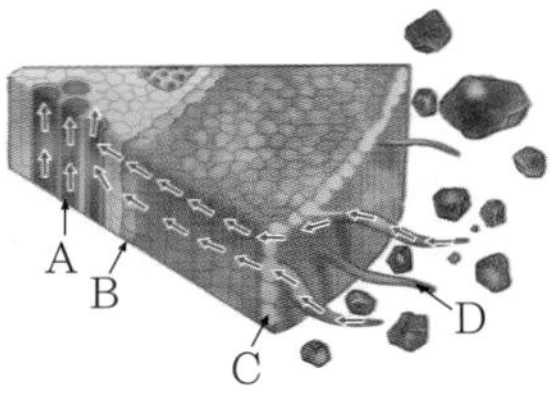

A~D 중 농도가 가장 큰 곳(가)과 가장 작은 곳(나)을 바르게 짝지은 것은?

	(가)	(나)		(가)	(나)
①	B	C	②	C	A
③	A	D	④	D	A
⑤	C	B			

19 식물의 줄기를 나타낸 그림이다. 각 부분에 대한 설명 중 옳은 것은?

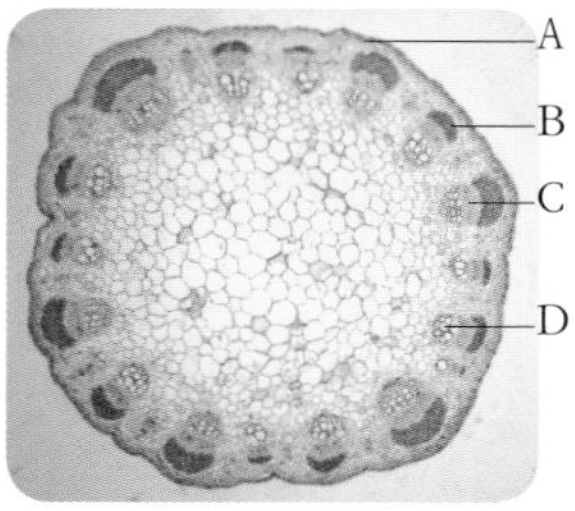

① A는 여러 겹의 세포층으로 되어 있다.
② B는 잎에서 만들어진 무기 양분이 이동한다.
③ C는 세포 분열에 의해 부피 생장이 일어난다.
④ C는 외떡잎식물에서만 관찰할 수 있다.
⑤ D는 살아 있는 세포, B는 죽은 세포로 되어 있다.

정답 및 해설 14쪽

20 그림 (가)와 (나)는 각각 뿌리와 줄기의 단면을 나타낸 것이다.

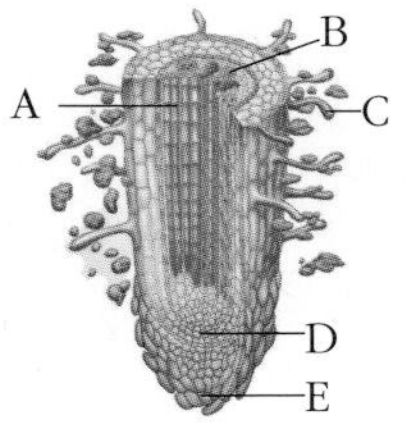

(가)

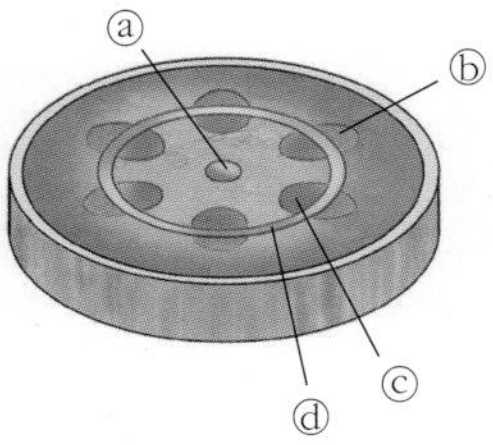

(나)

(가)와 (나)의 각 부분 중 세포 분열이 활발하여 식물의 생장이 일어나는 부분을 바르게 짝지은 것은?

① A - ⓓ ② B - ⓒ ③ C - ⓑ
④ D - ⓓ ⑤ E - ⓐ

C

21 관다발에 대한 설명으로 옳은 것은?

① 쌍떡잎식물은 형성층이 없다.
② 외떡잎식물의 체관은 물관의 안쪽에 위치한다.
③ 물관과 체관은 모두 살아 있는 세포로 이루어진다.
④ 외떡잎식물은 체관과 물관 사이에 분열 조직이 있다.
⑤ 쌍떡잎식물의 관다발은 체관, 물관, 형성층으로 구성된다.

22 봉선화와 옥수수의 줄기를 붉은 잉크를 탄 물에 담가서 하루가 지난 후 줄기를 가로와 세로로 잘라 관찰한 그림을 나타낸 것이다.

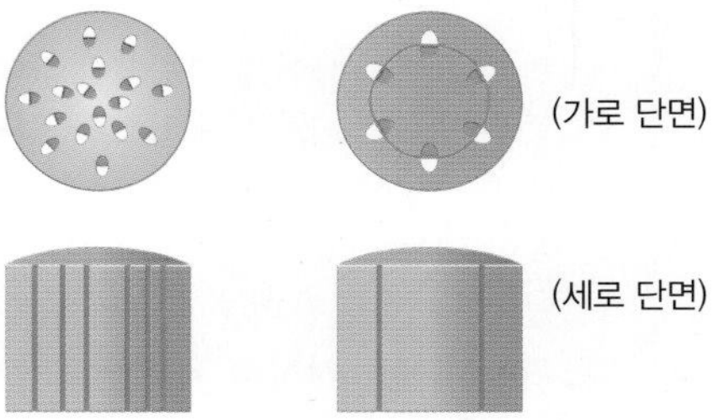

이에 대한 설명으로 옳은 것은?

① (가)는 봉선화 줄기이다.
② 붉게 물든 부분은 체관이다.
③ 봉선화의 줄기에는 물관이 2개이다.
④ 옥수수의 관다발은 불규칙적으로 흩어져 있다.
⑤ 봉선화의 관다발에는 형성층이 존재하지 않는다.

23 줄기의 구조 중 한 부분을 나타낸 것이다. 이에 대한 설명으로 옳은 것은?

① 죽은 세포로 되어 있다.
② 잎에서 만들어진 유기 양분이 이동한다.
③ 세포 분열이 활발하여 부피 생장을 한다.
④ 뿌리에서 흡수한 물과 무기 양분이 이동한다.
⑤ 줄기의 가장 바깥쪽에 있으며 줄기를 싸서 보호한다.

24 〈보기〉 중에서 물관과 체관의 특징을 각각 골라 바르게 짝지은 것은?

〈 보기 〉
ㄱ. 위아래 세포 사이에 세포벽이 없다.
ㄴ. 죽은 세포로 이루어져 있으며, 하나의 연속된 관을 형성한다.
ㄷ. 살아 있는 세포로 이루어져 있다.
ㄹ. 잎에서 만들어진 양분이 이동하는 통로이다.
ㅁ. 위아래 세포 사이의 세포벽에 작은 구멍이 많이 뚫려 있다.

	물관	체관
①	ㄱ, ㄴ	ㄷ, ㄹ, ㅁ
②	ㄱ, ㄷ	ㄴ, ㄷ, ㄹ, ㅁ
③	ㄱ, ㄴ, ㄹ	ㄷ, ㄹ, ㅁ
④	ㄷ, ㄹ	ㄱ, ㄴ, ㅁ
⑤	ㄷ, ㄹ, ㅁ	ㄱ, ㄴ

25 사과가 열려 있는 사과나무를 환상박피하고 오랜 시간이 지난 후 관찰하였을 때 옳은 것을 <u>모두</u> 고르시오.(3개)

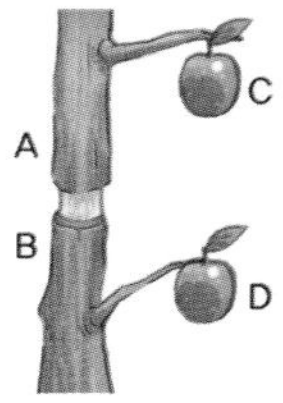

① A부분이 부풀어 오른다.
② B부분이 부풀어 오른다.
③ A와 B부분 모두 부풀어 오른다.
④ 열매의 크기는 C가 D보다 커진다.
⑤ 이 사과나무는 시간이 지나도 살아 있다.

26 쌍떡잎식물과 외떡잎식물의 뿌리 모양의 차이점을 서술하시오.

27 뿌리에서 물이 이동하는 원리를 아래의 단어를 넣어 서술하시오.

삼투	고농도	저농도

28 형성층의 기능을 쓰고, 형성층을 관찰할 수 있는 식물의 예와 그 특징을 쓰시오.

정답 및 해설 14쪽

29 쌍떡잎식물과 외떡잎식물의 줄기를 비교하시오.

30 줄기의 기능에 대하여 서술하시오.

창의력 서술

31 나무를 옮겨 심을 때 나무에 지지대를 설치하는 이유는 무엇인지 뿌리의 역할과 비교하여 공통점을 쓰시오.

32 헬몬트(Helmont, J. B. van ; 1577~1644)는 커다란 화분에 흙 90kg을 채운 다음에 2kg짜리 어린 버드나무 가지를 심었다. 그리고 5년 동안 규칙적으로 물만 주면서 키웠다. 5년 후 무게를 재본 결과, 버드나무는 75kg이었다. 그런데 어찌된 일인지 흙의 무게는 단 57g만 줄어들었을 뿐이었다. 버드나무가 자라는 동안 흙의 무게가 거의 줄지 않았다는 것을 통해 알 수 있는 사실에는 무엇이 있을까?

5강. 잎과 증산작용

● 잎의 겉 구조

· 잎새 : 잎의 대부분을 차지하며, 엽록체가 있어 광합성이 활발하고 녹색을 띠는 부분이다.
· 잎자루 : 잎새와 줄기를 연결해 주는 역할을 한다.
· 턱잎 : 쌍떡잎 식물에서 많이 볼 수 있는 것으로 주로 어린 눈을 보호하는 역할을 한다.

잎새, 잎자루, 턱잎이 모두 있는 잎을 갖춘 잎이라 하며, 이 중 하나라도 없으면 안갖춘 잎이라고 한다.

● 잎 표면의 큐티클층

잎의 표면은 세포가 조밀하게 배열된 상태인 큐티클 층이라는 왁스와 같은 지방 물질이 이루는 층으로, 물이 증발하는 것을 막아 잎의 수분 손실을 막아 주고, 잎 내부를 보호한다.

미니사전

기공 [氣 공기 孔 구멍] 잎의 뒷면에 기체가 드나드는 통로

공변세포 [孔 구멍 邊 가장자리 -세포] 기공을 이루고 있는 두 개의 세포

1. 잎의 구조와 기능

(1) 잎의 구조

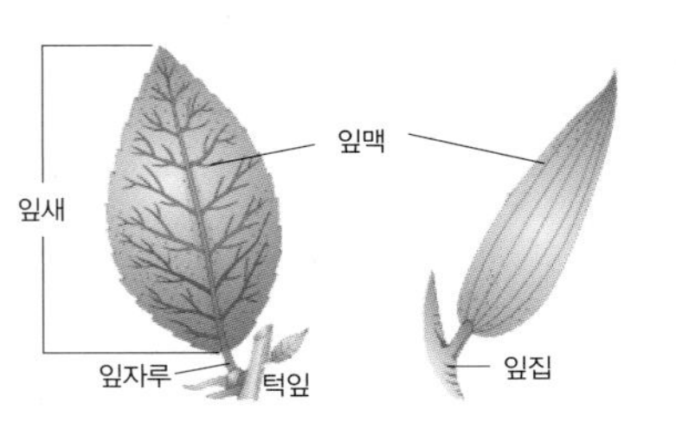

▲ 쌍떡잎 식물 ▲ 외떡잎 식물

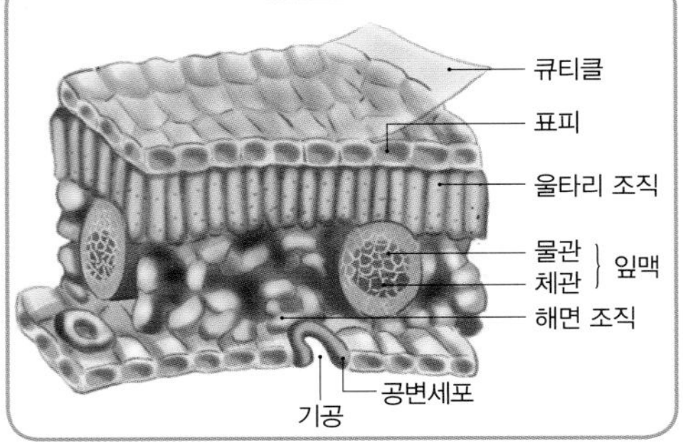

(: 광합성이 일어나는 부분)

표피 조직	표피	· 잎을 감싸고 있는 한 겹의 세포층으로, 큐티클층으로 싸여 있다. · 엽록체가 없어 광합성이 일어나지 않는다.
	기공	· 2개의 공변세포로 이루어진 구멍이다. · 주로 잎의 뒷면에 분포한다. · 기체(이산화 탄소, 산소, 수증기)의 출입이 일어난다. (기체 교환의 장소)
	공변세포	· 표피 세포가 변형된 반달 모양 세포로 주로 잎의 뒷면에 분포한다. · 엽록체가 있어 광합성이 일어난다.
울타리 조직		· 길쭉한 모양의 세포가 규칙적으로 빽빽하게 배열되어 있다. · 엽록체가 있으며 광합성이 가장 활발하게 일어난다.
해면 조직		· 세포가 엉성하게 배열되어 세포 사이의 빈틈으로 기체의 통로가 형성된다. · 엽록체가 있어 광합성이 일어난다.
잎맥		· 잎에 퍼져 있는 관다발로 물관과 체관으로 구성된다. · 잎을 지탱하며, 물질의 이동 통로이다.

(2) 잎의 기능

① 광합성 작용 : 엽록체에서 빛을 이용하여 포도당을 합성한다.
② 증산 작용 : 식물체 내의 물을 기공을 통해 수증기 형태로 공기 중으로 방출한다.
③ 호흡 작용 : 기공을 통해 산소를 받아들이고, 이산화 탄소를 방출한다.

개념확인 1 잎의 구조 중, 세포가 엉성하게 배열되어 세포 사이의 빈틈으로 기체의 통로가 형성되는 부분은 어디인가?

확인+1 잎의 기능을 모두 고르시오.(3개)

① 광합성 작용 ② 지지 작용 ③ 호흡 작용
④ 증산 작용 ⑤ 운반 작용

2. 증산 작용 1

(1) 증산 작용 : 식물체 내의 물이 기공을 통해 수증기 형태로 증발되는 현상이다.

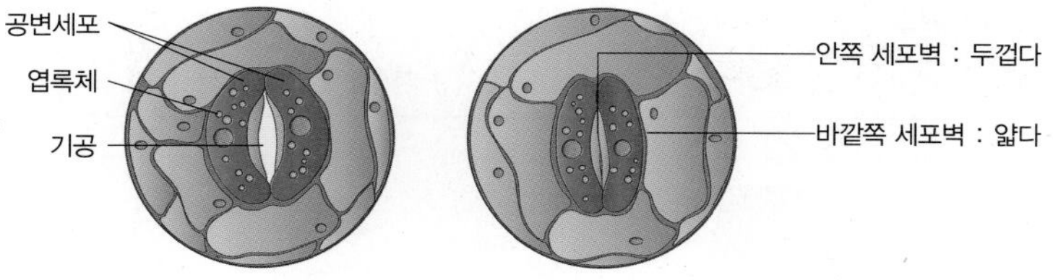

▲ 열린 상태 (낮)　　▲ 닫힌 상태 (밤)

(2) 증산 작용 조절 : 공변세포에 의해 기공이 열리거나 닫혀서 증산 작용이 조절된다.

기공이 열리는 과정 (낮)

공변세포 내 엽록체에서 광합성이 일어난다. → 포도당의 생성으로 공변세포 내의 농도가 증가한다. → 삼투 현상에 의해 주변 세포로부터 물을 흡수한다. → 공변세포의 팽압이 증가한다. → 공변세포가 휘어지면서 기공이 열린다.

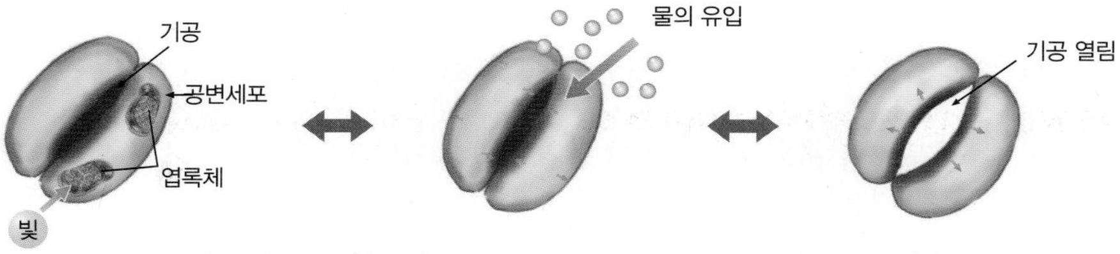

공변세포가 원래 모양으로 되면서 기공이 닫힌다. ← 공변세포의 팽압이 감소한다. ← 삼투 현상에 의해 주변 세포로 물을 방출한다. ← 공변세포 내의 농도가 감소한다. ← 햇빛이 약할 때 기온이 낮을 때 습도가 높을 때

기공이 닫히는 과정 (밤)

정답 및 해설 **15쪽**

개념확인 2 식물체 내의 물이 수증기 형태로 잎의 기공을 통해 빠져나가는 현상을 무엇이라고 하는가?

확인 + 2 알맞은 단어를 고르시오.

(1) 증산 작용은 (공변 세포, 표피 세포)에 의해 기공이 열리거나 닫혀서 조절된다.

(2) 기공은 주로 광합성이 활발한 낮에 (열리고, 닫히고) , 밤에는 (열린다, 닫힌다).

간단실험

기공이 열리는 원리

① 긴 풍선 2개를 묶고 풍선의 안쪽에 절연 테이프를 붙인다.

② 공기를 더 넣어보면서 풍선의 변화를 관찰한다.

세포의 팽압

세포가 물을 흡수하여 세포벽을 밀어내는 압력이다.

공변세포의 모양

세포의 바깥쪽 세포벽이 안쪽 세포벽보다 더 얇아서 잘 늘어나기 때문에 활처럼 휘어지게 된다.

미니사전

증산 [蒸 김이 오르다 散 흩어지다] 식물체 안에 수분이 수증기가 되어 나오는 현상

삼투 현상 [滲 스며들다 透 투과하다 -현상] 저농도에서 고농도로 물이 이동하는 현상

3. 증산 작용 2

(1) 증산 작용이 잘 일어나는 조건 : 빨래가 잘 마르는 날씨와 비슷한 환경이다.

구분	햇빛	온도	바람	습도	체내 수분량
기공이 열림	강함	높을 때	강할 때	낮을 때	많을 때
기공이 닫힘	약함	낮을 때	약할 때	높을 때	적을 때

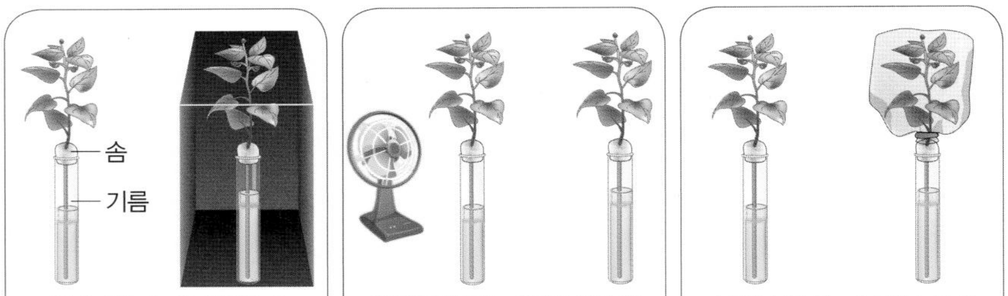

빛이 강할 때 > 빛이 약할 때 / 바람이 강할 때 > 바람이 약할 때 / 습도가 낮을 때 > 습도가 높을 때

⇒ 기름을 떨어뜨리는 이유 : 실린더의 물이 식물을 통하지 않고 자연 증발하는 것을 막기 위해서이다.

(2) 증산 작용의 의의

① **식물체 내부의 물 상승의 원동력** : 기공을 통해 물을 내보내면 부족한 물을 보충하기 위해 뿌리에서 올라오는 물을 계속 흡수하면서 물 상승을 유발시킨다.

② **식물체의 체온 조절** : 물이 증발되면서 많은 열을 빼앗아가므로 높은 태양열에도 식물체의 온도가 올라가지 않는다.

③ **식물체 내의 수분량 조절** : 식물체 내의 수분의 양이 적당량 유지되도록 식물체로부터 수분이 방출된다.

④ **식물체 내의 무기 양분 농축** : 무기 양분이 과도하게 묽은 상태로 물에 녹아 있는 경우 물을 증발시켜서 농축한다.

● 증산 작용이 일어나는 장소 확인하기

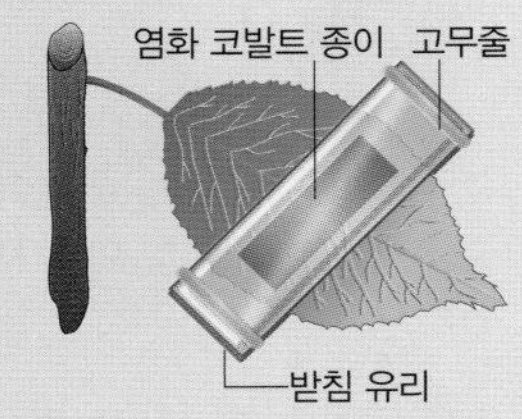

· 잎의 앞 · 뒷면에 푸른색 염화 코발트 종이를 그림과 같이 고정시킨다. → 잎의 뒷면의 염화 코발트 종이의 색깔이 붉게 변한다.

· 증산 작용으로 배출된 수증기 때문에 염화 코발트 종이의 색깔이 변한 것으로 잎의 뒷면에서 증산작용이 더 활발하게 일어나는 것을 알 수 있다.

● 수련잎의 기공

수련과 같이 물 위에 떠 있는 식물의 기공은 주로 잎의 앞면에 분포한다.

● 생각해보기★
식물은 기공을 통해서만 물을 내보낼까?

미니사전

푸른색 염화 코발트 종이 수분을 확인하기 위해 사용하는 것으로 수분을 흡수하면 붉은색으로 변한다.

농축 [濃 짙다 縮 줄이다] 액체를 진하게 졸이는 것

개념확인 3 증산 작용이 잘 일어나는 경우만를 〈보기〉에서 있는 대로 골라 기호로 답하시오.

〈 보기 〉
ㄱ. 햇빛이 강할 때　ㄴ. 온도가 낮을 때　ㄷ. 바람이 약할 때
ㄹ. 습도가 낮을 때　ㅁ. 체내 수분량이 많을 때

확인 + 3 옳은 것은 O표, 옳지 않은 것은 X표 하시오.

(1) 증산 작용을 함으로써 식물체 내부의 물 상승을 유발시킨다. (　)
(2) 물이 증발하면서 식물체의 온도가 급격하게 올라가게 된다. (　)
(3)식물체 내의 수분의 양이 적당량 유지되도록 식물체로부터 수분이 방출된다. (　)

4. 식물체 내에서 물 상승의 원동력

(1) 증산 작용

① 기공을 통해 빠져나간 물을 보충하기 위해 물관이 물을 흡수하는 압력이 커진다.

② 증산 작용으로 잎에서 물을 빨아들이는 압력은 20~40 기압으로 뿌리의 물이 나무 꼭대기까지 올라갈 수 있다. (1기압으로 물을 10m 끌어 올릴 수 있다.)

(2) 물 분자의 응집력 : 물 분자 사이에 서로 잡아당기는 힘이 작용하여 뿌리에서 잎까지 하나의 긴 물기둥이 만들어진다.

(3) 모세관 현상 : 물관이 모세관의 역할을 하여 관을 따라 물이 위로 올라간다.

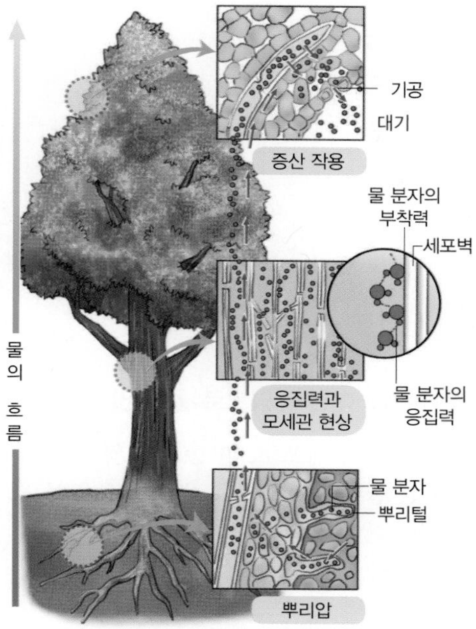

(4) 뿌리압 : 뿌리에서 삼투압 현상으로 흡수한 물을 위로 밀어올리는 힘

(5) 상승력의 세기 : 증산 작용 > 응집력 > 뿌리압 > 모세관 현상

간단실험
모세관 현상

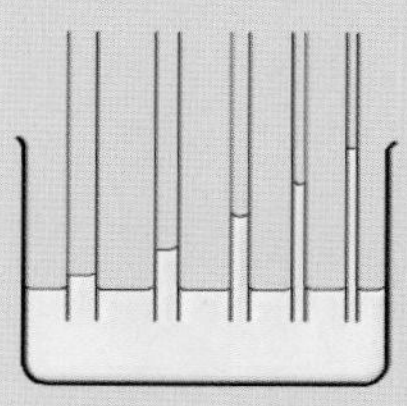

① 여러 가지 굵기의 유리관을 물에 담근다.

② 관의 굵기에 따라 물의 높이가 어떻게 다른지 관찰한다.

모세관 현상
액체가 얇은 관이나 미세한 틈을 따라 올라가는 현상으로, 물의 경우 관이 가늘수록 더 많이 올라간다.

뿌리압
뿌리가 물을 흡수하면서 발생시키는 압력으로 물관의 물을 위로 밀어올린다.

물 분자의 구조

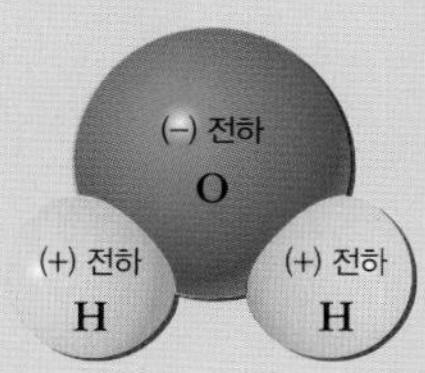

물 분자는 (+) 전기를 띠는 부분과 (-) 전기를 띠는 부분이 있는 극성 분자이다. 따라서 다른 극성 분자와 결합력이 강하다.

정답 및 해설 **15쪽**

개념확인 4 **물음에 답하시오.**

(1) 뿌리에서 삼투압 현상으로 흡수한 물을 위로 밀어올리는 힘을 무엇이라고 하는가? (　　　　)

(2) 물이 얇은 관을 따라 올라가는 현상으로, 물과 세포벽의 부착력이 강해서 물관을 따라 위로 올라가는 현상을 무엇이라고 하는가? (　　　　)

확인 + 4 **식물체 내에서 물 상승력의 세기가 큰 것부터 차례대로 기호로 나열하시오.**

〈 보기 〉

ㄱ. 뿌리압　ㄴ. 응집력　ㄷ. 모세관 현상　ㄹ. 증산 작용

미니사전

응집력 [凝 뭉치다 集 모이다 力 힘] 원자, 분자 사이의 인력

부착력 [附 붙이다 着 붙다 力 힘] 서로 다른 두 물질 사이의 끌어당기는 힘

모세관 [毛 털 細 가늘다 管 관] 머리카락처럼 매우 가는 관

[01~02] 잎의 단면을 나타낸 것이다.

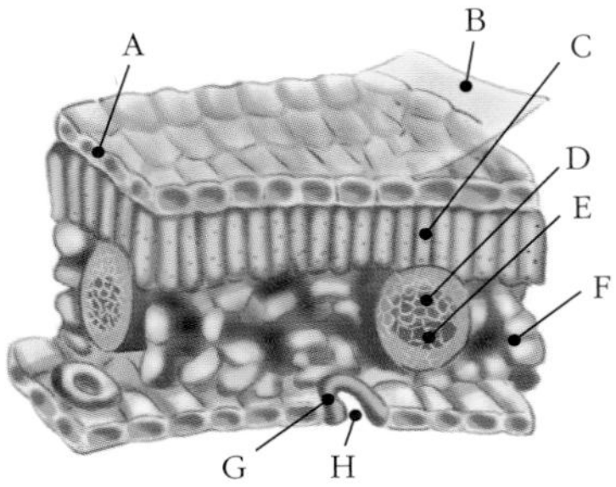

01

각 부분에 대한 설명으로 옳지 않은 것은?

① A는 표피 세포로, 한 층으로 잎의 앞면과 뒷면에 있으며, 엽록체가 없다.
② C는 울타리 조직으로 엽록체가 많아 광합성이 활발하게 일어난다.
③ D는 줄기의 체관과 연결되어 있다.
④ E는 유기 양분이 이동하는 통로이다.
⑤ F는 해면 조직으로 엉성하게 배열되어 있는 구조로 기체가 이동하기에 유리하다.

02

엽록체가 있어 광합성이 일어나는 곳을 모두 고른 것은?

① A, B, D ② B, F, H
③ C, F, G ④ D, E, F
⑤ E, F, H

03

잎 뒷면의 표피의 일부를 현미경으로 관찰한 것이다. 각 부분에 대한 설명으로 옳지 않은 것은?

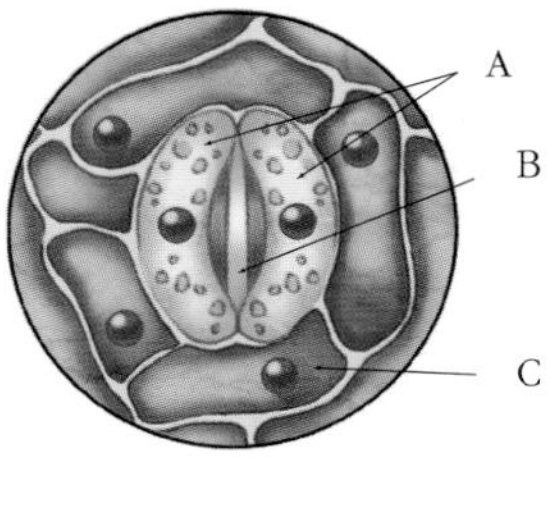

① A는 엽록체가 있어 광합성을 한다.
② A에 의해서 B가 열리거나 닫힌다.
③ B는 주로 밤에 열리고 낮에 닫힌다.
④ A는 C가 변해서 만들어진 세포이다.
⑤ B는 식물체 내로 기체가 드나드는 통로이다.

정답 및 해설 15쪽

04 잎 표피의 공변 세포의 모양 변화를 나타낸 것이다. (가)에서 (나) 상태로 되기 위한 직접적인 원인으로 가장 적절한 것은?

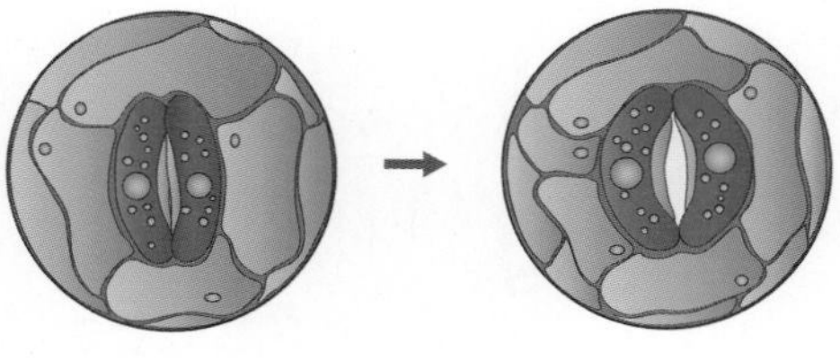

(가) (나)

① 바람이 없을 때 ② 온도가 낮을 때 ③ 습도가 높을 때
④ 햇빛이 강할 때 ⑤ 체내 수분이 적을 때

05 증산 작용에 대한 설명이다. 옳지 <u>않은</u> 것은?

① 식물체의 체온을 조절해 준다.
② 식물체 내의 수분량을 조절한다.
③ 뿌리에서 흡수한 무기 양분이 농축된다.
④ 광합성이 효율적으로 일어나도록 한다.
⑤ 식물체 내의 물을 상승시키는 원동력이 된다.

06 뿌리에서 흡수한 물을 나무 끝까지 끌어올리는 요인에 해당하지 <u>않는</u> 것은?

① 뿌리압 ② 증산 작용 ③ 물의 응집력
④ 광합성 작용 ⑤ 모세관 현상

유형 익히기 & 하브루타

[유형5-1] 잎의 구조와 기능

잎의 단면 구조를 나타낸 것이다. 설명에 해당하는 구조의 기호와 이름을 쓰시오.

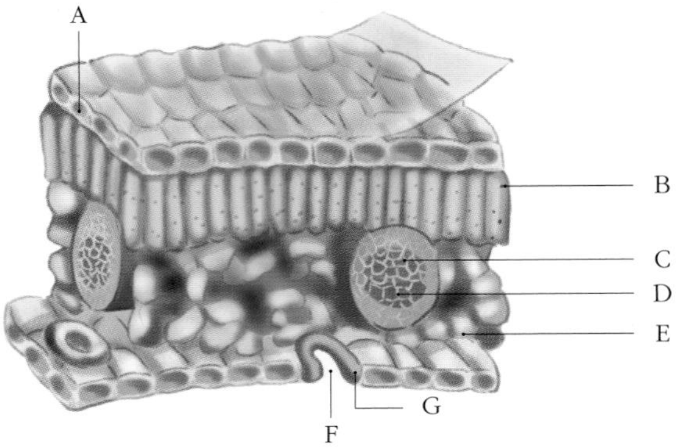

(1) 엽록체가 많아서 광합성이 가장 활발하게 일어나는 곳이다. 기호 : ( ) 이름 : ( )

(2) 줄기의 체관과 연결되어 유기 양분이 이동하는 통로이다. 기호 : ( ) 이름 : ( )

(3) 이산화 탄소와 산소가 드나드는 입구이다. 기호 : ( ) 이름 : ( )

[01~02] 잎의 단면 구조를 모식적으로 나타낸 것이다.

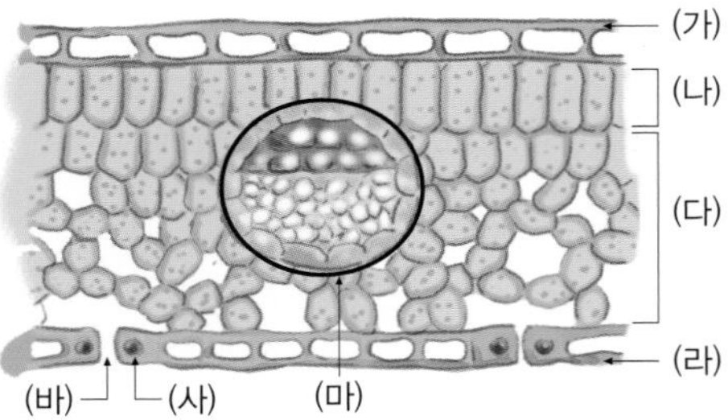

01 설명하는 부분을 위 그림에서 찾아 기호와 이름을 쓰시오.

> · 엽록체를 가지고 있어서 광합성이 일어난다.
> · 세포들이 엉성하게 배열되어 있다.
> · 기공을 통해 들어온 기체들의 통로가 된다.

기호 : ( ) 이름 : ( )

02 이에 대한 설명으로 옳지 않은 것은?

① (가)는 한 층의 투명한 세포로서 잎 내부를 보호한다.
② (나)에는 많은 수의 엽록체가 있어서 광합성이 활발하게 일어난다.
③ (다)에는 엽록체가 없어서 광합성이 일어나지 않는다.
④ (바)는 수증기와 공기가 드나드는 통로 역할을 한다.
⑤ (마)는 뿌리와 줄기의 관다발과 이어져 있다.

정답 및 해설 15쪽

[유형5-2] 증산 작용 1

어떤 식물의 잎의 뒷면을 현미경으로 관찰한 것을 나타낸 것이다. 관련된 설명으로 옳은 것은 O표, 옳지 않은 것은 X표 하시오.

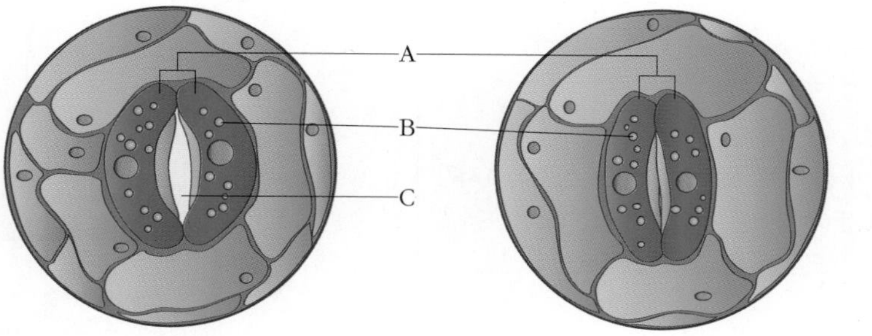

(1) A는 공변세포로 식물의 증산 작용을 조절한다. ( )

(2) B로 인해서 이 세포도 광합성을 할 수 있다. ( )

(3) (가)는 주로 밤에, (나)는 주로 낮에 볼 수 있는 상태이다. ( )

03

빈칸에 알맞은 단어를 〈보기〉에서 골라 쓰시오.

〈 보기 〉

기공	팽압	잎맥
증산	방출	흡수
엽록체	큐티클	뿌리압
표피세포	공변세포	광합성

(1) ㉠( )(은)는 표피 세포가 변형된 것으로 기공을 이루는 반달 모양의 세포이며, 다른 표피 세포와 달리 ㉡( )(이)가 있어 광합성을 한다.

(2) 증산 작용은 공변세포에 의해 ㉢( )(이)가 닫히거나 열려서 조절되는데, 공변세포 내 농도가 증가하면 삼투 현상에 의해 주변 세포로부터 물을 ㉣( )하여 공변세포의 ㉤( )(이)가 증가한다. 따라서 공변세포가 활 모양처럼 휘어지면서 기공이 열리게 된다.

04

식물 잎의 일부분을 현미경으로 관찰한 것을 나타낸 것이다. 설명 중 옳지 않은 것은?

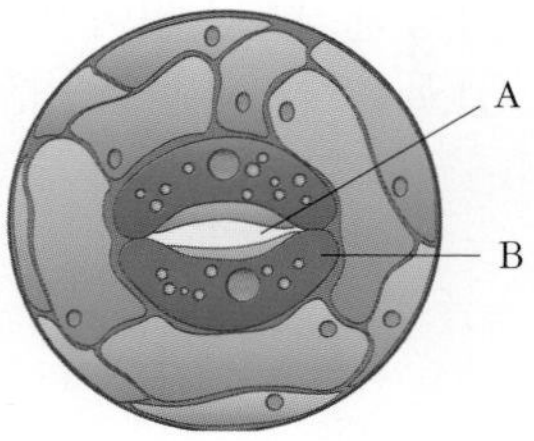

① A는 주로 밤에 열린다.
② A를 통해 증산 작용이 일어난다.
③ B에는 엽록체가 있다.
④ B의 세포벽은 안쪽이 두껍다.
⑤ B는 표피 세포가 변한 것이다.

[유형5-3] 증산 작용 2

식물의 잎에서 일어나는 작용을 알아보기 위한 실험을 나타낸 것이다.

〈실험 과정〉
그림과 같이 장치 후 햇빛이 비치는 창가에 1시간 동안 둔 후 물이 줄어든 정도를 측정한다.

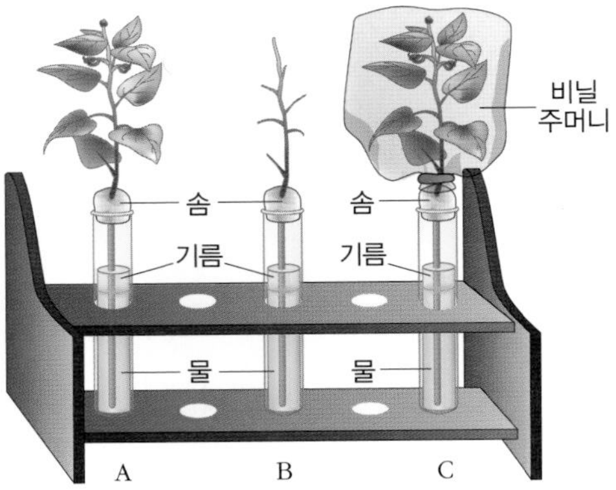

(1) 위 실험에서 물이 가장 많이 줄어 든 시험관은 무엇일까? (　　　)

(2) C 시험관의 비닐 주머니 속에 눈으로 관찰할 수 있는 변화가 생겼다. 비닐 주머니 속에 생긴 물질은 무엇인가? (　　　)

05 위 실험으로 알 수 있는 사실을 모두 고르시오.(2개)

① 식물의 잎을 통해 물이 증발된다.
② 식물의 호흡 작용에는 물이 필요하다.
③ 증산 작용은 빛이 비칠 때 더 잘 일어난다.
④ 물은 줄기의 물관을 통해 잎까지 운반된다.
⑤ 건조한 환경에서 증산 작용이 더 활발하게 일어난다.

06 증산 작용에 대한 설명으로 옳지 않은 것은?

① 증산 작용은 식물체의 체온을 조절한다.
② 증산 작용은 식물체 내의 수분량을 조절한다.
③ 증산 작용은 식물체 내의 무기 양분을 농축시킨다.
④ 증산 작용은 식물체 내의 수분 상승의 원동력이 된다.
⑤ 증산 작용은 바람이 약하고 습도가 높을 때 잘 일어난다.

정답 및 해설 16쪽

[유형5-4] 식물체 내에서 물 상승의 원동력

식물체 내에서 물이 상승하는 것을 모식적으로 나타낸 것이다. 물 분자 사이에 서로 잡아당기는 힘이 작용하여 뿌리에서 잎까지 하나의 긴 물기둥이 만들어지는 물 상승의 원동력은 (가)~(라) 중 무엇에 해당하는지 그 기호와 이름을 쓰시오.

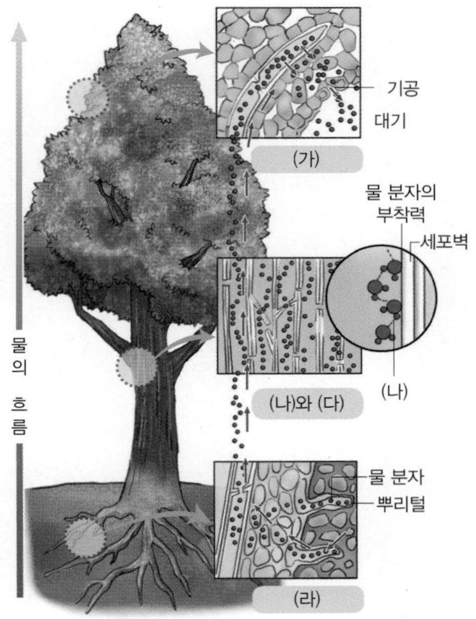

07 위의 그림을 보고 물음에 답하시오.

(1) (가) ~ (라)에 해당하는 말을 쓰시오.

(2) (가) ~ (라)를 식물체 내에서 물 상승력의 세기가 큰 것부터 차례대로 기호로 나열하시오.

08 식물체 내에서 물 상승의 원동력의 직접적인 요인에 해당하지 <u>않는</u> 것은?

① 뿌리압　　② 증산 작용
③ 물의 응집력　　④ 광합성 작용
⑤ 모세관 현상

창의력 & 토론마당

01 현미경으로 여러 식물의 잎에 있는 기공을 관찰하고 얻은 결과이다. 이 자료를 보고 식물이 살아가는 환경과 기공의 분포는 어떠한 연관이 있는지 설명하시오.

식물 명	잎 앞면의 기공 수	잎 뒷면의 기공 수
봉선화	10900	31500
완두	10100	21000
라일락	127	33000
수련	13000	58
수초	0	0

정답 및 해설 17쪽

02 식물의 잎의 단면에 대한 그림과 그 특징들에 대한 글을 읽고, 다음 물음에 답하시오.

(1) 다음은 수련의 모습과 수련 잎의 단면 사진이다. 수련의 잎 단면에는 빈 공간이 매우 많다. 이런 특징이 나타나는 이유를 수련의 서식 환경과 관련지어 쓰시오.

▲ 수련

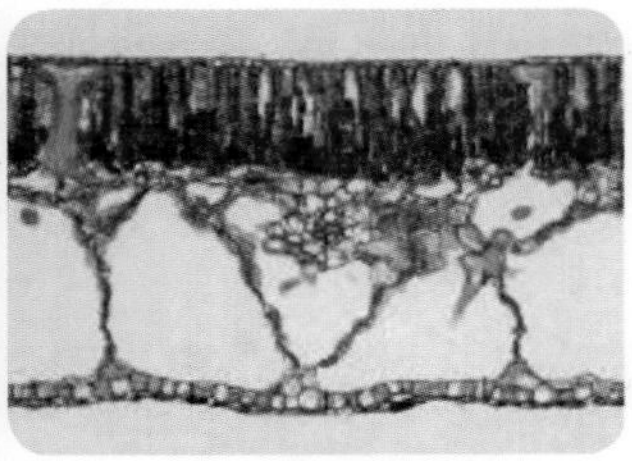
▲ 수련 잎의 단면

(2) 다음은 옥수수 잎의 특징과 옥수수 잎의 단면 사진을 나타낸 것이다. 옥수수의 잎의 단면의 특징을 관찰하고, 이런 특징이 나타나는 이유를 잎이 햇빛을 받는 방향과 관련지어 쓰시오.

옥수수는 잎이 전체적으로 위를 향하고 있으며, 잎의 앞뒷면의 구별이 없어 모든 부분에서 햇빛을 강하게 받을수 있다.

▲ 옥수수의 잎과 그 특징

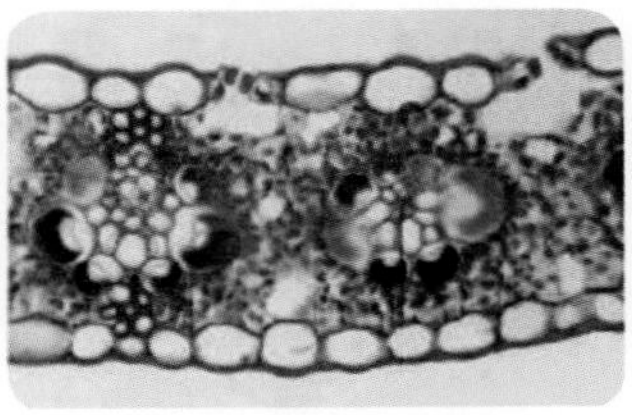
▲ 옥수수 잎의 단면

03 나무가 병이 들었을 때 수액 주사를 놓는 경우가 많다. 나이가 너무 많아 쇠약해진 나무, 옮겨 심느라 뿌리가 잘려진 나무, 나무의 썩은 속을 파내고 외과수술을 한 나무 등 나무의 체력을 빨리 회복시켜 주고 뿌리가 잘 나올 수 있게 하도록 주사를 놓는 것이다.

그렇다면 수액 주사는 나무의 어느 부분에 놓는 것이 좋을까? 또한 수액 주사를 놓기에 적절한 때는 언제인가?

정답 및 해설 17쪽

04

날씨가 더워져 식물체 내부의 온도가 올라가기 시작하면, 증산 작용이 활발하게 일어나 식물체 내부의 온도를 일정하게 유지시킨다. 비슷한 현상이 동물 내부에서도 일어나는데, 그 현상을 원리와 함께 설명해 보시오.

05

삼투 현상은 반투막을 경계로 용액의 농도가 낮은 쪽에서 높은 쪽으로 물이 이동하는 현상이다. 삼투압은 삼투 현상에 의해 나타나는 압력을 뜻한다. 높은 삼투압에서는 미생물들이 서식하기가 힘든데, 그 이유는 염분 농도가 높으면 미생물 세포 내의 수분이 빠져나와 물질대사가 제대로 이루어지지 않기 때문이다.

다음의 식물 중 높은 삼투압에서 잘 견딜 수 있게 발달한 식물은 무엇인지 그 이유와 함께 답하시오.

▲ 수련 (수생식물)

▲ 갯잔디 (염생식물)

▲ 선인장 (건생식물)

스스로 실력 높이기

A

[01~05] 잎의 단면 구조를 나타낸 것이다.

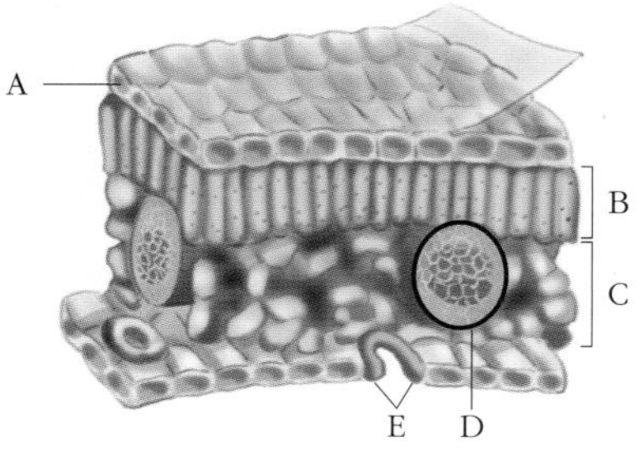

01 엽록체가 없어 광합성이 일어나지 않는 한 겹의 세포층의 기호와 이름을 쓰시오.

기호 : (　　) 이름 : (　　　　　)

02 잎에 퍼져 있는 관다발로, 잎을 지탱하며 물질의 이동 통로가 되는 부분의 기호와 이름을 쓰시오.

기호 : (　　) 이름 : (　　　　　)

03 세포가 엉성하게 배열되어 세포 사이의 빈틈으로 기체의 통로가 형성되는 부분의 기호와 이름을 쓰시오.

기호 : (　　) 이름 : (　　　　　)

04 광합성이 가장 활발하게 일어나는 부분의 기호와 이름을 쓰시오.

기호 : (　　) 이름 : (　　　　　)

05 표피 세포가 변형된 반달 모양 세포로, 잎의 뒷면에 주로 분포하는 세포의 기호와 이름을 쓰시오.

기호 : (　　) 이름 : (　　　　　)

06 식물체 내의 물이 기공을 통해 수증기 형태로 증발되는 현상을 무엇이라고 하는가?

(　　　　　)

07 증산 작용을 조절하는 세포는 무엇인가?

(　　　　　)

08 증산 작용의 의의에 대한 설명으로 옳은 것은 O표, 옳지 않은 것은 X표 하시오.

(1) 식물체의 체온을 조절한다. (　)
(2) 식물체 내의 수분량을 조절한다. (　)
(3) 식물체 내의 광합성량을 조절한다. (　)

[09~10] 〈보기〉를 보고 물음에 답하시오.

〈 보기 〉

ㄱ. 뿌리압	ㄴ. 광합성
ㄷ. 삼투압	ㄹ. 증산 작용
ㅁ. 모세관 현상	ㅂ. 물 분자의 응집력

09 물 분자가 미세한 틈이나 얇은 관을 따라 올라가는 현상을 나타내는 것은 무엇인지 기호와 이름을 쓰시오.

기호 : (　　) 이름 : (　　　　　)

10 식물체 내에서 물 상승의 원동력이 되는 것을 모두 골라 기호로 쓰시오.

(　　　　　)

정답 및 해설 18쪽

B

[11~12] 잎의 뒷면에서 볼 수 있는 기공의 두 가지 상태를 나타낸 것이다.

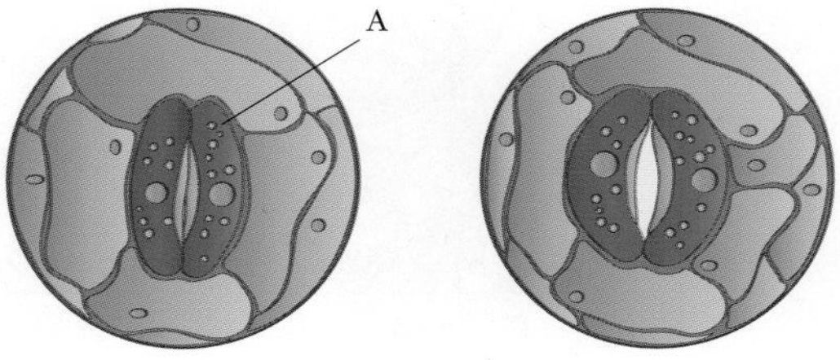

(가) (나)

11 A 세포에 대한 설명으로 옳은 것만을 〈보기〉에서 있는 대로 고른 것은?

〈 보기 〉

ㄱ. 물과 무기 양분의 이동 통로이다.
ㄴ. 표피 세포의 일부가 변한 공변세포이다.
ㄷ. 엽록체가 없어서 광합성 작용이 일어나지 않는다.

① ㄱ ② ㄴ ③ ㄷ
④ ㄱ, ㄴ ⑤ ㄴ, ㄷ

12 잎에 있는 대부분의 기공이 (나)와 같은 상태가 될 조건으로 옳지 않은 것은?

① 바람이 불 때
② 햇빛이 강할 때
③ 기온이 높을 때
④ 습도가 높을 때
⑤ 식물체 내에 수분이 많을 때

13 식물의 증산 작용의 의의에 대한 설명으로 옳은 것은?

① 식물체의 온도 조절과 상관이 없다.
② 식물체 내에 존재하는 물의 양을 조절한다.
③ 증산 작용은 환경 조건과 상관없이 일어난다.
④ 증산 작용 결과 식물체 내에 양분을 만들어 낼 수 있다.
⑤ 증산 작용을 통해 식물은 물과 무기양분을 저장할 수 있다.

14 식물체에서 증산 작용이 가장 활발하게 일어날 수 있는 조건은?

① 바람이 불고 온도가 높을 때
② 바람이 불고 온도가 낮을 때
③ 습도가 높고 온도가 낮을 때
④ 바람이 불지 않고 온도가 높을 때
⑤ 바람이 불지 않고 온도가 낮을 때

15 식물의 잎에서 일어나는 증산 작용과 관련이 없는 것은?

① 빛이 있을 때만 일어난다.
② 공변 세포에 의해 조절된다.
③ 식물체 내의 수분량을 조절한다.
④ 식물체 내의 수분 상승 요인이 된다.
⑤ 잎의 기공에서 물이 증발하는 현상이다.

16 잎이 하는 일과 가장 거리가 먼 것은?

① 양분을 저장한다.
② 기체 교환을 한다.
③ 유기 양분을 만든다.
④ 체내의 수분량을 조절한다.
⑤ 물과 무기 양분을 흡수한다.

17 식물의 증산 작용을 알아보기 위하여 그림의 A, B, C와 같이 장치하고 햇빛이 잘 드는 창가에 두었다.

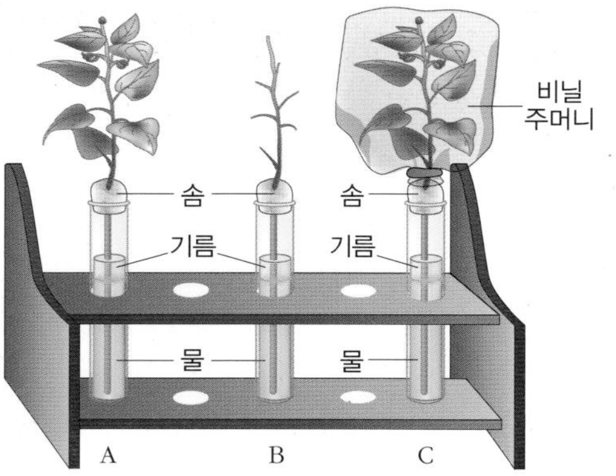

이에 대한 설명으로 옳지 않은 것은?

① 증산 작용은 A에서 가장 활발하게 일어난다.
② C의 비닐 주머니에는 작은 물방울이 맺힌다.
③ B와 C를 비교하면 습도에 따른 증산 작용의 정도를 알 수 있다.
④ 일정 시간이 지났을 때 시험관에 남아 있는 물의 양은 B > C > A 순이다.
⑤ 기름을 넣은 이유는 물 표면에서 직접 물이 증발되는 것을 막기 위해서이다.

18 잎 뒷면의 표피의 일부를 현미경으로 관찰한 것이다. 낮 시간에 A와 C 사이의 물의 이동과 B의 개폐 상태를 바르게 나타낸 것은?

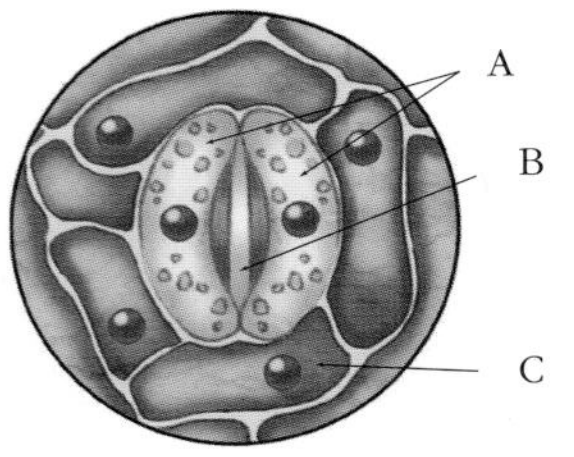

	물의 이동 방향	B의 개폐 상태
①	C → A	닫힘
②	A → C	닫힘
③	C → A	열림
④	A → C	열림
⑤	C → A	변화 없음

19 증산 작용에 대한 설명으로 옳지 않은 것은?

① 증산 작용은 식물체 내의 수분 상승의 원동력이 된다.
② 2개의 공변 세포의 모양 변화에 따라 기공이 열리고 닫힌다.
③ 빛이 강할수록, 온도가 높을수록, 습도가 낮을수록 증산 작용이 잘 일어난다.
④ 증산 작용은 식물의 온도를 높이고 수분을 증발시켜 체내의 양분을 농축시킨다.
⑤ 뿌리에서 흡수한 물이 물관을 통해 잎까지 운반된 후 수증기가 되어 증발하는 현상이다.

20 뿌리에서 흡수한 물을 나무 끝까지 끌어올리는 요인에 해당하지 않는 것은?

① 뿌리압
② 증산 작용
③ 물의 응집력
④ 광합성 작용
⑤ 모세관 현상

정답 및 해설 19쪽

C

21 〈보기〉는 기공이 열리는 과정을 순서없이 나열한 것이다. 기공이 열리는 과정을 순서대로 나열하시오.

〈 보기 〉

ㄱ. 공변세포가 휘어지면서 기공이 열린다.
ㄴ. 포도당의 생성으로 공변세포의 농도가 증가한다.
ㄷ. 삼투 현상으로 주변 세포로부터 물을 흡수한다.
ㄹ. 공변세포에서 광합성이 일어난다.
ㅁ. 공변세포의 팽압이 증가한다.

( )

22 잎의 뒷면에서 관찰할 수 있는 세포의 모습을 현미경으로 관찰한 것이다. A세포에 설탕물을 떨어뜨렸을 때 나타나는 현상에 대한 설명으로 옳은 것은?

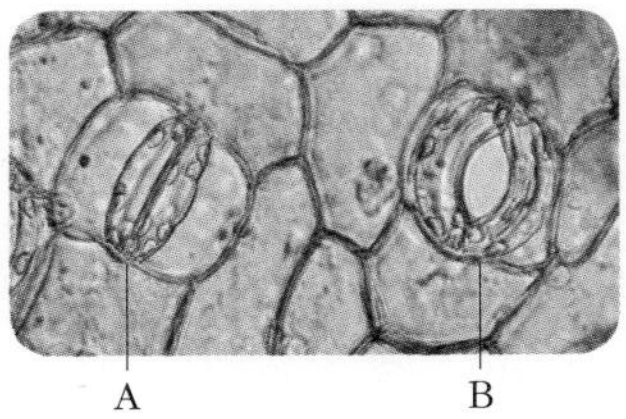

① 기공이 열린다.
② 큰 변화가 없다.
③ A의 팽압이 증가한다.
④ A의 모양이 활처럼 휘어지게 된다.
⑤ A의 주변 세포로부터 물을 흡수한다.

[23~24] 다음의 실험 장치를 한 후 햇빛이 잘 비치는 곳에 두었다.

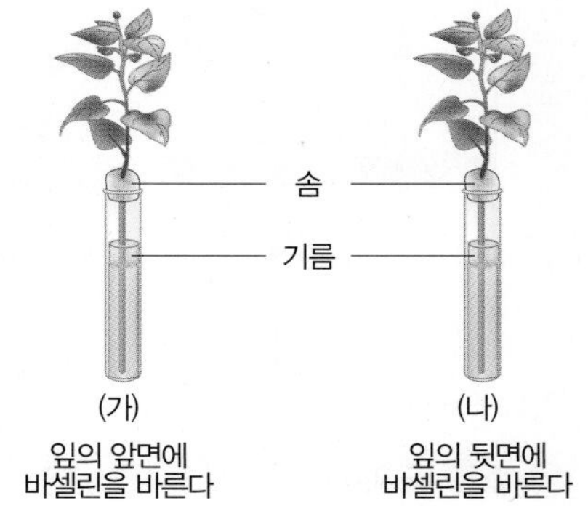

23 실험 결과 물이 많이 줄어든 시험관은 (가)와 (나) 중 어느 것인가?

24 이 실험 결과를 통해 알 수 있는 사실은?

① 기공은 잎의 앞면보다 뒷면에 더 많다.
② 증산 작용은 습도가 낮을 때 더 잘 일어난다.
③ 잎의 표피 세포는 증산 작용이 일어나는 곳이다.
④ 식물체 내의 수분량에 따라 증산 작용이 달라진다.
⑤ 빛의 세기가 강할수록 공변 세포의 팽압이 높아진다.

25 맑은 날 하룻 동안의 식물의 증산량의 변화를 나타낸 것이다.

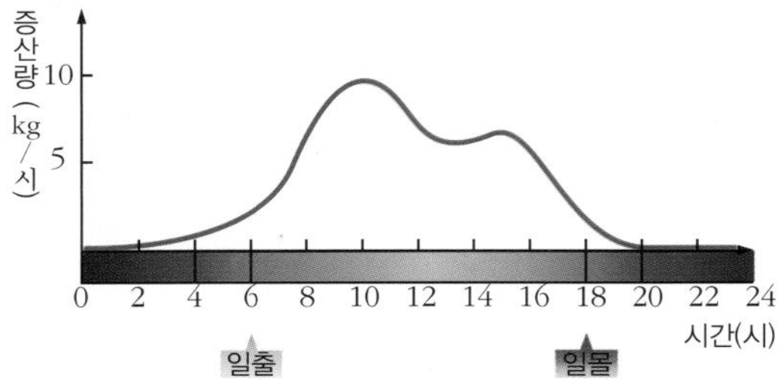

이에 대한 설명으로 옳은 것은?

① 증산 작용이 가장 활발한 시간은 오전 4시경이다.
② 증산 작용은 주로 이른 아침이나 밤에 많이 일어난다.
③ 증산 작용은 주로 햇빛이 강한 시간에 많이 일어난다.
④ 증산 작용은 오전 10시경과 오후 2~3시에 가장 적게 일어난다.
⑤ 이 그래프를 통해 증산 작용과 바람의 세기와의 관계를 알 수 있다.

26 잎의 기능 3가지를 쓰고 그 특징을 각각 서술하시오.

27 잎에서 광합성이 일어나는 부분을 모두 쓰고 각 부분의 특징을 서술하시오.

28 증산 작용은 공변세포에 의해 기공이 열리거나 닫혀서 조절이 된다. 기공이 열리는 과정을 다음 단어를 포함하여 서술하시오.

공변세포	광합성	포도당	삼투 현상	팽압

정답 및 해설 19쪽

29 증산 작용의 의의 4가지를 쓰고, 그 특징을 한 문장으로 서술하시오.

30 식물체 내에서 물 상승의 원동력 4가지를 쓰고 각 특징을 써 보시오.

창의력 서술

31 식물의 잎 뒷면에서 증산작용이 일어나는 이유는 무엇인가?

32 나무를 옮겨 심을 때 잎을 따거나 잔가지를 자르는 이유는 무엇인가?

6강. 광합성과 호흡

1. 광합성 1

(1) **광합성** : 식물 세포의 엽록체에서 빛에너지를 이용하여 물과 이산화 탄소를 재료로 포도당을 생산하고 부산물로 산소를 얻는 과정이다.

물	+	이산화 탄소	빛 에너지 →	포도당	+	산소	+	물
$12H_2O$		$6CO_2$		$C_6H_{12}O_6$		$6O_2$		$6H_2O$

(2) **광합성이 일어나는 장소** : 식물의 잎 속에 있는 엽록체에서 일어난다. 엽록체는 식물 세포 안에 들어 있는 녹색의 알갱이로, 그 속에는 빛에너지를 흡수하는 엽록소라는 초록색 색소가 들어 있다.

(3) **광합성의 과정**

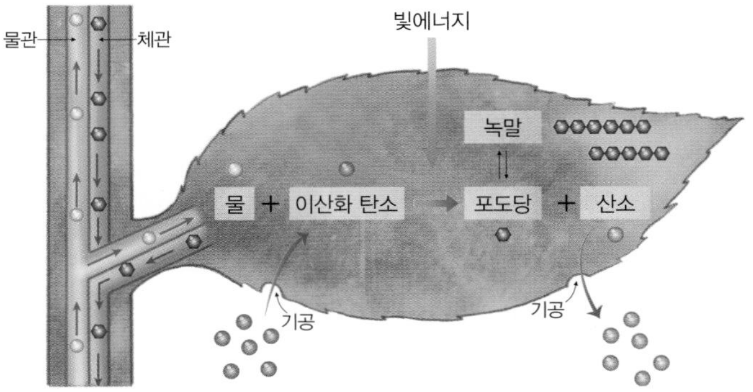

○ 물 : 뿌리에서 흡수된 물이 물관을 따라 잎으로 이동

● 이산화 탄소 : 잎의 기공을 통해 흡수

➡

● 포도당 : 광합성 결과로 만들어지는 유기물로 대부분 녹말로 바꾸어 저장

● 산소 : 호흡에 이용하고 나머지는 기공을 통해 방출

▲ 광합성의 과정

● 엽록체

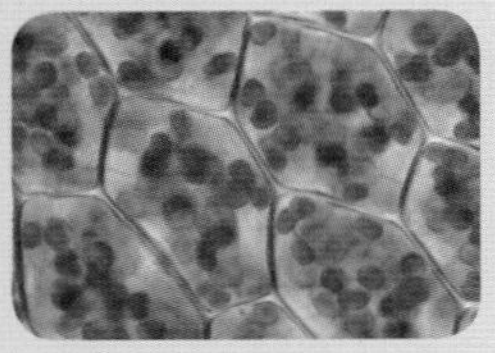

▲ 녹색 식물의 잎을 현미경으로 관찰한 사진

작은 알갱이 모양의 엽록체 속에는 녹색 색소인 엽록소가 있다.

● 엽록체가 없는 식물

▲ 수정란풀

수정란풀과 같이 엽록체가 없는 식물은 스스로 양분을 합성하지 못하므로 다른 식물에 기생해서 살아간다.

● 생각해보기★

광합성으로 동물들은 어떠한 이득을 얻을까?

미니사전

광합성 [光 빛 合 합하다 成 이루다] 식물의 엽록체에서 빛을 이용하여 유기 양분을 만드는 작용

엽록소 [葉 잎 綠 초록 素 성질] 엽록체 안에 있는 녹색 색소

수생 식물 [水 물 生 살다 -식물] 물속에 사는 식물

녹말 포도당 여러 개가 결합된 상태

포도당 단당류로 탄수화물을 구성하는 기본 단위

개념확인 1 빈칸에 알맞은 단어를 써 넣으시오.

광합성은 식물 세포의 ㉠(　　)에서 일어나며, 빛에너지를 이용하여 물과 이산화 탄소를 재료로 ㉡(　　)을 생산하고 부산물로 ㉢(　　)를 얻는 과정이다.

확인 +1 물음에 답하시오.

(1) 광합성이 일어나는 장소는 어디인가? (　　　)

(2) 빛에너지를 흡수하는 초록색 색소의 이름은 무엇인가? (　　　)

(3) 광합성에서 필요한 기체와 생성된 기체는 잎의 어느 곳을 통해 이동하는가? (　　　)

2. 광합성 2

(1) 광합성에 영향을 미치는 환경요인 : 빛의 세기, 이산화 탄소의 농도, 온도 등의 영향을 받는다.

빛의 세기 (이산화 탄소의 농도와 온도가 일정할 때)	이산화 탄소의 농도 (빛의 세기와 온도가 일정할 때)	온도 (빛의 세기와 이산화 탄소의 농도가 일정할 때)
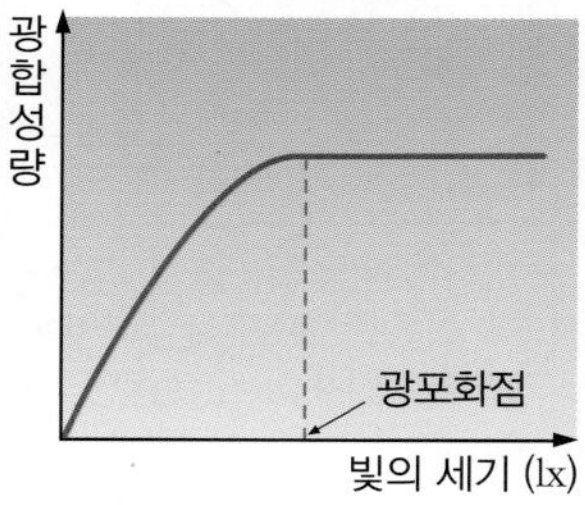	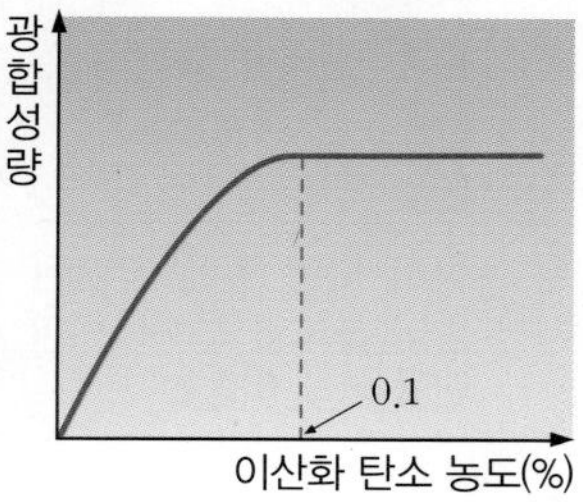	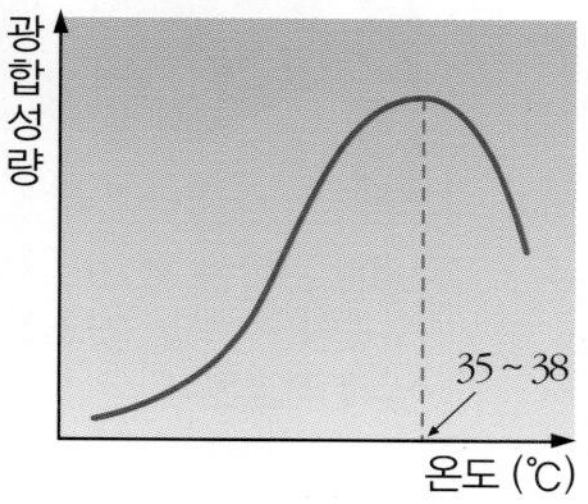
빛의 세기가 강할수록 광합성량이 어느정도까지 증가하다가 더이상 증가하지 않는다.	이산화 탄소의 농도가 증가할수록 광합성량이 어느정도까지 증가하다가 더 이상 증가하지 않는다.	온도가 높을수록 광합성량이 증가하지만 약 40℃ 이상이 되면 광합성량이 급격히 감소한다.

〈실험〉 빛의 세기에 따른 광합성량 측정 – 산소 발생량 측정하기

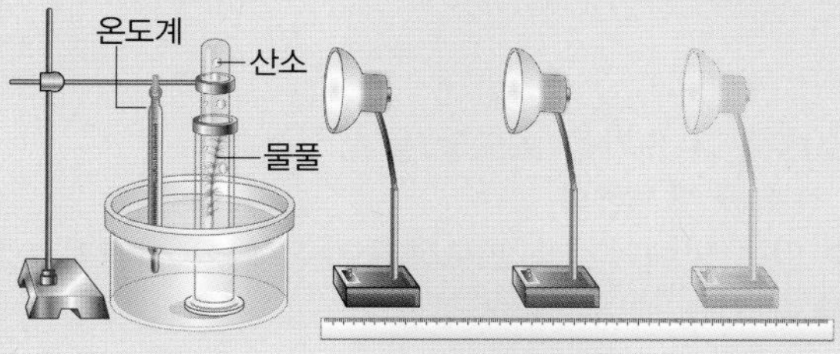

· 식물의 광합성량은 산소 발생량을 통해 알 수 있다.
· 식물과 전등 사이의 거리가 가까울수록 시험관 속의 물풀에서 나오는 기포의 수가 많아진다.

거리 (cm)	10	15	20	25
기포의 수	65	52	38	21

광포화점
광합성량이 더 이상 증가하지 않을 때의 빛의 세기를 광포화점이라고 한다.

광합성과 온도
· 광합성은 여러 가지 효소가 작용하여 진행된다.
· 효소는 30~40℃ 정도에서 가장 활발하게 작용하지만 40℃ 이상에서는 효소를 구성하는 단백질이 변형되기 때문에 광합성의 속도가 느려진다.

물과 광합성
물은 광합성을 하기 위해 꼭 필요한 물질이다. 하지만 세포 내에 충분히 들어 있으므로 광합성에 미치는 영향이 크지 않다.

전등이나 형광등 불빛에 의한 광합성
백열 전구나 형광등 불빛에 의해서도 광합성이 일어나지만 광합성 속도는 햇빛일 때가 더 크다.

정답 및 해설 20쪽

개념확인 2 **광합성에 영향을 미치는 요인 세 가지를 쓰시오.**

( ), ( ), ( )

확인 + 2 **빈칸에 들어갈 수 있는 내용을 〈보기〉에서 모두 골라 기호로 쓰시오.**

〈 보기 〉

ㄱ. 빛의 세기　　ㄴ. 이산화 탄소의 농도　　ㄷ. 온도

( )가 증가할수록 광합성량이 어느 정도까지 증가하지만 어느 정도 이상이 되면 광합성량이 더 이상 증가하지 않고 일정해진다.

생각해보기★★
물에 사는 수생 식물들도 광합성을 할 수 있을까?

미니사전
효소 [酵 발효하다 素 성질] 생물체 내에서 일어나는 화학 반응을 촉진시켜 주는 물질

3. 광합성 3

(1) 영양분의 이동 및 저장 : 주로 밤에 이동하며, 체관을 통해 이동한다.

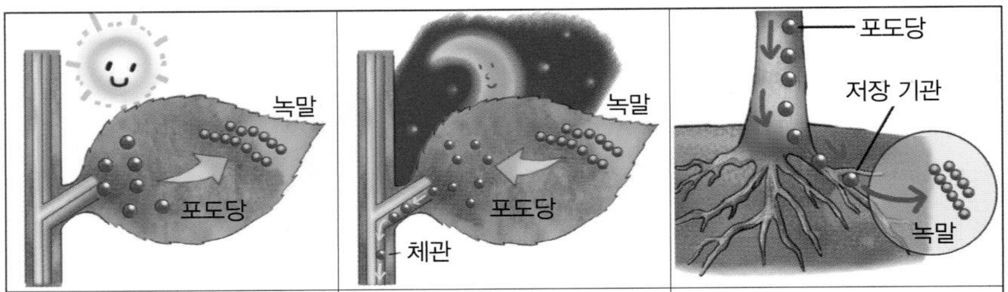

낮에 광합성 결과로 생성된 포도당은 녹말 형태로 잠시 잎에 저장된다.	밤이 되면 잎에 저장된 녹말이 포도당으로 바뀌어 체관을 통해 이동한다.	저장기관(뿌리, 줄기, 잎)으로 이동한 포도당은 다양한 형태로 바뀌어 오랫동안 저장된다.
⇒ 녹말이 포도당으로 바뀌어 이동하는 이유 : 분자량이 크고 물에 녹지 않는 녹말의 형태보다 분자량이 작고 물에 잘 녹는 포도당의 형태가 운반에 더 유리하기 때문이다.		

(2) 광합성 산물의 이용

① 식물의 몸을 구성하는 성분으로 사용된다.
② 생장에 필요한 에너지원으로 이용한다.
③ 저장기관(뿌리, 줄기, 잎)에 다양한 형태로 저장한다.

(3) 광합성의 의의

① 무기물(물, 이산화 탄소)로부터 유기물(포도당)을 생성한다.
② 생물의 호흡에 필요한 산소를 생성한다.
③ 생물이 직접 이용할 수 없는 빛에너지를 포도당과 같은 화학 에너지로 전환함으로써 생물이 이용할 수 있는 에너지로 저장한다.

개념확인 3 빈칸에 알맞은 단어를 써 넣으시오.

광합성 결과 잎에서 만들어진 포도당은 ㉠(　　　) 형태로 잠시 잎에 저장되었다가 밤이 되면 포도당으로 바뀌어 ㉡(　　　)을 통해 저장기관으로 이동한다.

확인 + 3 광합성에 대한 설명을 읽고 옳은 것은 O표, 옳지 않은 것은 X표 하시오.

(1) 광합성은 물과 산소로부터 포도당을 생성한다. (　　)
(2) 생물의 호흡에 필요한 이산화 탄소를 생성한다. (　　)
(3) 빛에너지를 이용하여 유기물을 생성하여 다른 생물들도 이용할 수 있는 에너지를 제공한다. (　　)

양분의 저장 기관
- 열매 : 사과, 감, 배
- 씨 : 보리, 벼, 콩, 완두
- 뿌리 : 고구마, 무, 당근
- 줄기 : 감자, 양파, 토란, 연, 사탕수수

식물의 양분 저장 형태
① 탄수화물
- 포도당 : 양파, 포도
- 설탕 : 사탕무, 사탕수수
- 녹말 : 벼, 보리, 감자, 고구마

② 단백질 : 콩, 땅콩, 밀 등
③ 지방 : 콩, 땅콩, 깨, 야자, 해바라기 등

광합성 결과 양분 확인
- 아이오딘-아이오딘화 칼륨 용액은 녹말과 반응하면 청람색으로 변한다.
- 잎에 아이오딘-아이오딘화 칼륨 용액을 떨어뜨리면 광합성에 의해 생성된 녹말에 의해 엽록체가 청람색으로 변하는 것을 확인할 수 있다.

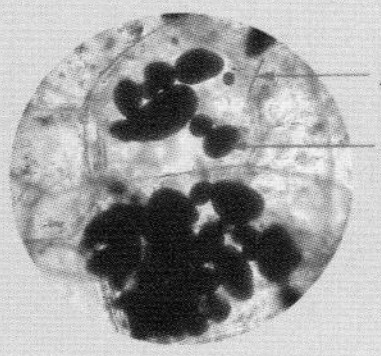

생각해보기★★★
식물이 녹색으로 보이는 이유는 무엇일까?

미니사전
유기물 생물에 의해 만들어지는 탄소를 포함한 화합물

4. 호흡

(1) 호흡 : 산소를 이용해 유기물을 분해하여 생활에 필요한 에너지를 얻는 작용이다. 모든 세포의 미토콘드리아에서 밤낮 구분 없이 산소를 이용하여 포도당을 분해하여 에너지를 얻는다.

포도당	+	산소	+	물	→	물	+	이산화 탄소	+	에너지
$C_6H_{12}O_6$		$6O_2$		$6H_2O$		$12H_2O$		$6CO_2$		

(2) 식물의 기체 교환 : 광합성은 빛이 있는 낮에 엽록체가 있는 세포에서만 일어나지만, 호흡은 모든 세포에서 항상 일어나므로 밤과 낮에 출입하는 기체의 성분이 다르다.

낮	아침 · 저녁	밤
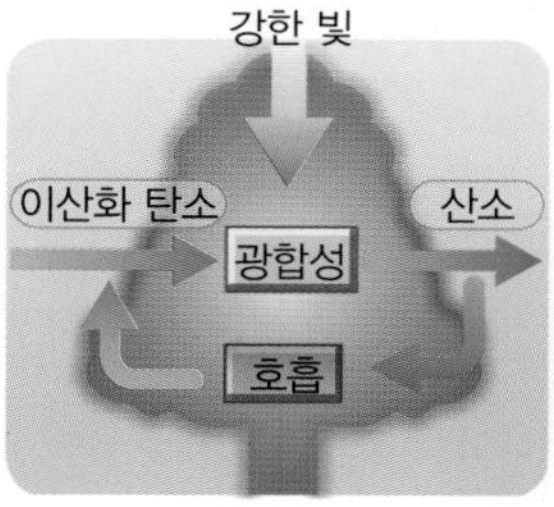	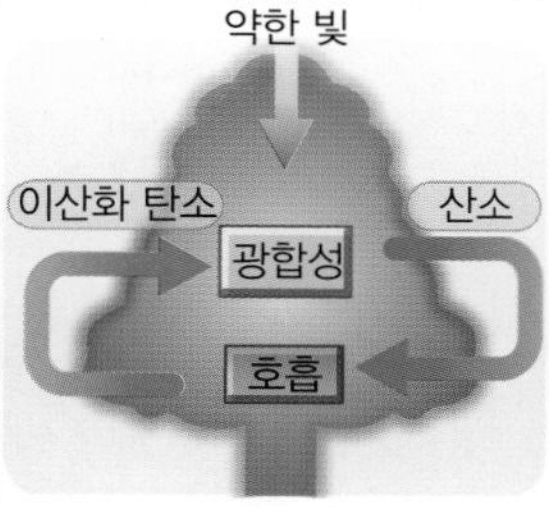	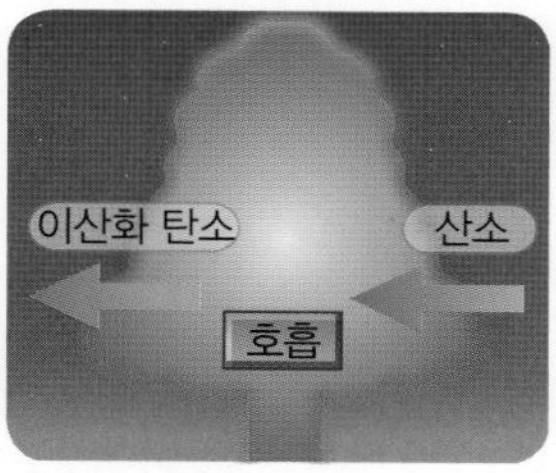
광합성량 > 호흡량	광합성량 = 호흡량 (외관상 기체의 출입이 없다.)	광합성량 < 호흡량 (호흡만 일어난다.)
광합성량이 호흡량보다 많아 이산화 탄소를 흡수하고 산소를 방출한다.	광합성 결과로 발생된 산소는 모두 호흡에 이용되고, 호흡의 결과로 생성된 이산화 탄소는 모두 광합성에 이용된다.	호흡만 일어나기 때문에 잎의 기공을 통해 산소를 흡수하고 이산화 탄소를 방출한다.

정답 및 해설 20쪽

개념확인 4 호흡을 식으로 나타낸 것이다. 빈칸에 알맞은 단어를 써 넣으시오.

포도당 + ㉠(　　　) + 물 → 물 + 이산화 탄소 + ㉡(　　　)

확인 + 4 광합성량과 호흡량을 부등호 또는 등호로 나타내시오.

(1)

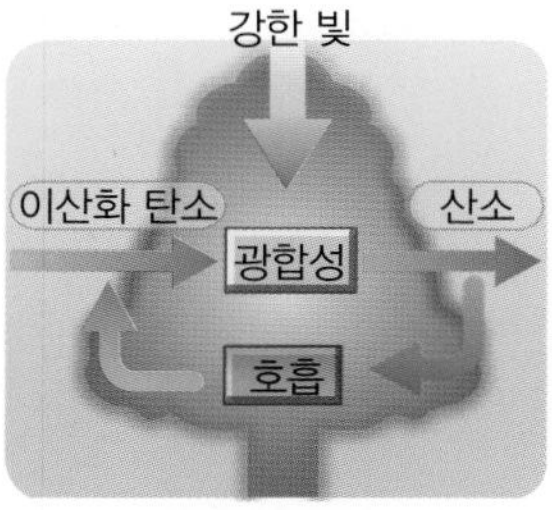

광합성량 (　) 호흡량

(2)

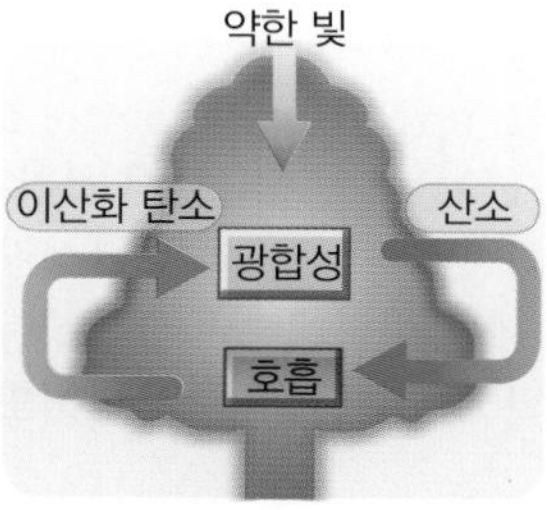

광합성량 (　) 호흡량

식물의 호흡이 활발한 시기
- 싹이 틀 때
- 꽃이 필 때
- 식물이 생장할 때

식물의 기체교환이 일어나는 장소
- 잎 : 기공
- 줄기 : 피목
- 뿌리 : 뿌리털, 표피

식물의 호흡 확인 실험

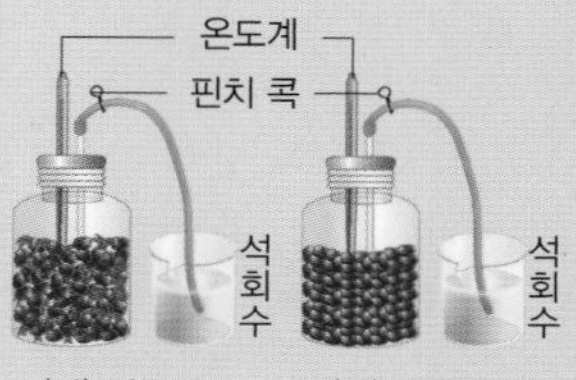

(가) 싹튼 콩　(나) 삶은 콩

- 그림처럼 장치한 뒤, 2~3시간 후 온도를 측정하면 싹튼 콩이 호흡하여 열에너지가 방출되어 (가)의 온도가 올라간다.
- 핀치 콕을 열어 내부 기체를 석회수에 통과시키면 (가)에서 발생한 이산화 탄소로 석회수가 뿌옇게 흐려진다.
- 석회수는 이산화 탄소와 만나면 뿌옇게 흐려진다.

광합성과 호흡의 비교

광합성(빛에너지 흡수)
물 + 이산화 탄소 ⇄ 포도당 + 산소
호흡(생활 에너지 발생)

구분	광합성	호흡
장소	엽록체	모든 세포 (미토콘드리아)
시간	낮	항상
기체의 출입	CO_2 흡수 O_2 방출	CO_2 방출 O_2 흡수
물질의 변화	무기물→유기물 양분 합성	유기물→무기물 양분 분해
에너지	저장(흡수)	방출

미니사전

방출 [放 내놓다 出 넣다] 비축하거나 생성된 물질을 내놓는 현상

무기물 탄소를 포함하지 않는 화합물과 탄소를 포함하는 간단한 화합물

01 광합성에 대한 설명으로 옳지 <u>않은</u> 것은?

① 잎의 엽록체에서 일어난다.
② 태양의 빛에너지가 이용된다.
③ 밤과 낮의 구별 없이 항상 일어난다.
④ 포도당 등의 유기 양분이 만들어진다.
⑤ 광합성에 필요한 물질은 물과 이산화 탄소이다.

02 광합성의 과정을 나타낸 것이다.

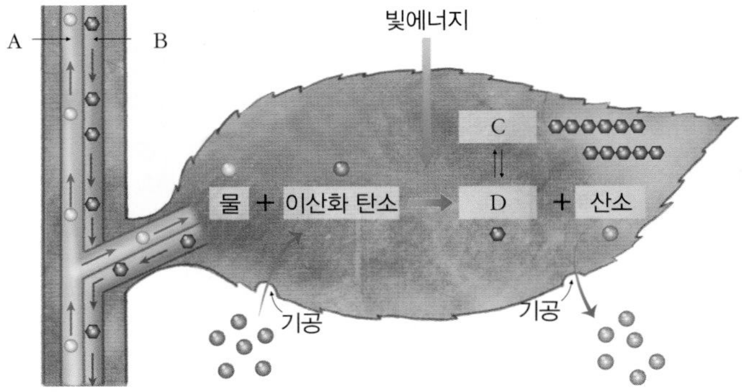

이에 대한 설명으로 옳은 것만을 〈보기〉에서 있는 대로 고른 것은?

〈 보기 〉

ㄱ. A는 뿌리에서 잎까지의 물의 이동 통로이다.
ㄴ. 광합성으로 만들어진 양분이 식물체 내를 이동할 때에는 C의 형태로 B를 통해 이동한다.
ㄷ. C와 D는 식물에 필요한 에너지원이다.
ㄹ. 대부분의 식물은 D의 형태로 양분을 저장한다.

① ㄱ, ㄴ ② ㄱ, ㄷ ③ ㄴ, ㄹ ④ ㄱ, ㄴ, ㄷ ⑤ ㄴ, ㄷ, ㄹ

03 광합성에 영향을 주는 요인에 대한 설명으로 옳은 것은?

① 온도는 광합성에 영향을 주지 않는다.
② 상온(15℃)에서 광합성이 가장 활발하다.
③ 이산화 탄소의 농도와 광합성량은 비례한다.
④ 빛의 세기에 비례하여 광합성량은 계속 증가한다.
⑤ 온도와 빛의 세기가 충족되어도 이산화 탄소가 없으면 광합성은 잘 일어나지 않는다.

정답 및 해설 20쪽

04

식물의 광합성량에 영향을 미치는 요인과 광합성량과의 관계를 바르게 나타낸 것을 모두 고르시오.(2개)

①
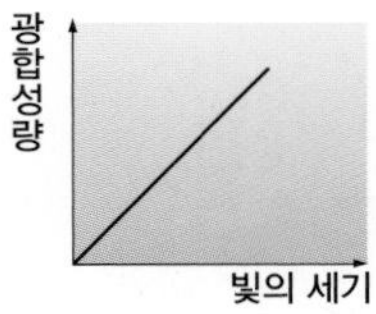

②
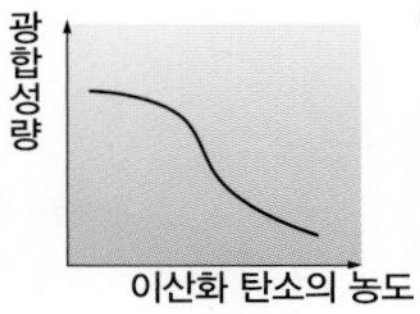

③
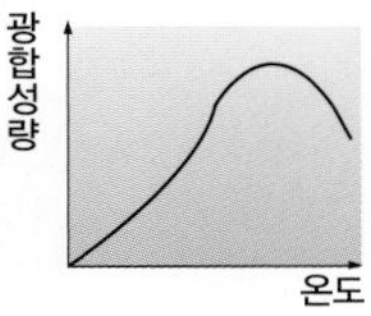

④
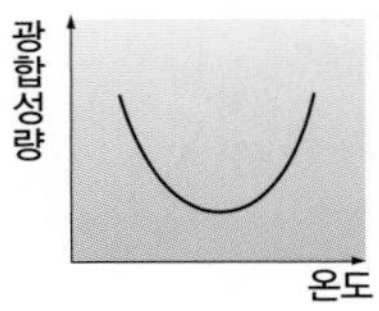

⑤
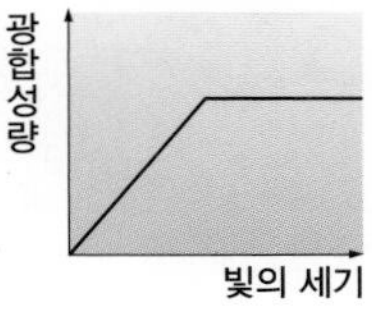

05

식물의 호흡에 대한 설명으로 옳지 않은 것은?

① 빛이 없는 밤에만 일어난다.
② 살아 있는 모든 세포에서 일어난다.
③ 호흡을 통해 유기 양분이 분해된다.
④ 산소를 흡수하고 이산화 탄소를 방출한다.
⑤ 식물은 호흡을 통해 생활 에너지를 얻는다.

06

강한 빛이 비칠 때와 약한 빛이 비칠 때의 기체 교환을 모식적으로 나타낸 것이다.

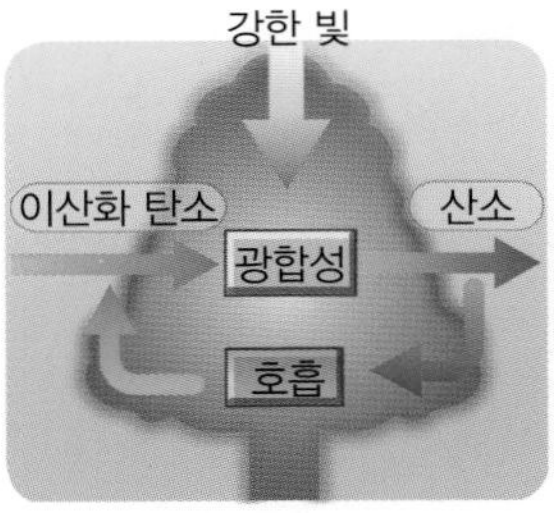

(가)

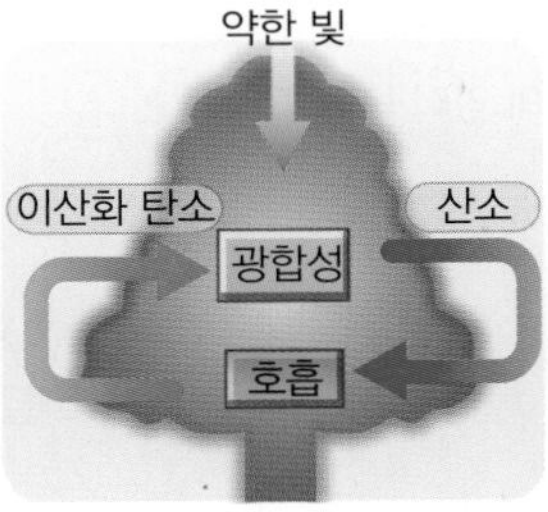

(나)

그림 (가)과 (나)에서 광합성량과 호흡량의 관계를 바르게 나타낸 것은?

(가)	(나)
① 광합성량 = 호흡량	광합성량 〈 호흡량
② 광합성량 = 호흡량	광합성량 = 호흡량
③ 광합성량 〉 호흡량	광합성량 = 호흡량
④ 광합성량 〉 호흡량	광합성량 〈 호흡량
⑤ 광합성량 〈 호흡량	광합성량 〉 호흡량

유형 익히기 & 하브루타

[유형6-1] 광합성 1

아래의 그림은 식물의 광합성을 모식도로 나타낸 것이다. 다음 물음에 답하시오.

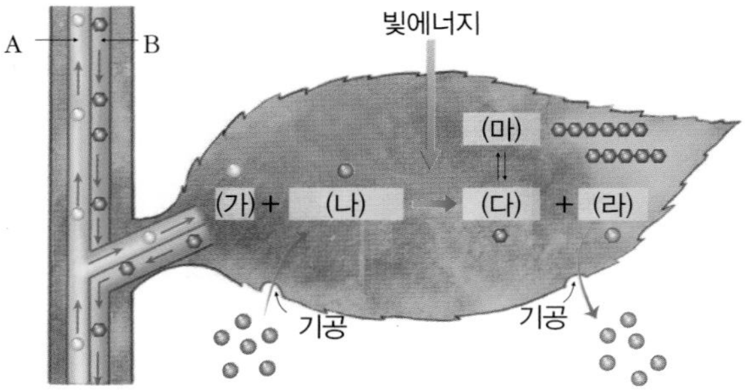

(1) (가) ~ (마)에 해당하는 물질을 각각 쓰시오.

(2) 위 그림에 대한 설명으로 옳은 것은 O표, 옳지 않은 것은 X표 하시오.

① 광합성으로 만들어진 최초의 산물은 (다)이다. ( )

② 뿌리털을 통해 흡수된 물은 A를 통해 잎까지 전달된다. ( )

③ 광합성으로 만들어진 양분은 식물체 내에서 (마)형태로 이동한다. ( )

01 빈칸에 해당하는 단어는 무엇인가?

> 식물의 잎에 알갱이 형태로 있으며 광합성을 한다. 내부에는 ( )라는 색소가 들어 있어서 식물의 잎이 녹색을 띠게 한다.

( )

02 광합성에 대한 설명이다. ㉠~㉢에 알맞은 말을 넣으시오.

> 광합성은 녹색 식물이 ㉠( )에너지를 이용하여 ㉡( )을 합성하는 과정이다. 광합성에 의해 만들어지는 최초의 유기 양분은 ㉡이지만, 대부분의 식물은 ㉡을 ㉢( )의 형태로 전환시켜 뿌리, 줄기, 열매, 씨 등에 저장한다.

㉠ : ( )

㉡ : ( )

㉢ : ( )

정답 및 해설 20쪽

[유형6-2] 광합성 2

다음은 광합성량에 영향을 미치는 환경요인과 관련된 그래프를 나타낸 것이다. 다음 물음에 답하시오.

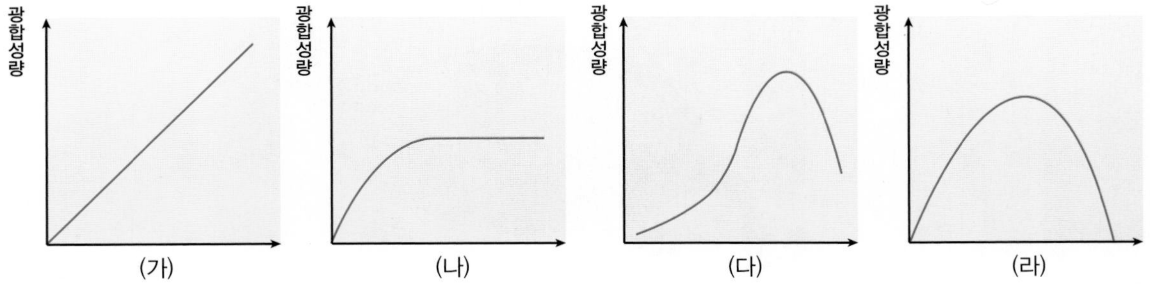

(1) 위의 그래프 중 빛의 세기와 광합성량과의 관계를 나타낸 그래프의 기호를 쓰시오. (　　)

(2) 위의 그래프 중 온도와 광합성량과의 관계를 나타낸 그래프의 기호를 쓰시오. (　　)

03 식물의 광합성에 영향을 미치는 환경요인을 모두 고르시오.(3개)

① 온도
② 물의 양
③ 빛의 세기
④ 산소의 농도
⑤ 이산화 탄소의 농도

04 다음에서 설명하는 것은 무엇인가?

광합성량이 더 이상 증가하지 않을 때의 빛의 세기이다.

(　　　　　　)

[유형6-3] 광합성 3

광합성의 과정과, 광합성의 결과로 만들어진 물질의 출입과 이동을 모식적으로 나타낸 것이다. 이에 대한 설명으로 옳은 것만을 〈보기〉에서 있는 대로 고르시오.

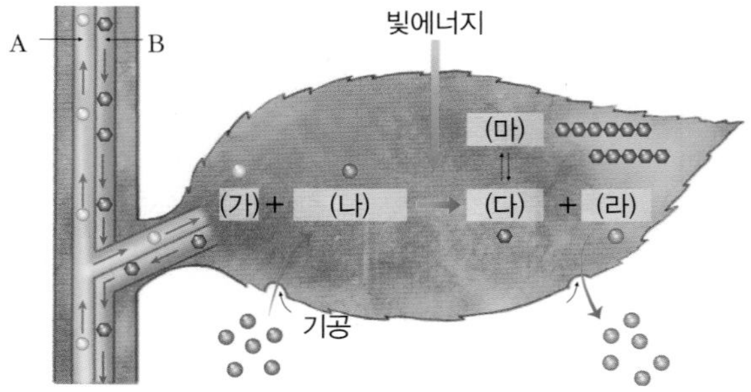

〈 보기 〉

ㄱ. (가)는 체관을 통해 운반된다.
ㄴ. (마)는 아이오딘-아이오딘화 칼륨 용액과 반응한다.
ㄷ. (나)는 광합성에 이용되고, (라)는 호흡에 이용된다.

05 광합성의 산물에 대한 설명이다. ㉠~㉣에 알맞은 말을 넣으시오.

광합성의 결과 처음 생성되는 유기물은 ㉠(　　)이며, ㉡(　　)로 전환되어 임시로 잎에 저장된다. 잎에 저장된 ㉡은 밤이 되면 ㉢(　　)으로 분해되어 ㉣(　　)을 통해 식물체의 각 부분으로 이동한다.

㉠ : (　　　　) ㉡ : (　　　　)
㉢ : (　　　　) ㉣ : (　　　　)

06 광합성 결과로 생긴 양분이 저장되어 있는 형태가 다른 하나는?

① 벼 ② 보리
③ 감자 ④ 양파
⑤ 고구마

정답 및 해설 21쪽

[유형6-4] 호흡

낮 동안 식물의 기체 교환을 모식적으로 나타낸 것이다. 이에 대한 설명으로 옳은 것만을 〈보기〉에서 있는 대로 고르시오.

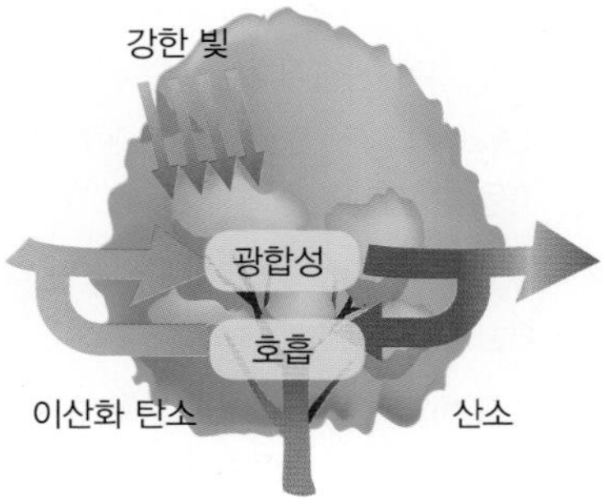

〈 보기 〉

ㄱ. 광합성량보다 호흡량이 더 많다.
ㄴ. 이산화 탄소를 흡수하고 산소를 방출한다.
ㄷ. 호흡의 결과로 생성된 이산화 탄소를 광합성에 이용한다.

07 호흡에 대한 설명으로 옳은 것은 O표, 옳지 않은 것은 X표 하시오.

(1) 호흡은 밤에만 일어난다. ( )

(2) 호흡에 필요한 기체는 산소이다. ( )

(3) 호흡은 유기물을 분해하여 에너지를 얻기 위한 작용이다. ( )

08 광합성과 호흡의 관계가 다음과 같을 때는 언제인지 '낮', '밤', '아침 · 저녁' 중 한 가지로 답하시오.

(1) 광합성량이 호흡량보다 많아 이산화 탄소를 흡수하고 산소를 방출한다.
( )

(2) 광합성량과 호흡량이 같아 외관상 기체의 출입이 없는 것처럼 보인다.
( )

(3) 호흡만 일어나서 산소를 모두 흡수하고 이산화 탄소를 방출한다.
( )

01 식물의 광합성 반응을 발견하는데 도움이 된 관찰과 그와 연관된 결과들이다. 이를 읽고 다음 물음에 답하시오.

A. 화학적 분석으로 식물의 몸체는 대부분 셀룰로스(섬유소)와 같은 탄수화물로 구성되어 있다는 것이 밝혀졌다.

B. 스위스 화학자 소쉬르는 광합성 반응으로 합성된 탄수화물과 그 부산물로 생성된 가스 X를 합친 무게가 광합성 반응에 필요한 가스 Y의 무게보다 많은 것을 밝혀 이 반응에 추가로 Z가 필요하다는 것을 증명했다.

C. 식물의 잎에 들어 있는 녹색 색소는 엽록소로서 양지 식물과 음지 식물에서 그 함량이 다르다.

D. 겨울철 비닐하우스 내에 온도를 높이기 위해 전기 히터를 사용한 경우와 연탄 난로를 사용한 경우를 비교하였더니 연탄 난로를 사용하였을 때 식물이 훨씬 더 잘 자랐다.

E. 산업 혁명 이후로 급속한 화석 연료의 소모는 대기의 가스 조성 비율을 바꾸었으며, 지구 온난화를 초래했지만, 식물의 생장 속도는 눈에 띄게 빨라졌다.

F. 동일한 식물의 경우 겨울철보다 여름철에 생장 속도가 빠르다.

(1) B의 진술에서 X, Y, Z는 각각 무엇인가?

(2) C의 진술에서 양지 식물과 음지 식물 중 빛이 약할 때 더 광합성률이 큰 것은 무엇인가? 그 까닭은 무엇인가?

(3) D에서 연탄 난로를 사용할 경우 식물이 더 잘 자라는 까닭은 무엇인가?

(4) 위의 설명 중 식물의 광합성 속도에 영향을 미치는 요인과 관련된 진술 문장을 기호로 쓰시오.

정답 및 해설 22쪽

02 광합성이 밝혀지기 전 18세기 말 영국의 프리스틀리는 밀폐된 유리 용기 안에 쥐를 넣어두면 얼마 후 쥐가 죽지만 식물과 함께 넣어두면 계속 생존하는 것을 관찰하였다.

(1) 프리스틀리는 아래와 같은 방법으로 실험하였다. 각각의 실험 결과를 적고 그 이유를 쓰시오.

(가) (나) (다) (라)

〈실험 방법〉

(가) 유리 종 속에 촛불을 넣는다.

(나) 유리 종 속에 쥐를 넣는다.

(다) 유리 종 속에 식물과 촛불을 넣는다.

(라) 유리 종 속에 식물과 쥐를 함께 넣는다.

구분	결과	이유
(가)		
(나)		
(다)		
(라)		

(2) 위 실험을 통해 프리스틀리가 발견한 사실은 무엇인가?

03 평지와 고랭지에서의 각각의 기온 변화를 나타낸 그래프와 온도에 따른 광합성량을 나타낸 그래프이다.

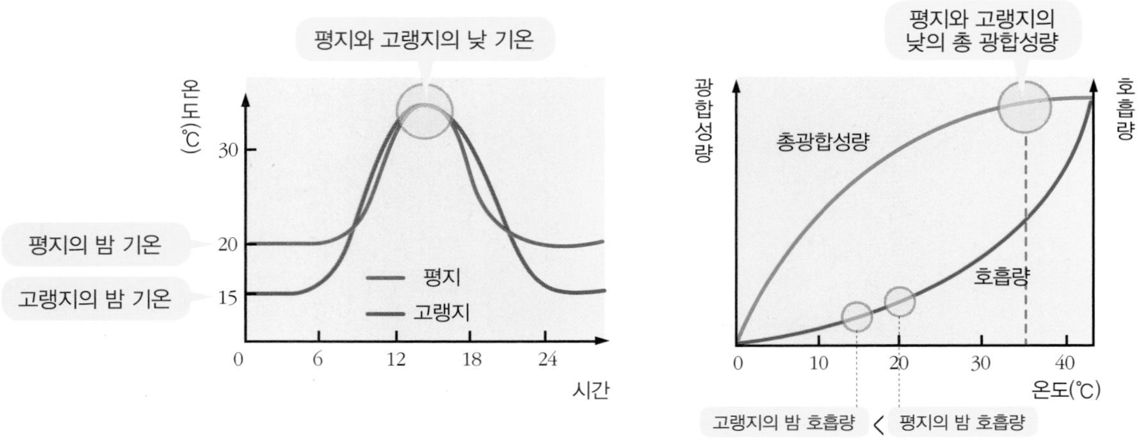

빛의 세기가 0일 때 이산화 탄소의 방출량을 호흡량, 보상점* 이상의 빛의 세기에서 이산화 탄소의 흡수량이 순 광합성량, 그리고 호흡량과 순 광합성량을 합한 값을 총 광합성량이라고 한다.

고랭지에서 채소 재배가 평지에서의 재배보다 생산성이 높다. 그 이유가 무엇일지 식물의 광합성과 호흡 측면을 중심으로 설명하시오.

*보상점 : 광합성량과 호흡량이 같아 외관상으로 이산화 탄소의 출입이 없어 보일 때의 빛의 세기로 보상점보다 약한 빛의 세기가 지속되면 광합성에 의해 생산되는 유기물의 양보다 호흡에 의해 소비되는 유기물의 양이 더 많아 식물이 시들어 죽게 된다.

정답 및 해설 22쪽

04 그래프는 식물의 빛의 세기에 따른 광합성량을 나타낸 것이다.

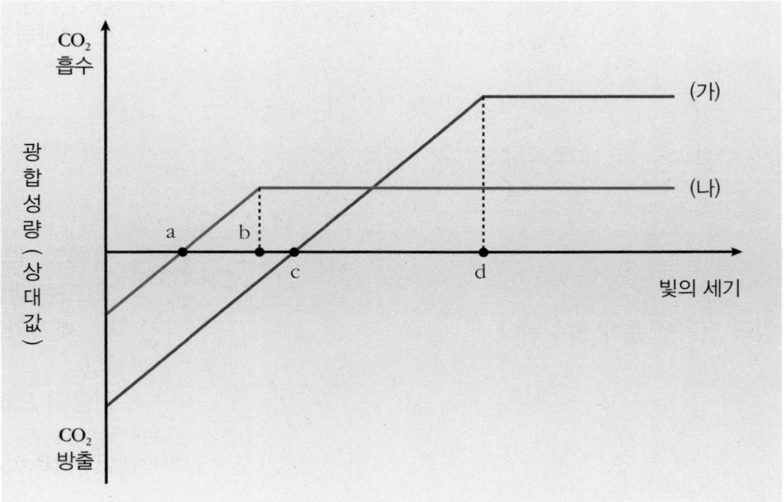

커다란 다리 밑에 식물을 심어 조경을 하려고 할 때 (가)와 (나) 식물 중 어떤 식물을 심는 것이 유리한지 그 이유와 함께 서술하시오.

스스로 실력 높이기

A

[01~03] 광합성에 필요한 요소가 무엇인지 〈보기〉에서 찾아 답하시오.

〈 보기 〉

물	이산화 탄소	빛 에너지
산소	포도당	녹말

01 잎의 기공을 통해 흡수된다.

( )

02 광합성이 일어나게 하는 에너지원으로 엽록소에서 흡수한다.

( )

03 뿌리에서 흡수되어 물관을 통해 잎으로 이동한다.

( )

04 그림 (가)는 식물 잎의 표면을 확대한 것이고, 그림 (나)는 식물 표면의 세포 속에 있는 알갱이 A를 광합성 공장으로 비유한 것이다. (단, C는 빛에너지를 흡수하는 물질이다.)

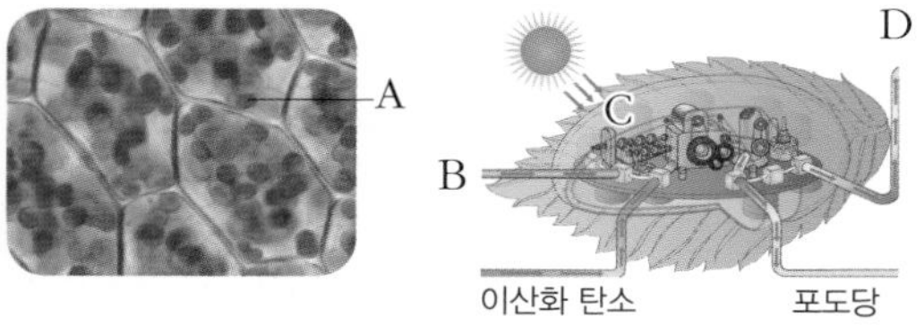

(가) (나)

A~D가 각각 무엇에 해당되는지 쓰시오.

A : ( ) B : ( )
C : ( ) D : ( )

[05~06] 빈칸에 알맞은 말은 써 넣으시오.

05 광합성 결과 최초로 만들어지는 유기 양분은 ㉠( )이고, 대부분의 식물은 ㉡( )로 전환하여 식물체 내에 저장한다.

06 식물의 광합성에 영향을 미치는 3가지 요인으로는 태양으로부터 공급되는 ㉠( )의 세기와, 기공을 통해 흡수되는 공기 중의 ㉡( ) 농도, 적정 범위를 벗어나면 광합성량이 오히려 감소하는 ㉢( )가 있다.

07 〈보기〉에서 호흡이 왕성하게 일어날 때를 있는 대로 골라 기호로 쓰시오.

〈 보기 〉

ㄱ. 양분을 만들 때 ㄴ. 생장할 때
ㄷ. 꽃이 질 때 ㄹ. 씨가 싹틀 때

( )

08 호흡을 반응식으로 나타낸 것이다. 빈칸에 들어갈 알맞은 말을 써 넣으시오.

㉠( ) + 산소 + 물 → ㉡( ) + 물 + 에너지

㉠ : ( ) ㉡ : ( )

정답 및 해설 23쪽

09 호흡에 대한 설명으로 옳은 것은 O표, 옳지 않은 것은 X표 하시오.

(1) 호흡은 광합성을 할 수 있는 세포에서만 일어난다. ( )
(2) 호흡으로 발생하는 기체는 이산화 탄소이다. ( )
(3) 호흡은 싹이 틀 때와 꽃이 필 때 왕성하게 일어난다. ( )

10 옳은 말을 고르시오.

식물의 광합성은 에너지를 ㉠(저장, 방출) 하는 과정이고, 호흡은 에너지를 ㉡(저장, 방출)하는 과정이다.

B

[11~12] 식물의 광합성을 모식도로 나타낸 것이다.

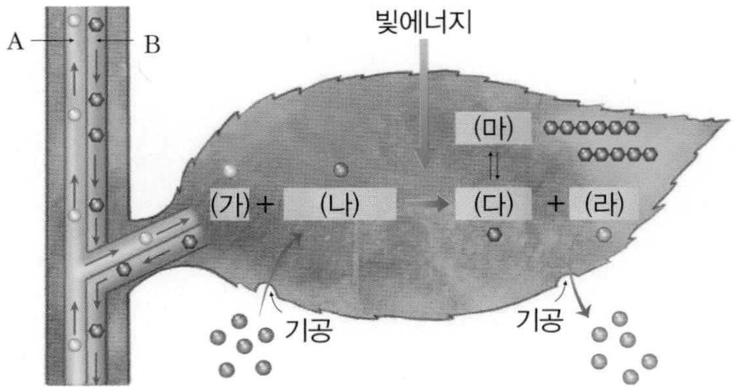

11 위에 대한 설명으로 옳지 않은 것은?

① 광합성의 최초 산물은 (다)이다.
② (나)와 (라)는 B를 통해 이동한다.
③ (다)와 (마)는 식물의 생활에 필요한 에너지원이다.
④ 뿌리털을 통해 흡수된 물은 A를 통해 잎까지 전달된다.
⑤ 광합성으로 만들어진 양분은 식물체 내에서 (다)의 형태로 이동한다.

12 위와 같은 작용이 일어나는 곳으로만 짝지어진 것은?

① 표피 조직, 관다발, 기공
② 공변세포, 뿌리털, 형성층
③ 뿌리털, 형성층, 표피 조직
④ 울타리 조직, 표피 조직, 공변세포
⑤ 해면 조직, 공변세포, 울타리 조직

13 이산화 탄소의 농도와 광합성량과의 관계를 바르게 나타낸 것은? (단, 빛의 세기와 온도는 일정하다.)

①
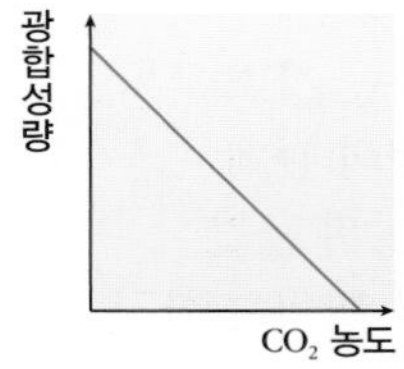

②
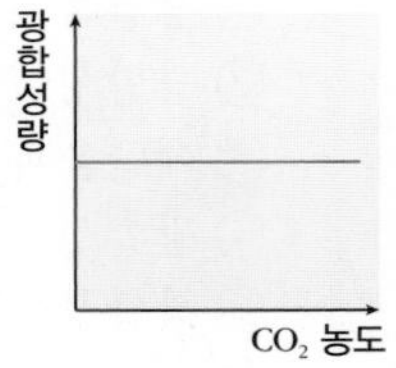

③
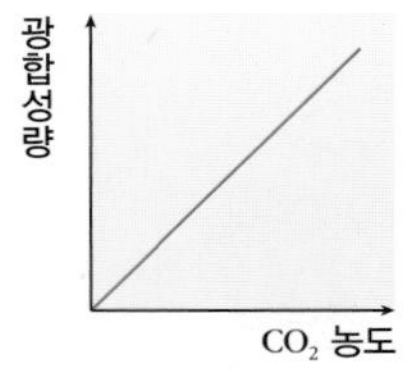

④
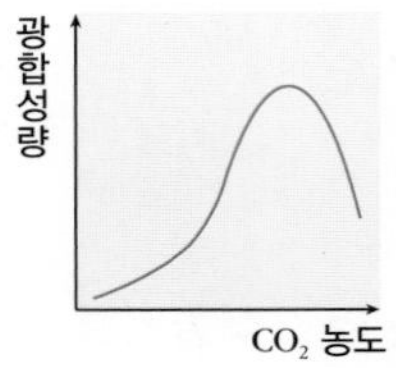

⑤
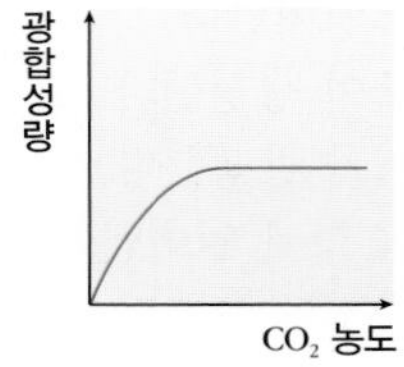

14 광합성 산물의 생성과 이동에 대한 설명으로 옳지 않은 것은?

① 체관으로 이동하는 것은 포도당 형태이다.
② 잎에서 만들어지는 최초의 양분은 녹말이다.
③ 생성된 포도당은 녹말 상태로 임시 저장된다.
④ 생성된 양분은 주로 밤에 체관을 따라 이동한다.
⑤ 생성된 산소는 식물의 호흡에 다시 이용되기도 한다.

15 식물의 엽록체를 관찰하기 위한 실험 과정을 나타낸 것이다.

〈실험 과정〉
1. 잎을 가진 식물을 하루 동안 어두운 곳에 둔 뒤, 잎의 일부분을 은박지로 감싸고 햇빛을 쬐어 준다.
2. 에탄올에 잎을 넣고 물 중탕으로 가열한다.
3. 아이오딘-아이오딘화 칼륨 용액을 떨어뜨려 색깔 변화를 관찰한다.

이 실험은 무엇을 알아보기 위한 실험인가?

① 광합성에 필요한 물질
② 광합성이 일어나는 장소
③ 에탄올과 광합성의 관계
④ 광합성 결과 생성된 물질
⑤ 광합성에 영향을 미치는 환경 요인

16 식물의 호흡에 대한 설명으로 옳지 않은 것은?

① 호흡은 잎에서만 일어난다.
② 호흡 결과 무기물이 생성된다.
③ 호흡 결과 에너지가 발생한다.
④ 호흡은 낮과 밤에 항상 일어난다.
⑤ 호흡을 위해서 산소와 포도당이 필요하다.

17 식물의 호흡의 의의를 가장 잘 설명하고 있는 것은?

① 유기 양분을 합성하는 과정이다.
② 체내 수분을 배출하는 과정이다.
③ 유기 양분을 이동시키는 과정이다.
④ 물과 무기 양분을 흡수하는 과정이다.
⑤ 살아가는데 필요한 에너지를 얻는 과정이다.

18 식물의 광합성과 호흡을 비교한 내용으로 옳지 않은 것은?

	광합성	호흡
①	주로 낮에 함	밤낮 구별 없이 함
②	이산화 탄소 흡수	산소 흡수
③	에너지 저장	에너지 방출
④	빛이 강할수록 왕성해짐	빛이 없을 때만 함
⑤	엽록체에서 일어남	모든 세포에서 일어남

19 광합성량이 호흡량보다 클 때 기공을 통한 기체의 출입을 바르게 설명한 것은?

① 이산화 탄소와 산소를 모두 흡수한다.
② 이산화 탄소와 산소를 모두 방출한다.
③ 이산화 탄소를 방출하고 산소는 흡수한다.
④ 이산화 탄소를 흡수하고 산소는 배출한다.
⑤ 이산화 탄소와 산소는 광합성과 호흡에 영향을 주지 않는다.

정답 및 해설 24쪽

20 녹색 식물의 잎에서 낮과 밤에 주로 출입하는 기체가 바르게 짝지어진 것은?

	낮		밤	
	흡수	방출	흡수	방출
①	O_2	CO_2	O_2	CO_2
②	O_2	O_2	CO_2	O_2
③	O_2	CO_2	CO_2	O_2
④	CO_2	O_2	O_2	CO_2
⑤	CO_2	O_2	CO_2	O_2

C

21 프리스틀리의 실험을 설명한 것이다.

막힌 유리종 속에 쥐를 넣었더니 잠시 후 죽었지만, 유리 종에 쥐와 함께 식물을 함께 넣고 햇빛을 비추어 주었더니 쥐가 죽지 않고 살았다.

이 실험으로 알 수 있는 사실은?

① 광합성에는 이산화 탄소가 필요하다.
② 식물이 빛을 받으면 산소를 발생시킨다.
③ 빛의 세기는 광합성량에 영향을 미친다.
④ 햇빛이 강할 때 호흡이 활발히 일어난다.
⑤ 식물의 잎에서는 광합성 작용이 일어난다.

[22~23] 무한이는 광합성에 대해 더 알아보고자 아래와 같은 실험을 하였다. 다음 물음에 답하시오.

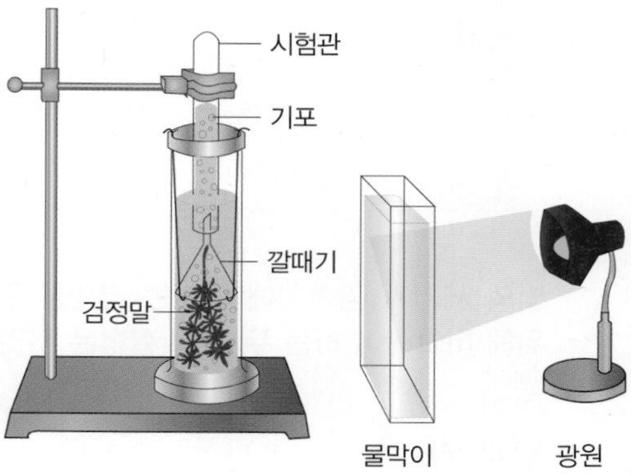

〈실험 과정〉 그림과 같이 장치하여 표본병의 15℃ 물 속의 검정말에 빛을 비추었다.

〈실험 결과〉 검정말에서 기포가 발생하였고, 발생한 기포를 모은 다음 꺼져가는 성냥불을 갖다 대었을 때 다시 타오르는 것을 볼 수 있었다.

22 위 실험의 결론으로 가장 알맞은 것은?

① 광합성 결과 포도당이 만들어진다.
② 광합성이 일어나는 장소는 잎이다.
③ 빛이 있을 때 식물은 광합성 작용을 한다.
④ 빛을 받아 광합성을 하면 산소가 발생한다.
⑤ 식물의 광합성에는 이산화 탄소와 물이 필요하다.

23 위 실험에서 발생하는 기포의 수를 증가시킬 수 있는 방법을 모두 고르시오.(2개)

① 표본병 속에 물을 더 넣어준다.
② 표본병 속의 물 온도를 5℃ 더 낮춘다.
③ 표본병 속의 물 온도를 5℃ 더 올린다.
④ 전등을 물풀에서 더 먼 위치로 옮긴다.
⑤ 전등을 물풀에 더 가까운 위치로 옮긴다.

24 광합성에 영향을 미치는 요인을 알아보기 위해 설계한 다섯 가지 실험이다.

실험	빛의 세기 (lx)	CO_2 농도 (%)	온도 (℃)
가	3000	0.02	20
나	3000	0.03	30
다	3000	0.02	30
라	4000	0.03	20
마	4000	0.02	20

빛의 세기가 광합성에 미치는 영향을 알아보기 위해 비교해야 하는 두 가지 실험은 무엇인가?

① 가, 다　② 가, 라　③ 가, 마
④ 나, 라　⑤ 다, 마

25 물에 불려 싹튼 콩과 삶은 콩을 재료로 온도 변화를 측정한 실험이다. 이에 대한 설명으로 옳지 않은 것은?

(가) 싹튼 콩　(나) 삶은 콩

① (가)는 호흡을 한다.
② (가)는 온도가 상승한다.
③ (가)에서 발생한 기체는 석회수를 뿌옇게 만든다.
④ (나)는 호흡을 하지 않는다.
⑤ (나)에서 발생한 기체는 석회수를 뿌옇게 만든다.

26 광합성의 의미를 과정식과 함께 서술하시오.

27 광합성에 영향을 미치는 환경요인을 3가지 쓰고, 각각의 요인과 광합성량의 관계를 그래프로 나타내시오.

28 빛의 세기에 따른 광합성량을 측정하려면 어떤 실험을 하여야 하는가?

정답 및 해설 25쪽

29 낮에 광합성 결과로 생성된 포도당은 녹말 형태로 잎에 저장되었다가 밤이 되면 잎에 저장된 녹말이 포도당으로 바뀌어 체관을 통해 이동한다. 녹말이 포도당으로 바뀌어 이동하는 이유는 무엇인가?

30 광합성과 호흡의 차이점을 2가지 이상 서술하시오.

창의력 서술

31 화학적 분석을 통해, 식물의 몸체는 대부분 셀룰로스(섬유소)와 같은 탄수화물로 구성되어 있다는 것이 밝혀졌다. 이를 통해 알 수 있는 식물의 기능은 무엇인가?

32 벼의 생산량에 영향을 주는 요인에는 무엇이 있는가?

음악을 즐기는 식물

이완주 박사는 식물 생육을 촉진시키고 병해충을 억제해 주는 친환경 그린 음악 농법을 창안한 학자이다. 그는 부드럽고 잔잔한 음악을 듣고 자란 오이, 토마토 등의 열매가 월등히 많아진다는 것과 음악을 들려준 양배추가 들려 주지 않은 쪽보다 병충해에 강하다는 실험 결과를 발표했다.

사물놀이를 들려 준 벼(오른쪽)가 들려 주지 않은 벼보다 더 잘 자라고, 잎도 더 푸르고 이삭도 더 빨리 많이 맺혔다.

음악을 들려 주지 않은 양배추(왼쪽)는 진딧물이 그루 당 110마리 였지만 음악을 들려준 양배추(오른쪽)에서는 그루 당 3마리만 발생했다.

▲ 이완주 박사의 실험 결과

클래식이나 부드러운 음악은 식물 생장에 도움을 주지만, 록음악이나 헤비메탈과 같은 시끄러운 음악, 또는 거리의 자동차 소음 등은 식물의 생장에 해로운 것으로 나타났다. 어느 종류의 음악이 어떤 메커니즘으로 이런 결과를 가져오는지 식물에 따라 좋아하는 음악과 싫어하는 음악이 있는지는 아직 연구 중에 있다.

식물은 귀가 없는데 어떻게 소리를 듣는 걸까? 소리의 파동이 세포벽에 물리적 자극을 주면 내부의 세포벽이 떨면서 식물 자체에 흐르는 10~50mV의 전압이 변하게 된다. 이런 전기적 자극은 세포막과 세포질에 전달되어 광합성 등 기본 대사를 증진시키고, 기공을 많이 열게 해 호흡과 양분 흡수를 높인다. 이와 같이 음악을 들려준 식물이 해충에 강해지거나 성장이 왕성해지는 것은 전기적 자극에 뒤따른 화학적 반응 때문인 것으로 알려져 있다.

Q1 음악에 반응하는 식물이 사람의 말(좋은말, 나쁜말)에도 반응을 하는지 알고 싶다면 어떻게 실험을 꾸며야할 지 간단히 쓰시오.(좋은말 예 : 사랑해, 이쁘다 등, 나쁜말 예 : 미워, 못생겼다 등)

정답 및 해설 25쪽

식물의 행동

식물이 아름다운 음악을 좋아하고 소음을 스트레스로 여긴다면, 사람들이 꽃을 함부로 꺾거나, 나무를 마구 베어내는 행동들이 식물들로 하여금 공포감과 아픔을 느끼게 하는 것은 아닐까? 사실 식물에게 사람의 손길은 무척 큰 스트레스로 작용한다. 온실 속 화초는 주인의 정성어린 손길에 이른 꽃을 피우는데, 사랑에 대한 보답이 아니라 스트레스 때문에 꽃을 빨리 피워 열매를 맺은 후 시들기 위한 것이라고 한다.

날이 더워지면 인간과 같이 부채질을 하는 식물도 있다. 바람 한 점 불지 않는 뙤약볕 속의 포플러나무는 몸 안의 열을 식히기 위해 스스로 이파리를 흔든다.

생존을 위해 울음 소리를 내는 식물도 있다. 생장이 빠른 사시나무는 많은 양의 물을 뿌리에서 이파리로 빨아올리는데 토양수를 빨리 공기 중으로 방사하기 위해 이파리를 마구 떨어댄다. '사시나무 떨듯한다'는 것은 바람에 의한 게 아니라 사시나무 스스로 내는 소리인 것이다.

너도밤나무는 동물의 암컷이 새끼를 낳은 후 몸살을 앓는 것과 같이 한번 씨앗을 만들고 나면 7년 동안 몸살을 앓는다고 한다.

▲ 포플러나무

▲ 사시나무

▲ 너도밤나무

Q2 포플러 나무나 사시나무는 스스로 이파리를 흔든다. 그렇다면 식물의 움직임과 동물의 움직임은 어떤 차이가 있을지 자신의 생각을 쓰시오.

Project 2 - 탐구

[탐구-1] 광합성의 원료

준비물 물풀, BTB 용액, 은박지, 가열장치, 시험관, 고무 마개, 빨대, 시험관대

실험 과정

① BTB 용액을 몇 방울 넣은 물에 황색이 될 때까지 입김을 불어 넣는다.
② 4개의 시험관 A~D에 노란색 BTB 용액을 같은 양씩 나누어 담는다.

시험관	조건
A	물풀을 넣어준다.
B	물풀을 넣어준 후 은박지로 시험관의 겉을 감싼다.
C	가열한다.
D	아무 조작도 하지 않는다.

③ 4개의 시험관을 위와 같은 조건으로 각각 준비한다.

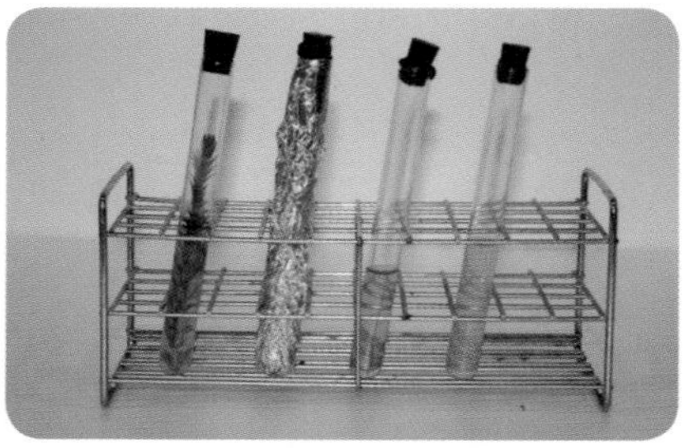

④ 햇빛이 잘 비치는 창가에 두고 색깔 변화를 관찰한다.(할로겐이나 LED램프를 켜두어도 좋다.)

〈용액의 성질과 BTB 용액의 색깔〉

액성	산성	중성	염기성
BTB 용액 색			
	황색	녹색	청색

정답 및 해설 **25쪽**

탐구 과정 이해하기

1. 실험 과정 ①에서 입김을 불어 넣으면 BTB 용액을 넣은 물이 노란색으로 변하는 이유는 무엇인지 쓰시오.

2. 실험 과정 ③에서 B시험관을 은박지로 감싸는 이유는 무엇인지 쓰시오.

탐구 결과

1. 시간이 지난 후 각 시험관에서 나타나는 BTB 용액의 색깔을 쓰시오.

구분	A	B	C	D
색깔				

2. 탐구 결과를 토대로 A~D 시험관에서 일어나는 작용을 각각 쓰시오.

구분	A	B	C	D
시험관에서 일어나는 작용				

탐구 문제

1. A와 C의 실험 결과를 비교하여 알 수 있는 사실을 정리하여 쓰시오.

2. A와 B의 실험 결과를 비교하여 알 수 있는 사실을 정리하여 쓰시오.

Project 2 - 탐구

[탐구-2] 광합성의 산물

준비물 물풀, 금붕어, 싹튼 콩, BTB 용액, 은박지, 시험관, 고무 마개, 시험관대

실험 과정

① 물에 BTB 용액을 넣어 녹색이 되도록 한다.

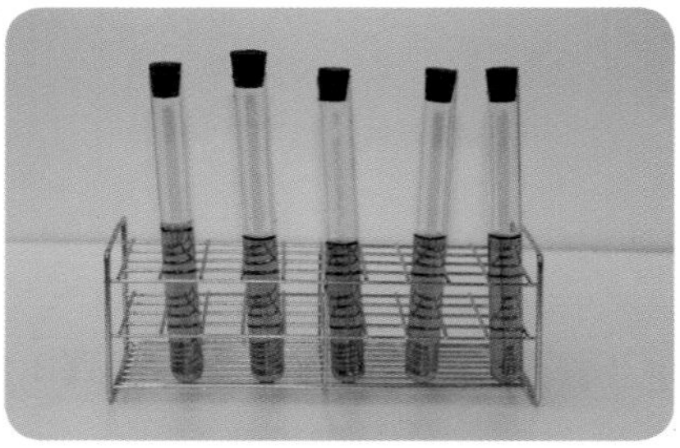

② 다섯 개의 시험관 A, B, C, D, E에 BTB 용액을 같은 양씩 넣는다.

시험관	조건
A	아무 조작도 하지 않는다.
B	금붕어를 넣어 준다.
C	물풀을 넣어 준다.
D	물풀을 넣고 은박지로 감싼다.
E	싹이 튼 콩을 넣는다.

③ 4개의 시험관을 위와 같은 조건으로 각각 준비한다.

④ 햇빛이 잘 비치는 창가에 두고 색깔 변화를 관찰한다.(할로겐이나 LED 램프를 켜 두어도 좋다.)

식물의 광합성과 호흡

· 광합성 : 양분을 합성하는 과정

$$CO_2 + H_2O + 빛 \rightarrow C_6H_{12}O_6 + O_2$$

(이산화 탄소, 물, 포도당, 산소)

· 호흡 : 양분으로 에너지를 만드는 과정

$$C_6H_{12}O_6 + O_2 \rightarrow CO_2 + H_2O + 에너지$$

(포도당, 산소, 이산화 탄소, 물)

정답 및 해설 26쪽

탐구 결과

1. 이산화 탄소 농도에 따른 BTB 용액의 색 변화를 각각 쓰시오.

높음 ← 이산화 탄소 농도 → 낮음		
	초록색	

2. 시간이 지난 후 각 시험관에서 나타나는 BTB 용액의 색깔을 쓰시오.

구분	A	B	C	D	E
색깔					

3. 결과를 토대로 A~E를 광합성과 호흡이 일어나는 시험관으로 각각 분류하여 쓰시오.

구분	광합성이 일어나는 시험관	호흡이 일어나는 시험관
시험관		

탐구 문제

1. 이 실험을 통해 알 수 있는 사실을 〈보기〉의 단어를 이용하여 문장을 완성하시오.

〈 보기 〉

빛 광합성 호흡 이산화 탄소

2. 식물의 호흡에 대한 설명으로 옳은 것은?

① 빛이 있을 때만 호흡이 일어난다.
② 이산화 탄소를 흡수하고 산소를 배출한다.
③ 종자가 싹이 틀 때 호흡이 활발히 일어난다.
④ 식물이 호흡을 통해 내놓는 기체를 이용하여 다른 생물들이 호흡한다.
⑤ 호흡 결과 이산화 탄소의 농도가 감소하여 BTB 용액의 색깔이 청색으로 변한다.

Ⅲ

소화 · 순환
호흡 · 배설

우리는 어떻게 에너지를 얻을까

8강. 영양소

1. 영양소

(1) **영양소** : 몸을 구성하거나 에너지원으로 쓰이는 물질로 음식물 속에 들어 있다.

(2) **영양소의 구분** : 주영양소와 부영양소로 구분한다.

주영양소 : 탄수화물, 단백질 , 지방	부영양소 : 물, 무기 염류, 바이타민
· 에너지원으로 사용된다. · 몸의 구성 성분이다.	· 에너지원으로 사용되지 않는다. · 몸을 구성하거나 생리 작용 조절에 관여한다.

(3) **영양소의 기능** : 우리 몸에서 다양한 기능을 하고 있다.

① 생명 활동, 근육 운동, 체온 유지 등 생활에 필요한 에너지를 제공한다.
② 몸을 구성하는 성분으로 이용된다.
③ 몸의 생리적인 기능을 조절하는 역할을 한다.

(4) **우리 몸의 구성 물질 및 영양소별 섭취 비율**

① 영양소별 섭취 비율 : 물 〉 탄수화물 〉 단백질
② 인체의 구성 성분 : 물 〉 단백질 〉 지방
③ 탄수화물은 섭취량에 비해 몸의 구성 성분으로 차지하는 비율이 낮다.

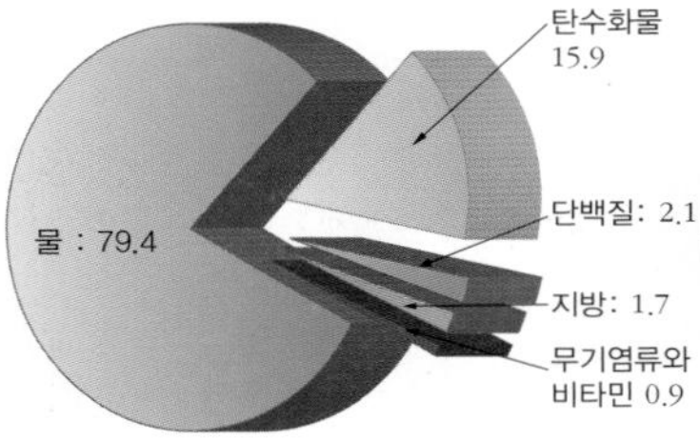

▲ 영양소별 섭취 비율 (단위 : %)

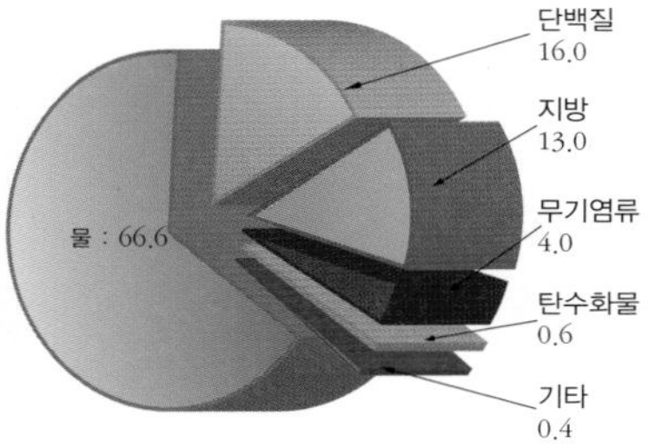

▲ 인체의 구성 성분 (단위 : %)

● 영양 성분 분석표

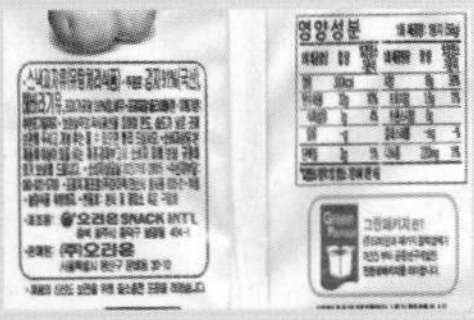

우리가 먹는 대부분의 가공 식품에는 '영양 성분'이라는 제목과 함께 영양소 함량과 영양소 기준치에 대한 비율이 표시되어 있다. 여기에는 5가지 의무 표시 영양소인 열량, 탄수화물, 단백질, 지방, 나트륨에 대한 내용이 있다.

● 생각해보기★
우리는 물을 왜 영양소라고 하는지 생각해보자.

개념확인 1 영양소의 기능으로 옳지 않은 것은 무엇인가?

① 몸의 구성 성분 ② 몸의 생리 작용 조절
③ 산소 운반 ④ 체온 유지
⑤ 에너지원

확인 +1 우리 몸을 구성하는 영양소의 비율을나타낸 것이다. A ~ C에 해당하는 영양소를 각각 쓰시오.

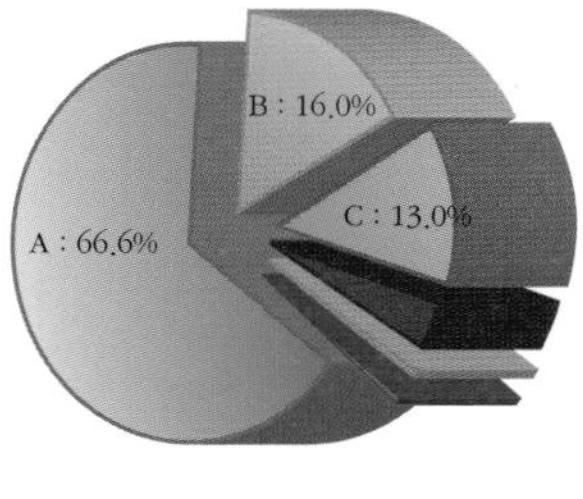

미니사전
생리적 [生 나다 理 다스리다 的 과녁] 신체의 조직이나 기능에 관련되는 것

2. 주영양소

(1) 탄수화물 : 탄소, 수소, 산소로 이루어져 있으며 구성 단위가 포도당인 화합물

열량	1g당 4kcal의 열량을 얻을 수 있다.
구성 원소	탄소(C), 수소(H), 산소(O)
구성 단위	포도당
함유 식품	쌀, 떡, 빵, 감자, 고구마 등
기능 및 특징	· 주로 에너지원으로 사용된다. · 몸의 구성 성분이다.(매우 적은 양 : 0.6%) · 여분의 탄수화물은 지방으로 바뀌어 간이나 근육에 저장된다.

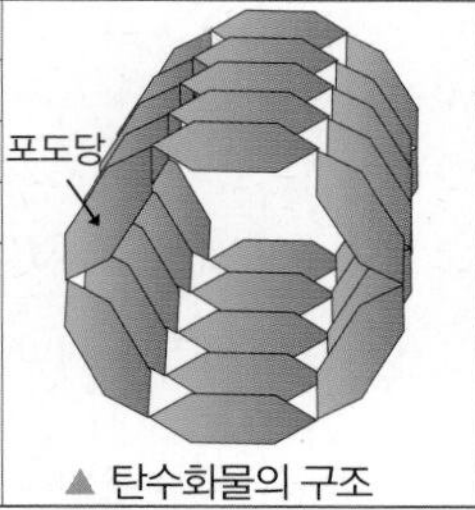

▲ 탄수화물의 구조

(2) 단백질 : 탄소, 수소, 산소, 질소 등으로 이루어져 있으며 구성 단위가 아미노산인 화합물

열량	1g당 4kcal의 열량을 얻을 수 있다.
구성 원소	탄소(C), 수소(H), 산소(O), 질소(N) 등
구성 단위	아미노산
함유 식품	우유, 살코기, 달걀, 치즈 등
기능 및 특징	· 에너지원으로 사용되며, 몸의 주된 구성 성분이다. · 몸의 여러 가지 생리 작용을 조절한다. · 세포의 원형질, 효소, 머리카락, 근육 등의 주요 구성 성분이다.

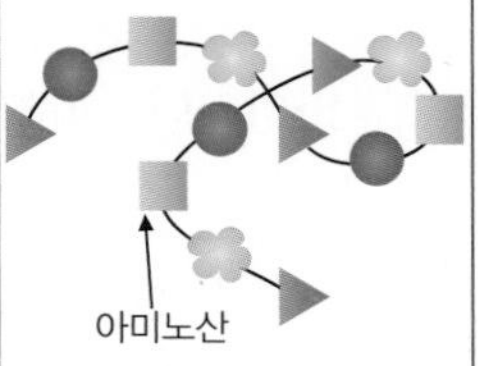

▲ 단백질의 구조

(3) 지방 : 탄소, 수소, 산소로 이루어져 있으며 구성 단위가 지방산과 글리세롤인 화합물

열량	1g당 9kcal의 열량을 얻을 수 있다.
구성 원소	탄소(C), 수소(H), 산소(O)
구성 단위	지방산, 글리세롤
함유 식품	식용유, 버터, 땅콩, 참기름 등
기능 및 특징	· 에너지원으로 사용되며, 몸의 구성 성분이다. · 에너지원으로 사용되고 남은 것은 저장된다. · 체온 유지에 중요한 역할을 하지만 지나치게 많아지면 비만이 된다.

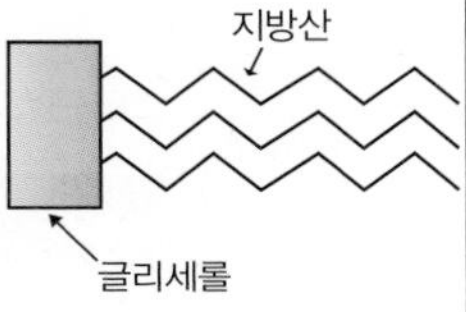

▲ 지방의 구조

열량 계산

아래와 같은 영양소를 섭취했을 때 얻을 수 있는 총 열량을 계산해보자.

단백질 : 2g
탄수화물 : 10g
지방 : 5g

〈해설〉
위 영양소를 섭취했을 때 얻을 수 있는 총 열량은
(4kcal/g×2g)
+ (4kcal/g×10g)
+ (9kcal/g×5g)
= 93kcal

생각해보기★★

효과적인 다이어트를 하기 위해서는 주영양소인 탄수화물, 단백질, 지방 중에 어떠한 영양소를 위주로 식단을 짜는 것이 좋을까?

정답 및 해설 26쪽

개념확인 2 **오른쪽에 제시된 영양소의 공통점으로 옳은 것을 〈보기〉에서 모두 고른 것은?**

탄수화물, 단백질, 지방

〈 보기 〉
ㄱ. 모두 에너지를 낼 수 있다.
ㄴ. 우리 몸을 구성하는 성분이다.
ㄷ. 각 영양소를 구성하는 원소는 모두 같다.

① ㄱ ② ㄴ ③ ㄷ
④ ㄱ, ㄴ ⑤ ㄴ, ㄷ

확인 + 2 **탄수화물 500g, 단백질 300g, 지방 50g을 섭취하였을 때 얻을 수 있는 총 열량은 몇 kcal인지 구하시오.**

(　　　　　　　　)kcal

미니사전

원형질 [原 근원 形 모양 質 바탕] 세포에서 생명 활동이 일어나는 부분

효소 [酵 삭히다 素 희다] 생물체 내에서 각종 화학 반응을 촉매하는 물질

3. 부영양소

(1) **물** : 수소와 산소의 화합물이며 우리 몸을 구성하는 가장 주된 성분이다.

기능	· 영양소와 노폐물 등을 운반한다. · 체온 유지에 관여한다.
특징	· 에너지원으로 사용되지 않는다. · 몸의 구성 성분 중 가장 많은 양(약 66%)을 차지한다.

(2) **무기염류** : 생물체를 구성하는 원소 중에서 탄소, 수소, 산소 등의 3원소를 제외한 생물체의 무기적 구성요소이다.

기능	· 적은 양으로 몸의 여러 가지 생리 작용을 조절한다. · 몸을 구성하는 성분이 된다.
특징	· 에너지원으로 사용되지 않는다. · 체내에서 합성되지 않으므로 음식물을 통해 섭취해야 한다.

(3) **바이타민** : 매우 적은 양으로 물질 대사나 생리 기능을 조절하는 필수적인 영양소이다. 지용성과 수용성으로 나뉜다.

기능	· 적은 양으로 몸의 여러 가지 생리 작용을 조절한다.
특징	· 몸을 구성하지 않는다. · 에너지원으로 사용되지 않는다. · 대부분 체내에서 합성되지 않으므로 음식물을 통해 섭취해야 한다. · 부족하면 결핍증이 나타난다.

구분	지용성 바이타민				수용성 바이타민		
	바이타민 A	바이타민 D	바이타민 E	바이타민 K	바이타민 B_1	바이타민 B_2	바이타민 C
함유 식품	당근	간	달걀	우유, 버터	곡류	효모	야채, 과일
결핍증	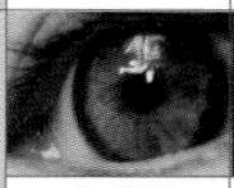 야맹증	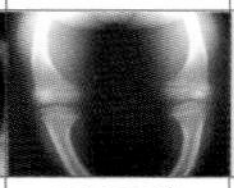 구루병	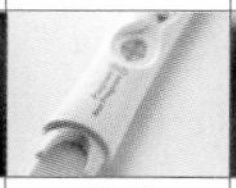 불임	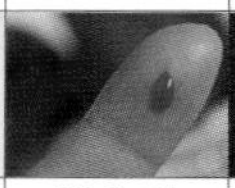 혈우병	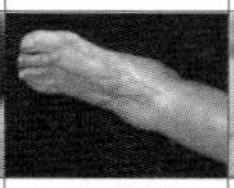 각기병	 피부병	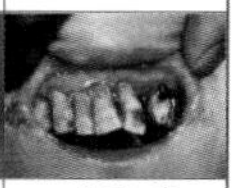 괴혈병

물의 체온 유지 역할

물 1g의 온도를 1℃ 높이는데 필요한 열량은 다른 물질보다 크다. 물의 이러한 성질 때문에 세포 내의 급격한 온도 변화를 막을 수 있다.

무기염류의 종류와 기능

종류	기능
철	적혈구 속 헤모글로빈의 성분
칼슘	뼈와 이의 구성 성분
나트륨 칼륨	삼투압을 조절하여 세포 내 수분량을 일정하게 유지
인	뼈, 이, 신경의 성분
아이오딘	갑상선 호르몬의 성분

바이타민 결핍증

결핍증	증상
야맹증	밤에 물체가 잘 보이지 않는다.
구루병	뼈가 약해져 척추나 다리가 휜다.
혈우병	혈액의 응고 기능에 이상이 생긴다.
각기병	다리가 공기가 든 것처럼 붓고 마비된다.
괴혈병	입안이나 피부에서 피가 난다.

개념확인 3 다음의 바이타민이 부족할 때 나타나는 결핍증을 쓰시오.

① 바이타민 A : (　　　)　② 바이타민 B_1 : (　　　)
③ 바이타민 C : (　　　)　④ 바이타민 D : (　　　)

확인+3 우리 몸을 구성하는 영양소의 비율을 나타낸 것이다. A에 해당하는 영양소에 대한 설명으로 옳은 것은?

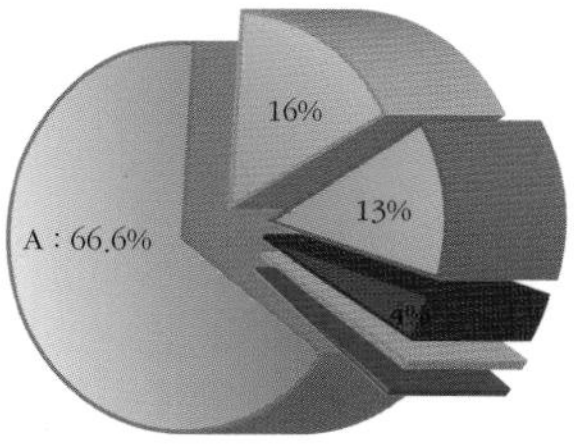

① 에너지원으로 사용된다.
② 효소, 근육의 주성분이다.
③ 칼슘, 나트륨, 철 등이 해당된다.
④ 영양소와 노폐물 등을 운반한다.
⑤ 섭취량이 부족하면 결핍증이 나타난다.

미니사전

수용성 [水 물 溶 녹다 性 성질] 어떤 물질이 물에 녹는 성질

지용성 [脂 기름 溶 녹다 性 성질] 어떤 물질이 기름에 녹는 성질

4. 3대 영양소의 검출

(1) 영양소의 검출 방법 : 3대 영양소인 탄수화물(녹말, 포도당), 단백질, 지방을 각각 알맞은 시약을 사용하여 검출한다.

녹말 검출 – 아이오딘 반응

· 반응 시약
아이오딘-아이오딘화 칼륨
· 반응 결과
청람색

포도당 검출 – 베네딕트 반응

· 반응 시약
베네딕트 용액
· 반응 결과
황적색
· 가열을 하여 반응 결과를 확인한다.

단백질 검출 – 뷰렛 반응

· 반응 시약
5% 수산화 나트륨 수용액+1% 황산 구리 용액
· 반응 결과
보라색

지방 검출 – 수단 Ⅲ 반응

· 반응 시약
수단 Ⅲ 용액
· 반응 결과
선홍색

지방의 검출
지방이 포함된 물질을 흰 종이에 문지르면 종이에 투명한 얼룩이 남는다.

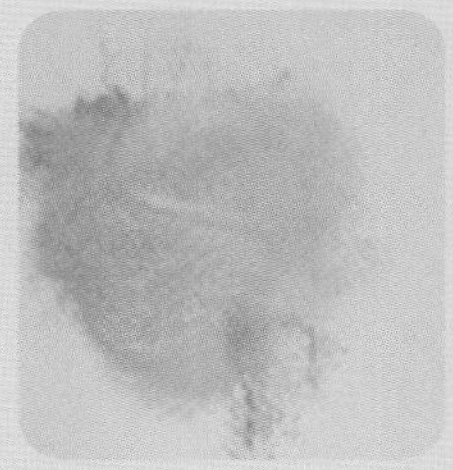

정답 및 해설 26쪽

개념확인 4 **영양소를 검출하는 방법과 반응색에 대한 설명으로 옳지 않은 것은?**

① 단백질 : 뷰렛 용액과 반응하여 보라색이 나타난다.
② 지방 : 수단 Ⅲ 용액과 반응하여 선홍색이 나타난다.
③ 포도당 : 베네딕트 용액을 넣고 가열하면 옅은 갈색이 나타난다.
④ 녹말 : 아이오딘-아이오딘화 칼륨 용액과 반응하여 청람색이 나타난다.
⑤ 지방 : 지방이 포함된 시료를 흰 종이에 문지르면 종이에 투명한 얼룩이 남는다.

확인 + 4 **다음의 영양소를 검출하는 데 필요한 검출 용액과 색깔 변화를 옳게 짝지은 것은?**

· 버터, 식용유 등에 많이 들어 있다. · 체온 유지에 중요한 역할을 한다.

① 수단 Ⅲ 용액 - 황적색
② 수단 Ⅲ 용액 - 선홍색
③ 베네딕트 용액 - 황적색
④ 베네딕트 용액 - 보라색
⑤ 아이오딘-아이오딘화 칼륨 용액 - 청람색

미니사전
검출 [檢 검사하다 出 나다] 화학 분석에서 시료 속에 성분 물질이나 미생물 따위의 존재 유무를 알아내는 일.

개념 다지기

01 **영양소에 대한 설명으로 옳지 않은 것을 고르시오.**

① 주영양소와 부영양소로 구분한다.
② 우리 몸에서 다양한 기능을 하고 있다.
③ 영양소별 섭취 비율에서 물이 가장 많은 비율을 차지한다.
④ 우리 몸을 구성하고 있는 영양소 중 가장 많은 것은 단백질이다.
⑤ 탄수화물은 섭취량에 비해 몸의 구성 성분으로 차지하는 비율이 낮다.

02 **다음과 같은 음식물에 주로 포함된 영양소에 대한 설명으로 옳지 않은 것은?**

밥, 국수, 감자, 빵

① 탄소, 수소, 산소로 구성된다.
② 체내에서 1g당 4kcal의 열량을 낸다.
③ 구성 단위는 포도당이며, 주로 에너지원으로 쓰인다.
④ 매일 많은 양을 섭취하지만 몸을 구성하는 비율은 적다.
⑤ 세포의 원형질과 효소, 근육 등의 주요 구성 성분으로 성장기인 청소년기에 특히 많이 섭취해야 한다.

03 **우리가 주식으로 먹는 쌀의 주성분은 탄수화물인데도 우리 몸을 구성하는 성분 중에는 탄수화물이 0.6% 밖에 되지 않는다. 그 이유를 바르게 설명한 것은 무엇인가?**

① 탄수화물의 대부분이 에너지원으로 이용되기 때문이다.
② 탄수화물의 대부분이 단백질이나 지방으로 바뀌기 때문이다.
③ 쌀 속에는 녹말이 들어있어 우리 몸에서 소화되지 않기 때문이다.
④ 쌀 속의 녹말이 소화가 될 때 탄수화물의 성질이 변하기 때문이다.
⑤ 쌀 속에 있는 탄수화물은 녹말 형태로 우리 몸에서 흡수되기 때문이다.

정답 및 해설 27쪽

04 무기 염류에 대한 설명으로 옳지 <u>않은</u> 것은?

① 에너지원은 아니나 우리 몸을 구성한다.
② 나트륨이 부족하면 빈혈 증상이 나타난다.
③ 적은 양으로 우리 몸의 생리 작용을 조절한다.
④ 체내에서 합성되지 않으므로 반드시 음식물을 통해 섭취해야 한다.
⑤ 칼슘은 뼈와 이의 구성 성분이 되며 부족하면 골다공증이 나타난다.

05 바이타민과 무기 염류의 공통점을 〈보기〉에서 모두 고른 것은?

〈 보기 〉
ㄱ. 에너지원이 아니다.
ㄴ. 몸의 생리 작용을 조절한다.
ㄷ. 몸의 구성 성분으로 사용된다.
ㄹ. 반드시 음식물을 통해 섭취해야 한다.

① ㄱ, ㄴ
② ㄷ, ㄹ
③ ㄱ, ㄴ, ㄷ
④ ㄱ, ㄷ
⑤ ㄴ, ㄹ

06 시험관에 양파즙을 넣고 영양소 검출 용액을 넣은 다음 가열하였더니 황적색으로 변하였다. 이 실험 결과로 알 수 있는 양파즙 속에 들어 있는 영양소는 무엇인가?

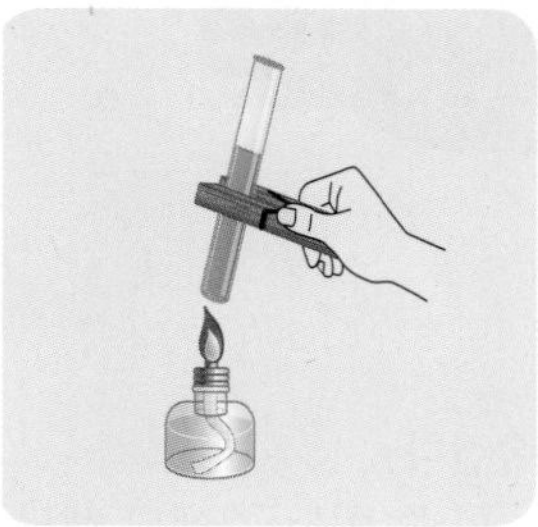

① 녹말
② 지방
③ 포도당
④ 단백질
⑤ 바이타민

유형 익히기 & 하브루타

[유형8-1] 영양소

영양소를 다음과 같이 A, B로 분류한 기준으로 옳은 것은?

A	B
탄수화물, 단백질, 지방	물, 무기염류, 비타민

① 체온을 조절하는지의 여부
② 체내에서 합성이 되는지의 여부
③ 몸의 구성 성분이 되는지의 여부
④ 에너지원으로 사용되는지의 여부
⑤ 음식물로 섭취가 가능한지의 여부

01 우리 몸을 구성하는 영양소의 비율을 나타낸 것이다. 다음 설명 중 옳지 않은 것을 고르시오.

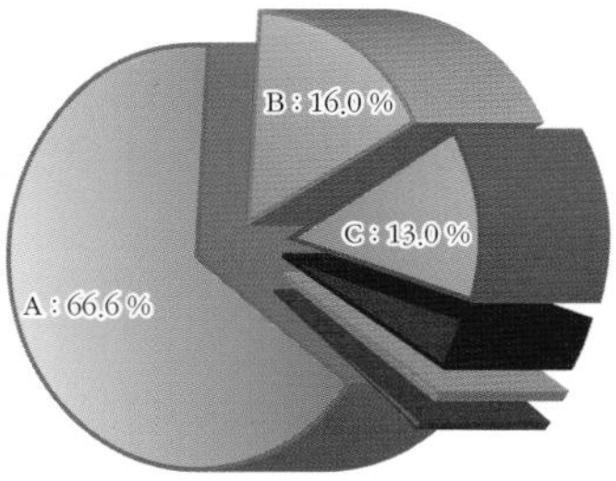

① A는 물이다.
② B는 단백질이다.
③ C는 주영양소에 속한다.
④ 탄수화물은 A, B, C 중 어느 것에도 해당하지 않는다.
⑤ 영양소의 섭취 비율도 위의 그래프와 거의 비슷한 비율을 갖는다.

02 영양 성분 분석표를 나타낸 것이다. 다음 설명 중 옳지 않은 것을 고르시오.

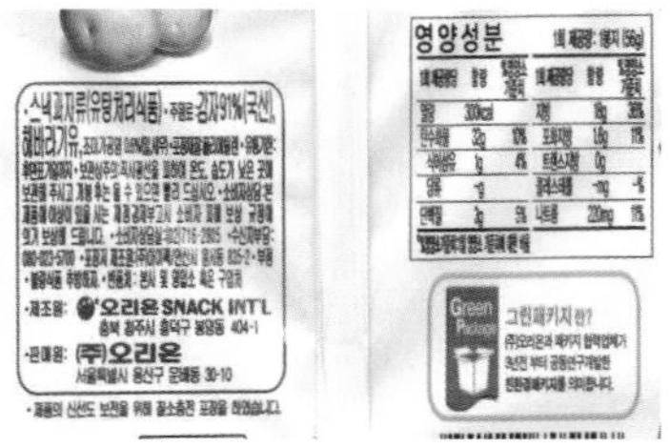

① 영양소 함량이 표시되어 있다.
② 5가지 의무 표시 영양소가 있다.
③ 대부분의 가공 식품에 표시되어 있다.
④ 영양소 기준치에 대한 비율이 표시되어 있다.
⑤ 물, 탄수화물, 단백질, 지방, 나트륨의 함유량이 의무적으로 표시된다.

정답 및 해설 27쪽

[유형8-2] 주영양소

3대 영양소에 대한 설명으로 옳은 것을 모두 고르시오.(3개)

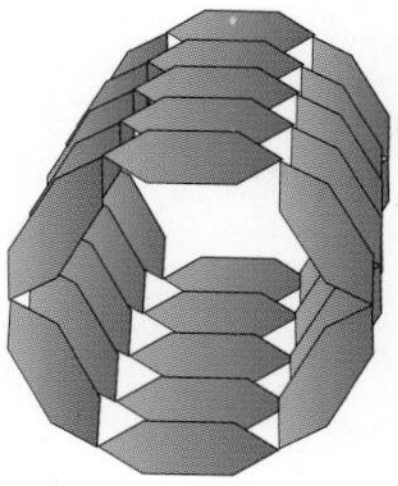

▲ 탄수화물의 구조

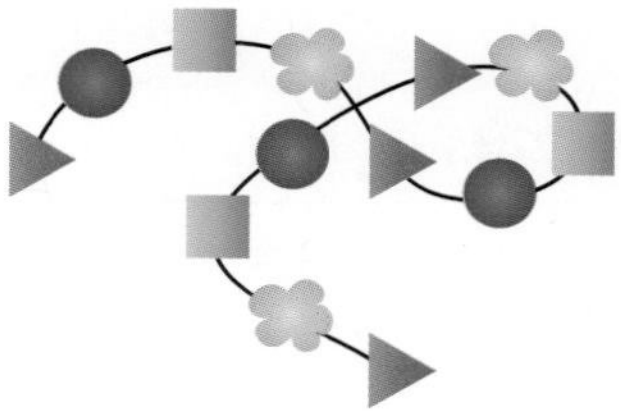

▲ 단백질의 구조

▲ 지방의 구조

① 단백질은 콩, 달걀, 유제품 등에 많이 들어 있다.
② 1g당 포함하는 열량이 가장 높은 것은 지방이다.
③ 지방은 피하에 저장되어 체온 유지에 중요한 역할을 한다.
④ 탄수화물 중 녹말과 지방산, 글리세롤은 다당류에 해당한다.
⑤ 몸의 구성 성분 중 가장 많은 비율을 차지하는 것은 탄수화물이다.

03 다음에서 설명하는 영양소는 무엇인가?

· 탄소, 수소, 산소로 구성된다.
· 감자, 쌀밥 등에 많이 들어 있다.
· 몸의 구성 성분이며, 에너지원이다.

① 물 ② 지방 ③ 단백질
④ 탄수화물 ⑤ 무기 염류

04 단백질의 특징에 대한 설명으로 옳은 것은?

① 구성 단위는 포도당이다.
② 몸을 구성하는 비율이 가장 적다.
③ 구성 원소는 탄소, 수소, 산소, 질소 등이다.
④ 지방산과 글리세롤이 결합되어 있는 것이다.
⑤ 생활에 필요한 에너지원으로 가장 많이 사용된다.

[유형8-3] 부영양소

여러 가지 무기 염류의 작용과 결핍증을 정리하여 나타낸 것이다.

	작용	결핍증
㉠	체액의 성분으로 삼투압 조절	탈수 현상
㉡	뼈와 이의 성분, 혈액 응고에 관여	골다공증
㉢	헤모글로빈의 성분	빈혈
㉣	인산, 뼈와 이의 성분	구루병
㉤	갑상샘 호르몬의 성분	갑상샘 비대증

㉠ ~ ㉤의 무기 염류를 잘못 짝 지은 것은?

① ㉠ - 나트륨
② ㉡ - 칼슘
③ ㉢ - 칼륨
④ ㉣ - 인
⑤ ㉤ - 아이오딘

05 그림 (가)와 (나)는 각각 서로 다른 영양소 결핍증 환자에서 볼 수 있는 증상을 나타낸 것이다.

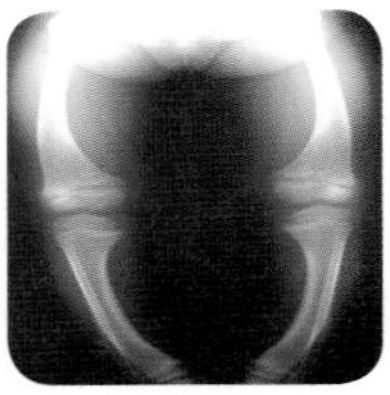
(가)

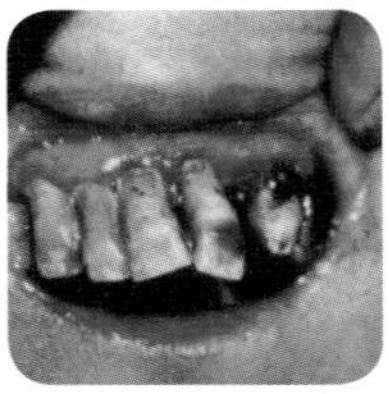
(나)

이와 같은 영양소 결핍증은 각각 어떤 영양소의 부족으로 나타나는지 〈보기〉에서 골라 순서대로 옳게 짝지은 것은?

〈 보기 〉
ㄱ. 바이타민 B_1 ㄴ. 바이타민 C
ㄷ. 바이타민 D ㄹ. 나트륨
ㅁ. 아이오딘

① ㄱ, ㄷ
② ㄴ, ㄹ
③ ㄷ, ㄴ
④ ㅁ, ㄷ
⑤ ㅁ, ㄹ

06 여러가지 바이타민 결핍증에 대한 사진이다. 바이타민과 그 결핍증을 바르게 짝지은 것은?

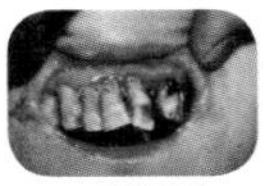
▲괴혈병

▲야맹증

▲피부병

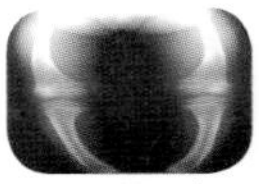
▲구루병

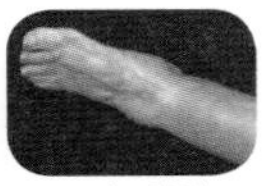
▲각기병

① 바이타민 A - 괴혈병
② 바이타민 B_1 - 야맹증
③ 바이타민 C - 피부병
④ 바이타민 D - 구루병
⑤ 바이타민 E - 각기병

정답 및 해설 28쪽

[유형8-4] 영양소의 검출

3개의 시험관 A ~ C에 어떤 음료를 같은 양씩 넣고 각각에 다른 종류의 영양소 검출 시약을 첨가하여 색깔 변화를 관찰한 결과가 다음 표와 같았다.

시험관	영양소 검출 시약	결과
A	아이오딘-아이오딘화 칼륨 용액	옅은 갈색
B	5% 수산화 나트륨 수용액 + 1% 황산 구리 수용액	보라색
C	수단 III 용액	선홍색

이 음료에서 검출된 영양소끼리 바르게 짝지은 것은?

① 녹말, 지방 ② 포도당, 녹말 ③ 단백질, 지방
④ 지방, 포도당 ⑤ 무기 염류, 바이타민

07

다음에서 설명하는 영양소를 검출하는 데 필요한 검출 용액과 색깔 변화를 바르게 짝지은 것은?

· 살코기, 계란 흰자에 많이 들어있다.
· 근육과 효소의 주성분이다.

① 수단 III 용액 - 황적색
② 수단 III 용액 - 선홍색
③ 베네딕트 용액 - 황적색
④ 베네딕트 용액 - 보라색
⑤ 5% 수산화 나트륨 수용액 + 1% 황산 구리 수용액 - 보라색

08

각각 한가지 영양소가 들어 있는 A, B, C 용액을 분석하다가 용액이 섞였다. 섞인 용액으로 영양소 검출 실험을 하였더니 그 결과가 다음 표와 같았다.

용액	아이오딘	뷰렛	수단 III
A + B	청람색	보라색	붉은색
B + C	옅은 갈색	보라색	선홍색

A ~ C 에 들어 있는 영양소를 바르게 짝지은 것은?

	A	B	C
①	녹말	단백질	지방
②	녹말	지방	단백질
③	지방	단백질	녹말
④	지방	녹말	단백질
⑤	단백질	녹말	지방

01 그림 (가)는 사람이 하루 동안 섭취하는 영양소의 비율을, (나)는 우리 몸을 구성하는 영양소의 비율을 나타낸 것이다. 이 자료에 따르면 탄수화물을 많이 섭취하는데도 불구하고, 우리 몸을 구성하는 탄수화물의 비율은 낮다. 이것으로 알 수 있는 탄수화물의 특징에 대하여 서술하시오.

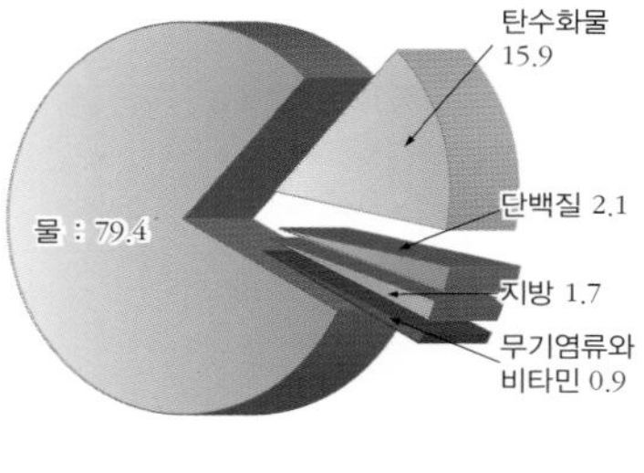

▲ 영양소별 섭취 비율 (단위 : %)
(가)

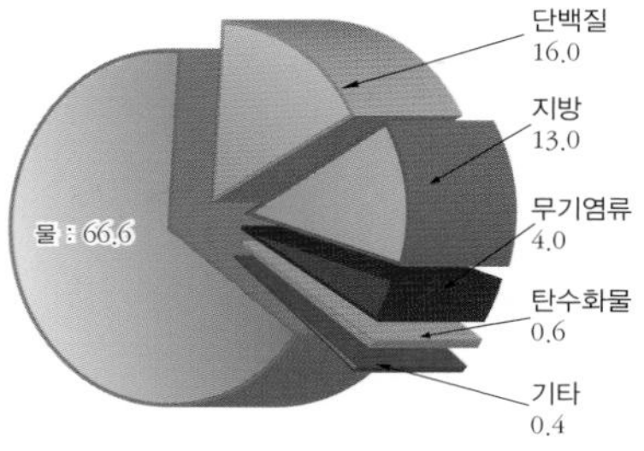

▲ 인체의 구성 성분 (단위 : %)
(나)

02 어떤 사람이 하루에 필요한 열량이 3,000kcal라고 할 때, 이 사람이 하루 세끼 식사를 통해 섭취해야 하는 3대 영양소의 양은 몇 g인가? 계산식을 써서 구해보자. (단, 이 사람이 식사를 통해 섭취하는 3대 영양소의 비율은 지방과 단백질이 각각 20%, 탄수화물이 60% 라고 가정한다.)

정답 및 해설 28쪽

03 무한이는 영양소를 (가)와 (나)로, 상상이는 영양소를 (다)와 (라)로, 알탐이는 영양소를 (마)와 (바)로 각각 분류하였다.

〈 무한 〉

(가)	(나)
탄수화물, 단백질, 지방	바이타민, 무기 염류, 물

〈상상〉

(다)	(라)
탄수화물, 지방	단백질, 바이타민, 무기염류, 물

〈알탐〉

(마)	(바)
탄수화물, 단백질, 지방, 무기 염류, 물	바이타민

무한이와 상상이 그리고 알탐이가 영양소를 이와 같이 분류한 기준과 특징을 각각 설명해보자.

04 곰과 같이 겨울잠을 자는 동물은 겨울잠을 자기 전에 섭취한 먹이를 체지방으로 바꾸어 몸에 저장하였다가 겨울잠을 잘 때 사용한다. 겨울잠을 자는 동물들이 섭취한 먹이를 다른 영양소가 아닌 지방으로 바꾸어 저장하는 이유를 아래 자료를 참고하여 에너지 효율 측면에서 설명하시오.

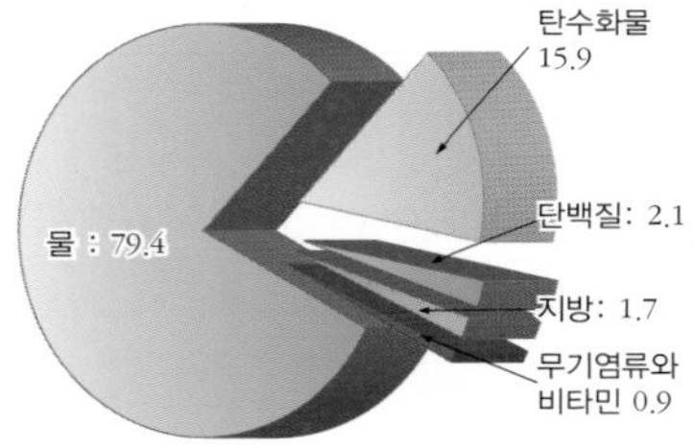

▲ 영양소별 섭취 비율 (단위 : %)

(가)

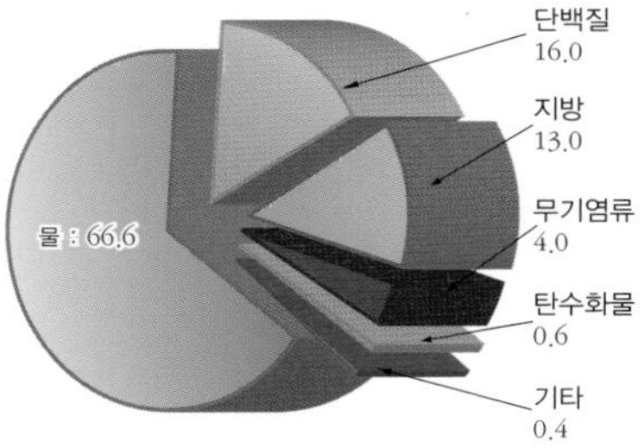

▲ 인체의 구성 성분 (단위 : %)

(나)

▲ 겨울잠을 자고있는 곰의 모습

정답 및 해설 28쪽

05 골다공증의 정의에 대한 내용이다.

〈골다공증〉

뼈에 스펀지처럼 작은 구멍이 많이 나서 쉽게 부러지는 상태가 된 것을 말한다. 따라서 같은 크기의 뼈 무게를 측정했을 때 무게 자체가 적어지게 된다. 이런 경우 작은 외부의 충격에도 골절되거나 부러지기 쉬우므로 주의해야 한다. 뼈 속의 내부 물질이 감소하는 것은 50세 이후에 나타나는 일반적인 특징이다. 하지만 상당히 많은 양의 뼈 내부 물질이 감소하게 되면 골다공증이라고 부른다.

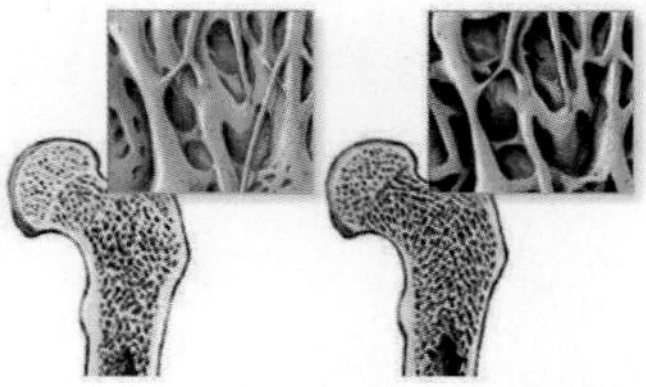

▲ 정상인의 뼈 ▲ 골다공증 환자의 뼈

(1) 골다공증은 어떠한 영양소가 부족해서 생기는 것인가?

(2) 골다공증을 예방하기 위해 어떠한 식습관을 가져야 하는지 생각해 보자.

스스로 실력 높이기

A

01 영양소에 대한 설명으로 옳은 것은 ○표, 옳지 않은 것은 ×표 하시오.

(1) 주영양소와 부영양소로 나눈다. ( )

(2) 부영양소는 몸을 구성하지 않는다. ( )

(3) 주영양소는 3대 영양소이다. ( )

(4) 주영양소는 에너지원으로 사용된다. ( )

02 영양소에 대한 설명이다. 〈보기〉를 보고 옳은 것만을 있는 대로 골라 기호로 나타내시오.

〈 보기 〉

ㄱ. 영양소는 모두 에너지원으로 사용된다.

ㄴ. 물은 주영양소이다.

ㄷ. 물은 우리 몸을 구성하는 주요 성분이다.

( )

03 괄호 안에 알맞은 말을 써 넣으시오.

영양소는 우리 몸에서 다양한 기능을 하고 있다. 생명활동에 필요한 ( )를 제공하고 몸을 구성하는 성분으로 이용되며 몸의 생리적인 기능을 조절하는 역할을 한다.

04 주영양소에 대한 설명으로 옳은 것은 ○표, 옳지 않은 것은 ×표 하시오.

(1) 탄수화물은 1g당 4kcal의 열량을 낸다. ( )

(2) 단백질에는 우유, 살코기 등이 있다. ( )

(3) 지방의 구성 단위는 아미노산이다. ( )

(4) 탄수화물이 가장 많은 열량을 낸다. ( )

05 다음 그림이 각각 어떤 영양소의 구조를 나타낸 것인지 괄호 안에 각각 쓰시오.

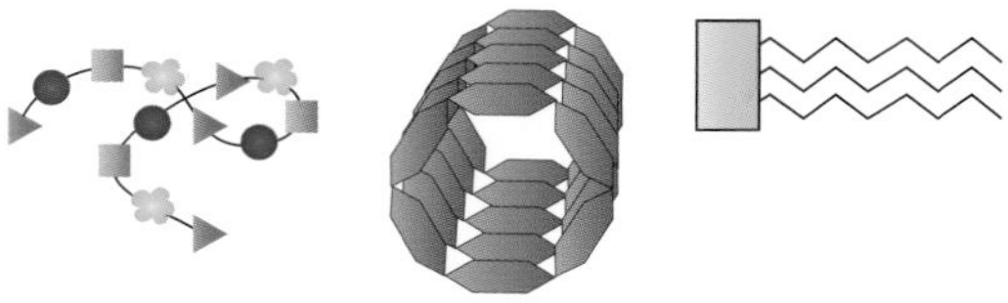

㉠ : ( ) ㉡ : ( ) ㉢ : ( )

06 어떤 식품 포장지에 표시되어 있는 영양 성분표를 나타낸 것이다.

영양소	단백질	지방	탄수화물
함량	10 g	10g	80g

이 식품을 섭취했을 때 얻을 수 있는 총 열량은 몇 kcal인지 구하시오.

( ) kcal

정답 및 해설 29쪽

07 다음에서 설명하는 영양소의 이름을 쓰시오.

· 에너지원으로 사용되고 남는 것은 저장된다.
· 체온 유지에 중요한 역할을 한다.
· 지나치게 많아지면 비만이 된다.
· 식용유, 버터, 땅콩등에 들어있다.

(　　　　　)

08 다음 괄호 안에 알맞은 말을 각각 써 넣으시오.

탄수화물은 우리 몸의 주에너지원으로 사용된다. 구성 단위는 ㉠(　　　　) 이며 1g당 4kcal의 열량을 낼 수 있다. 여분의 탄수화물은 ㉡(　　　　)으로 바뀌어 피부 밑에 저장된다.

㉠ : (　　　　)　　㉡ : (　　　　)

09 다부영양소에 대한 설명으로 옳은 것은 ○표, 옳지 않은 것은 ×표 하시오.

(1) 물은 에너지원으로 사용되지 않는다. (　)
(2) 무기 염류는 몸을 구성하는 성분이다. (　)
(3) 바이타민은 대부분 체내에서 합성이 된다. (　)
(4) 당근에 바이타민 A가 함유되어 있다. (　)

10 (가) ~ (다)는 무기 염류에 해당하는 세 가지 영양소의 기능에 대한 설명이다.

(가) 헤모글로빈의 구성 성분이다.
(나) 뼈의 구성 성분이다.
(다) 몸의 체액의 농도를 결정하는 성분이다.

(가) ~ (다)에 해당하는 무기 염류를 옳게 짝지은 것은?

	(가)	(나)	(다)
①	철	칼슘	인
②	철	칼슘	나트륨
③	칼슘	인	철
④	칼슘	철	나트륨
⑤	나트륨	철	칼슘

B

11 다음과 같은 특징을 가지는 영양소는 무엇인가?

· 부족할 경우 결핍증이 나타난다.
· 물이나 기름에 녹는 특징으로 구분할 수 있다.
· 적은 양으로 몸의 여러 가지 생리 작용을 조절한다.

① 물　② 단백질　③ 탄수화물
④ 바이타민　⑤ 무기 염류

12 그림과 같은 음식물 속에 주로 들어 있는 영양소는 무엇인지 고르시오.

▲ 식용유　▲ 버터　▲ 땅콩

① 지방　② 아미노산　③ 탄수화물
④ 엽산　⑤ 칼슘

13 영양소의 검출에 대한 설명으로 옳은 것은 ○표, 옳지 않은 것은 ×표 하시오.

(1) 녹말 검출은 아이오딘 반응을 이용한다. ( )

(2) 포도당 검출은 뷰렛 반응을 이용하며 반응 결과 시약의 색깔이 황적색으로 변한다. ( )

(3) 지방 검출은 수단 Ⅲ 반응을 이용하며 반응결과 시약의 색깔이 선홍색으로 변한다. ( )

14 여러 가지 영양소를 (가), (나) 두 종류로 분류한 것이다.

(가)	(나)
탄수화물, 지방, 단백질	바이타민, 무기염류, 물

이와 같이 분류한 기준으로 옳은 것은?

① 체온 조절에 관여하는지 여부
② 에너지원으로 사용되는지 여부
③ 부족할 때 나타나는 결핍증의 증상
④ 몸의 구성성분으로 사용되는지 여부
⑤ 몸의 생리 작용 조절에 관여하는지 여부

15 1g 당 가장 많은 열량을 내며, 과다 섭취하면 성인병의 근본 원인이 되는 비만이 생기는 영양소가 무엇인가?

① 지방
② 단백질
③ 탄수화물
④ 바이타민
⑤ 무기 염류

16 우리 몸을 구성하고 있는 영양소의 비율을 바르게 비교한 것은?

㉠ 물	㉡ 지방	㉢ 단백질
㉣ 탄수화물	㉤ 무기 염류	㉥ 기타

① ㉠ > ㉡ > ㉢ > ㉣ > ㉤ > ㉥
② ㉠ > ㉣ > ㉢ > ㉡ > ㉤ > ㉥
③ ㉠ > ㉢ > ㉣ > ㉡ > ㉤ > ㉥
④ ㉠ > ㉢ > ㉡ > ㉤ > ㉣ > ㉥
⑤ ㉠ > ㉢ > ㉡ > ㉣ > ㉤ > ㉥

17 탄수화물은 다른 영양소에 비해 섭취량은 많지만 몸을 구성하는 비율은 매우 적다. 그 이유로 옳은 것은?

① 소화가 잘 되지 않기 때문이다.
② 몸에 흡수되지 않고 배설되기 때문이다.
③ 대부분 에너지원으로 사용되기 때문이다.
④ 대부분 다른 영양소로 바뀌어 저장되기 때문이다.
⑤ 사용하고 남은 것은 몸 밖으로 배출되기 때문이다.

18 동물이 에너지원으로 쓰이는 영양소를 얻는 방법으로 옳은 것은?

① 광합성을 한다.
② 음식물을 섭취한다.
③ 운동을 통해 얻는다.
④ 세포 호흡을 통해 얻는다.
⑤ 신경계의 자가 발전으로 얻는다.

정답 및 해설 29쪽

19 영양소의 기능으로 옳은 것을 <보기>에서 모두 고른 것은?

〈 보기 〉
ㄱ. 몸을 구성하는 성분이 된다.
ㄴ. 생명 활동에 필요한 에너지원이 된다.
ㄷ. 생리 작용을 조절하여 몸의 기능을 유지한다.

① ㄱ ② ㄴ ③ ㄱ, ㄴ
④ ㄴ, ㄷ ⑤ ㄱ, ㄴ, ㄷ

20 단백질의 특징에 대한 설명으로 옳은 것은?

① 구성 단위는 포도당이다.
② 몸을 구성하는 비율이 가장 적다.
③ 구성 원소는 탄소, 수소, 산소, 질소 등이다.
④ 지방산과 글리세롤이 결합되어 있는 것이다.
⑤ 생활에 필요한 에너지원으로 가장 많이 사용된다.

C

21 사람의 몸을 구성하는 영양소의 종류와 비율을 나타낸 것이다. 영양소 D의 특징으로 옳은 것을 모두 고르시오.(2개)

구분	물	A	B	C	D	기타
함량(%)	66.0	16.0	13.0	4.0	0.6	0.4

① 구성 단위는 포도당이다.
② 영양소 섭취 비율이 가장 낮다.
③ 구성 원소는 탄소, 수소, 산소, 질소 등이다.
④ 지방산과 글리세롤이 결합되어 있는 것이다.
⑤ 생활에 필요한 에너지원으로 가장 많이 사용된다.

22 바이타민의 종류와 각 바이타민이 결핍되었을 때 나타나는 증상을 바르게 짝지은 것은?

① 바이타민 A - 다리가 붓고 마비된다.
② 바이타민 B_1 - 임신이 잘 되지 않는다.
③ 바이타민 C - 잇몸이 헐어 피가 난다.
④ 바이타민 D - 어두운 곳에서 잘 보이지 않는다.
⑤ 바이타민 E - 척추나 다리가 구부러진다.

[23~24] 어떤 음식물 속에 들어 있는 영양소를 검출하기 위한 실험 과정 및 결과를 나타낸 것이다.

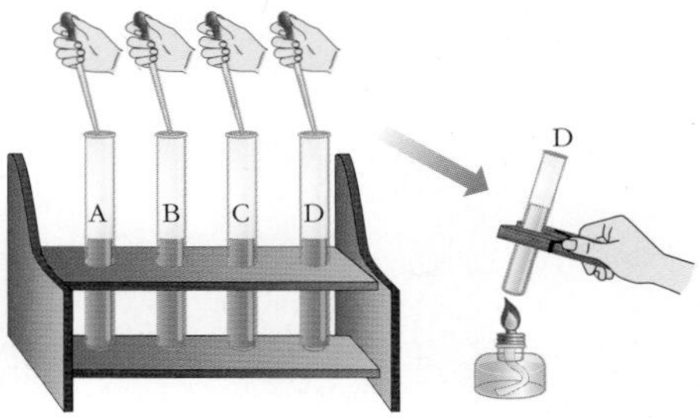

시험관	A	B	C	D
반응	아이오딘 반응	뷰렛 반응	수단 Ⅲ 반응	베네딕트 반응
색깔	변화없음	보라색	변화없음	황적색

23 이 음식물 속에 들어 있는 영양소를 바르게 짝지은 것은?

① 녹말, 지방 ② 엿당, 녹말
③ 포도당, 지방 ④ 단백질, 포도당
⑤ 단백질, 녹말, 포도당

24 달걀 흰자 희석액과 미음을 섞어 시험관에 넣고 위와 같은 실험을 했을 때 반응색이 나타나는 시험관을 모두 고른 것은?

① A, B ② A, C ③ B, C
④ B, D ⑤ A, C, D

25 세 가지 영양소 (가) ~ (다)의 특징을 설명한 것이다.

영양소	특징
(가)	수단 Ⅲ 반응으로 검출할 수 있다.
(나)	효소와 호르몬의 주성분이다.
(다)	체내 물질의 이동과 체온 조절을 담당한다.

(가) ~ (다)의 공통점으로 옳은 것을 〈보기〉에서 있는 대로 고른 것은?

〈 보기 〉
ㄱ. 에너지원으로 사용된다.
ㄴ. 몸을 구성하는 성분이다.
ㄷ. 적은 양으로 생리 작용을 조절한다.

① ㄱ ② ㄴ ③ ㄱ, ㄷ
④ ㄴ, ㄷ ⑤ ㄱ, ㄴ, ㄷ

[26~27] 어떤 음식물 속에 들어 있는 영양소의 종류를 알아보기 위해 수행한 실험이다.

〈과정〉
어떤 음식물을 4개의 시험관에 각각 5mL씩 넣은 다음, 그림과 같이 영양소 검출 반응을 실시하였다.

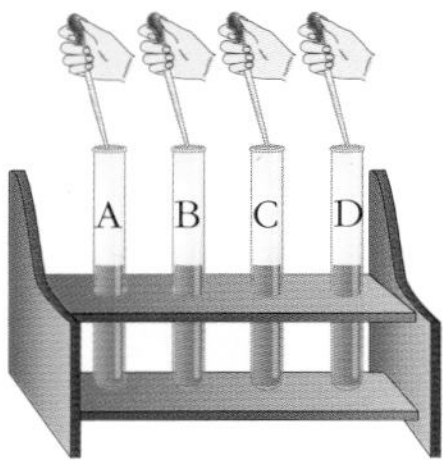

시험관	A	B	C	D
반응	뷰렛 반응	베네딕트 반응	수단 Ⅲ 반응	아이오딘 반응
색깔	보라색	푸른색	선홍색	갈색

26 시험관 A ~ D 중 가열해야 하는 시험관의 기호와 그 이유를 쓰시오.

27 실험 결과 검출된 영양소와 그렇게 생각한 이유를 각각 쓰시오.

28 주어진 영양소들의 기능을 서술하시오.

종류	기능
철	㉠ ( )
칼슘	㉡ ( )
나트륨	㉢ ( )
인	㉣ ( )

정답 및 해설 30쪽

29 주영양소와 부영양소를 나누는 기준과 각각의 대표적인 예를 서술하시오.

30 바이타민 결핍증에 관한 사진이다. 각 결핍증의 대표적인 증상과 어떠한 영양소와 관련있는 지를 서술하시오.

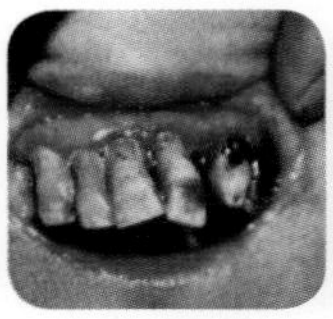
▲ 괴혈병

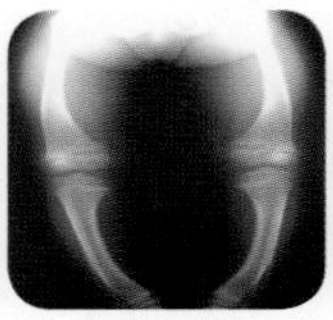
▲ 구루병

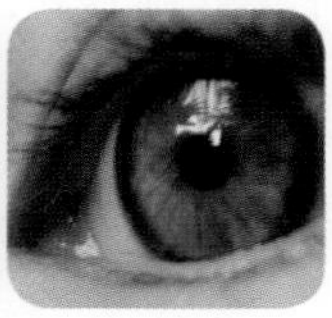
▲ 야맹증

창의력 서술

31 어떤 사람이 하루에 필요한 열량이 2,800kcal라고 할 때, 이 사람이 하루 세끼 식사를 통해 섭취해야 하는 3대 영양소의 양은 몇 g인가? (단, 이 사람이 식사를 통해 섭취하는 3대 영양소의 질량에 대한 비율은 탄수화물이 10%, 단백질이 30%, 지방이 60%라고 가정한다.)

32 마른 사람보다 살이 찐 사람이 겨울철 추위를 덜 타는 이유는 무엇인가?

33 빈혈은 어떠한 영양소가 부족하여 생기는 질병이며, 이를 막기 위하여 어떠한 식습관을 가져야 하는지 서술하시오.

9강. 소화

1. 소화

(1) **소화** : 음식물에 들어 있는 영양소를 체내로 흡수하기 위해 작게 분해하는 과정

(2) **소화의 종류** : 기계적 소화와 화학적 소화로 구분한다.

<table>
<tr><th colspan="3">기계적 소화</th><th>화학적 소화</th></tr>
<tr><td colspan="3">음식물을 잘게 부수거나, 이동시키거나, 섞는 작용</td><td>영양소가 소화 효소에 의해 작은 알갱이로 분해되는 작용</td></tr>
<tr><th>씹는 운동</th><th>분절 운동</th><th>꿈틀 운동</th><td rowspan="2">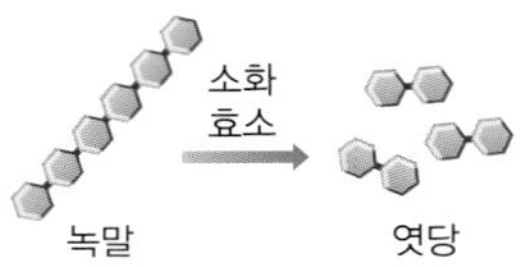
</td></tr>
<tr><td>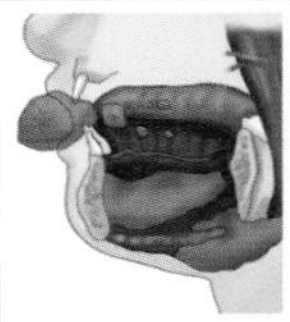</td><td>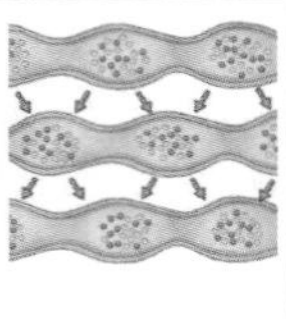</td><td>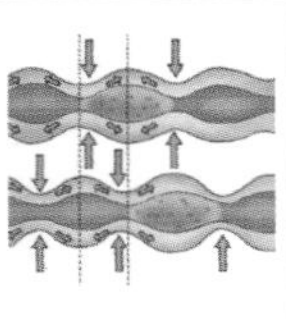</td></tr>
<tr><td>음식물을 이로 잘게 부수는 작용</td><td>음식물과 소화액을 섞는 운동</td><td>음식물을 아래로 이동시키는 운동</td><td>· 음식물의 소화가 빨리 일어나도록 도와준다.
· 특정 소화 효소는 특정 영양소만 분해한다.
· 소화 효소의 주성분은 단백질이므로 고온에 약하고, 소화 효소의 종류에 따라 활발하게 작용하는 최적의 pH가 있다.</td></tr>
</table>

(3) **소화 기관** : 소화관과 소화샘으로 구분할 수 있다.

① 소화관 : 음식물이 지나가며 소화되는 통로
: 입 → 식도 → 위 → 소장 → 대장 → 항문

② 소화샘 : 음식물을 소화하는 데 필요한 소화액을 분비하는 곳
→ 침샘, 위샘, 간, 이자, 쓸개 등

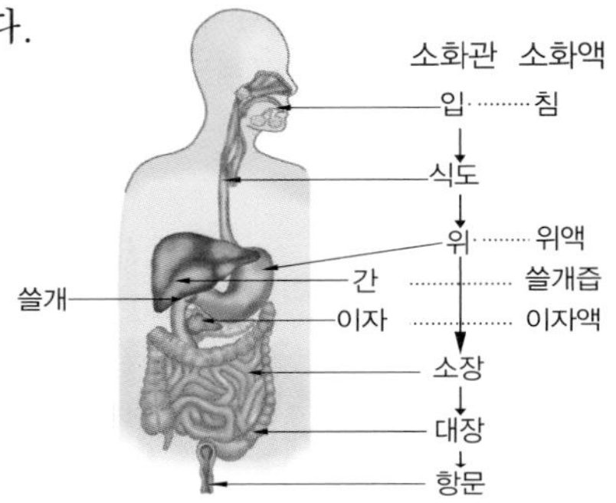

사람의 소화 기관 ▶

● 소화의 필요성

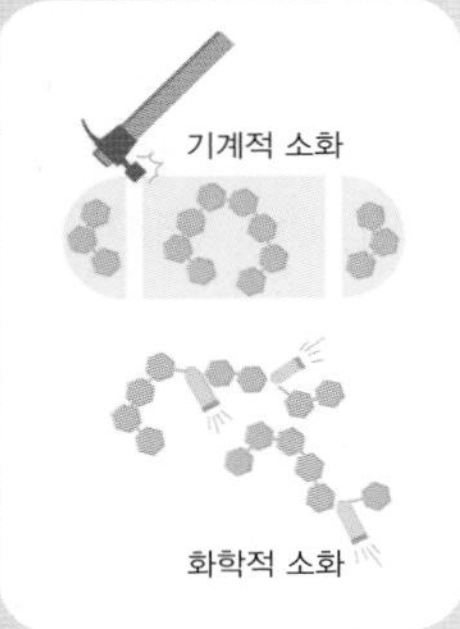

음식물 속의 영양소는 분자의 크기가 크기 때문에 흡수되기 어렵다. 따라서 흡수할 수 있는 크기로 분해하는 소화 과정이 필요하다.

● 소화 효소의 특징

· 영양소를 잘게 분해하여 화학적으로 다른 물질이 되게 한다.
· 소화 효소의 종류는 여러 가지이다.
· 한 가지 소화 효소는 한 가지 영양소만 분해한다.
· 체온(36.5℃)에서 활발하게 작용한다.

미니사전

효소 [酵 삭히다 素 희다] 생물체 내에서 각종 화학 반응을 촉매하는 물질

개념확인 1 빈칸에 들어갈 알맞은 말을 쓰시오.

음식물 속의 영양소를 체내로 흡수할 수 있도록 작게 분해하는 과정을 (　　　　) 라고 한다.

확인 +1 알갱이의 크기가 커서 소화 과정을 거쳐야만 체내로 흡수될 수 있는 영양소를 〈보기〉에서 모두 고르시오

〈 보기 〉

녹말　지방　포도당　단백질　바이타민　아미노산

2. 입과 위에서의 소화

구분	입에서의 소화	위에서의 소화
기계적 소화	혀로 음식물과 침을 섞고, 이로 음식물을 씹는다. → 음식물을 잘게 부숴 소화 효소와 접촉하는 표면적을 넓힌다.	위의 분절 운동으로 음식물과 위액을 섞고 꿈틀 운동으로 음식물을 소장으로 내려 보낸다.
화학적 소화	침샘에서 분비되는 침 속에는 소화 효소인 아밀레이스가 들어 있어 녹말을 엿당으로 분해한다.	위샘에서 분비되는 소화 효소인 펩신과 펩신의 작용을 돕는 산성 물질인 염산이 들어 있어 단백질을 분해한다.
소화 과정	 ▲ 입에서의 녹말의 소화	 ▲ 위에서의 단백질의 소화
입과 위의 구조	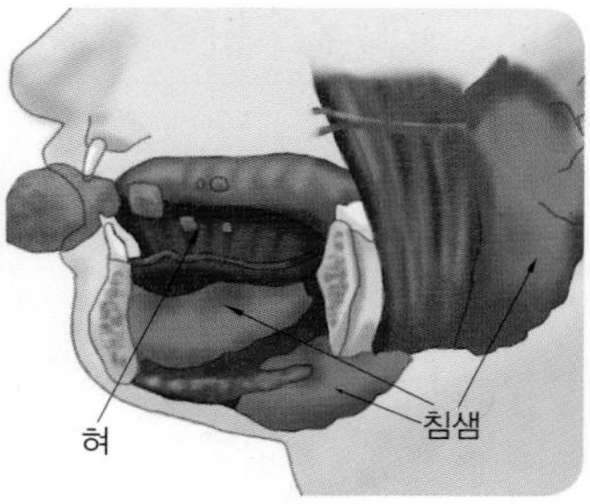 ▲ 입의 구조	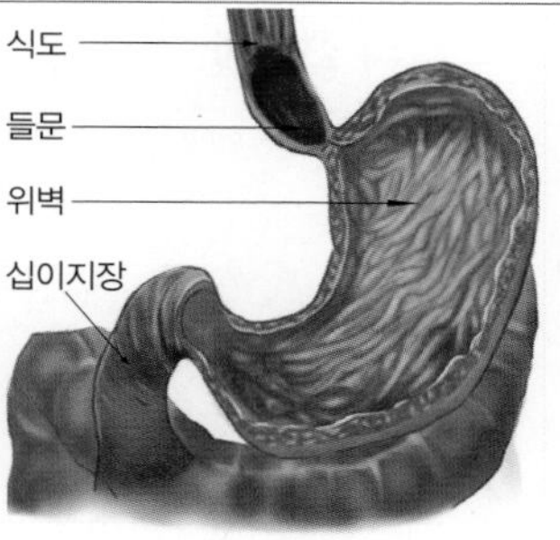 ▲ 위의 구조

● 위의 구조

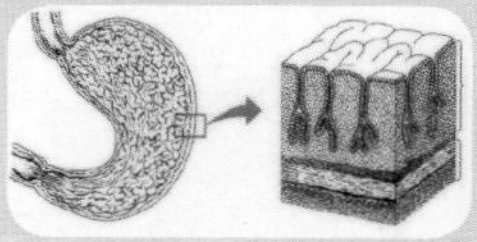

▲ 위와 위샘의 구조

위는 수축성이 크고 두꺼운 근육주머니로 내벽에 많은 주름이 있다. 이곳에는 위액을 분비하는 위샘이 있다.

● 펩신의 효소 활성

단백질 분해 효소인 펩신은 강한 산성 환경 (pH2)에서 가장 활발하게 작용한다.

● 염산의 작용

· 살균작용
· 위 속의 음식물 부패 방지
· 펩신의 작용을 도움

● 생각해보기*

밥을 오래 씹다보면 단맛이 나게 되는데 왜 그런지 이유에 대하여 생각해 보시오.

정답 및 해설 30쪽

개념확인 2 입에서의 소화에 대한 설명이다. 빈칸에 들어갈 알맞은 말을 쓰시오.

> 밥이나 감자를 오래 씹을 때 단맛이 나는 이유는 음식물 속의 녹말이 침속에 들어 있는 소화 효소인 ㉠(　　　)에 의해 ㉡(　　　)으로 분해되었기 때문이다.

확인+2 다음에 해당하는 물질의 이름을 쓰시오.

> · 위액 속에 들어 있다.
> · 펩신의 작용을 돕는다.
> · 살균 작용으로 음식물의 부패를 막는다.

(　　　　)

미니사전

십이지장 [十 열 二 두 指 가리키다 腸 창자] 소장의 앞부분으로 손가락 열두 개를 옆으로 늘어놓은 길이라 하여 붙여진 이름

들문 위와 식도가 연결되는 부분

3. 소장에서의 소화 및 소화의 전과정

(1) 소장에서의 소화 (3대영양소의 소화)

① 기계적 소화 : 위에 있던 음식물이 소장의 앞부분인 십이지장으로 내려오면, 분절 운동으로 음식물과 소화액을 섞고, 꿈틀 운동으로 음식물을 대장으로 이동시킨다.

② 화학적 소화 : 이자액과 소장에서 분비되는 소화 효소에 의해 3대 영양소가 최종 소화된다.

소화샘	소화액	소화 효소	소화 작용
이자	이자액	아밀레이스	녹말 → 엿당
		트립신	단백질을 작게 분해
		라이페이스	지방 → 지방산+모노글리세리드
간	쓸개즙	없음	지방을 작은 입자로 만들어 라이페이스와 잘 섞이게 한다.
소장	장액	탄수화물 소화효소	엿당 → 포도당
		단백질 소화효소	단백질 → 아미노산

(2) 소화의 전과정

영양소 \ 소화관 / 소화액	입(pH7) 침	위(pH2) 위액	소장(pH8.5) 쓸개즙	이자액	장액	최종산물
탄수화물	아밀레이스		엿당	아밀레이스	소화 효소	포도당
단백질		펩신	작은 단백질	트립신	소화 효소	아미노산
지방			쓸개즙 (유화)	라이페이스		지방산 + 모노글리세리드

● 소장으로 분비되는 소화액

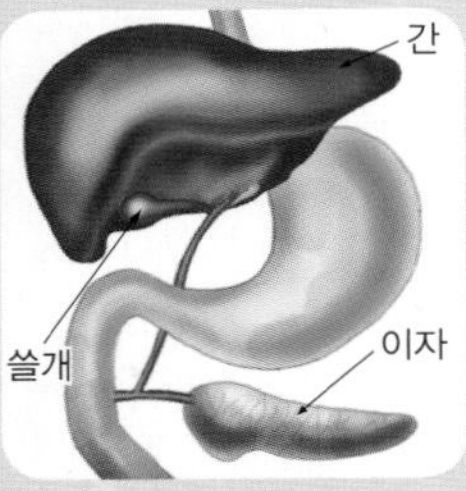

소화액	기능
이자액	이자에서 생성되어 십이지장으로 분비된다.
쓸개즙	간에서 생성되어 쓸개에 저장되었다가 십이지장으로 분비된다.
소장의 소화 효소	소장 안쪽벽의 상피 세포에서 소화 효소가 분비된다.

● 쓸개즙의 유화 작용

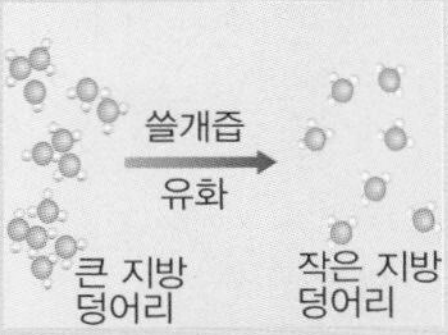

큰 지방 덩어리를 작은 지방 덩어리로 쪼개어 라이페이스와 접촉하는 지방의 표면적을 넓혀준다.

개념확인 3 각 영양소의 최종 분해 산물을 쓰시오.

(1) 탄수화물 : (　　　　　)　　(2) 단백질 : (　　　　　)

(3) 지방 : (　　　　　)

확인 + 3 빈칸에 들어갈 알맞은 말을 쓰시오.

녹말은 침과 이자액에 들어 있는 ㉠(　　　) 에 의해 엿당으로 분해된 다음, 소장의 탄수화물 소화 효소에 의해 ㉡(　　　)으로 최종 분해된다.

미니사전

유화 [乳 젖 化 되다] 한 쪽의 액체를 다른 쪽의 액체로 분산시키는 것

모노글리세리드 글리세롤과 지방산 한 분자가 결합된 화합물

4. 영양소의 흡수와 이동

(1) **영양소의 흡수** : 소화가 끝난 영양소는 소장의 융털로 흡수된다.

① 소장의 구조 : 안쪽 벽에 많은 주름과 융털이 있어 영양소와 접촉할 수 있는 표면적을 넓혀 영양소를 효과적으로 흡수한다.

② 융털의 구조 : 중앙에 암죽관이 있고, 그 주위를 모세혈관이 둘러싸고 있다.

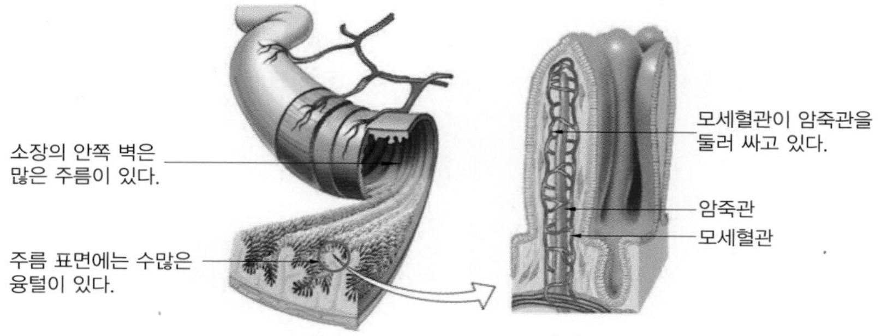

▲ 소장의 구조 ▲ 융털의 구조

(2) 영양소의 이동

① 수용성 영양소 : 융털의 모세혈관에서 흡수되어 간을 지나 심장으로 이동하여 온몸으로 운반된다. → 포도당, 아미노산, 바이타민 B_1, B_2, C

② 지용성 영양소 : 융털의 암죽관에서 흡수되어 림프관을 지나 심장으로 이동하여 온몸으로 운반된다. → 지방산, 모노 글리세리드, 바이타민 A, D, E, K

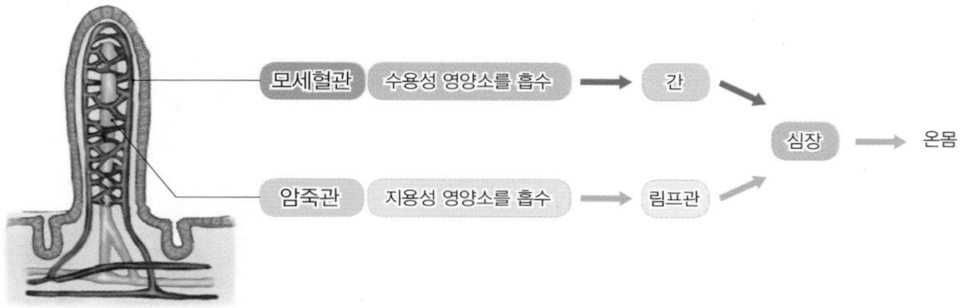

〈소장 벽의 융털〉 ▲ 영양소의 흡수와 이동 경로

● 대장의 구조와 역할

① 소화액이 분비되지 않아 화학적 소화는 일어나지 않고, 주로 물이 흡수된다.

② 흡수되지 않고 남은 물질은 대장의 꿈틀 운동에 의해 항문 밖으로 배출된다.

③ 대장은 맹장, 결장, 직장의 세 부분으로 구성된다.

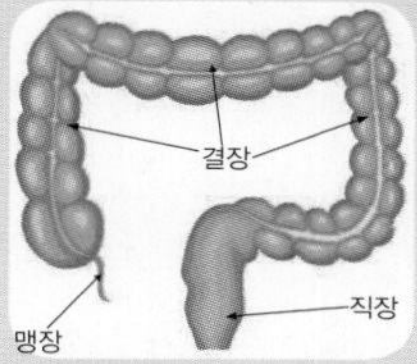

▲ 대장의 구조

● 생각해보기★★

우리 주변에 융털의 구조처럼 표면적을 넓혀 흡수에 용이하게 하는 또다른 예는 무엇이 있는지 생각해보시오.

정답 및 해설 30쪽

개념확인 4 **빈칸에 들어갈 알맞은 말을 쓰시오.**

> 소장의 안쪽 벽은 많은 주름이 잡혀 있고, 주름 표면에 수많은 ㉠(   ) 이 돋아 있어 영양소와 접촉하는 ㉡(   )을 넓혀 주어 영양소가 효율적으로 흡수되도록 한다.

확인+4 **소장의 융털을 나타낸 것이다. A로 흡수되는 영양소만을 〈보기〉에서 모두 고르시오.**

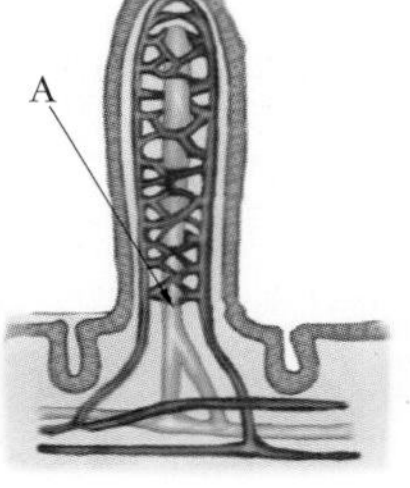

〈 보기 〉

ㄱ. 지방 ㄴ. 포도당 ㄷ. 무기 염류

ㄹ. 아미노산 ㅁ. 바이타민A ㅂ. 바이타민C

미니사전

림프관 조직에서 혈관으로 연결된 관. 조직으로 나온 혈액을 혈관으로 돌아가게 한다.

개념 다지기

01 소화의 의미를 가장 잘 설명한 것은?

① 영양소를 체내에 저장하는 과정이다.
② 영양소를 온몸으로 운반하는 과정이다.
③ 영양소를 분해하여 에너지를 얻는 과정이다.
④ 영양소를 체내로 흡수하기 위해 작게 분해하는 과정이다.
⑤ 섭취한 음식물의 찌꺼기를 몸 밖으로 내보내는 과정이다.

02 입에서 일어나는 소화 작용에 대한 설명으로 옳은 것만을 〈보기〉에서 있는 대로 고른 것은?

〈 보기 〉

ㄱ. 침 속에는 소화 효소인 아밀레이스가 들어 있다.
ㄴ. 씹는 운동은 음식물이 소화액과 닿는 표면적을 넓혀 준다.
ㄷ. 밥을 오래 씹으면 단맛이 나는 이유는 녹말이 포도당으로 분해되었기 때문이다.

① ㄱ ② ㄴ ③ ㄱ, ㄴ
④ ㄴ, ㄷ ⑤ ㄱ, ㄴ, ㄷ

03 소화 효소에 대한 설명으로 옳은 것만을 〈보기〉에서 있는 대로 고른 것은?

〈 보기 〉

ㄱ. 영양소를 화학적으로 다른 물질로 분해한다.
ㄴ. 체온 범위에서 가장 활발하게 작용한다.
ㄷ. 한 가지 소화 효소가 모든 영양소에 작용한다.

① ㄱ ② ㄴ ③ ㄱ, ㄴ
④ ㄴ, ㄷ ⑤ ㄱ, ㄴ, ㄷ

정답 및 해설 31쪽

04

사람의 소화 기관을 나타낸 것이다. 3대 영양소를 분해하는 소화 효소를 모두 포함한 소화액을 생성하는 기관과 3대 영양소의 최종 소화가 일어나는 기관을 순서대로 옳게 짝지은 것은?

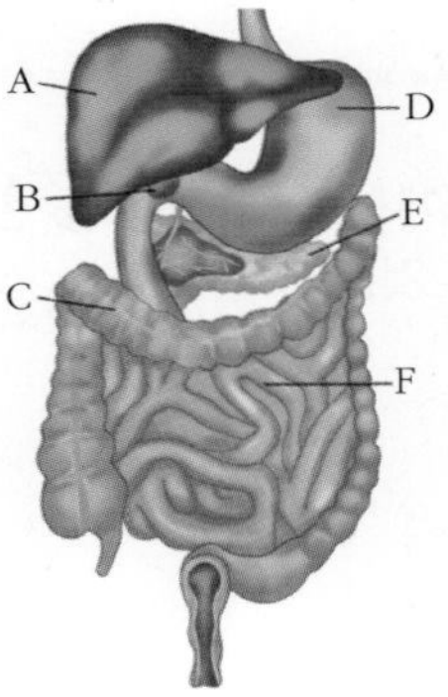

① A, C ② B, D ③ C, F
④ D, E ⑤ E, F

05

소장의 안쪽 벽에는 많은 주름이 있고 수많은 융털이 나있다. 이와 같은 구조가 갖는 이로운 점은?

① 음식물이 이동하기가 쉽다.
② 더 많은 양의 소화액을 분비한다.
③ 소화액으로부터 소장 내벽을 보호한다.
④ 소장의 꿈틀 운동과 분절 운동이 잘 일어날 수 있다.
⑤ 표면적이 넓어져 영양소를 효과적으로 흡수할 수 있다.

06

소장 벽의 융털의 구조를 나타낸 것이다. A와 B에서 흡수하는 영양소를 각각 옳게 짝지은 것은?

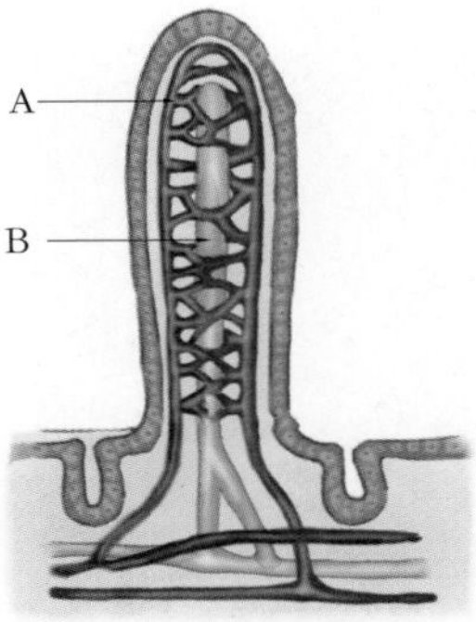

	A	B
①	지방산, 바이타민 A	포도당, 바이타민 C
②	아미노산, 무기 염류	지방산, 포도당
③	포도당, 아미노산	지방산, 바이타민 A
④	아미노산, 바이타민 D	무기 염류, 바이타민 C
⑤	무기 염류, 바이타민 A	포도당, 모노글리세리드

유형 익히기 & 하브루타

[유형9-1] 소화

기계적 소화 작용 중 한 가지를 나타낸 것이다. 이에 대한 설명으로 옳은 것만을 〈보기〉에서 있는 대로 고른 것은?

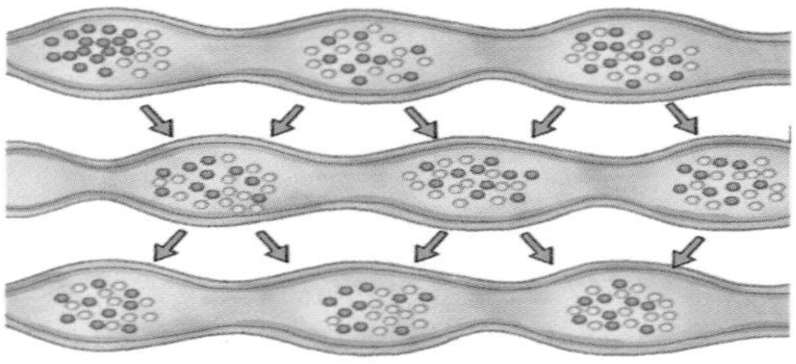

〈 보기 〉

ㄱ. 꿈틀 운동이다.
ㄴ. 소장에서만 일어난다.
ㄷ. 음식물과 소화액이 골고루 섞이게 된다.

① ㄱ
② ㄴ
③ ㄷ
④ ㄴ, ㄷ
⑤ ㄱ, ㄴ, ㄷ

Tip!

01 기계적 소화에 대한 설명으로 옳지 않은 것은?

① 음식물을 씹어 잘게 부순다.
② 소화액과 음식물을 잘 섞이게 한다.
③ 음식물을 소화관을 따라 이동시킨다.
④ 화학적으로 다른 물질로 변화시킨다.
⑤ 소화 기관의 물리적 힘에 의해 일어난다.

02 화학적 소화에 해당하는 것은?

① 이로 음식물을 씹어 잘게 부순다.
② 밥을 입에 넣고 씹다보니 단맛이 난다.
③ 쓸개즙은 지방을 작은 덩어리로 만들어 고루 분산시킨다.
④ 식도의 근육이 연속적으로 수축 · 이완하여 음식물을 위가 있는 방향으로 밀어 보낸다.
⑤ 소장 벽이 일정한 간격을 두고 수축과 이완을 반복하여 소화액과 음식물을 고루 섞는다.

정답 및 해설 31쪽

[유형9-2] 입과 위에서의 소화

위에서의 소화에 대한 설명으로 옳지 않은 것은?

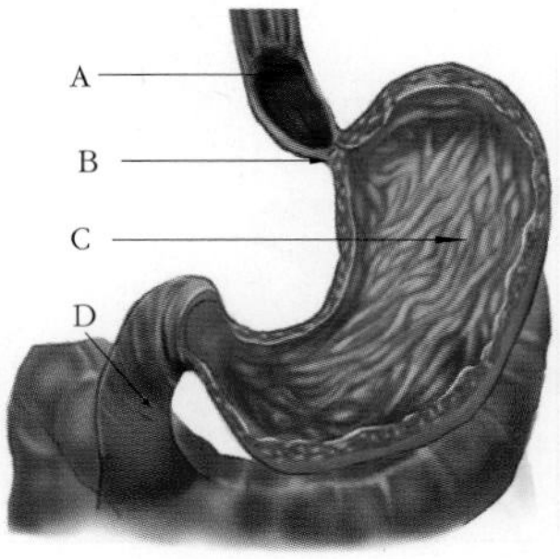

① A는 식도이며 음식물이 지나가는 통로이다.
② B에서 위산이 분비된다.
③ C는 위벽이라고 하며 주름이 많은 구조이다.
④ D는 십이지장이라고 한다.
⑤ 위에서는 탄수화물의 소화는 일어나지 않는다.

03 위액에 포함되어 있는 염산에 대한 설명으로 옳은 것은?

① 위벽을 보호한다.
② 지방의 소화를 돕는다.
③ 아밀레이스의 작용을 돕는다.
④ 단백질을 작은 크기로 분해한다.
⑤ 음식물과 함께 들어온 세균을 죽인다.

04 밥을 오래 씹으면 단맛이 나는 이유로 옳은 것은?

① 녹말은 원래 단맛이 나기 때문이다.
② 밥에는 녹말 이외에 설탕이 들어있기 때문이다.
③ 쌀을 익히면 녹말이 엿당으로 변하기 때문이다.
④ 밥이 이에 의해 쪼개지면 엿당으로 변하기 때문이다.
⑤ 침 속에 들어 있는 소화 효소에 의해 녹말이 엿당으로 분해되기 때문이다.

Tip!

유형 익히기 & 하브루타

[유형9-3] 소장에서의 소화

우리 몸의 소화 기관을 나타낸 것이다. 3대 영양소의 소화 효소가 모두 포함된 소화액을 분비하는 곳은?

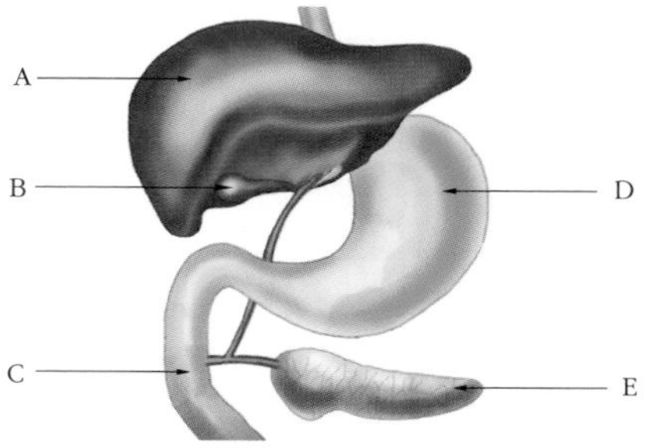

① A ② B ③ C
④ D ⑤ E

Tip!

05

소장에서 흡수될 수 없는 것은?

① 나트륨
② 아미노산
③ 아밀레이스와 반응시킨 녹말
④ 라이페이스와 반응시킨 참기름
⑤ 바이타민 A와 바이타민 C의 혼합액

06

소장에서의 소화에 대한 설명으로 옳은 것만을 〈보기〉에서 있는 대로 고른 것은?

〈 보기 〉

ㄱ. 3대 영양소의 소화가 모두 일어난다.
ㄴ. 기계적 소화로 씹는 운동과 분절 운동 및 꿈틀 운동이 일어난다.
ㄷ. 펩신과 트립신, 아밀레이스, 라이페이스 등의 소화 효소가 소장으로 분비된다.
ㄹ. 소장 안쪽 벽의 융털에서는 3대 영양소의 최종 분해 산물이 흡수된다.

① ㄱ, ㄴ ② ㄱ, ㄷ ③ ㄱ, ㄹ ④ ㄴ, ㄷ ⑤ ㄴ, ㄹ

정답 및 해설 31쪽

[유형9-4] 영양소의 흡수와 이동

소장의 융털의 구조를 나타낸 것이다. A와 B에서 흡수하는 영양소를 각각 옳게 짝지은 것은?

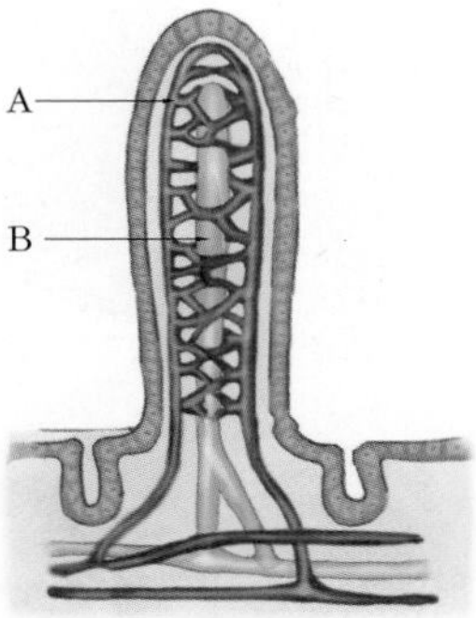

	A	B
①	지방	아미노산
②	포도당	바이타민 C
③	아미노산	포도당
④	바이타민 A	바이타민 B1
⑤	바이타민 C	바이타민 D

07 대장에서 일어나는 작용으로 옳은 것만을 보기에서 있는 대로 고른 것은?

〈 보기 〉

ㄱ. 물을 흡수한다.
ㄴ. 꿈틀 운동을 한다.
ㄷ. 소화 효소가 분비된다.

① ㄱ ② ㄴ ③ ㄱ, ㄴ ④ ㄴ, ㄷ ⑤ ㄱ, ㄴ, ㄷ

08 바이타민 E의 흡수 및 이동 경로가 같은 것을 고르시오.

① 포도당 ② 아미노산
③ 바이타민 C ④ 바이타민 A
⑤ 무기 염류

Tip!

창의력 & 토론마당

01 사람의 소화 기관 중 일부를 나타낸 것이다. (가)부분이 쓸개에서 만들어진 담석때문에 막힌 사람은 기름기가 많은 음식의 섭취를 피해야 한다. 그 이유를 설명하시오.

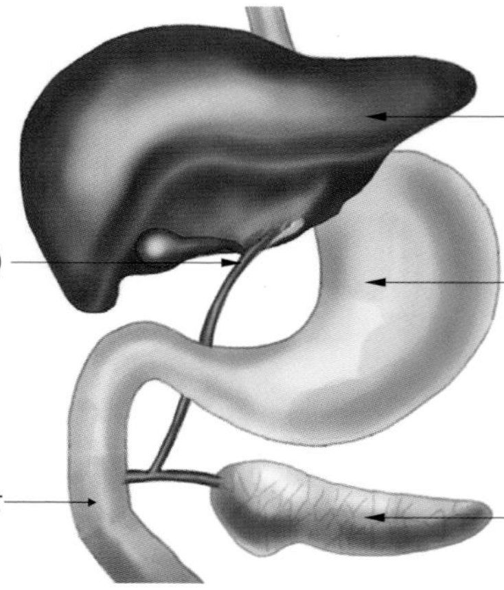

정답 및 해설 32쪽

02 그림 (가)는 사람 위의 구조를, (나)는 삶은 쇠고기 조각을 위샘에서 추출한 펩신 용액에 넣어 놓은 모습을 나타낸 것이다.

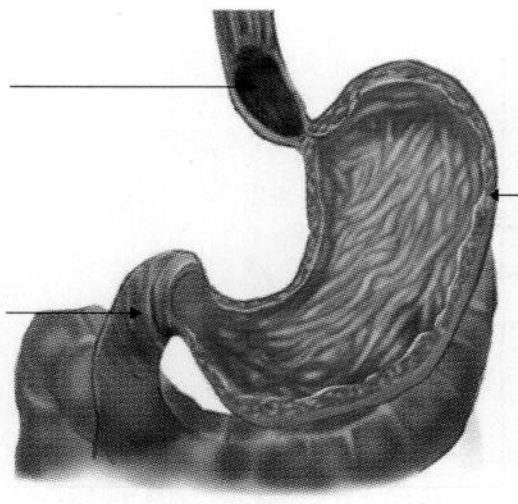

(가)

(나)

(1) 위벽은 그림 (가)와 같이 근육이 잘 발달되어 있다. 이 구조는 음식물을 더욱 작게 부수는 것 외에 어떤 이로운 점이 있는지 서술해보시오.

(2) (나)의 결과 펩신 용액에 넣어 놓은 쇠고기는 흐물흐물하게 변하였다. 이 결과로 알 수 있는 펩신의 역할을 서술해 보시오.

03 어느 집에나 가정용 구급함을 열어 보면 소화제가 한 두 종류 있다. 최근 스트레스로 인한 소화 불량증 환자들이 많은 탓에 소화제의 판매량이 급증하고 있다.

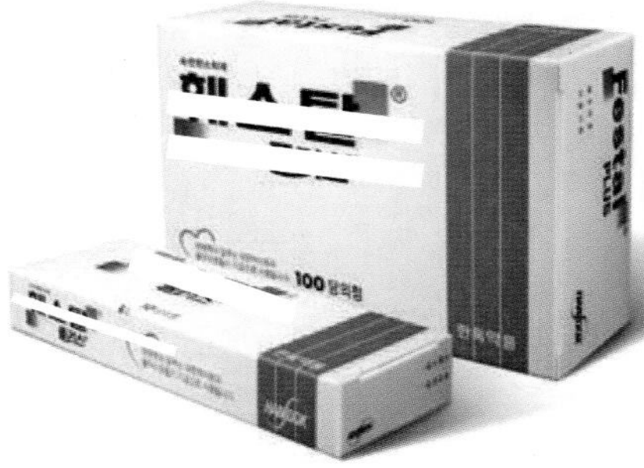

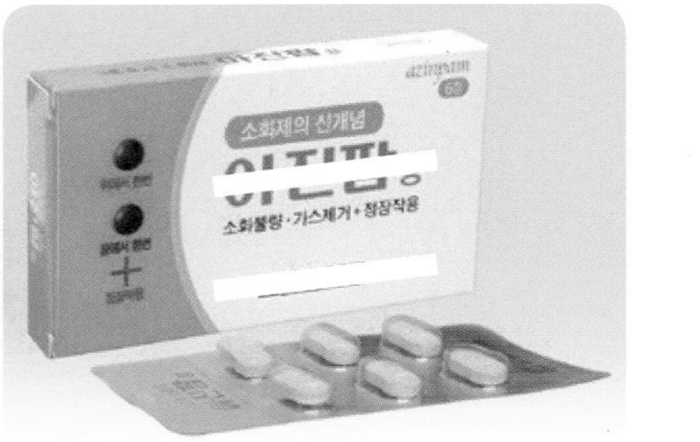

소화제는 음식물의 소화를 촉진하고, 위와 장의 소화 기능을 높이는 약물이다. 이러한 소화제에는 어떤 물질이 주성분으로 들어가야 하는지 서술하시오.

정답 및 해설 32쪽

04 지방의 소화를 알아보기 위해 3개의 시험관 A ~ C에 식용유를 3mL씩 넣고 표와 같이 처리하여 그래프와 같은 결과를 얻었다. (가) ~ (다)는 각각 어느 시험관의 실험 결과를 나타낸 것인지 쓰고, 그 이유를 설명하시오.

시험관	첨가 물질
A	이자액 1mL + 증류수 1mL
B	쓸개즙 1mL + 증류수 1mL
C	이자액 1mL + 쓸개즙 1mL

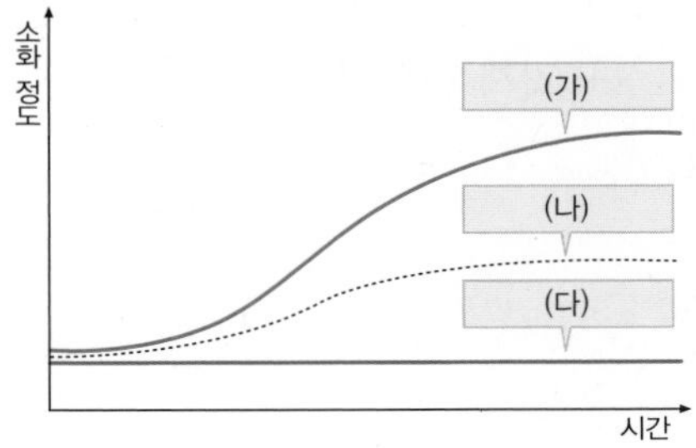

A

01 소화에 대한 설명으로 옳은 것은 ○표, 옳지 않은 것은 ×표 하시오.

(1) 기계적 소화와 화학적 소화로 구분한다. ( )
(2) 소화는 영양소의 합성 과정이다. ( )
(3) 화학적 소화는 효소가 관여한다. ( )
(4) 기계적 소화는 화학 변화이다. ( )

02 기계적 소화에 대한 설명이다. 〈보기〉를 보고 옳은 것만을 있는 대로 골라 기호로 나타내시오.

〈 보기 〉
ㄱ. 입에서도 기계적 소화가 일어난다.
ㄴ. 분절 운동은 포함되지 않는다.
ㄷ. 소화 효소가 관여한다.

( )

03 괄호 안에 알맞은 말을 써 넣으시오.

소화는 음식물에 들어 있는 영양소를 체내로 흡수하기 위해 작게 분해하는 과정이다. 그리고 소화에는 ( )와 화학적 소화가 있다.

04 소화 과정에 대한 설명으로 옳은 것은 ○표, 옳지 않은 것은 ×표 하시오.

(1) 단백질은 입에서는 소화되지 않는다. ( )
(2) 녹말은 아밀레이스에 의해 분해된다. ( )
(3) 단백질은 펩신에 의해 분해된다. ( )
(4) 입에서는 기계적 소화만 일어난다. ( )

05 위에서 일어나는 단백질의 소화를 나타낸 것이다. 괄호에 알맞은 말을 써 넣으시오.

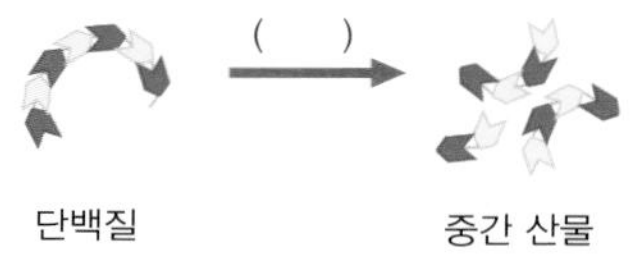

( )

06 음식물의 이동 경로를 나타낸 것이다. 빈칸에 들어갈 알맞은 말을 쓰시오.

입 → 식도 → (㉠) → 소장 → (㉡) → 항문

㉠ : ( ) ㉡ : ( )

정답 및 해설 32쪽

07 다음에서 설명하는 영양소의 이름을 쓰시오.

· 지방산과 모노글리세리드로 분해된다.
· 쓸개즙에 의하여 유화된다.
· 라이페이스가 소화에 관여한다.
· 소장에서 소화가 처음 일어난다.

( )

08 괄호 안에 알맞은 말을 써 넣으시오.

단백질은 위에서 처음 화학적 소화가 일어나며 위액에 들어있는 ㉠( )에 의해 작은 단백질의 형태로 분해된다. 그리고 이자액에 포함되어 있는 ㉡( )에 의해 더 작은 형태의 단백질로 분해된다.

㉠ : ( ) ㉡ : ( )

09 이자액에 대한 설명으로 옳은 것은 O표, 옳지 않은 것은 ×표 하시오.

(1) 아밀레이스가 들어있다. ( )
(2) 지방을 소화시키는 효소는 들어있지 않다. ( )
(3) 단백질을 작게 분해한다. ( )
(4) 간에서 합성이 된다. ( )

10 소장에 대한 설명이다. 〈보기〉를 보고 옳은 것만을 있는 대로 골라 기호로 나타내시오.

〈 보기 〉
ㄱ. 3대 영양소가 모두 소화된다.
ㄴ. 기계적 소화는 일어나지 않는다.
ㄷ. 지방의 소화 효소인 쓸개즙이 분비된다.

( )

B

11 다음에서 설명에 해당하는 물질의 이름을 쓰시오.

· 위액 속에 들어 있다.
· 펩신의 작용을 돕는다.
· 살균 작용으로 음식물의 부패를 막는다.

( )

12 괄호 안에 알맞은 말을 써 넣으시오.

종류	기능
㉠ ( )	녹말을 엿당으로 분해하는 효소
㉡ ( )	단백질을 처음으로 분해하는 효소
㉢ ( )	지방의 유화를 돕는 물질
㉣ ( )	단백질을 두 번째로 분해하는 효소

13 영양소의 흡수와 이동에 대한 설명으로 옳은 것은 ○표, 옳지 않은 것은 ×표 하시오.

(1) 대부분의 물은 대장에서 흡수된다. ( )

(2) 융털은 영양소와 접촉할 수 있는 표면적을 넓혀 효과적인 흡수가 가능하게 한다. ( )

(3) 수용성, 지용성 영양소 모두 모세혈관을 통하여 이동한다. ( )

[14~15] 소장 융털의 단면을 나타낸 것이다.

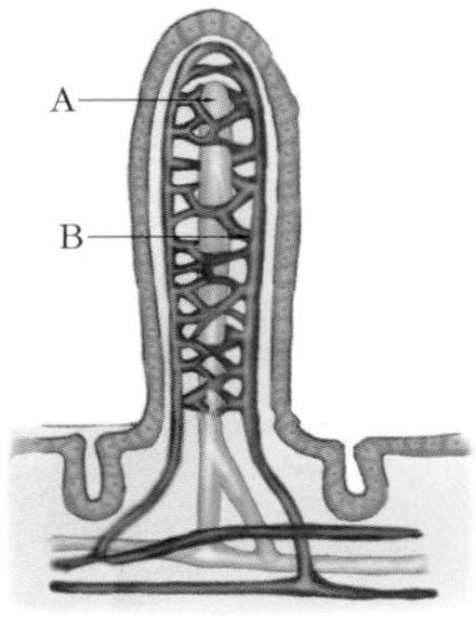

▲ 융털의 단면

14 A로 흡수되는 영양소끼리 옳게 짝지은 것은?

① 포도당, 아미노산
② 지방, 바이타민 C
③ 포도당, 무기 염류
④ 아미노산, 바이타민 D
⑤ 바이타민 A, 바이타민 E

15 위 그림에 대한 설명으로 옳은 것만을 〈보기〉에서 있는 대로 고른 것은?

〈 보기 〉

ㄱ. A는 림프관이 연결되어 있다.
ㄴ. B는 모세 혈관이다.
ㄷ. A로는 수용성 영양소가 이동한다.

① ㄱ ② ㄷ ③ ㄱ, ㄴ
④ ㄴ, ㄷ ⑤ ㄱ, ㄴ, ㄷ

16 소화의 뜻을 가장 바르게 설명한 것은?

① 음식물을 소화액과 섞는 과정
② 음식물을 온몸으로 운반하는 과정
③ 음식물의 찌꺼기를 몸 밖으로 내보내는 과정
④ 에너지를 얻기 위해 음식물을 섭취하는 과정
⑤ 영양소를 체내에서 흡수할 수 있도록 작게 분해하는 과정

17 화학적 소화에 대한 설명으로 옳은 것만을 〈보기〉에서 있는 대로 고른 것은?

〈 보기 〉

ㄱ. 음식물을 이로 씹는다.
ㄴ. 소화 효소에 의하여 분해된다.
ㄷ. 꿈틀운동이 대표적인 예이다.

① ㄱ ② ㄴ ③ ㄱ, ㄴ
④ ㄴ, ㄷ ⑤ ㄱ, ㄴ, ㄷ

18 알갱이의 크기가 커서 소화 효소에 의해 분해 되어야만 체내로 흡수될 수 있는 영양소끼리 바르게 짝지은 것은?

① 지방, 녹말 ② 지방, 바이타민
③ 아미노산, 포도당 ④ 아미노산, 녹말
⑤ 단백질, 바이타민

정답 및 해설 33쪽

19 소화관에서 일어나는 운동을 나타낸 것이다. 이 운동의 역할을 가장 적절하게 설명한 것은?

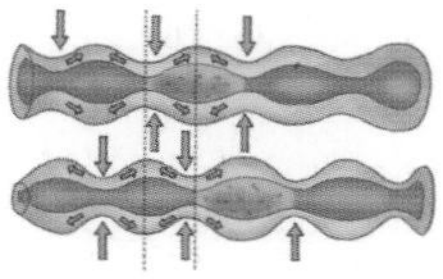

① 음식물을 작게 부순다.
② 영양소를 최종 분해시킨다.
③ 소화 효소의 분비를 촉진시킨다.
④ 음식물을 다음 소화관으로 이동시킨다.
⑤ 소화된 영양소가 흡수되도록 도와준다.

20 소화 효소에 대한 설명으로 옳지 않은 것은?

① 소화 효소의 주성분은 단백질이다.
② 소화 효소는 온도가 높을수록 활발하게 작용한다.
③ 소화 효소의 작용에 의해 화학적 소화가 일어난다.
④ 한 종류의 소화 효소는 한 종류의 영양소만 분해한다.
⑤ 소화 효소 중 펩신은 강한 산성에서 활발하게 작용한다.

C

21 우리 몸에서 음식물이 지나가는 경로로 옳은 것은?

① 입 → 위 → 식도 → 소장 → 대장 → 항문
② 입 → 식도 → 위 → 소장 → 대장 → 항문
③ 입 → 식도 → 소장 → 위 → 대장 → 항문
④ 입 → 소장 → 식도→ 위 → 대장 → 항문
⑤ 입 → 소장 → 위 → 식도 → 대장 → 항문

22 영양소와 각 영양소의 화학적 소화가 최초로 이루어지는 소화 기관을 옳게 짝지은 것은?

	탄수화물	단백질	지방
①	입	위	위
②	입	위	소장
③	위	입	소장
④	소장	입	위
⑤	소장	입	소장

23 녹말의 소화 과정을 간단하게 나타낸 것이다.

이에 대한 설명으로 옳은 것은?

① (가)는 기계적 소화, (다)는 화학적 소화에 해당한다.
② (가)에 관여하는 소화액은 침과 이자액이다.
③ (나)에 해당하는 물질은 설탕이다.
④ (나)는 아이오딘 반응에서 청람색을 띤다.
⑤ (다)의 과정은 이자액에 의해 일어난다.

24 그림은 지방의 소화 과정을 간단하게 나타낸 것이다. 이에 대한 설명으로 옳은 것만을 〈보기〉에서 있는 대로 고른 것은?

〈 보기 〉

ㄱ. (가)에 관여하는 것은 쓸개즙이다.
ㄴ. (나)에 관여하는 것은 라이페이스이다.
ㄷ. (가)와 (나) 모두 화학적 소화이다.

① ㄱ　② ㄴ　③ ㄱ, ㄴ
④ ㄴ, ㄷ　⑤ ㄱ, ㄴ, ㄷ

25 단백질의 소화 과정을 나타낸 것이다. 이에 대한 설명으로 옳은 것만을 〈보기〉에서 있는 대로 고른 것은?

〈 보기 〉

ㄱ. (가)는 염산이다.
ㄴ. (나)는 트립신이다.
ㄷ. (다)는 아미노산이다.

① ㄱ ② ㄴ ③ ㄷ
④ ㄴ, ㄷ ⑤ ㄱ, ㄴ, ㄷ

[26~27] 사람 소화계의 일부를 나타난 것이다.

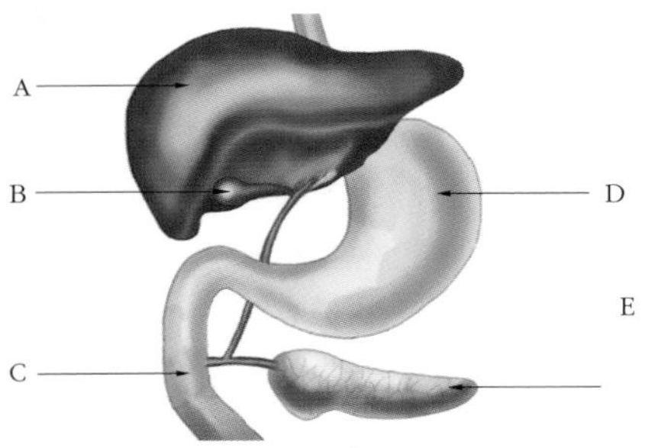

26 3대 영양소를 분해할 수 있는 소화 효소가 모두 만들어지는 곳의 기호를 쓰고, 소화되는 과정을 서술하시오.

27 지방의 유화를 돕는 쓸개즙이 만들어지는 곳의 기호를 쓰고, 유화 과정에 대하여 서술하시오.

28 그림과 같이 소장의 안쪽 벽에는 많은 주름이 있고, 그 표면에는 수많은 융털이 나 있다.

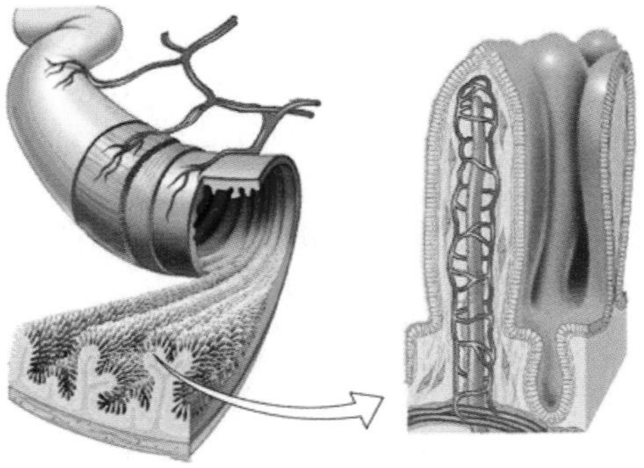

▲ 소장의 구조 ▲ 융털의 단면

소장 벽이 이러한 구조로 이루어져 있어 유리한 점은 무엇인지 서술하시오.

정답 및 해설 33쪽

29 수용성 영양소와 지용성 영양소에는 각각 무엇이 있는지 쓰고, 이들의 이동 경로에 대하여 서술하시오.

30 대장의 구조와 역할에 대하여 서술하시오.

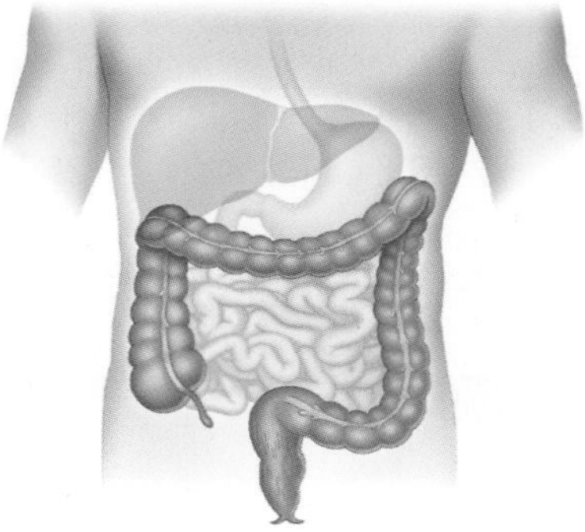

창의력 서술

31 불고기를 양념할 때 과일을 갈아서 넣으면 고기가 연해진다. 그 이유는 무엇인가?

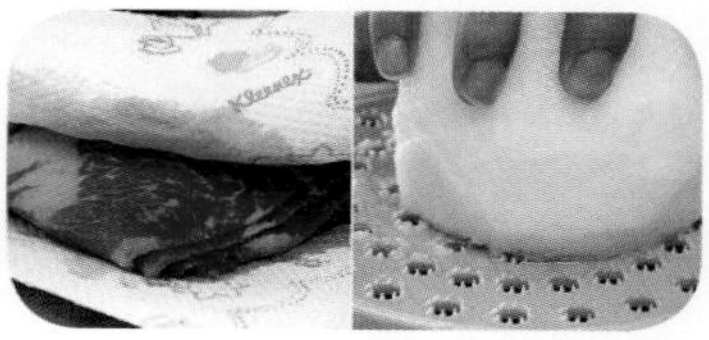

32 사람은 셀룰로스 분해 효소를 가지고 있지 않다. 사람이 셀룰로스를 소화시킬 수 있는 방법에는 무엇이 있을까?

33 요구르트를 섭취하기에 가장 적절한 시기는 아침 식사 전과 아침 식사 후 중에 언제가 좋을까?

10강. 순환

1. 혈액

(1) 혈액의 구성 : 혈액은 액체 성분인 혈장과 세포 성분인 혈구로 이루어져 있다.

구분	상태	포함 물질	원심 분리 사진
혈장 (55%)	혈액의 액체 성분	· 물(혈장의 90%이상) · 영양소(포도당, 아미노산, 지방, 바이타민, 무기 염류 등) · 효소 · 노폐물	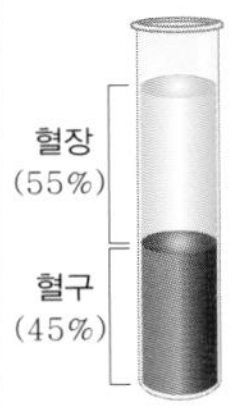
혈구 (45%)	혈액의 고체 성분	적혈구, 백혈구, 혈소판으로 구성	

(2) 혈구의 종류 : 혈구는 적혈구, 백혈구, 혈소판으로 구성된다.

구분	적혈구	백혈구	혈소판
모습	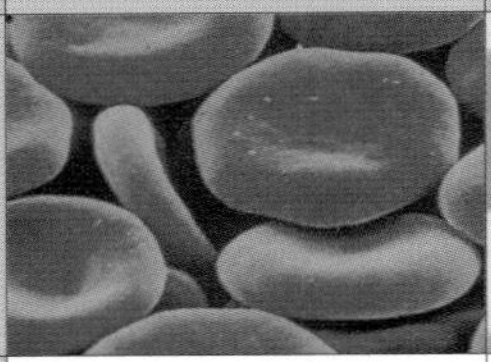	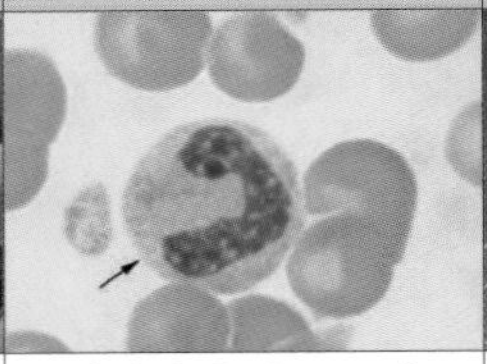	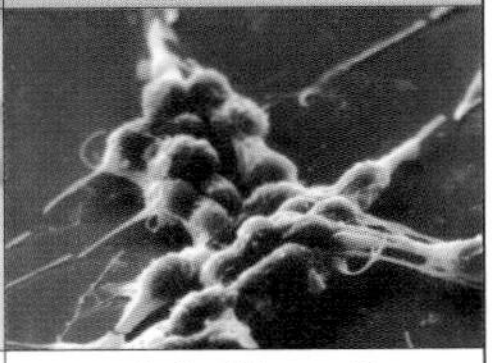
모양	가운데가 오목한 원반형	일정하지 않은 모양	엉겨 있는 모양
핵	없음	있음	없음
수명	100 ~ 120일	20일	4 ~ 5일
수(개/mm^3)	450만(여) ~ 500만(남)	6000 ~ 8000	20만 ~ 30만
기능	산소 운반 : 헤모글로빈이 산소와 결합해 산소를 운반한다.	식균 작용 : 몸속에 침입한 세균을 잡아먹는다.	혈액 응고 작용 : 출혈이 생기면 혈액을 응고시켜 딱지를 형성해 출혈을 멈추게 한다.

● 원심 분리 전 혈액의 구성

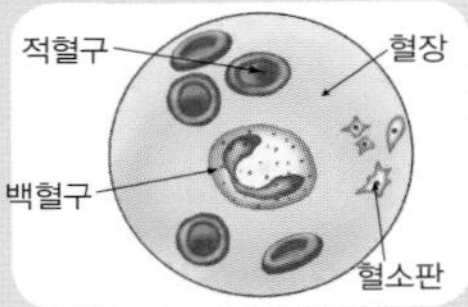

● 헤모글로빈의 산소 운반작용

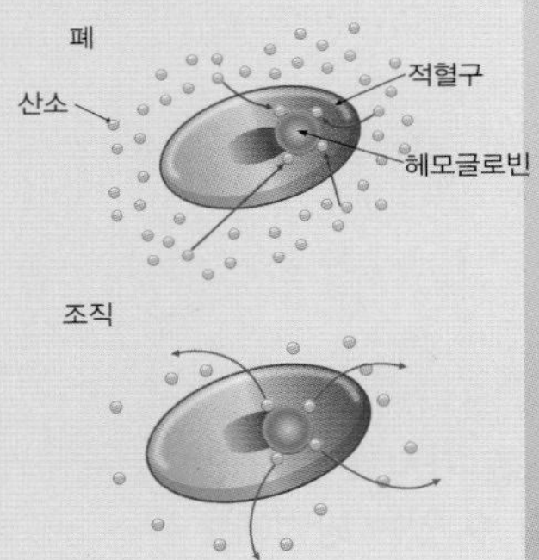

헤모글로빈은 산소가 많은 곳(폐)에서는 산소와 결합하고, 산소가 적은 곳(조직)에서는 산소와 분리된다. 이 과정을 통해 폐에서 조직 세포로 산소가 전달된다.

● 혈액의 운반 작용

운반되는 물질	운반해 주는 물질
산소	적혈구
이산화탄소	적혈구, 혈장
영양소, 노폐물	혈장

개념확인 1 빈칸에 들어갈 알맞은 말을 쓰시오.

(　　　　)은 혈액의 액체 성분으로, 약 90%가 물이며 영양소 및 노폐물 운반, 체온 조절 등의 기능을 한다.

확인 +1 적혈구를 나타낸 것이다. 적혈구에 포함된 색소 단백질인 A의 이름을 쓰시오.

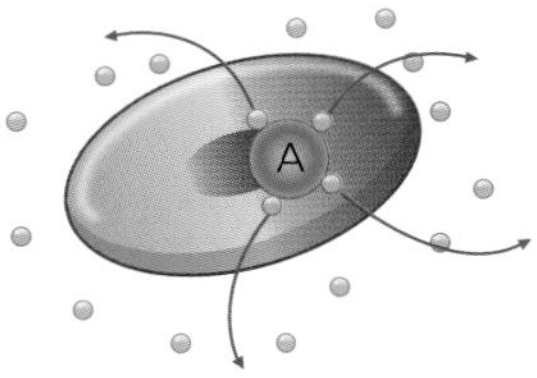

(　　　　　　　　)

미니사전

헤모글로빈 적혈구 속에 들어 있는 색소 단백질로 혈액을 붉게 보이게 하는 원인 물질로 철을 포함하고 있다

2. 심장

(1) 심장의 구조 : 2개의 심방과 2개의 심실로 구성되어있다.

① 심방 : 심장으로 들어오는 혈액을 받아들이는 곳으로 정맥과 연결되어 있다.
② 심실 : 심장 밖으로 혈액을 내보내는 곳으로 동맥과 연결되어 있으며, 근육층이 두껍고 탄력성이 강하다. 좌심실의 벽이 가장 두껍다.
③ 판막 : 혈액이 거꾸로 흐르는 것을 막아주는 구조로 심방과 심실 사이, 심실과 동맥 사이에 있다.

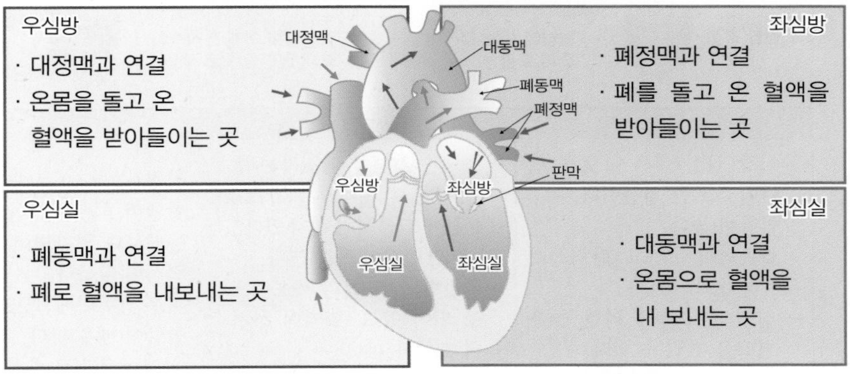

(2) 심장 박동 : 심방과 심실의 규칙적인 수축과 이완 운동으로 혈액 순환의 원동력이다.

구분	확장기	수축기	휴지기
심장	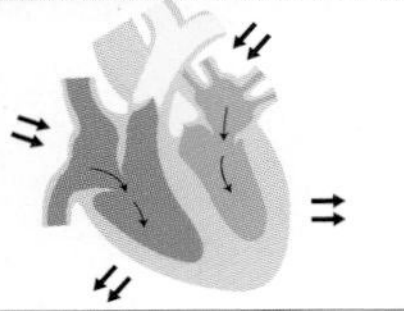	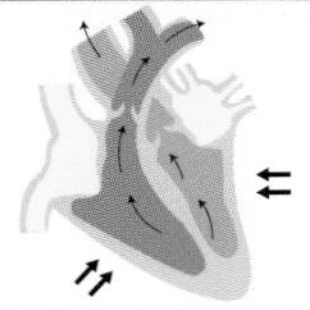	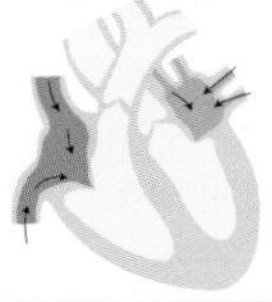
혈액의 흐름	심방 속의 혈액이 심실로 들어간다.	심실 속의 혈액이 폐동맥과 대동맥으로 나간다.	온몸과 폐를 돈 혈액이 심방으로 들어온다.
심방과 심실	심방 수축, 심실 이완	심방 이완, 심실 수축	심방 이완, 심실 이완

정답 및 해설 34쪽

개념확인 2

빈칸에 공통으로 들어갈 알맞은 말을 쓰시오.

심장의 규칙적인 수축과 이완 운동을 (　　　　)이라고 하며, 혈액은 (　　　　)에 의해 생긴 압력에 의해 혈관을 따라 온몸을 순환하게 된다.

(　　　　　　　　)

확인 + 2

다음 설명에 해당하는 것의 이름을 쓰시오.

· 심방과 심실 사이에 있다.
· 심실과 동맥 사이에 있다.
· 혈액이 한 방향으로 흐르는 것을 돕는다.

(　　　　　　　　)

사람 심장의 구조

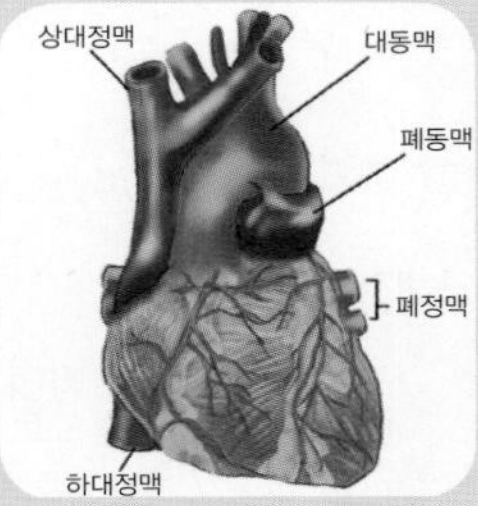

심장 판막 종류 및 위치
· 삼첨판 : 우심방과 우심실 사이
· 이첨판 : 좌심방과 좌심실 사이
· 반월판 : 우심실과 폐동맥 사이, 좌심실과 대동맥 사이

맥박

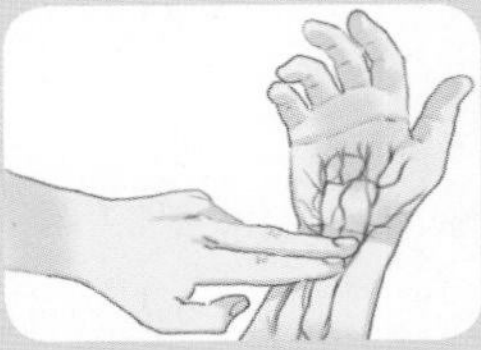

심실의 수축과 이완에 따라 혈관벽에 생기는 파동
· 맥박 수는 심장의 박동 수와 거의 일치한다.
· 맥박은 목이나 손목 부근에서 잘 느껴진다.

미니사전

상대정맥 [上 윗 大 큰 − 정맥] 머리나 얼굴, 팔 따위 상반신의 피를 모으는 정맥계의 근본 줄기

하대정맥 [下 아래 大 크다 − 정맥] 척추동물에서 하반신의 피가 모이는 정맥의 원줄기

● 모세혈관의 구조와 기능

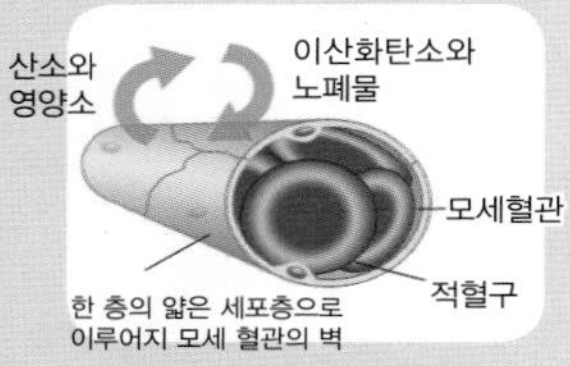

모세 혈관은 혈관벽이 한 층의 얇은 세포층으로 되어 있으며, 적혈구 한 개가 겨우 빠져 나갈 수 있는 굵기이기 때문에 조직 세포와의 물질 교환이 효율적으로 일어난다.

● 판막의 기능

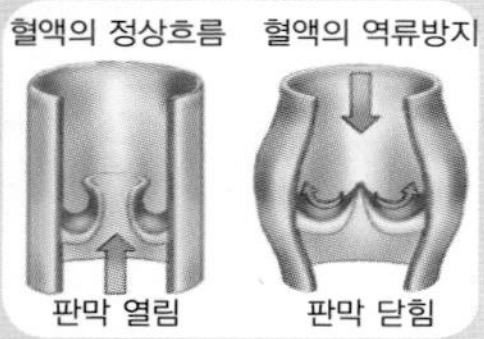

판막은 혈압이 낮아져서 발생할 수 있는 혈액의 역류를 막기 위해 심장 뿐 아니라 정맥의 곳곳에도 존재한다.

● 정맥에서의 혈액 이동

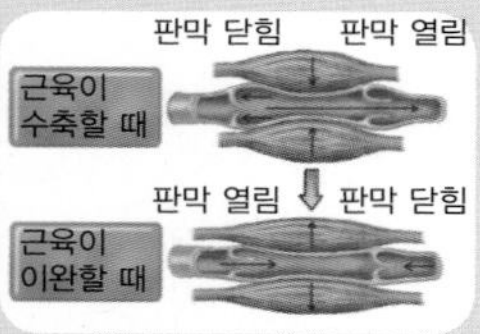

정맥이 심장보다 아래에 위치할 때 중력을 이기고 올라가야 한다. 이때 정맥혈을 심장으로 다시 돌아가게 하는 힘은 근육의 수축과 이완에 의한 압력 변화이다.

3. 혈관

(1) 혈관의 종류와 특징

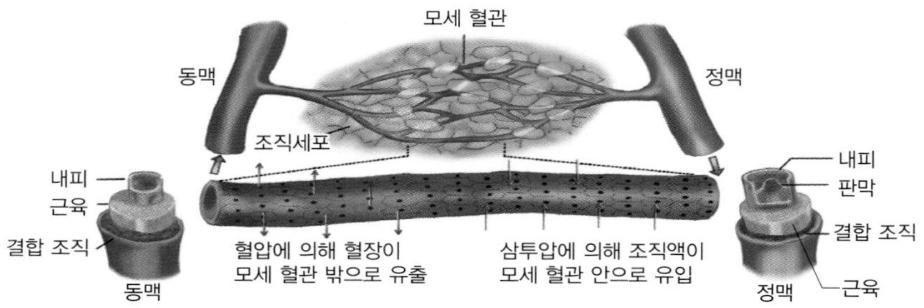

동맥	모세 혈관	정맥
· 심장(심실)에서 나오는 혈액이 흐르는 혈관이다. · 혈압이 높다. · 혈관벽이 두껍고, 탄력성이 강하다. → 심실의 수축에 의한 높은 혈압을 견딜 수 있다. · 몸속 깊숙히 분포한다. · 맥박을 느낄 수 있다.	· 동맥과 정맥을 연결하는 혈관이다. · 온몸에 그물처럼 퍼져 있다. → 총 단면적이 가장 크다. · 혈관벽이 한 겹의 세포층으로 되어 있고, 혈액이 천천히 흐른다. → 혈액과 조직세포 사이에 물질교환이 일어난다.	· 심장(심방)으로 들어가는 혈액이 흐르는 혈관이다. · 동맥보다 혈관벽이 얇고 탄력성이 약하다. · 피부 가까이에 분포한다. · 혈압이 매우 낮다. → 혈액이 거꾸로 흐르는 것을 막기 위해 판막이 있다.

(2) 혈관의 특징 비교

혈압	대동맥 〉 동맥 〉 모세 혈관 〉 정맥 〉 대정맥
혈관벽의 두께	동맥 〉 정맥 〉 모세 혈관
혈류 속도	동맥 〉 정맥 〉 모세 혈관
총 단면적	모세 혈관 〉 정맥 〉 동맥

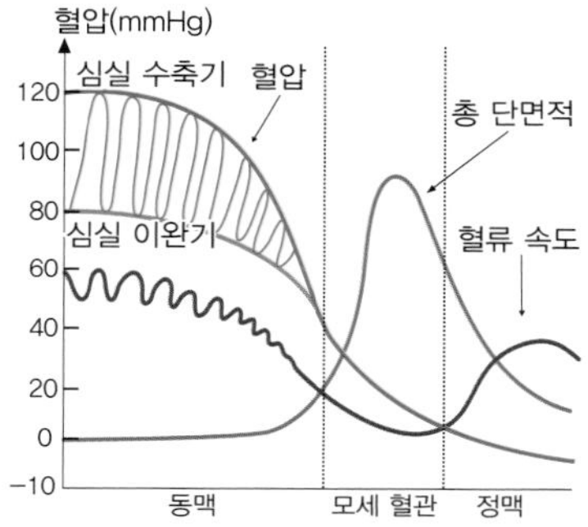

개념확인 3 빈칸에 들어갈 알맞은 말을 쓰시오.

심장에서 나오는 혈액이 흐르는 혈관을 ㉠(　　　　) 이라고 한다. 혈압이 높고 탄력성이 강하여 ㉡(　　　　)을 느낄 수 있다.

확인+3 다음 설명에 해당하는 혈관의 이름을 쓰시오.

· 혈류 속도가 가장 작다.
· 동맥과 정맥을 연결하는 연결하는 혈관이다.
· 물질교환이 이루어지는 장소이다.

(　　　　　　　　)

미니사전

단면적 [斷 끊다 面 낯 積 쌓다] 물체를 하나의 평면으로 자른 면의 넓이

역류 [逆 거스르다 流 흐르다] 물이 거슬러 흐름. 또는 그렇게 흐르는 물

4. 순환

(1) **혈액 순환** : 심장에서 나온 혈액이 동맥, 모세 혈관, 정맥을 거쳐 다시 심장으로 돌아가는 과정이다.

(2) **혈액 순환의 종류** : 온몸을 순환하는 온몸 순환과 폐를 순환하는 폐순환으로 나뉜다.

온몸 순환	혈액이 온몸을 지나며 조직세포에 산소와 영양소를 공급해 주고, 조직세포에서 생긴 노폐물과 이산화 탄소를 받아오는 순환 (동맥혈에서 정맥혈로 바뀐다.)
폐순환	혈액이 폐를 지나며 폐에서 이산화 탄소를 내보내고 산소를 받아오는 순환 (정맥혈에서 동맥혈로 바뀐다.)

(3) **동맥혈과 정맥혈**

구분		정맥혈	동맥혈
의미		산소가 적게 포함된 혈액	산소가 많이 포함된 혈액
색깔		암적색	선홍색
흐르는 곳	혈관	대정맥, 폐동맥	대동맥, 폐정맥
	심장	우심방, 우심실	좌심방, 좌심실

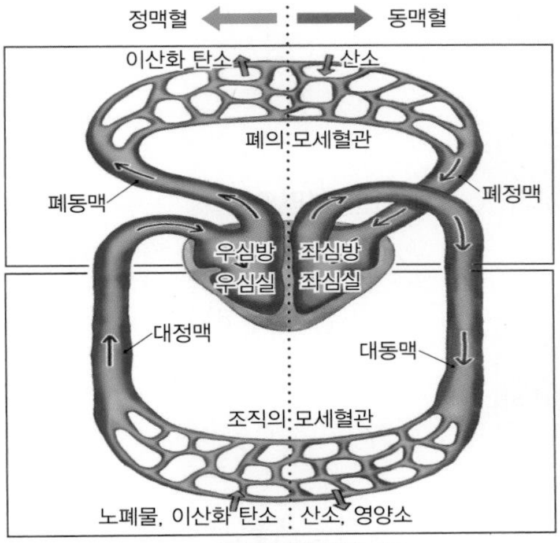

▲ 사람의 혈액 순환 경로

폐순환

우심실 → 폐동맥 → 폐의 모세혈관 → 폐정맥 → 좌심방

온몸 순환

좌심실 → 대동맥 → 온몸(조직)의 모세혈관 → 대정맥 → 우심방

● 폐순환 과정

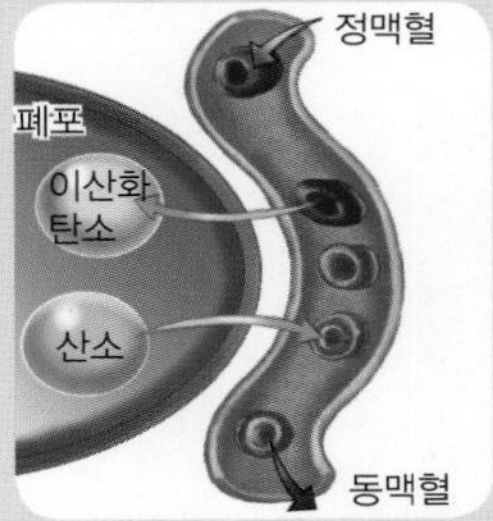

산소가 부족한 정맥혈이 폐동맥을 통하여 폐의 모세혈관으로 들어온다. 그리고 폐에서 기체교환을 하게 되어 산소가 풍부한 동맥혈이 되어서 나간다.

● 온몸 순환 과정

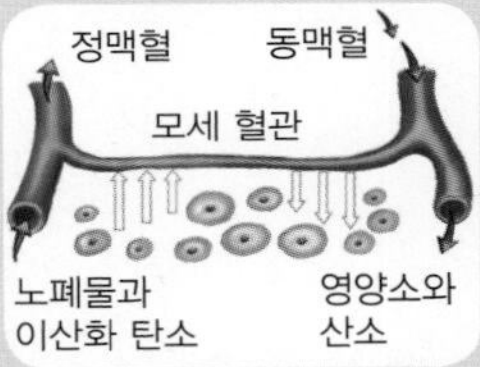

산소가 풍부한 동맥혈이 대동맥을 통하여 온몸(조직)의 모세혈관으로 들어온다. 그리고 영양소와 산소를 조직세포에 공급해주고 산소가 부족한 정맥혈이 되어서 정맥을 통하여 나간다.

정답 및 해설 34쪽

개념확인 4 **폐순환이 일어나는 경로를 나타낸 것이다. 빈칸에 알맞은 말을 쓰시오.**

우심방 → ㉠(　　　) → 폐의 모세 혈관 → ㉡(　　　) → 좌심방

확인 + 4 **정맥혈이 흐르는 혈관만을 〈보기〉에서 있는 대로 골라 기호로 쓰시오**

〈 보기 〉

ㄱ. 대동맥　　ㄴ. 대정맥　　ㄷ. 폐동맥　　ㄹ. 폐정맥

(　　　　　　)

● 생각해보기★

동맥에 흐르는 혈액이 동맥혈일까?

미니사전

조직 [組 짜다 織 짜다] 동일한 기능과 구조를 가진 세포의 집단

개념 다지기

01 혈액의 구성을 나타낸 것이다. A에 대한 설명으로 옳지 않은 것은?

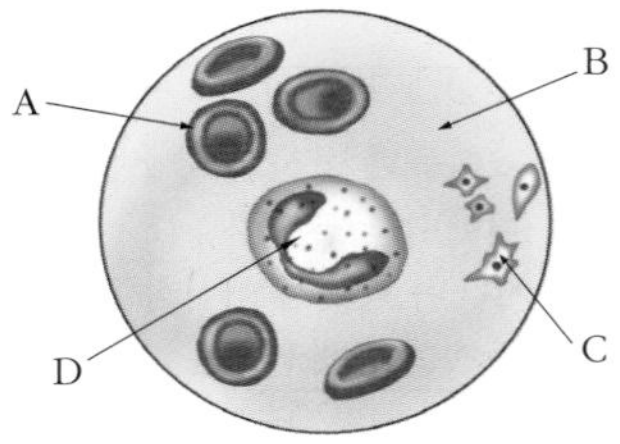

① 산소 운반 작용을 한다.
② 혈구 중 수가 가장 많다.
③ 헤모글로빈이 들어 있다.
④ 혈액의 색을 붉게 보이게 한다.
⑤ 김사액으로 염색하면 핵이 보라색으로 변한다.

02 채취한 혈액을 원심 분리시킨 것이다. A, B에 대한 설명으로 옳은 것을 모두 고르시오.(2개)

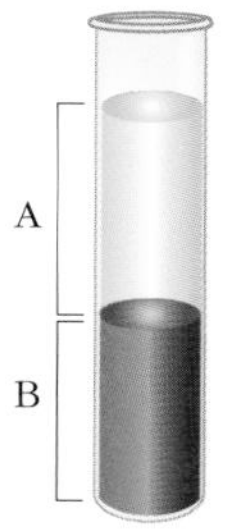

① A는 혈구이고, B는 혈장이다.
② A는 세포 성분이고, B는 액체 성분이다.
③ A는 영양소와 노폐물을 운반한다.
④ A 부분에는 적혈구가 포함되어 있다.
⑤ B 부분에는 식균 작용, 혈액 응고 작용 등을 담당하는 세포들이 들어 있다.

03 사람의 심장에 대한 설명으로 옳은 것만을 〈보기〉에서 있는 대로 고른 것은?

〈 보기 〉
ㄱ. 온몸으로 혈액을 순환시킨다.
ㄴ. 2개의 심방과 2개의 심실로 구성된다.
ㄷ. 심방의 벽이 심실의 벽보다 두껍다.

① ㄱ　② ㄴ　③ ㄱ, ㄴ
④ ㄴ, ㄷ　⑤ ㄱ, ㄴ, ㄷ

정답 및 해설 34쪽

04 심장 박동과 맥박에 대한 설명으로 옳은 것만을 〈보기〉에서 있는 대로 고른 것은?

〈 보기 〉

ㄱ. 운동을 하면 심장 박동이 느려진다.
ㄴ. 맥박은 심실의 수축과 이완에 의해 생긴다.
ㄷ. 맥박 수는 심장 박동의 수와 거의 같다.

① ㄱ ② ㄴ ③ ㄷ
④ ㄱ, ㄴ ⑤ ㄴ, ㄷ

05 산소가 풍부한 동맥혈이 흐르는 곳끼리 옳게 짝지은 것은?

① 좌심방, 좌심실, 대동맥, 대정맥
② 좌심방, 좌심실, 폐정맥, 대동맥
③ 좌심방, 우심방, 대동맥, 폐동맥
④ 우심방, 우심실, 폐동맥, 대정맥
⑤ 우심방, 우심실, 폐정맥, 대동맥

06 사람의 혈관에 대한 설명으로 옳은 것은?

① 혈액은 동맥 → 정맥 → 모세 혈관으로 흐른다.
② 동맥은 혈관벽이 얇고 몸속 깊은 곳에 분포한다.
③ 정맥은 심장에서 나가는 혈액이 흐르는 혈관이다.
④ 정맥은 판막이 있어 혈액이 거꾸로 흐르는 것을 막는다.
⑤ 모세 혈관은 혈관벽이 여러 겹의 세포층으로 되어있어 조직세포와의 물질 교환이 일어나기에 알맞다.

유형 익히기 & 하브루타

[유형10-1] 혈액

혈액의 구성 성분을 나타낸 것이다. A ~ D에 대한 설명으로 옳지 않은 것은?

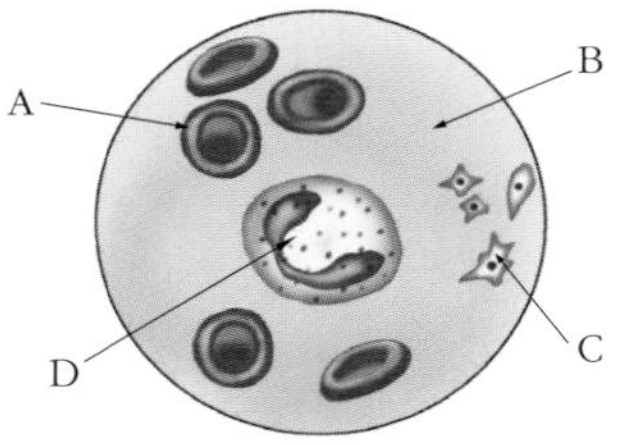

① A는 적혈구이다.
② B는 혈장이며 운반의 기능을 한다.
③ C는 항체이며 혈액 응고의 기능을 한다.
④ 위에 그림은 원심 분리하기 전을 표현한 것이다.
⑤ D는 백혈구이며 이것이 문제가 생기면 백혈병이 된다.

Tip!

01 혈액의 기능에 대한 설명으로 옳지 않은 것은?

① 추울 때 많은 열을 생산한다.
② 몸에 침입한 세균을 제거한다.
③ 폐로 들어온 산소를 온몸으로 운반한다.
④ 세포에서 생성된 이산화 탄소를 폐로 운반한다.
⑤ 소장에서 흡수한 영양소를 온몸의 조직 세포로 운반한다.

02 헤모글로빈에 대한 설명 중 옳은 것만을 〈보기〉에서 있는 대로 고른 것은?

〈 보기 〉

ㄱ. 백혈구 안에 들어있다.
ㄴ. 철이 포함되어 있다.
ㄷ. 붉은색의 색소이다.

① ㄱ ② ㄴ ③ ㄱ, ㄴ ④ ㄱ, ㄷ ⑤ ㄴ, ㄷ

정답 및 해설 34쪽

[유형10-2] 심장

다음 그림은 심장 박동의 과정을 차례대로 나타낸 것이다. 이에 대한 설명으로 옳지 않은 것을 고르시오.

(가)	(나)	(다)
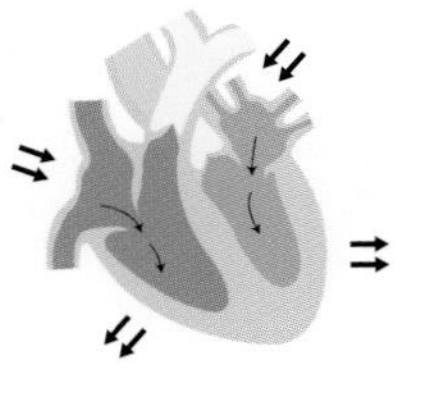	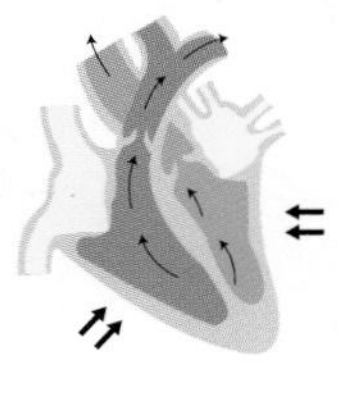	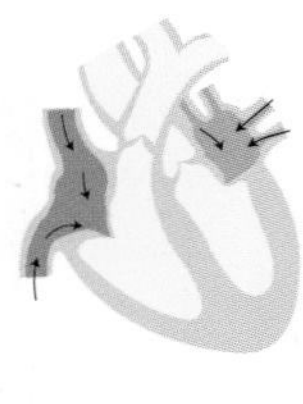

① (가)는 확장기를 나타낸 것이다.
② (나)에서 혈액은 대동맥과 폐동맥을 통하여 나간다.
③ (다)에서 심방과 심실은 모두 수축한다.
④ 심장 박동은 혈액 순환의 원동력이다.
⑤ 심장 박동은 규칙적이다.

03 심장 박동에 대한 설명으로 옳지 않은 것은?

① 심장은 스스로 박동을 일으킨다.
② 심장의 규칙적인 수축과 이완 운동이다.
③ 심방과 심실은 동시에 수축하지 않는다.
④ 심방이 수축하면 혈액이 심장에서 나간다.
⑤ 운동을 하거나 흥분했을 때는 심장 박동이 빨라진다.

04 맥박에 대한 설명으로 옳지 않은 것은?

① 맥박은 정맥에서 측정된다.
② 맥박 수는 심장 박동 수와 같다.
③ 운동을 하게 되면 맥박 수가 증가한다.
④ 맥박은 목이나 손목 부근에서 잘 느껴진다.
⑤ 심장의 좌심실이 규칙적으로 수축하여 생긴다.

Tip!

유형 익히기 & 하브루타

[유형10-3] 혈액

여러 가지 혈관을 나타낸 것이다. A ~ D에 대한 설명으로 옳지 않은 것은?

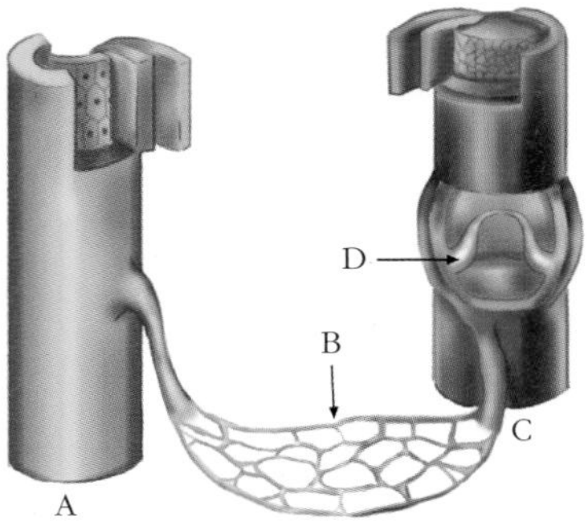

① A는 동맥이다.
② B는 정맥이며 판막이 있다.
③ C는 혈압이 가장 낮은 혈관이다.
④ D는 혈액이 한 방향으로 흐르도록 돕는다.
⑤ 혈관들은 서로 연결되어 있으며 각각의 기능에 맞는 구조를 갖고있다.

Tip!

05 동맥이 다른 혈관에 비하여 탄력성이 크고 두꺼운 근육층으로 되어 있는 이유는 무엇인가?

① 혈액의 역류를 방지하기 위하여
② 많은 양의 산소를 포함하기 위하여
③ 심실 수축에 의한 높은 혈압을 견디기 위하여
④ 물질 교환이 효율적으로 일어나도록 하기 위하여
⑤ 수축과 이완을 반복하여 혈액을 심장으로 보내기 위하여

06 동맥과 정맥을 비교한 것으로 옳은 것은?

	구분	동맥	정맥
①	판막	있다	없다
②	혈압	높다	낮다
③	혈관 벽	얇다	두껍다
④	탄력성	작다	크다
⑤	분포	피부 근처	몸속 깊숙히

정답 및 해설 35쪽

[유형10-4] 순환

순환계를 나타낸 것이다. A ~ D 와 (가) ~ (라)에 대한 설명으로 옳지 않은 것은?

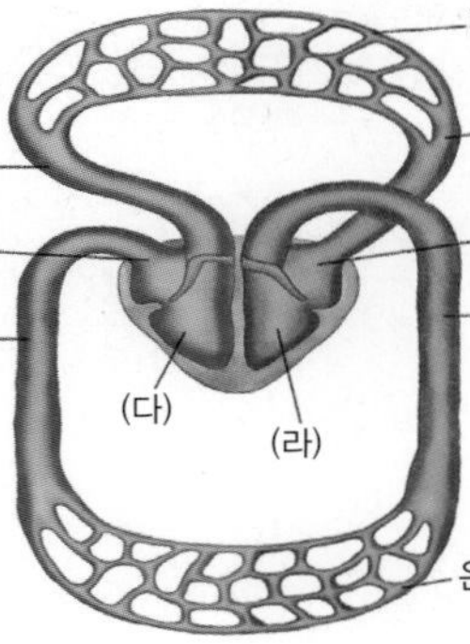

① (라)에서 온몸 순환이 시작된다.
② (다)로 들어온 혈액이 B를 통하여 폐로 간다.
③ C에 흐르는 혈액은 동맥혈이다.
④ 온몸 순환과 폐순환은 서로 연결되어 있다.
⑤ A에 흐르는 혈액은 산소가 풍부한 혈액으로 조직에 영양소를 공급한다.

07 동맥혈에 대한 설명으로 옳은 것만을 〈보기〉에서 있는 대로 고른 것은?

〈 보기 〉
ㄱ. 대동맥에 흐르는 혈액은 동맥혈이다.
ㄴ. 산소와 영양소가 풍부하다.
ㄷ. 동맥을 통해서만 흐른다.

① ㄱ ② ㄴ ③ ㄱ, ㄴ ④ ㄴ, ㄷ ⑤ ㄱ, ㄴ, ㄷ

08 다음 중 정맥혈이 흐르는 곳을 고르시오.

① 대동맥 ② 대정맥 ③ 폐정맥
④ 좌심실 ⑤ 좌심방

Tip!

창의력 & 토론마당

01

혈액의 모식도를 나타낸 것이고, 표는 3명의 학생들의 혈액을 체취하여 혈액 $1mm^3$당 혈구 수를 조사한 것이다.

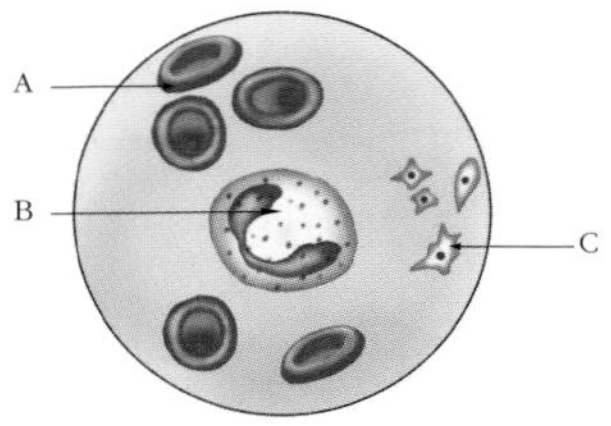

구분	정상인	무한	상상	알탐
A	450 ~ 500만	700만	450만	500만
B	7000 ~ 8000	7000	20000	7500
C	25만 ~ 30만	25만	30만	10만

(1) 다음에 알맞은 기관을 혈액의 모식도에서 골라 기호와 이름을 쓰시오.

내용	기호
아메바 운동을 하며, 식균작용을 한다.	㉠ (　　　　　　　　)
산소 운반을 하는 헤모글로빈이 있다.	㉡ (　　　　　　　　)
혈액 응고 작용의 역할을 한다.	㉢ (　　　　　　　　)

(2) 위의 자료를 보고 무한이와 상상이, 알탐이의 몸상태나 생활 환경에 대하여 서술하시오.

정답 및 해설 35쪽

02 다른 혈관과 모세혈관의 혈류 속도를 비교하여 설명하기 위한 모형이다.

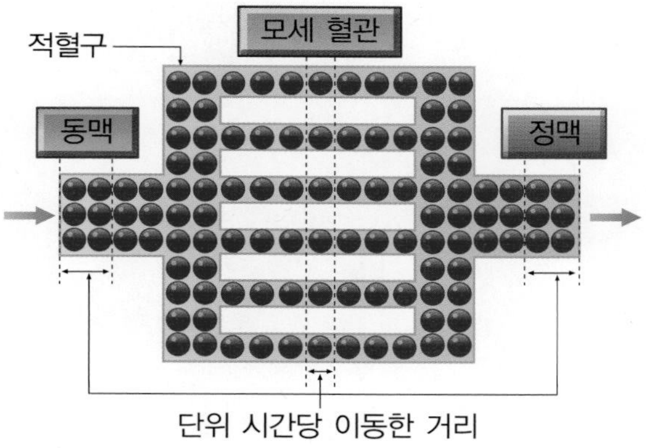

(1) 위 모형에서 잘못된 부분을 찾고, 그 이유를 쓰시오.

(2) 위의 자료를 바탕으로 동맥, 모세혈관, 정맥의 특징을 각각 3가지 이상 쓰시오.

03

그림 (가)와 (나)는 두 가지의 심장 구조를 나타낸 것이다.

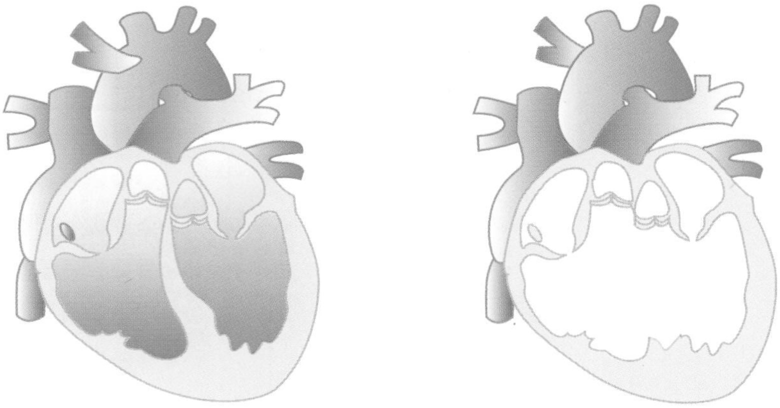

(가) (나)

(1) 사람의 심장이 (나)의 같다면 혈액 순환과정에서 어떤 현상이 나타나겠는지 아래 용어를 이용하여 설명하시오.

동맥혈 정맥혈

(2) 심장이 (가)와 같은 구조로 되어 있는 것은 (나)에 비해 어떤 점에서 유리한지 서술하시오.

정답 및 해설 35쪽

04 그림 (가)는 각 혈관에서 혈압과 혈류 속도, 혈관의 총 단면적을 나타낸 것이고, 그림 (나)는 정맥의 혈액이 흐르는 모습을 나타낸 것이다.

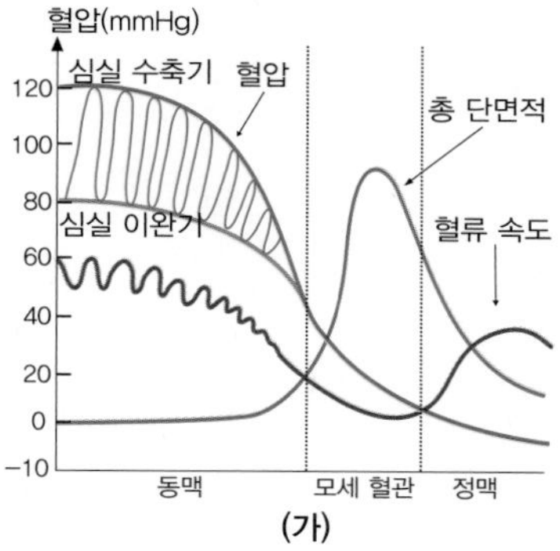

(가)

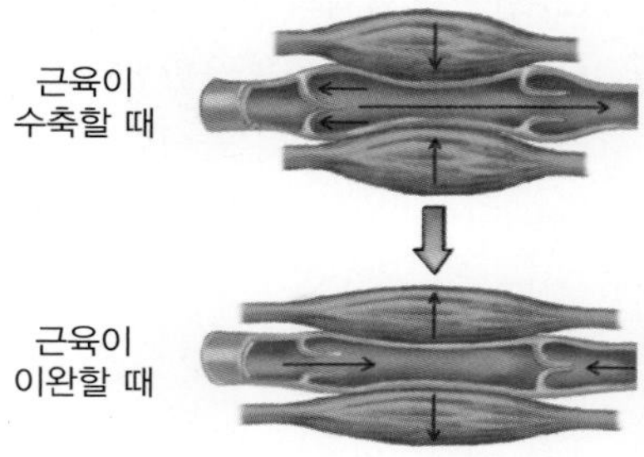

(나)

그림 (가)에서 정맥의 혈압이 0 이하로 떨어지는 것을 알 수 있는데, 그럼에도 정맥의 혈액이 심장으로 돌아올 수 있는 이유를 서술해 보자.

A

01 혈액에 대한 설명으로 옳은 것은 ○표, 옳지 않은 것은 ×표 하시오.

(1) 혈장은 혈액의 액체 성분이다. ( )
(2) 혈구는 혈액의 고체 성분이다. ( )
(3) 혈구는 노폐물을 운반한다. ( )
(4) 혈장의 주성분은 물이다. ( )

02 혈액에 대한 설명이다. 〈보기〉를 보고 옳은 것만을 있는 대로 골라 기호로 답하시오.

〈 보기 〉
ㄱ. 적혈구는 가운데가 오목하다.
ㄴ. 백혈구는 핵이 있다.
ㄷ. 혈소판은 혈액 응고에 관여한다.

( )

03 괄호 안에 알맞은 말을 써 넣으시오.

( )은 적혈구에 들어있는 색소 성분으로 산소와 결합하며 이것 때문에 적혈구가 붉은 색으로 보이게 된다.

04 심장에 대한 설명으로 옳은 것은 ○표, 옳지 않은 것은 ×표 하시오.

(1) 심장은 각각 2개의 심방과 심실이 있다. ( )
(2) 심장에는 판막이 존재하지 않는다. ( )
(3) 좌심실에는 대동맥이 연결되어 있다. ( )
(4) 심장 박동은 혈액 순환의 원동력이다. ( )

05 아래 그림처럼 혈액을 한 방향으로 흐르게 하는 것을 돕는 구조물의 이름을 쓰시오.

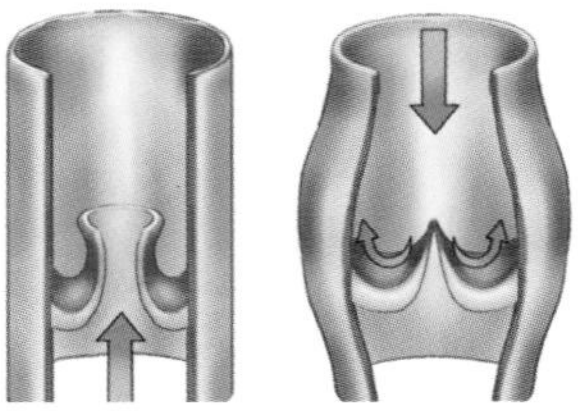

06 심장 박동의 주기를 나타낸 것이다. 빈칸에 알맞은 주기의 이름을 쓰시오.

확장기 → (㉠) → 휴지기

㉠ : ( )

정답 및 해설 36쪽

07 다음에서 설명하는 심장의 부분의 명칭을 쓰시오.

· 대동맥과 연결되어 있다.
· 심장에서 가장 두꺼운 벽을 갖고 있다.
· 온몸 순환이 시작되는 장소이다.
· 심장의 왼쪽 부분에 있다.

( )

08 괄호 안에 알맞은 말을 써 넣으시오.

심장은 각각 2개의 심방과 심실로 이루어져 있다. 우심방은 ㉠( )을 통하여 온몸을 돌고 온 혈액을 받아들인다. 그리고 우심실은 ㉡( )을 통하여 정맥혈을 폐로 보낸다.

㉠ : ( ) ㉡ : ( )

09 혈관에 대한 설명으로 옳은 것은 ○표, 옳지 않은 것은 ×표 하시오.

(1) 정맥은 판막이 있다. ( )
(2) 모세혈관에서 물질 교환이 일어난다. ( )
(3) 정맥은 탄력성이 가장 세다. ( )
(4) 동맥은 가장 두꺼운 벽을 갖고 있다. ( )

10 모세 혈관에 대한 설명이다. 〈보기〉를 보고 옳은 것만을 있는 대로 골라 기호로 답하시오.

〈 보기 〉
ㄱ. 총 단면적이 가장 크다.
ㄴ. 혈류 속도가 가장 느리다.
ㄷ. 혈관벽의 두께가 가장 두껍다.

( )

B

11 설명에 해당하는 혈관의 이름을 쓰시오.

· 판막이 중간에 있다.
· 심장으로 들어가는 혈액이 흐른다.
· 피부 가까이에 분포한다.

( )

12 괄호 안에 알맞은 말을 써 넣으시오.

종류	기능
㉠ ( )	우심방과 우심실 사이의 판막
㉡ ( )	좌심방과 좌심실 사이의 판막
㉢ ( )	우심실과 폐동맥 사이의 판막

13 혈액의 순환에 대한 설명으로 옳은 것은 O표, 옳지 않은 것은 ×표 하시오.

(1) 혈액은 동맥과 모세혈관 정맥을 거친다. ( )

(2) 정맥혈은 산소가 적게 포함된 혈액이며 색은 암적색이다. ( )

(3) 폐순환은 좌심실과 대동맥을 거쳐 온몸으로 가는 혈액의 순환이다. ( )

[14~15] 우리 몸 속의 혈관을 나타낸 것이다.

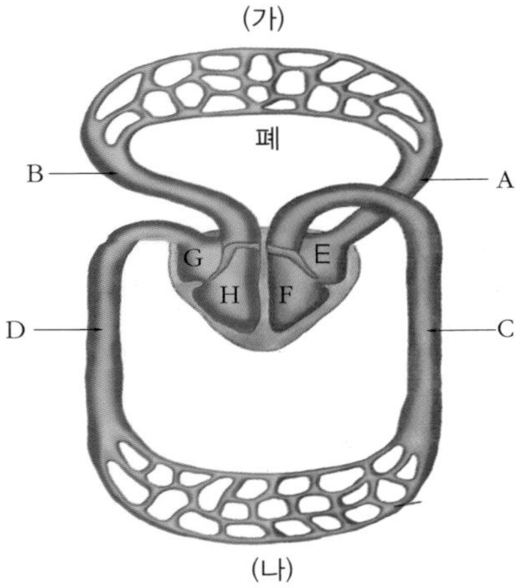

14 온몸 순환의 경로를 바르게 나열한 것은?

① A → E → F → C → (나)
② E → A → (가) → B → H
③ F → C → (나) → D → G
④ G → D → (나) → C → F
⑤ H → B → (가) → A → E

15 혈관 B의 특징으로 옳은 것은?

① 혈압이 매우 낮다.
② 혈관 벽이 매우 얇다.
③ 심방과 연결되어 있다.
④ 산소가 많이 포함된 동맥혈이 흐른다.
⑤ 산소가 적게 포함된 정맥혈이 흐른다.

[16~17] 사람 혈액의 구성 성분을 나타낸 것이다.

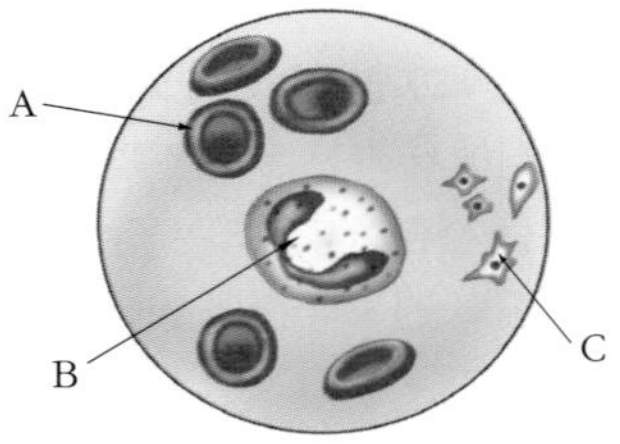

16 A ~ C 에 대한 설명으로 옳은 것만을 〈보기〉에서 있는 대로 고른 것은?

〈 보기 〉

ㄱ. A는 핵이 있는 원반 모양의 세포이다.
ㄴ. B는 몸에 침입한 세균을 잡아먹는다.
ㄷ. C는 상처가 났을 때 혈액을 응고시킨다.

① ㄱ ② ㄴ ③ ㄷ
④ ㄱ, ㄷ ⑤ ㄴ, ㄷ

17 혈구의 99%는 A가 차지한다. A의 수가 정상인에 비해 부족할 경우 나타날 수 있는 현상으로 옳은 것은?

① 노폐물이 몸에 쌓여 통증을 유발한다.
② 혈관이 막히기 쉬워 통증을 유발한다.
③ 상처가 났을 때 출혈이 멈추지 않는다.
④ 상처가 난 부위에 염증이 생기기 쉽다.
⑤ 산소 운반이 원활하지 않아 빈혈이 생긴다.

18 적혈구 속에 들어 있는 색소 단백질로 혈액을 붉게 보이게 하는 원인 물질은 무엇인가?

① 혈장 ② 혈소판
③ 글로블린 ④ 미오글로빈
⑤ 헤모글로빈

정답 및 해설 36쪽

[19~21] 사람의 심장 구조를 나타낸 것이다.

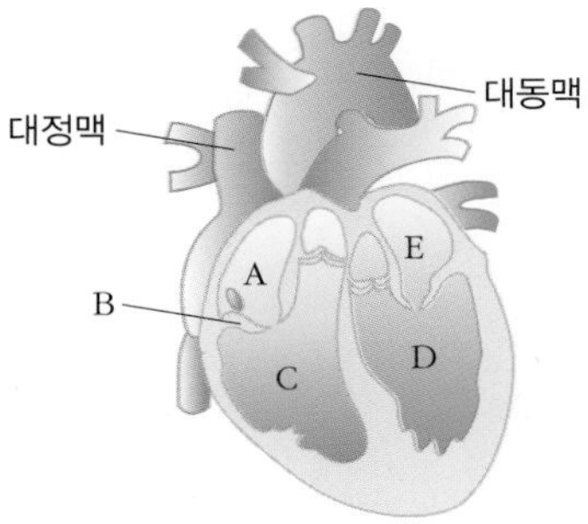

19 폐를 거친 혈액이 들어오는 곳의 기호와 이름을 쓰시오.

20 다음 설명에 해당하는 부분의 기호 (가)와 이 부분과 연결된 혈관의 이름 (나)를 바르게 짝지은 것은?

- 수축하는 힘이 가장 강하다.
- 온몸으로 혈액을 내보낸다.
- 심장 벽의 근육이 가장 두껍다.

	(가)	(나)
①	A	대정맥
②	C	폐동맥
③	C	대동맥
④	D	대동맥
⑤	E	폐정맥

C

21 B에 대한 설명으로 옳은 것은?

① 혈압을 조절한다.
② 혈액의 양을 조절한다.
③ 혈액이 흐르는 속도를 조절한다.
④ 혈액이 거꾸로 흐르는 것을 막아준다.
⑤ 심방과 심방 사이, 심실과 심실 사이에 존재한다.

22 사람의 심장 구조를 나타낸 것이다. 심장에 있던 혈액이 나갈 때 심장 내의 변화로 옳은 것은?

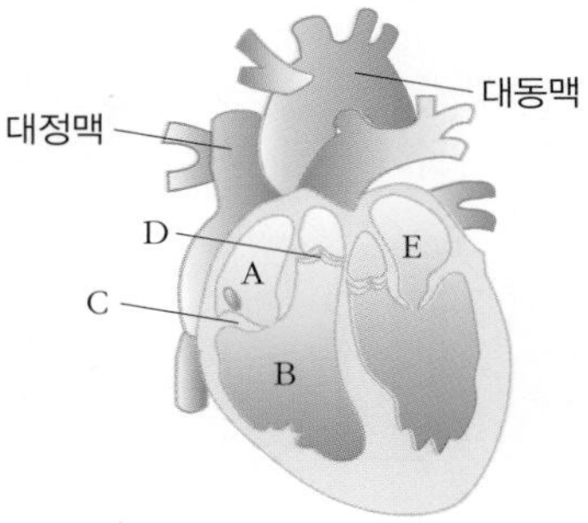

① A가 수축한다. ② B가 수축한다.
③ C가 열린다. ④ D가 닫힌다.
⑤ A와 B가 모두 이완된다.

23 다음 설명에 해당하는 혈관을 고르시오.

- 총 단면적이 가장 크다.
- 물질 교환이 일어난다.
- 혈관 벽의 두께가 가장 얇다.

① 정맥 ② 동맥
③ 대동맥 ④ 대정맥
⑤ 모세 혈관

24 동맥에 대한 설명 중 옳은 것을 〈보기〉에서 모두 고르시오.

〈 보기 〉
ㄱ. 탄력성이 좋다.
ㄴ. 피부 표면에 있다.
ㄷ. 심장으로 들어가는 혈액이 흐르는 혈관이다.

① ㄱ ② ㄴ ③ ㄱ, ㄴ
④ ㄴ, ㄷ ⑤ ㄱ, ㄴ, ㄷ

25 우리 몸 속의 혈관을 나타낸 것이다. 각 혈관에 대한 설명으로 옳은 것은?

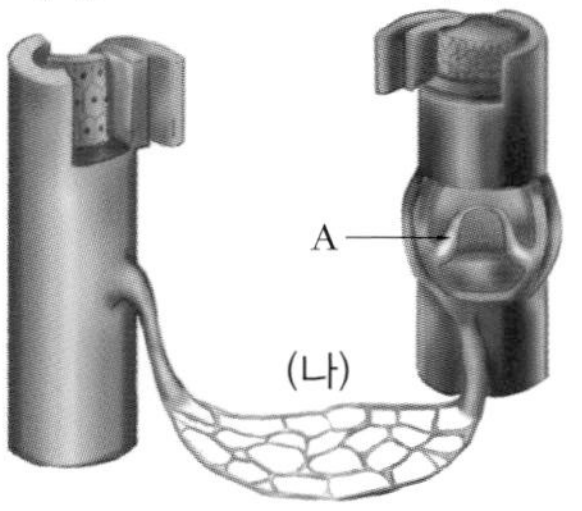

① (가)는 혈관 벽이 가장 두껍다.
② (가)는 심장의 심실과 연결되어 있다.
③ A는 혈액이 흐르는 속도를 조절한다.
④ (나)와 주변의 조직 세포 사이에서 물질 교환이 일어난다.
⑤ (다)는 심장으로 들어오는 혈액이 흐르는 혈관이다.

[26~27] 사람의 심장 구조를 나타낸 것이다.

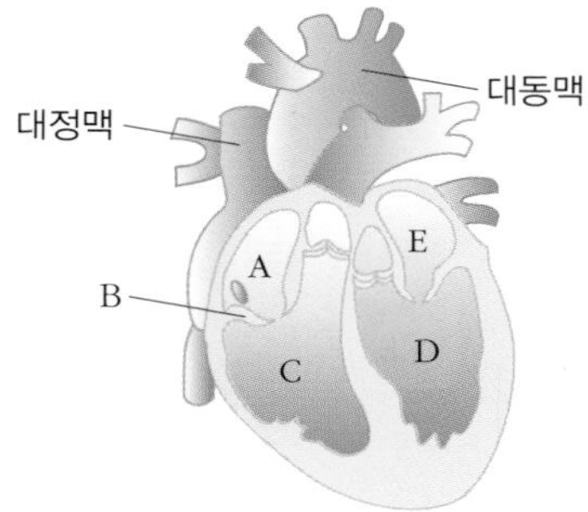

26 판막을 찾아 기호를 쓰고, 기능에 대하여 서술하시오.

27 그림의 구조물 중 가장 두꺼운 벽을 갖고 있는 것을 찾아 기호와 이름을 쓰고, 그 이유에 대하여 서술하시오.

[28~29] 사람 순환계의 일부를 나타낸것이다.

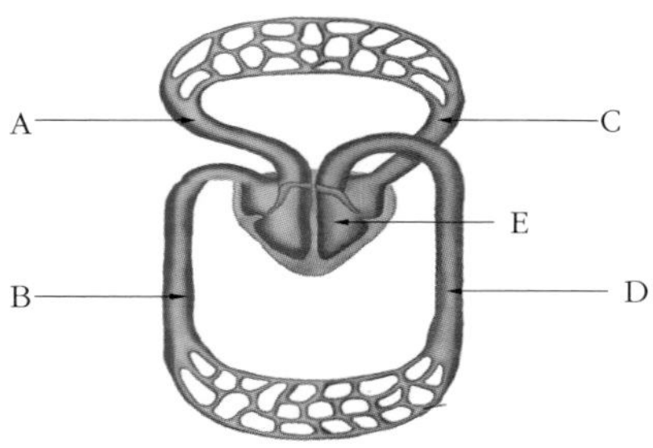

28 다음 중 폐순환에 관여하는 곳의 기호를 모두 쓰고, 폐순환의 경로에 대하여 서술하시오.

29 다음 중 온몸 순환에 관여하는 곳의 기호를 모두 쓰고, 온몸 순환의 경로에 대하여 서술하시오.

정답 및 해설 37쪽

30 동맥혈과 정맥혈이 흐르는 혈관에는 각각 어떤 것이 있는 지 예를 들고, 둘의 차이점에 대하여 서술하시오.

창의력 서술

[31~32] 〈보기〉를 읽고 물음에 답하시오.

〈 보기 〉

모세혈관의 혈장은 혈압과 혈장 삼투압의 차이에 의해 이동한다. 모세혈관의 혈압이 크면 모세혈관 내 혈장 성분이 조직 사이로 퍼져 나가고, 혈장 삼투압이 혈압에 비해 크면 조직 세포 사이로 퍼져 나간 액체(조직액)가 모세혈관 안으로 스며들어온다.

31 다리에 근육이 없는 사람은 다리가 잘 붓는다고 한다. 이때 근육의 역할은 무엇인가?

32 다리 붓는 것을 방지할 수 있는 방법에는 무엇이 있는가?

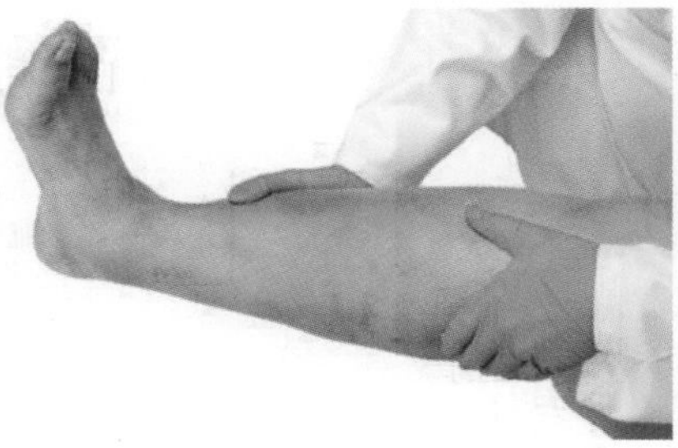

11강. 호흡

1. 호흡 기관

(1) **호흡** : 숨쉬기를 통하여 몸속으로 들어온 산소를 이용해, 세포에서 영양소를 분해하여 생명 활동에 필요한 에너지를 얻는 과정

(2) **호흡 기관** : 산소를 받아들이고 이산화 탄소를 내보내는 기능을 하는 기관

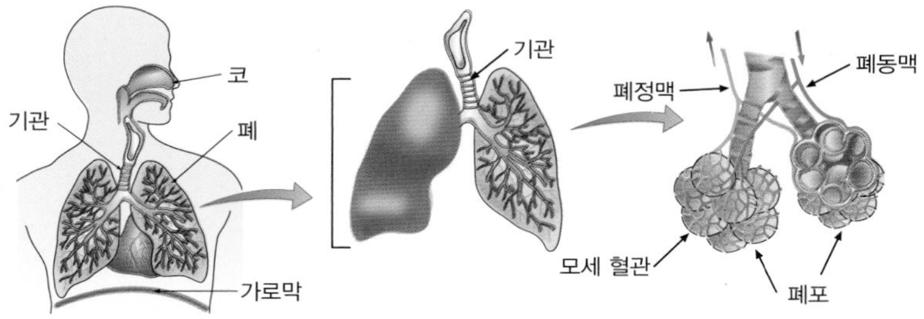

코		· 외부에서 공기가 들어오는 통로이다. · 공기가 콧속을 지나며 따듯하게 데워지고 습한 상태로 된다. · 콧속의 털과 점액이 먼지와 세균을 제거한다.
기관		· 목구멍에서 폐까지 이어진 공기 통로이다. · 안쪽 벽의 섬모와 점액이 먼지와 세균을 제거한다.
기관지		· 기관에서 나누어져 좌우의 폐로 들어간다. · 폐 속에서 더 잘게 나누어져 폐포와 연결된다.
폐		· 좌 우 한 개씩 있고 수 많은 폐포로 구성되어 있다. · 갈비뼈와 가로막으로 둘러싸인 흉강이 들어 있다.
	폐포	· 폐를 구성하는 작은 공기 주머니이다. · 한 겹의 세포층으로 되어 있고, 그 곁을 모세혈관이 둘러싸고 있다. 폐포에서 산소와 이산화 탄소의 교환이 일어난다. · 공기와 접촉하는 표면적을 넓혀 주어 기체 교환이 효율적으로 일어날 수 있게 한다.
공기의 이동경로		· 코 → 기관 → 기관지 → 폐포

● 기관지의 섬모

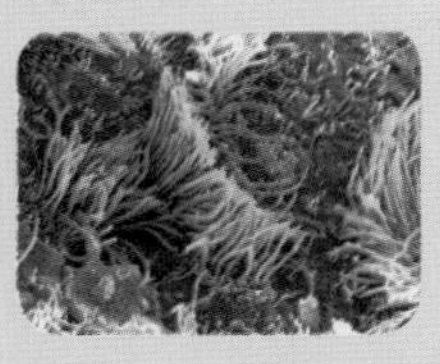

섬모는 우리 몸속으로 들어온 미세먼지를 걸러내는 역할을 한다.

● 기관지의 모양

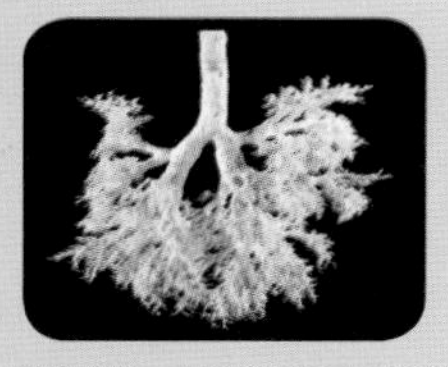

기관지는 기관에서 여러 갈래로 갈라져 나와 폐의 곳곳에 분포하게 된다.

● 폐의 단면 모습

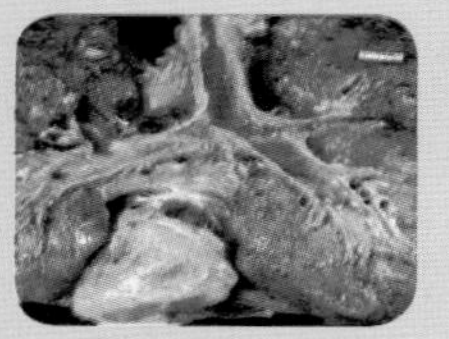

폐는 갈비뼈와 가로막으로 둘러싸여 있으며 기관과 연결되어 있다.

미니사전

섬모 [纖 가늘다 毛 털] 세포의 표면에 돋아나 있는 가는 실 모양의 구조

가로막 배와 가슴 사이를 분리하는 근육

개념확인 1 설명의 빈칸에 들어갈 알맞은 말을 쓰시오.

공기의 이동 경로는 코 → ㉠(   ) → ㉡(   ) → ㉢(   ) 이다.

확인 +1 폐포를 나타낸 것이다. A, B에 해당하는 혈관의 이름을 각각 쓰시오.

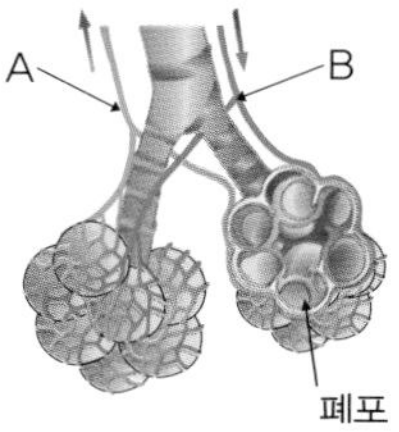

A : (   )   B : (   )

2. 호흡운동

(1) 호흡 운동의 원리 : 갈비뼈와 가로막(횡격막)의 상하 운동에 의한 흉강의 부피 변화에 따라 호흡 운동이 일어난다.

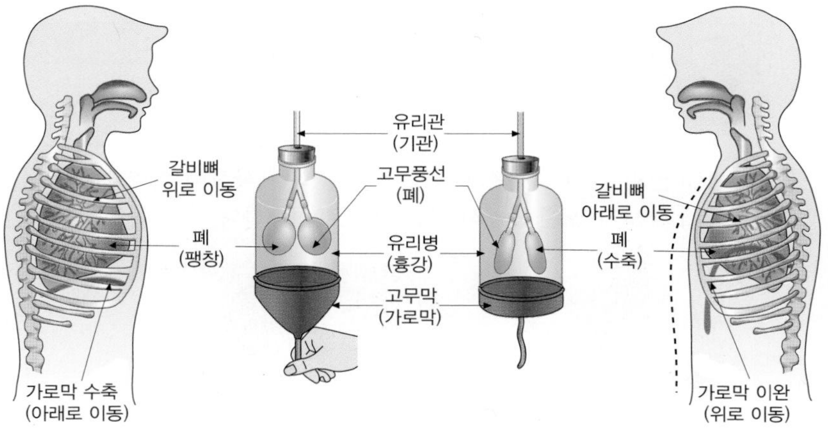

▲ 들숨의 과정 ▲ 날숨의 과정

구분	들숨	날숨
과정	① 갈비뼈가 올라가고 가로막이 내려간다. ② 흉강의 부피가 커지고 흉강의 압력이 낮아진다. ③ 폐의 부피가 커지고 폐의 내부 압력이 낮아진다. ④ 공기가 폐로 들어온다.	① 갈비뼈가 내려가고 가로막이 올라간다. ② 흉강의 부피가 작아지고 흉강의 압력이 높아진다. ③ 폐의 부피가 작아지고 폐의 내부 압력이 높아진다. ④ 공기가 폐에서 나간다.

구분	갈비뼈	가로막	흉강 부피	흉강 압력	폐 부피	폐 압력	공기 이동
들숨	위로	아래로	커진다	낮아진다	커진다	낮아진다	외부→폐
날숨	아래로	위로	작아진다	높아진다	작아진다	높아진다	폐→외부

호흡 운동 시 압력 변화

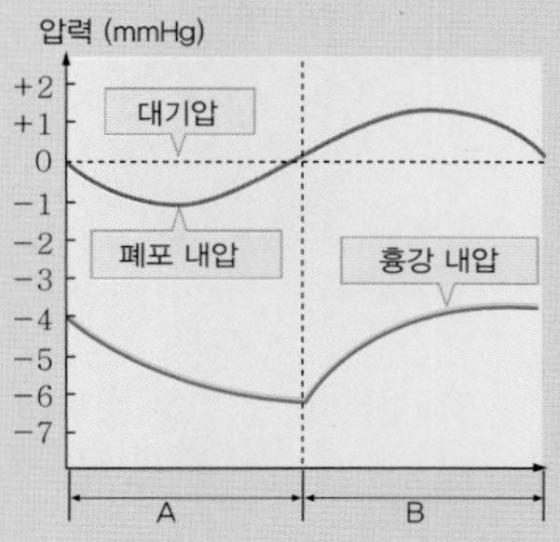

대기압이 폐포의 내압보다 큰 A 지점에서는 공기가 밖에서 안으로 이동하고(들숨) 대기압이 폐포의 내압보다 작은 B 지점에서는 공기가 안에서 밖으로 이동한다.(날숨)

정답 및 해설 37쪽

개념확인 2 **빈칸에 들어갈 알맞은 말을 쓰시오.**

호흡 운동은 ㉠(　　　　)와 가로막의 ㉡(　　　　)에 의한 흉강의 부피 변화에 따라 일어나게 된다.

생각해보기★
딸국질은 왜 일어날까?

확인 +2 **빈칸에 알맞은 말을 써 넣으시오.**

구분	갈비뼈	가로막	흉강 부피	흉강 압력	폐 부피	폐 압력	공기 이동
들숨	㉠( )	아래로	커진다	낮아진다	㉢( )	낮아진다	외부→폐
날숨	아래로	㉡( )	작아진다	높아진다	작아진다	높아진다	폐→외부

㉠ : (　　　　)　㉡ : (　　　　)　㉢ : (　　　　)

미니사전
흉강 [胸 가슴 腔 속] 가슴의 안쪽 공간
늑간근 [肋 갈빗대 間 사이 筋힘줄] 갈비뼈와 갈비뼈를 서로 연결하는 근육

3. 기체 교환

(1) **들숨과 날숨의 성분** : 날숨(내쉬는 공기)은 들숨(들이마시는 공기)에 비해 산소의 양이 적고, 이산화 탄소의 양이 많다. → 폐와 조직에서 기체 교환이 일어나기 때문이다.

구분(%)	질소	산소	이산화 탄소	수증기
들숨	78.63	20.84	0.03	0.5
날숨	74.5	15.7	3.6	6.2

(2) **기체 교환의 원리** : 기체의 농도 차이에 의한 확산에 의해 산소와 이산화 탄소가 각각 농도가 높은 곳에서 낮은 곳으로 이동한다.

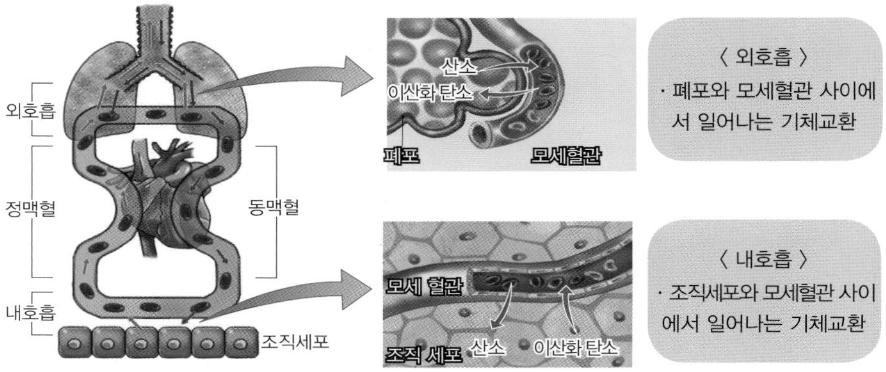

외호흡 : 폐포와 모세 혈관 사이에서 일어나는 기체 교환	내호흡 : 조직세포와 모세 혈관 사이에서 일어나는 기체 교환
산소 농도 : 폐포 〉 모세 혈관 이산화 탄소 농도 : 폐포 〈 모세 혈관 폐포 —산소→ 모세 혈관 폐포 ←이산화 탄소— 모세 혈관	산소 농도 : 모세 혈관 〉 조직세포 이산화 탄소 농도 : 모세 혈관 〈 조직세포 모세 혈관 —산소→ 조직세포 모세 혈관 ←이산화 탄소— 조직세포

개념확인 3 빈칸에 들어갈 알맞은 말을 쓰시오.

기체 교환의 원리는 기체의 농도 차이에 의한 ㉠(　　　　)에 의해 산소와 이산화 탄소가 각각 농도가 ㉡(　　　)에서 ㉢(　　　)으로 이동하는 것이다.

확인 + 3 기체 교환에 대한 설명이다. 옳은 것만을 〈보기〉에서 있는 대로 골라 기호로 답하시오.

〈 보기 〉

ㄱ. 외호흡은 폐포와 조직 세포 사이에서 일어난다.

ㄴ. 폐포가 조직 세포보다 산소의 농도가 더 높다.

ㄷ. 내호흡을 통하여 동맥혈이 정맥혈로 바뀐다.

● 폐포 모식도

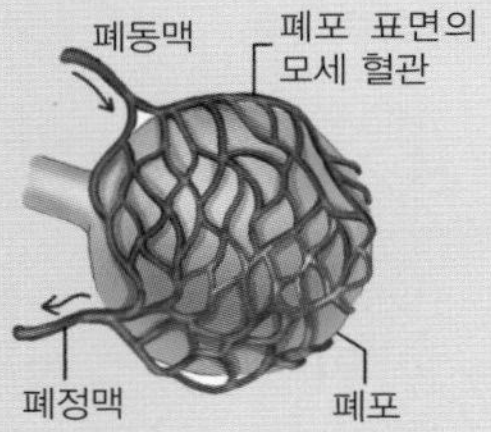

폐포는 비누 거품 모양이며, 모세 혈관을 둘러싸고 있다. 전체 표면적은 테니스 경기장의 절반에 해당될 정도로 매우 넓어 기체 교환이 매우 효율적으로 일어난다.

● 동맥혈과 정맥혈의 비교

구분	동맥혈	정맥혈
의미	산소가 많이 포함된 혈액	산소가 적게 포함된 혈액
색깔	선홍색	암적색

● 산소와 이산화 탄소의 운반

산소는 대부분 적혈구의 헤모글로빈에 의해 운반되고, 이산화 탄소의 대부분은 탄산수소 이온이나 탄산수소 나트륨의 형태로 운반된다.

● 생각해보기★★

폐포와 비슷한 원리를 갖는 우리 몸의 기관은 어떤 것이 있을까?

미니사전

확산 [擴 넓히다 散 흩어지다] 농도가 높은 곳에서 낮은 곳으로 또는 압력이 높은 곳에서 낮은 곳으로 물질이 이동하는 현상

4. 세포 호흡과 에너지

(1) **세포 호흡** : 조직세포에서 영양소가 산소와 반응하여 이산화 탄소와 물로 분해되어 에너지가 발생하는 과정

영양소 + 산소 ⟶ 물 + 이산화 탄소 + 에너지

(2) **영양소의 이용** : 영양소는 생장, 근육 운동, 소리 내기, 두뇌 활동, 체온 유지 등과 같은 생명 활동에 이용된다.

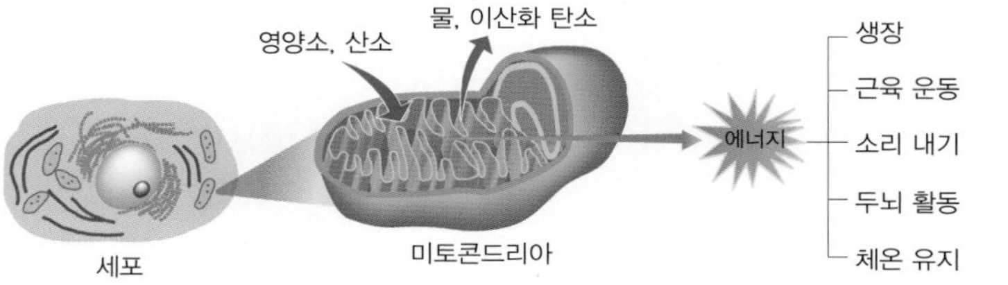

▲ 조직세포의 미토콘드리아에서 일어나는 세포 호흡

(3) **세포 호흡과 연소의 비교**

	세포호흡	연소
과정	영양소 + 산소 → 물 + 이산화 탄소 + 에너지	연료 + 산소 → 물 + 이산화 탄소 + 에너지
공통점	에너지 발생	
차이점	저온(37℃)에서 천천히 일어난다	고온(400℃ 이상)에서 빠르게 일어난다
	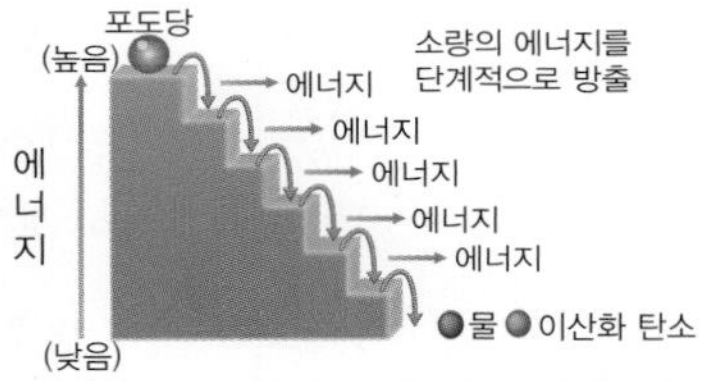	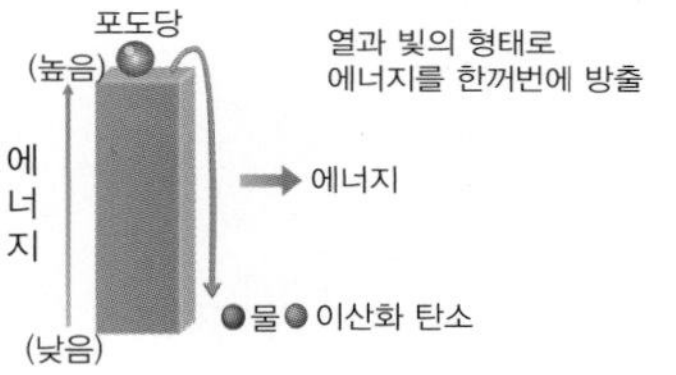

정답 및 해설 37쪽

개념확인 4 호흡의 과정을 나타낸 것이다. 빈칸에 들어갈 알맞은 말을 쓰시오.

영양소 + (   ) ⟶ 물 + 이산화 탄소 + 에너지

확인 +4 설명에 해당하는 것이 무엇인지 쓰시오.

· 연료와 산소를 이용하여 에너지를 내는 방법이다.
· 고온에서 빠르게 일어난다.
· 물과 이산화 탄소가 생성된다.

● 연소

연료가 공기 중의 산소와 결합하여 에너지와 함께 빛과 열을 내는 과정

● 자동차와 사람의 비교

자동차는 연료를 산화시켜 에너지를 얻는 반면, 사람은 세포 호흡에서 영양소(탄수화물, 단백질, 지방)를 산화시켜 에너지를 얻는다.

● 생각해보기★★★
우리 몸에서 호흡이 일어나지 않는 곳이 있을까?

미니사전
미토콘드리아 진핵 세포 속에 들어 있는 것으로 세포의 발전소와 같이 에너지를 생산하는 역할을 하는 작은 기관

개념 다지기

01 사람의 호흡 기관을 나타낸 것이다. 다음에서 설명하는 구조의 기호와 이름을 바르게 짝지은 것은?

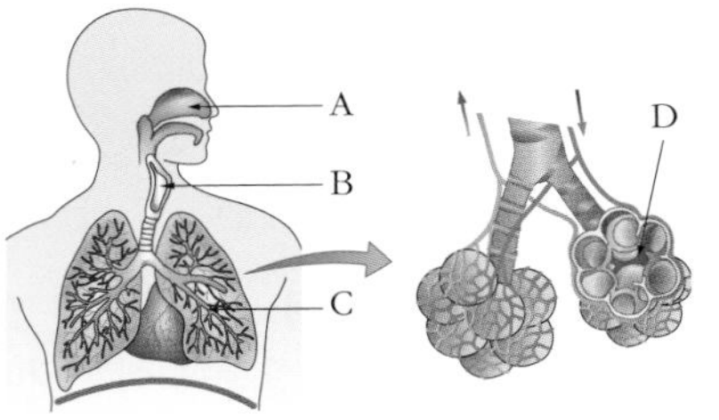

· 비누 거품 모양을 지니고 있다.
· 공기와의 표면적을 넓히는 구조이다.
· 한 겹의 세포층으로 구성되어 있다.

① A : 코　② B : 기관　③ C : 기관지
④ D : 폐포　⑤ E : 기관지

02 사람의 호흡 기관을 나타낸 것이다. 숨을 내쉴 때 A, B의 운동 및 흉강의 압력 변화를 옳게 짝지은 것은?

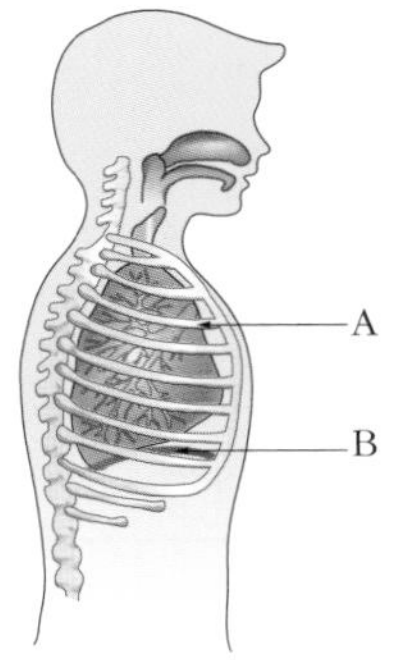

	A	B	흉강의 압력
①	위로	아래로	낮아진다
②	위로	위로	낮아진다
③	아래로	아래로	높아진다
④	아래로	위로	높아진다
⑤	변화 없다	아래로	낮아진다

03 그림과 같은 호흡 운동 모형에서 고무 막을 아래로 잡아당겼을 때 나타나는 현상과 구조에 대한 설명으로 옳은 것은?

① 날숨에 해당한다.
② 고무풍선이 오므라든다.
③ 페트병 안의 부피가 감소한다.
④ 페트병 안의 압력이 높아진다.
⑤ 고무풍선은 폐, 고무 막은 가로막에 해당한다.

정답 및 해설 37쪽

04 호흡에 대한 설명으로 옳은 것만을 〈보기〉에서 있는 대로 고른 것은?

〈 보기 〉

ㄱ. 이산화 탄소의 분압은 폐포에서 가장 높다.
ㄴ. 외호흡과 내호흡은 서로 독립적으로 일어난다.
ㄷ. 호흡은 궁극적으로 에너지를 내기 위한 과정이다.

① ㄱ ② ㄴ ③ ㄷ
④ ㄱ, ㄴ ⑤ ㄴ, ㄷ

05 폐포에서의 기체 교환을 나타낸 것이다. 혈액이 B에서 A로 흐를 때, A보다 B에 훨씬 더 많이 들어 있는 물질은?

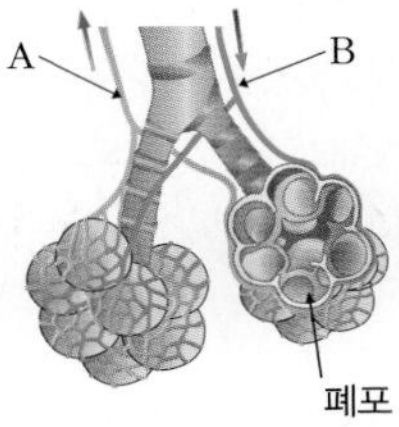

① 산소 ② 백혈구 ③ 적혈구
④ 혈액의 양 ⑤ 이산화 탄소

06 우리 몸의 각 조직세포에서 일어나는 반응을 나타낸 것이다. 반응 결과 생성된 A가 이용되는 예가 아닌 것은?

영양소 + 산소 ⟶ 물 + 이산화 탄소 + (A)

① 몸이 생장하는 데 이용된다.
② 근육 운동을 하는 데 이용된다.
③ 체온을 일정하게 유지하는 데 이용된다.
④ 공부를 하는 것과 같은 정신활동에 이용된다.
⑤ 폐포에서 산소와 이산화 탄소를 교환하는 데 이용된다.

유형 익히기 & 하브루타

[유형11-1] 호흡기관

사람의 호흡 기관을 나타낸 것이다. 각 부분에 대한 설명으로 옳지 않은 것은 무엇인가?

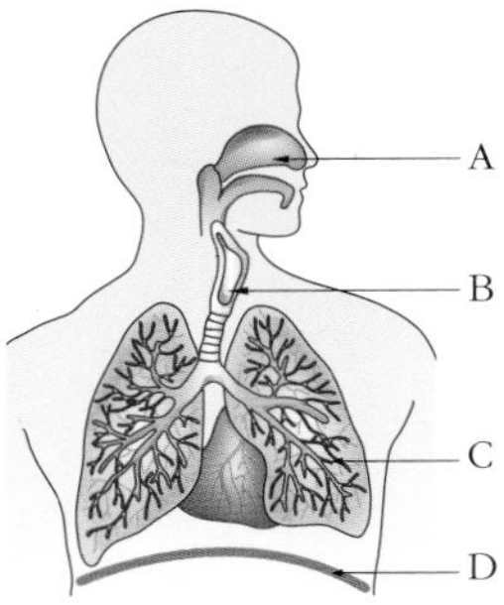

① C는 갈비뼈의 도움을 받아 수축, 팽창한다.
② 공기가 A→B→C로 이동할 때를 날숨이라고 한다.
③ A에서는 공기의 온도를 높이고 수분도 공급한다.
④ D는 가슴과 배를 나누는 얇은 막으로 상하 운동을 한다.
⑤ B의 안쪽에는 섬모가 있어 공기 중의 먼지 등을 걸러낸다.

Tip!

01 사람의 호흡과 호흡기관에 대한 설명으로 옳은 것을 모두 고르시오.(3개)

① 코는 기체교환이 활발하게 일어난다.
② 폐는 갈비뼈와 가로막으로 둘러싸여 있다.
③ 기관은 안쪽에 섬모가 있어 먼지나 세균을 걸러낸다.
④ 폐는 가슴 좌우에 한 쌍이 있고 근육이 없어 스스로 운동하지 못한다.
⑤ 폐포는 여러 층의 세포로 이루어져 있으며 모세혈관으로 둘러싸여 기체교환이 일어난다.

02 사람의 호흡 기관 중 일부를 나타낸 것이다. (가) 부분에 대한 설명으로 옳은 것만을 〈보기〉에서 있는 대로 고른 것은?

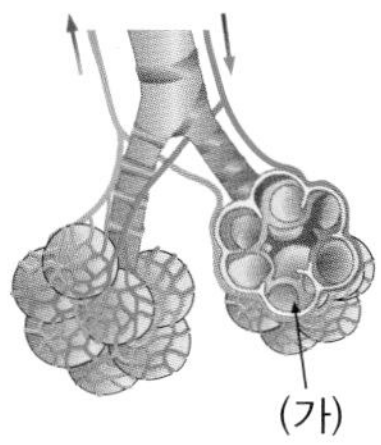

〈 보기 〉

ㄱ. 한 겹의 세포층으로 이루어져 있다.
ㄴ. 근육이 있어 스스로 움직일 수 있다.
ㄷ. 표면이 모세혈관으로 둘러싸여 있다.

① ㄱ　② ㄴ　③ ㄱ, ㄴ　④ ㄱ, ㄷ　⑤ ㄴ, ㄷ

정답 및 해설 38쪽

[유형11-2] 호흡운동

사람의 호흡 기관을 모형으로 나타낸 것이다. 각 부분이 의미하는 것으로 옳지 <u>않은</u> 것은 무엇인가?

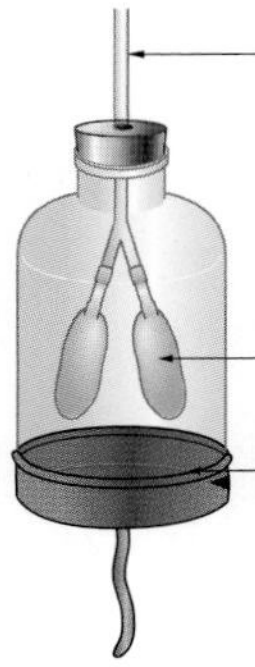

① 유리관 - 기관　② 고무풍선 - 폐　③ 페트병 - 흉강
④ 고무막 - 가로막　⑤ 병 안의 공간 - 갈비뼈

03

들숨일 때와 날숨일 때의 신체 각 부분의 변화를 나타낸 것이다. 옳지 <u>않은</u> 것은?

	구분	들숨	날숨
①	갈비뼈	올라감	내려감
②	가로막	내려감	올라감
③	흉강 부피	증가	감소
④	흉강 압력	작아짐	커짐
⑤	공기	폐 → 몸 밖	몸 밖 → 폐

Tip!

04

호흡 운동 실험 장치를 나타낸 것이다. 그림에 대한 설명으로 옳은 것을 <u>모두</u> 고르시오.(2개)

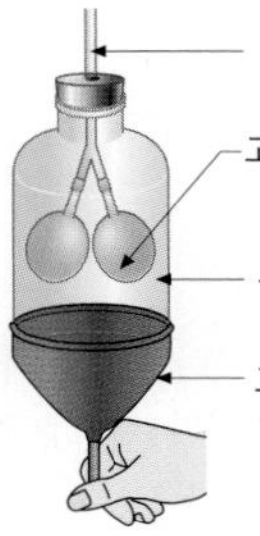

① 고무막은 가로막에 해당한다.
② 병 속 공간의 부피가 감소한다.
③ 들숨의 원리를 알 수 있는 실험이다.
④ 공기가 유리병 안에서 밖으로 나간다.
⑤ 병 속 공간의 압력이 대기압보다 증가한다.

[유형11-3] 기체 교환

폐에서 일어나는 기체 교환을 나타낸 것이다. 이에 대한 설명으로 옳은 것을 모두 고르시오.(3개)

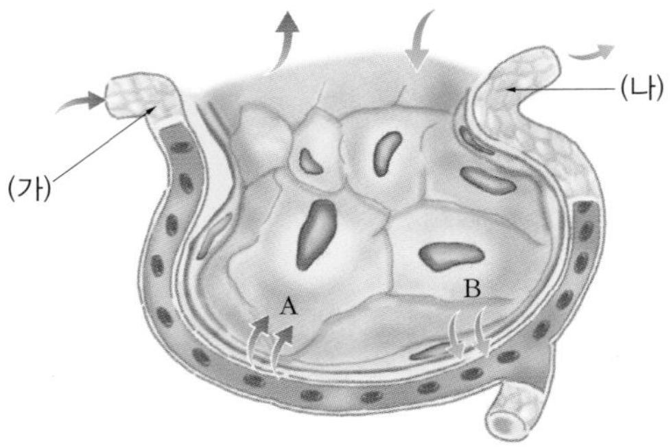

① 외호흡을 나타낸 것이다.
② (가)는 폐동맥과 연결된다.
③ (나)에 흐르는 혈액은 동맥혈이다.
④ B는 이산화 탄소이다.
⑤ A는 산소로 적혈구에 의해 운반된다.

Tip!

05 **폐포와 모세 혈관 사이에서 일어나는 기체 교환의 원리와 가장 거리가 먼 현상은 무엇인가?**

① 어항의 물이 줄어들었다.
② 향수를 뿌리면 향기가 멀리 퍼져나간다.
③ 부엌의 김치냄새가 온 집으로 퍼져나간다.
④ 냉면에 식초를 뿌리면 국물전체가 신맛이 난다.
⑤ 물에 파란잉크를 떨어뜨리면 잉크가 골고루 퍼진다.

06 **체내에서 일어나는 호흡 과정을 모식적으로 나타낸 것이다. 이에 대한 설명으로 옳은 것을 모두 고르시오.(2개)**

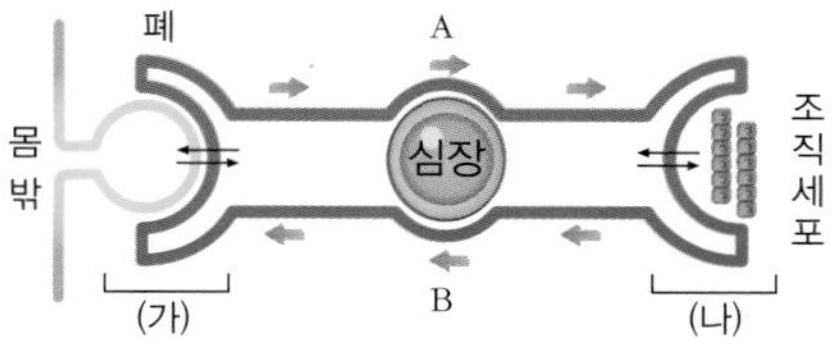

① A는 이산화탄소, B는 산소이다.
② (가)는 내호흡, (나)는 외호흡이라 한다.
③ 산소는 (나)의 과정을 통해 조직 세포로 들어가게 된다.
④ 혈액 내 산소의 양이 많을수록 혈액의 흐름이 빨라진다.
⑤ (가)는 폐포와 모세혈관 사이에서 일어나는 호흡이다.

정답 및 해설 38쪽

[유형11-4] 세포 호흡과 에너지

세포 내에서의 영양소의 분해를 나타낸 것이다. 영양소의 분해에 필요한 기체 (가)와 영양소의 분해 작용이 일어나는 세포 소기관 (나)를 바르게 짝지은 것을 고르시오.

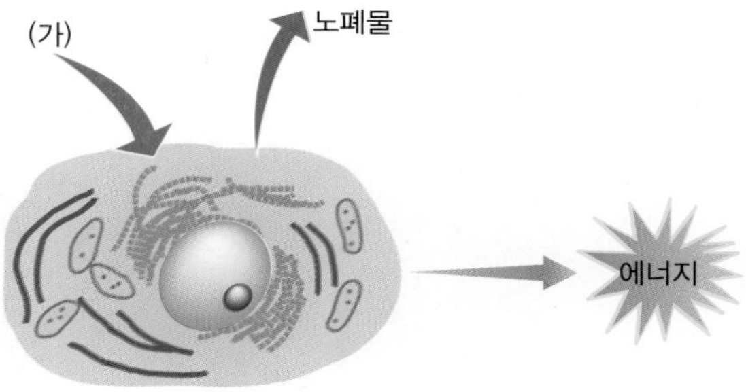

	(가)	(나)		(가)	(나)
①	산소	미토콘드리아	②	질소	세포막
③	이산화탄소	엽록체	④	수소	인
⑤	탄소	핵			

07

호흡의 의의를 가장 바르게 설명한 사람은 누구인가?

① 무한 : 폐에서 산소와 이산화탄소를 교환하는 과정이야.
② 상상 : 호흡 기관을 통하여 산소를 들이 마시는 과정이야.
③ 알탐 : 혈액을 통하여 세포속의 이산화탄소를 폐로 운반하는 과정이야.
④ 서현 : 늑골과 가로막의 상하 운동에 의한 폐를 통한 기체 교환의 과정이야.
⑤ 유진 : 생물이 영양소를 분해하여 생활에 필요한 에너지를 얻는 과정이야.

08

〈보기〉에서 세포 호흡을 바르게 설명한 것을 모두 고른 것은 무엇인가?

〈 보기 〉

ㄱ. 세포 호흡은 에너지를 만드는 반응이다.
ㄴ. 세포 호흡은 연소에 비해 높은 온도에서 일어난다.
ㄷ. 세포 호흡 결과 이산화탄소와 물이 나온다.
ㄹ. 세포 호흡은 공기 중의 산소와 결합하여 빠르게 일어난다.

① ㄱ, ㄴ　② ㄱ, ㄷ　③ ㄴ, ㄷ
④ ㄷ, ㄹ　⑤ ㄴ, ㄹ

Tip!

창의력 & 토론마당

01 정상인의 폐와 염증에 의해 폐포가 확장된 폐기종 환자의 폐의 일부를 나타낸 것이다. 아래 그림을 참고하여 폐기종 환자가 정상인과 비교했을 때 어떠한 문제가 있을지 생각해 보자.

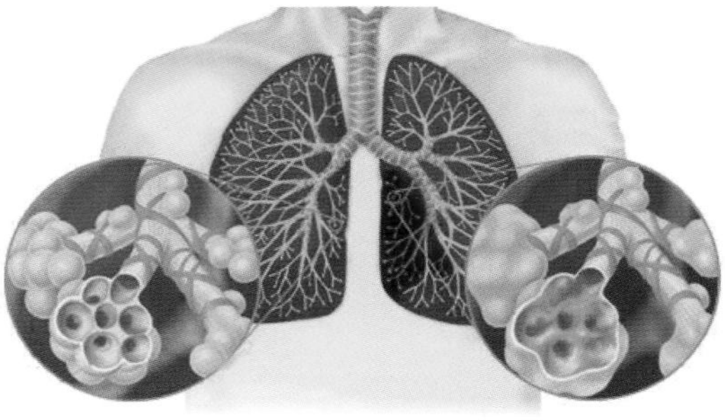

▲ 정상인의 폐　　▲ 폐기종 환자의 폐

〈 폐기종 〉

폐가 탄력성을 잃고, 폐포격벽이 파괴되어 말초의 기강이 비정상적으로 확대되어 있는 상태. 기관지염 · 세기관지에 의한 기도폐색, 폐포격벽의 변화, 신경성 인자, 소인등에 의해 발생한다.

정답 및 해설 38쪽

02 제시문을 읽고 물음에 답하시오.

① 담배의 유해 성분

- 일산화탄소 : 헤모글로빈과의 결합력이 산소보다 강하여 혈액의 산소 운반 능력을 떨어뜨린다.
- 니코틴 : 습관성 중독을 일으키는 마약성 물질이다.
- 타르 : 입자의 크기가 작아 호흡기를 통과하여 폐속으로 들어가 폐암의 원인이 된다.

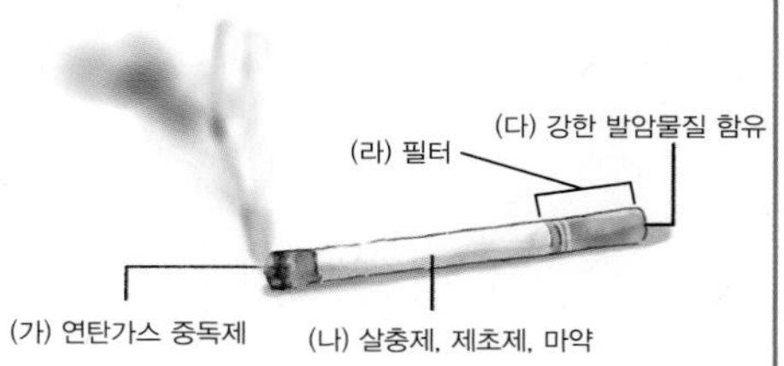

▲ 담배의 성분

② 주류연과 부류연

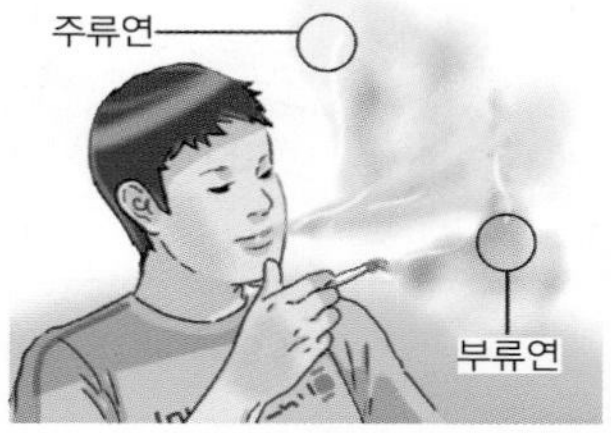

▲ 담배의 주류연과 부류연

③ 담배로 인한 여러가지 질병 방생률

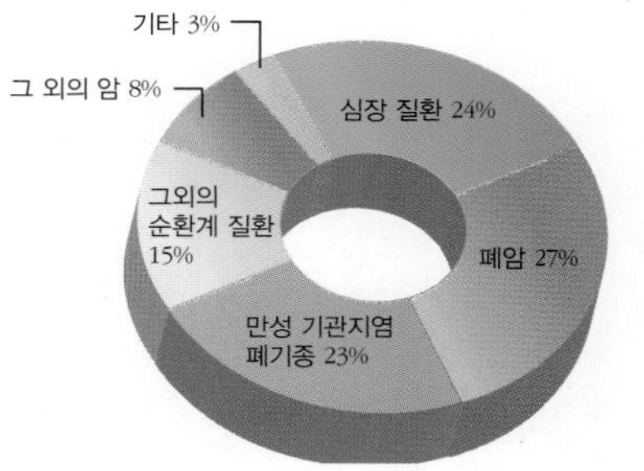

- 주류연 : 담배를 피우는 사람이 뿜어낸 담배 연기
- 부류연 : 타고 있는 담배 끝에서 나오는 연기

성분	일산화탄소	암모니아	타르
주류연	1	1	1
부류연	8	73	1.7

(1) 주류연과 부류연에 포함되어 있는 성분에 차이가 나타나는 이유를 추리하여 설명하시오.

(2) 다음 자료는 남편의 흡연 상태에 따른 비흡연자인 부인의 폐암 발병 비율이다. 남편이 비흡연자일 때보다 흡연자일 때 더 폐암 발생 비율이 높고, 특히 30년 이상 흡연자일 때 부인의 폐암 발생 비율이 높다. 이와 같은 결과가 나타나는 이유를 설명하시오.

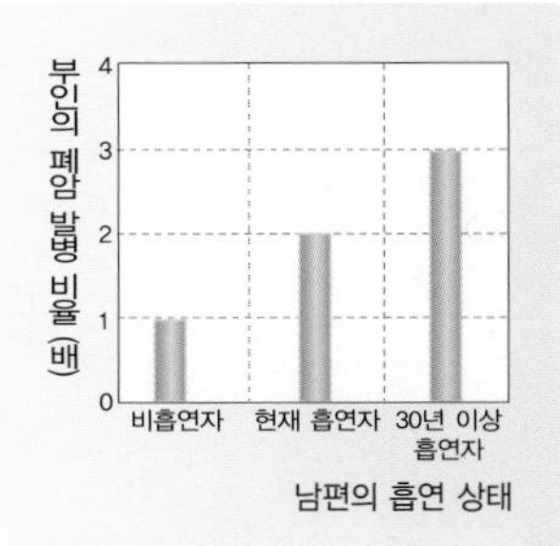

03 제시된 자료를 이용하여 물음에 답하시오.

· 인공 호흡 방법(구강 대 구강법)

① 처치자는 환자의 머리를 뒤로 젖혀 기도를 확보한 후 엄지와 검지로 환자의 코를 잡는다.
② 숨을 깊이 들이마신 다음 입을 크게 벌려 환자의 입 둘레에 덮어 씌워 가슴이 약간 불룩해질 때까지 숨을 불어 넣는다.
③ 처치자는 환자의 입에서 입을 땐 후 환자의 가슴을 보거나 공기의 흐름을 느껴 효과를 확인한다.

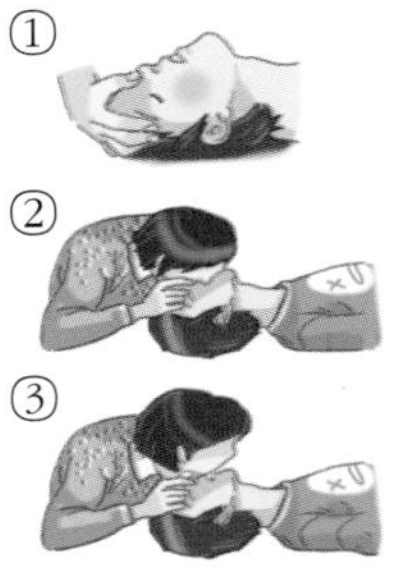

▲ 인공 호흡 과정

구분	질소(%)	산소(%)	이산화 탄소(%)	수증기(%)
들숨	78.63	20.84	0.03	0.5
날숨	74.5	15.7	3.6	6.2

▲ 들숨과 날숨의 구성

(1) 인공 호흡 (구강 대 구강법)을 할 때 환자의 코를 막는 이유는 무엇인가?

(2) 날숨에는 들숨보다 이산화 탄소가 100배 이상 많은데도 불구하고 인공 호흡 과정에서 날숨을 환자에게 공급하는 이유는 무엇인가?

정답 및 해설 38쪽

04 산소와 이산화 탄소의 농도를 다르게 했을 때 호흡 속도와 폐활량의 변화를 나타낸 것이다.

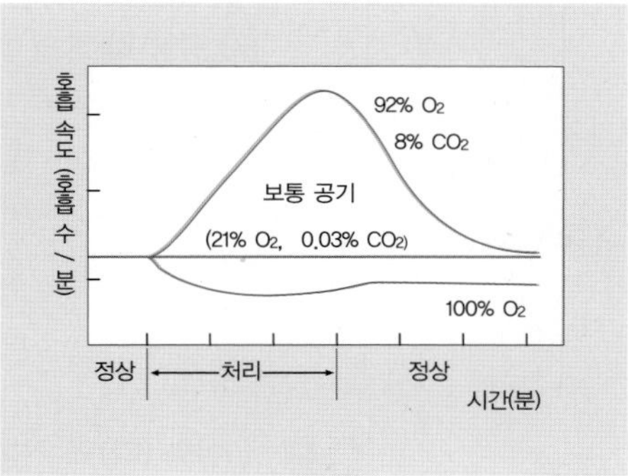

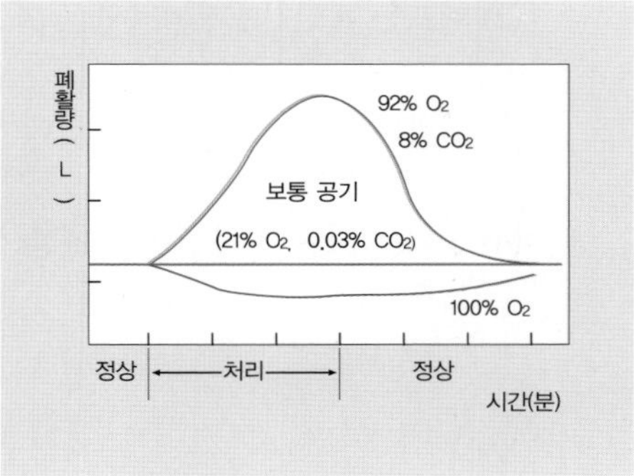

스쿠버다이빙 시 호흡 장비로 사용되는 스쿠버 탱크 A ~ C에 공기가 들어 있는데, 각 공기에 들어 있는 O_2와 CO_2의 조성 비율은 오른쪽 그림과 같이 차이가 났다. 물속에서 오랜 시간 동안 안정된 호흡상태를 유지할 수 있는 스쿠버 탱크는 무엇인가?

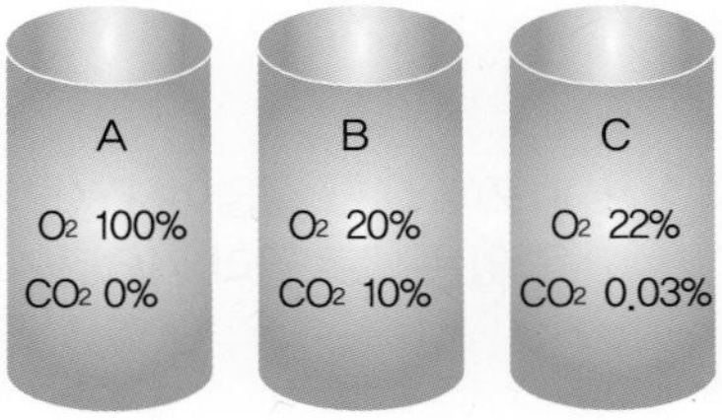

스스로 실력 높이기

A

01 호흡 기관에 대한 설명으로 옳은 것은 ○표, 옳지 않은 것은 ×표 하시오.

(1) 호흡 기관은 외부와 연결되지 않다. ( )

(2) 폐포는 표면적을 넓혀주는 구조를 갖고있다. ( )

(3) 기관의 안쪽 벽의 섬모와 점액이 먼지와 세균을 제거한다. ( )

(4) 공기는 코를 지나면서 건조한 상태로 변하게 된다. ( )

02 폐포에 대한 설명이다. 〈보기〉를 보고 옳은 것만을 있는 대로 골라 기호로 쓰시오.

〈 보기 〉

ㄱ. 한 겹의 세포층으로 되어 있다.

ㄴ. 공기와 접촉하는 표면적을 넓혀 준다.

ㄷ. 산소의 농도보다 이산화 탄소의 농도가 더 높다.

( )

03 괄호 안에 알맞은 말을 써 넣으시오.

( )은 숨쉬기를 통하여 몸속으로 들어온 산소를 이용해, 세포에서 영양소를 분해하여 생명 활동에 필요한 에너지를 얻는 과정이다.

04 호흡운동에 대한 설명으로 옳은 것은 ○표, 옳지 않은 것은 ×표 하시오.

(1) 갈비뼈와 가로막의 상하 운동에 의하여 일어난다. ( )

(2) 숨을 들이마시게 되면 흉강의 부피가 작아진다. ( )

(3) 숨을 내쉬게 되면 폐의 압력이 높아지면서 공기가 밖으로 나가게 된다. ( )

(4) 들숨에서는 갈비뼈가 내려가고 가로막이 올라간다. ( )

05 (가)와 (나)의 기능을 하는 호흡 기관의 이름을 쓰시오.

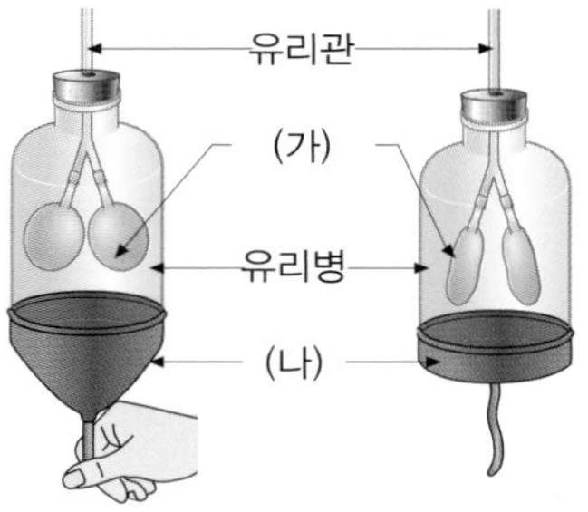

(가) : ( ) (나) : ( )

06 폐포와 주변에 흐르는 혈관을 나타낸 것이다. ㉠, ㉡ 에 해당하는 혈관의 이름을 쓰시오.

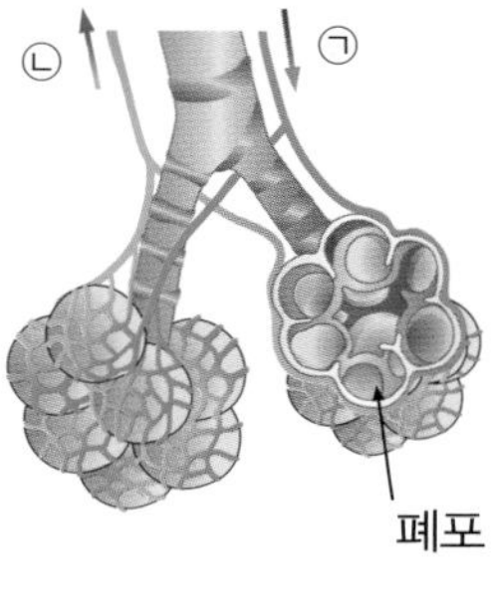

㉠ : ( ) ㉡ : ( )

정답 및 해설 39쪽

07 들숨과 날숨의 성분을 비교해 놓은 것이다. A, B가 각각 어떤 기체를 의미하는지 쓰시오.

구분	질소 (%)	A (%)	B (%)	수증기 (%)
들숨	78.63	20.84	0.03	0.5
날숨	74.5	15.7	3.6	6.2

A : (　　　)　　B : (　　　)

08 괄호 안에 알맞은 말을 각각 쓰시오.

폐포와 모세 혈관 사이에서 일어나는 기체 교환을 ㉠(　　　)(이)라고 하며 조직세포와 모세 혈관 사이에서 일어나는 기체교환을 ㉡(　　　)(이)라고 한다.

㉠ : (　　　)　　㉡ : (　　　)

09 세포 호흡에 대한 설명으로 옳은 것은 ○표, 옳지 않은 것은 ×표 하시오.

(1) 세포 호흡은 조직세포의 미토콘드리아에서 일어난다. (　)

(2) 세포 호흡은 저온(37℃)에서 천천히 일어난다. (　)

(3) 호흡의 결과 발생한 에너지는 여러 가지 생명 활동에 이용된다. (　)

10 〈보기〉에서 세포 호흡에 대한 설명으로 옳은 것을 모두 쓰시오.

〈 보기 〉

ㄱ. 연소보다 천천히 일어난다.

ㄴ. 두뇌 활동은 에너지가 사용되지 않는다.

ㄷ. 세포 호흡의 결과 이산화 탄소 등의 노폐물이 발생한다.

(　　　)

B

11 설명에 해당하는 호흡 기관의 이름을 쓰시오.

· 목구멍에서 폐까지 이어진 공기 통로이다.

· 안쪽 벽의 섬모와 점액이 있다.

· 흡연으로 손상받을 위험이 있다.

(　　　)

12 외호흡과 내호흡의 과정을 나타낸 것이다. 그림을 참고하여 괄호 안에 알맞은 말을 쓰시오.

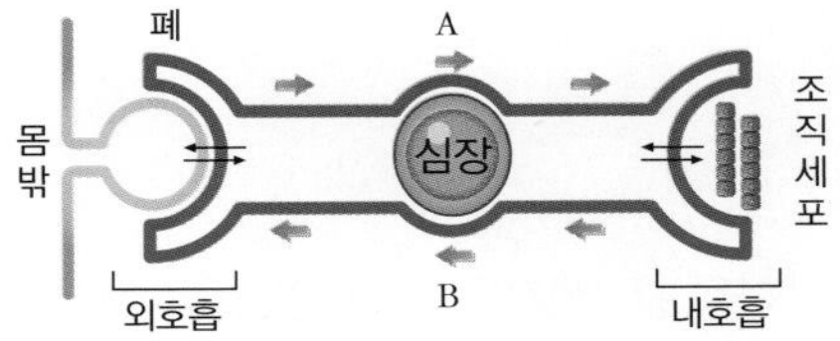

외호흡의 결과 산소가 풍부한 A(　　　)(가)이 대동맥을 통하여 조직세포에 공급되고, 내호흡을 통하여 B(　　　)(으)로 바뀌어 대정맥을 통해 우심방으로 들어오게 된다.

A : (　　　)　　B : (　　　)

13 들숨과 날숨에 포함된 기체의 비율을 나타낸 표이다. A, B 기체에 대한 설명으로 옳은 것을 고르시오.

구분	질소 (%)	A (%)	B (%)	수증기 (%)
들숨	78.63	20.84	0.03	0.5
날숨	74.5	15.7	3.6	6.2

① A는 광합성에 필요하다.
② 호흡의 결과 A가 생긴다.
③ B는 석회수를 뿌옇게 만든다.
④ B는 아르곤이며 호흡과는 무관하다.
⑤ B가 많이 포함된 혈액을 동맥혈이라고 한다.

14 사람의 호흡과 호흡기관에 대한 설명으로 옳은 것은?

① 코는 기체 교환이 활발하게 일어난다.
② 폐는 갈비뼈와 가로막으로 둘러싸여 있다.
③ 기관은 바깥쪽에 섬모가 있어 먼지나 세균을 걸러낸다.
④ 폐는 가슴 좌우에 한 쌍이 있고 근육이 있어 스스로 운동할 수 있다.
⑤ 폐포는 여러 층의 세포로 이루어져 있으며 모세혈관으로 둘러싸여 기체교환이 일어난다.

15 다음 중 폐포와 모세혈관 사이에서 일어나는 기체 교환의 원리와 같은 것은?

① 식물은 뿌리에 뿌리털이 있다.
② 향수를 뿌리면 향기가 멀리 퍼져나간다.
③ 초인종 소리가 나면 집에 있던 강아지가 짖는다.
④ 사우나의 공기는 100℃가 넘지만, 물이 끓지 않는다.
⑤ 심장의 심방과 심실 사이와 정맥에는 판막이 있어 혈액의 역류를 방지한다.

16 〈보기〉에서 세포 호흡에 대한 설명으로 옳은 것만을 있는 대로 고른 것은?

〈 보기 〉
ㄱ. 세포호흡은 에너지를 만드는 과정이다.
ㄴ. 세포호흡은 연소에 비해 높은 온도에서 일어난다.
ㄷ. 세포호흡은 공기 중의 산소와 결합하여 빠르게 일어난다.

① ㄱ ② ㄴ ③ ㄱ, ㄴ
④ ㄴ, ㄷ ⑤ ㄱ, ㄴ, ㄷ

17 호흡 운동의 속도에 대한 설명으로 옳은 것만을 〈보기〉에서 있는 대로 고른 것은?

〈 보기 〉
ㄱ. 호흡 운동 속도는 대부분 의식적으로 조절된다.
ㄴ. 심하게 운동을 할 때는 호흡 운동 속도가 빨라진다.
ㄷ. 심하게 화를 낼 때나 슬플 때는 호흡 운동 속도가 느려진다.

① ㄱ ② ㄴ ③ ㄱ, ㄴ
④ ㄴ, ㄷ ⑤ ㄱ, ㄴ, ㄷ

18 기관지의 섬모를 전자 현미경으로 관찰한 것이다. 섬모의 기능을 바르게 설명한 것은?

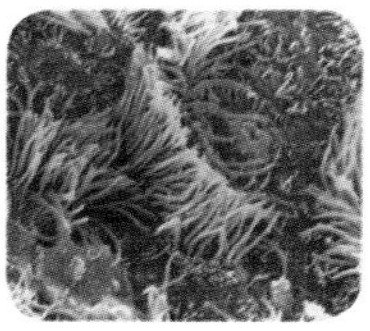

① 먼지나 이물질을 걸러준다.
② 차가운 공기를 따뜻하게 한다.
③ 흡입하는 공기의 양을 조절한다.
④ 들숨시 이산화 탄소가 들어오는 것을 막아준다.
⑤ 표면적을 넓혀 기체 교환이 효율적으로 일어나게 한다.

정답 및 해설 39쪽

[19~20] 폐포와 모세 혈관 사이에서 일어나는 기체 교환을 나타낸 것이다.

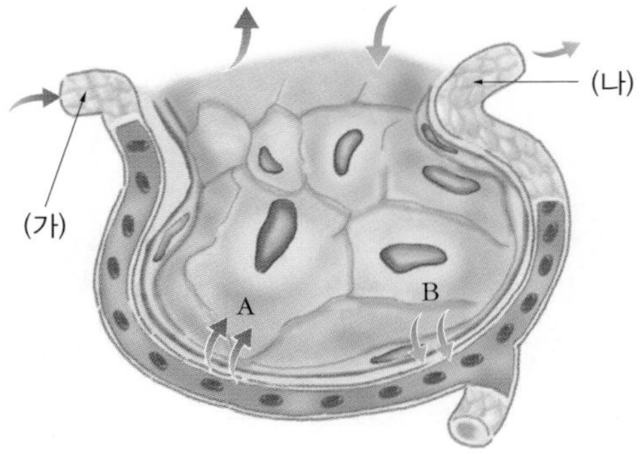

19 그림에 대한 설명으로 옳은 것은?

① B는 체내에서 대부분 혈장에 의해 운반된다.
② A는 체내에서 대부분 백혈구에 의해 운반된다.
③ A는 이산화 탄소이고, B는 산소이다.
④ (가)는 폐동맥으로, 산소가 많은 동맥혈이 흐른다.
⑤ (나)는 폐정맥으로, 산소가 적은 정맥혈이 흐른다.

20 폐포와 모세 혈관 사이에서 일어나는 기체 교환의 원리를 설명한 것이다. 빈칸에 공통으로 들어갈 알맞은 말을 고르시오.

> B는 모세 혈관보다 폐포에 더 많아 폐포에서 모세 혈관으로 (   )되고, A는 폐포보다 모세 혈관에 더 많아 모세 혈관에서 폐포로 (   )된다.

① 확산 ② 교환 ③ 수송
④ 삼투 ⑤ 호흡

C

21 사람의 호흡 기관을 나타낸 것이다. 이에 대한 설명으로 옳지 않은 것은?

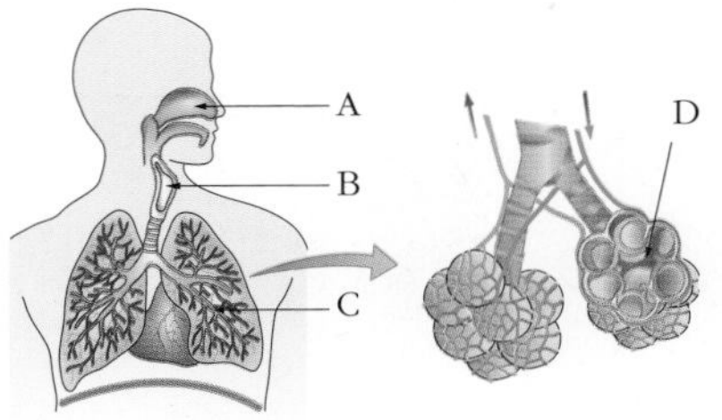

① A를 통하여 들어온 공기는 습하게 변한다.
② B의 안쪽에는 섬모와 점액이 있어 먼지와 세균을 제거한다.
③ C는 B에서 나누어진 구조로 흡연에 의하여 손상을 받을 수 있다.
④ D는 한 겹의 모세 혈관 층으로 되어있기 때문에 기체 교환에 용이한 구조이다.
⑤ A ~ D는 모두 외부와 연결되어 있으며, 점점 표면적이 넓어지는 구조이다.

22 다음 실험 결과로부터 알 수 있는 사실은?

> 2개의 비커에 석회수를 넣은 다음, 비커 A에는 공기 펌프로 공기를 넣고, B에는 빨대를 통해 입김을 불어넣는 과정을 되풀이하였더니 비커 B의 석회수가 먼저 뿌옇게 변했다.

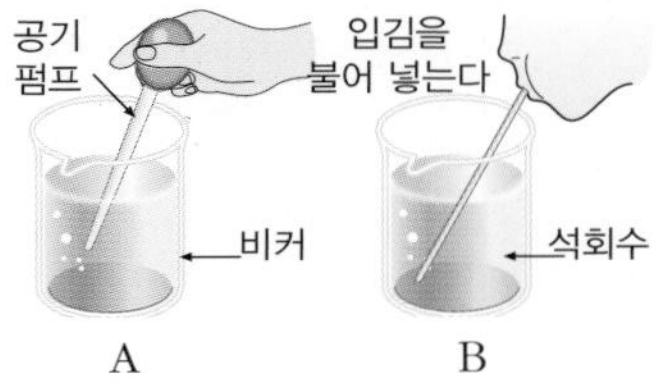

① 들숨에는 산소가 많다.
② 날숨에는 산소가 많다.
③ 날숨에는 이산화 탄소가 많다.
④ 들숨에는 이산화 탄소가 많다.
⑤ 들숨과 날숨의 성분은 거의 비슷하다.

23 호흡 운동 시 일어나는 신체 변화를 나타낸 것이다. 이에 대한 설명으로 옳지 <u>않은</u> 것은?

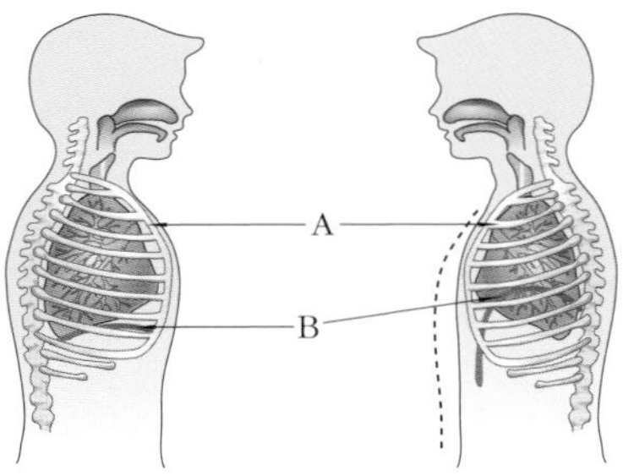

① A는 호흡 운동에 관여하는 근육이다.
② A와 B의 움직임은 항상 반대로 일어난다.
③ B는 흉부와 복부를 나누는 경계가 될 수 있다.
④ 딸꾹질은 A, B의 과도한 움직임과 관련이 있다.
⑤ 호흡 운동은 A, B의 움직임으로 인하여 흉강의 부피가 변함으로써 일어난다.

24 그래프는 호흡 운동을 할 때 대기압, 폐포 내압, 흉강 내압의 변화를 나타낸 것이다. 이에 대한 설명으로 옳은 것은?

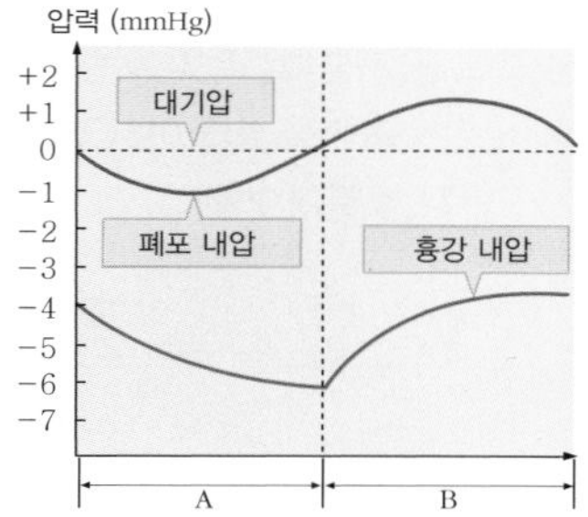

① A 구간에서는 공기가 안에서 밖으로 나간다.
② B 구간에서는 공기가 밖에서 안으로 들어간다.
③ A 구간에서는 흉강의 부피가 평소보다 커진다.
④ B 구간에서는 흉강의 부피가 변함이 없다.
⑤ 폐포 내압의 변화 양상과 흉강 내압의 변화 양상은 대칭적이다.

25 땅콩을 연소시켜 물의 온도를 높이는 실험을 나타낸 것이다. 이에 대한 설명으로 옳지 <u>않은</u> 것은?

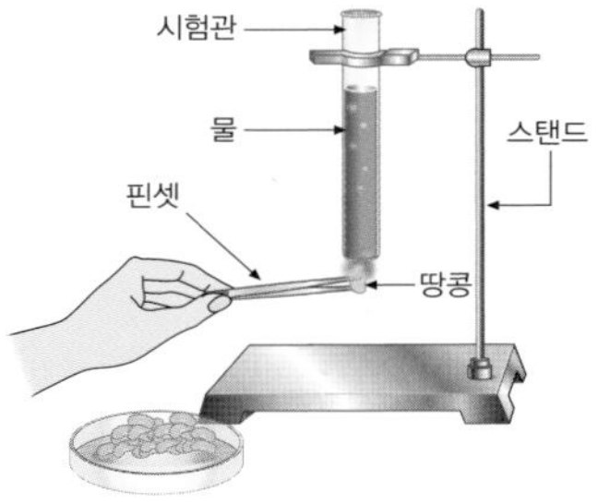

① 땅콩을 연소시키는 데 산소가 필요하다.
② 고온에서 한꺼번에 에너지를 방출하는 과정이다.
③ 세포 호흡은 이와 다르게 저온에서 천천히 에너지를 방출한다.
④ 땅콩이 연소하면서 나오는 에너지의 양과 물의 온도 변화는 비례한다.
⑤ 순간적으로 집중하는 정신 활동은 위와 같은 과정을 통하여 에너지를 공급 받는다.

26 사람의 호흡계에 속하는 여러 가지 구조이다. 이들의 공통적인 기능을 서술하시오.

· 콧속의 털
· 기관지의 섬모
· 코와 기관지의 점액

27 폐가 수많은 폐포로 이루어져 있기 때문에 갖는 장점에 대하여 서술하시오.

정답 및 해설 40쪽

28 폐포와 모세 혈관 사이의 기체 교환을 나타낸 것이다. A, B 혈관의 이름을 쓰고 폐포와 모세 혈관 사이의 기체 교환에 대하여 서술하시오.

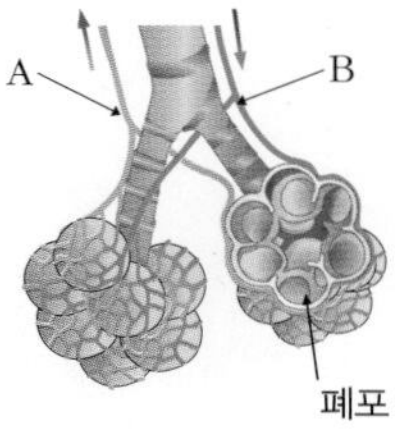

29 들숨과 날숨의 성분에 대하여 나타낸 것이다. A ~ D가 무엇인지 각각 쓰고, 들숨과 날숨에서 B, C 기체의 양이 차이가 나는 이유를 설명하시오

구분	A (%)	B (%)	C (%)	D (%)
들숨	78.63	20.84	0.03	0.5
날숨	74.5	15.7	3.6	6.2

30 〈보기〉에 제시된 용어를 이용하여 세포 호흡과 연소의 차이에 대하여 서술하시오.

〈 보기 〉

고온, 저온, 천천히, 빠르게, 에너지

창의력 서술

31 사고로 호흡을 멈춘 사람에게 가장 기본적인 응급처치로 인공호흡을 실시하는 이유는 무엇인지 서술하시오.

[32~33] 〈보기〉를 읽고 물음에 답하시오.

〈 보기 〉

어느 날 밤 갑자기 날씨가 추워진다고 하여 무한이는 밖에 두었던 식물들을 모두 방 안으로 들여 놓았다. 그리고 찬 바람이 문 사이로 들어오는 것을 방지하기 위해 모든 빈틈을 차단하고 잠자리에 들었다. 다음 날 아침 잠에서 깬 무한이는 잠을 잤음에도 불구하고 몸의 피로가 오히려 더 많이 쌓인 것처럼 느껴졌다.

32 무한이가 잠을 자고 난 후 오히려 피로를 느끼는 이유는 무엇인지 설명하시오.

33 식물과 함께 밀폐된 방에서 잠을 자더라도 피로가 쌓이지 않게 할 수 있는 다양한 방법을 쓰시오.

12강. 배설

1. 노폐물의 생성과 배설 기관

(1) 배설 : 체내에서 영양소가 분해되면서 생긴 노폐물을 몸 밖으로 내보내는 작용이다.

(2) 노폐물의 생성과 배설

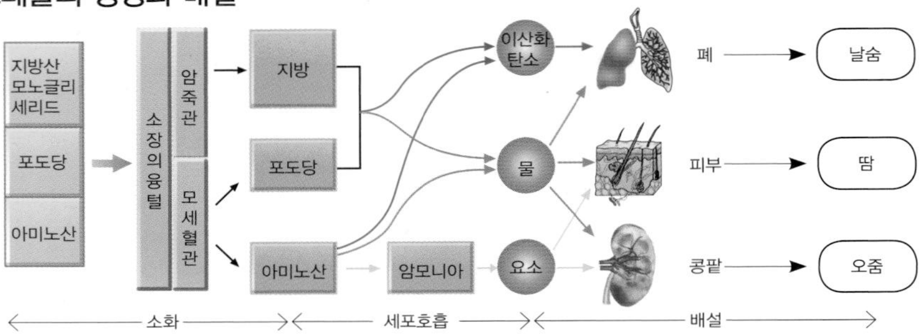

(3) 배설 기관 : 콩팥, 오줌관, 방광, 요도 등의 기관이 모여 기관계를 이루고 있다.

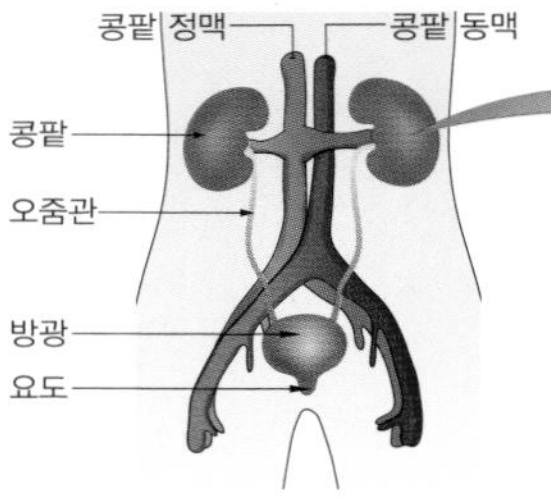

▲ 사람의 배설계

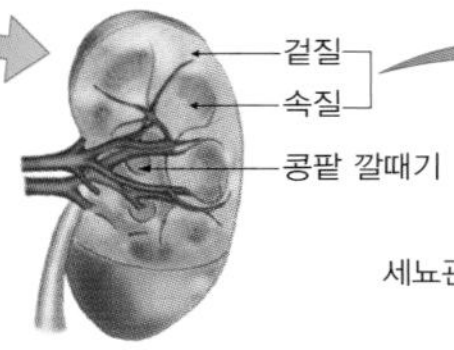

▲ 콩팥의 구조

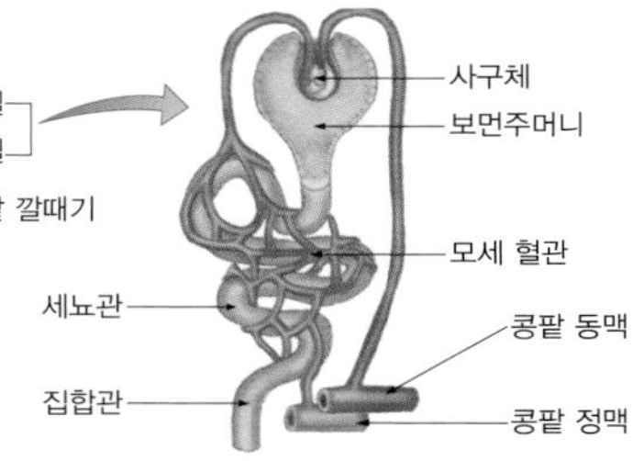

▲ 네프론의 구조

① 콩팥의 구조

겉질	사구체, 보먼주머니, 일부 세뇨관 분포	· 사구체 : 모세 혈관이 실뭉치처럼 뭉쳐 있는 구조로 혈압이 높다. · 보먼주머니 : 사구체를 둘러싸고 있는 주머니 · 세뇨관 : 보먼주머니와 연결된 가늘고 긴 관으로, 모세 혈관으로 둘러싸여 있다.
속질	세뇨관 분포	
콩팥 깔때기	콩팥의 겉질과 속질에서 만들어진 오줌이 모이는 곳	

배설과 배출

- 배설 : 생명의 물질대사 결과로 몸에서 생긴 노폐물을 땀과 오줌의 형태로 내보내는 것이다.
- 배출 : 소화되고 남은 음식물 찌꺼기를 단순히 몸 밖으로 내보내는 과정으로서 대변(똥)은 배출물이다.

간의 기능

- 쓸개즙 생성
- 암모니아, 알코올, 약물 등 독성 물질 해독
- 여분의 포도당을 글리코젠으로 전환하여 저장

사구체의 구조

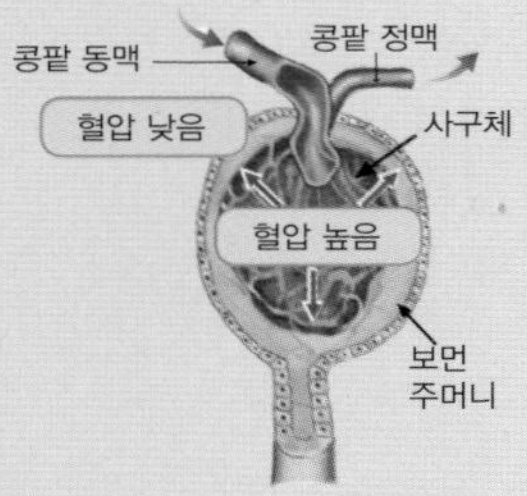

사구체의 혈압이 높은 이유는 사구체로 들어가는 혈관보다 나가는 혈관이 더 가늘기 때문이다.

네프론

네프론은 소변을 만들어내는 콩팥의 구조와 기능의 기본 단위로, 사구체와 보먼주머니, 세뇨관으로 구성된다.

미니사전

노폐물 세포 호흡 결과 생성된 물질들

암모니아 질소를 포함한 영양소가 분해될 때 만들어지는 물에 잘 녹고 독성이 있는 물질

개념확인 1 빈칸에 들어갈 알맞은 말을 쓰시오.

(　　　　)은 체내에서 영양소가 분해되면서 생긴 노폐물을 몸 밖으로 내보내는 작용으로 배출과는 다른 개념이다.

확인 +1 배설기관을 나타낸 것이다. A, B의 알맞은 이름을 각각 쓰시오.

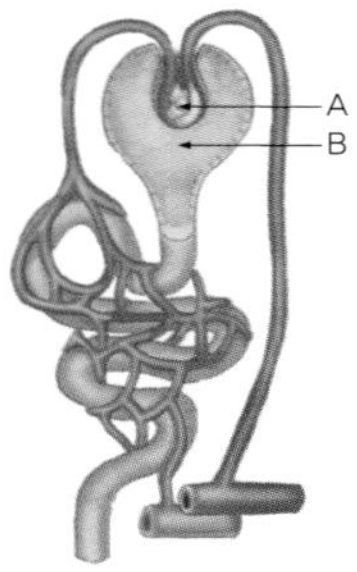

2. 오줌의 생성

(1) 오줌의 생성 과정 : 콩팥에서 여과, 재흡수, 분비 과정을 거쳐 오줌이 생성된다

① 여과 : 사구체의 높은 혈압(압력)에 의해 크기가 작은 물질이 사구체에서 보먼주머니로 걸러지는 과정.
② 재흡수 : 몸에 필요한 물질이 세뇨관에서 모세 혈관으로 이동하는 과정
→ 포도당과 아미노산은 100% 재흡수, 물은 대부분 재흡수되며, 무기 염류는 필요에 따라 적당량 재흡수된다.
③ 분비 : 미처 여과되지 않은 노폐물이 모세 혈관에서 세뇨관으로 이동하는 과정

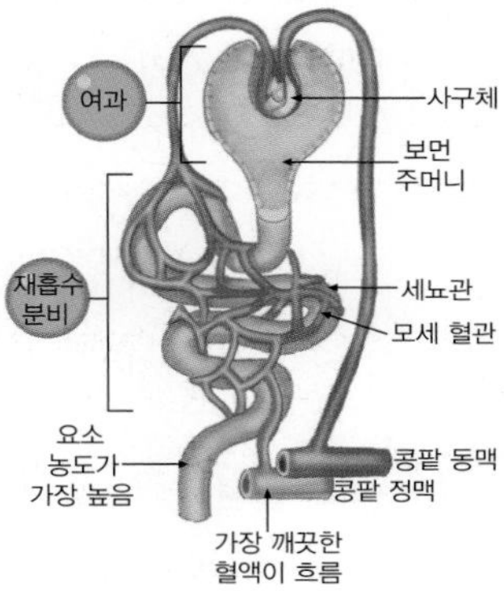

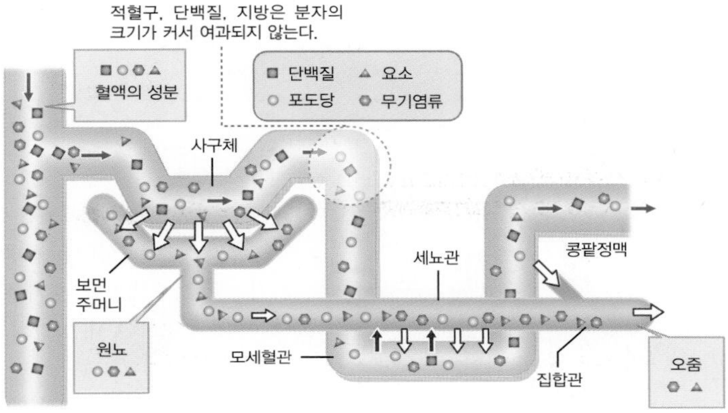

과정	이동 경로	이동 물질
여과	사구체 → 보먼주머니	크기가 작은 물질 (물, 포도당, 아미노산, 무기염류, 요소 등)
재흡수	세뇨관 → 모세 혈관	몸에 필요한 물질 (물, 포도당, 아미노산, 무기염류 등)
분비	모세 혈관 → 세뇨관	미처 여과되지 못한 노폐물

정답 및 해설 **40쪽**

개념확인 2 **오줌의 배설 경로를 나타낸 것이다. 빈칸에 알맞은 말을 써 넣으시오.**

사구체 → ㉠(　　　　) → 세뇨관 → ㉡(　　　　) → 콩팥 깔때기

확인+2 **설명에 해당하는 과정의 이름을 쓰시오.**

· 오줌의 생성 과정 중 사구체에서 일어나는 과정이다.
· 크기가 작은 물질만이 이 과정에 영향을 받는다.
· 대표적인 예로 물, 포도당, 아미노산 등이 있다.

(　　　　　　　　)

● 각 부분에서의 성분 비교

혈액 성분	혈구, 단백질, 지방, 물, 포도당, 아미노산, 무기염류, 요소
여과액 성분	물, 포도당, 아미노산, 무기 염류, 요소
오줌 성분	물, 무기 염류, 요소

● 여과액(원뇨)
사구체에서 보먼주머니로 걸러진 성분으로 원뇨라고 도 한다.

● 오줌의 배설 경로
콩팥 동맥 → 사구체 → 보먼주머니 → 세뇨관 → 집합관 → 콩팥 깔때기 → 오줌관 → 방광 → 요도 → 몸 밖

● 생각해보기★
크기가 큰 혈구나 단백질들이 사구체를 통과하게 된다면 어떤 일이 생길까?

미니사전
여과 [濾 거르다 過 지나다] 액체나 기체 속에 들어있는 먼지나 이물질을 걸러 내는 일

3. 배설의 의의와 콩팥 질환

(1) 배설의 의의

① 노폐물 제거 : 노폐물을 제거함으로써 생명 활동이 원활하게 일어나도록 한다.
② 항성성 유지 : 체액의 농도를 일정하게 유지한다.

상황	체액의 양	체액의 농도	물의 재흡수	오줌량
물을 많이 마심	많아짐	낮아짐	재흡수 감소	많아짐
땀을 많이 흘림	적어짐	높아짐	재흡수 증가	적어짐

(2) 콩팥 질환

① 콩팥 질환의 증상 : 몸이 붓거나 심한 피로를 느끼며, 오줌에 단백질이나 혈구 등이 섞여 나온다.
② 콩팥 질환의 치료법 : 인공 콩팥, 콩팥 이식 등

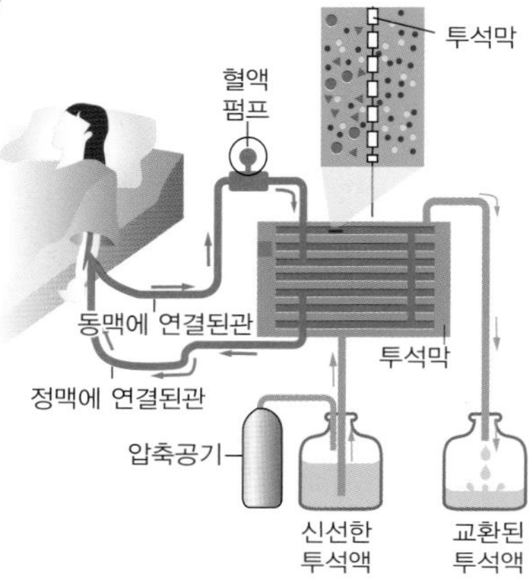

▲ 인공 콩팥의 원리 및 과정

· 인공 콩팥 : 콩팥 기능 상실증 환자의 혈액을 몸밖에서 여과시켜 노폐물을 제거한 후 몸 안으로 돌려보내는 장치

· 원리 : 새 투석액에서는 요소와 같은 노폐물이 들어 있지 않아 노폐물 농도가 높은 혈액에서 노폐물 농도가 낮은 투석액 쪽으로 노폐물이 확산된다.

콩팥 질환 예방법
- 짠 음식을 피한다.
- 항생제나 진통제 등의 약물을 남용하지 않는다.
- 정기적으로 소변 검사를 실시한다.

대표적인 콩팥 질환
- 콩팥염 : 사구체가 손상되어 혈액에 노폐물이 축적되거나 사구체의 투과성이 너무 커서 단백질이 오줌으로 배출되는 증상이 나타난다.
- 콩팥 기능 상실증 : 콩팥염이 심해져 결국 콩팥이 정상 기능을 하지 못하는 상태로, 혈액 속의 노폐물을 제거하기 위해 인공 콩팥을 이용해야 한다.

콩팥 기능 상실증의 치료
- 콩팥 기능 상실증의 근본적인 치료 방법은 콩팥 이식이다.
- 인공 콩팥을 이용하여 노폐물을 제거해 줄 수 있지만 질병을 근본적으로 치료할 수 없다.

개념확인 3 빈칸에 들어갈 알맞은 말을 쓰시오.

우리 몸은 배설을 함으로써 체액의 양을 일정하게 하여 ㉠(   )을 유지한다. 그리고 ㉡(   )을 제거함으로써 생명 활동이 원활하게 일어나도록 한다.

생각해보기★★
사막에서는 오줌의 색이나 양이 어떻게 될까?

확인+3 설명에 해당하는 콩팥 질환의 치료법을 쓰시오.

· 콩팥 기능 상실증 환자를 치료하는 방법이다.
· 환자의 혈액을 몸밖으로 여과시켜 노폐물을 제거한 후 몸안으로 돌려보낸다.
· 확산의 원리가 이용된다.

미니사전
체액 [體 몸 液 액체] 동물의 몸속에 있는 혈관이나 조직의 사이를 채우고 있는 혈액, 림프, 뇌척수액 따위를 통틀어 이르는 말.
항상성 [恒 항상 常 같다 性 성질] 생체가 여러 가지 환경 변화에 대응하여 생명 현상이 제대로 일어날 수 있도록 일정한 상태를 유지하는 성질. 또는 그런 현상.

4. 기관계의 상호작용

(1) 기관계의 상호 작용과 생명 활동 : 소화계, 순환계, 호흡계, 배설계는 생명 활동에 필요한 에너지를 얻는 과정으로 연결되어 있다.

소화계

· 음식물 속의 영양소를 체내에서 흡수할 수 있도록 분해한다.
· 소화된 영양소를 소장의 융털로 흡수하고, 흡수되지 않은 물질은 대변으로 내보낸다.

호흡계

· 확산에 의한 기체 교환으로 산소를 흡수하고, 이산화 탄소를 내보낸다.
· 조직세포에서 산소를 이용해 영양소를 분해하여(세포 호흡) 에너지를 얻는다.

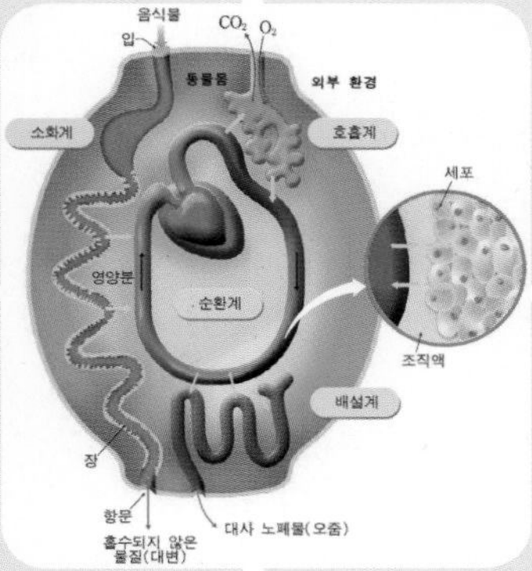

순환계

· 혈액이 온몸을 순환하면서 산소와 영양소를 조직세포로 운반하고, 세포 호흡 결과 발생한 노폐물을 호흡계나 배설계로 운반한다.

배설계

· 콩팥에서 혈액 속의 노폐물을 걸러내어 오줌을 만들어 몸 밖으로 내보낸다.

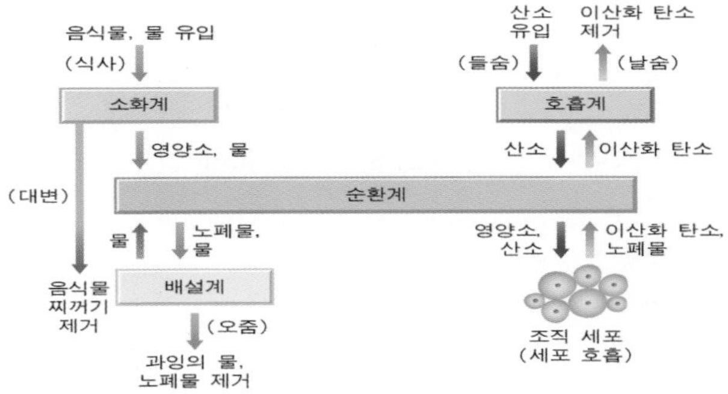

● 여러 기관계의 모세 혈관
· 소화계인 소장의 융털 : 모세 혈관이 융털 속에 분포하고 있다.
· 호흡계인 폐의 폐포 : 모세 혈관이 폐포를 둘러싸고 있다.
· 배설계인 콩팥의 세뇨관 : 모세 혈관이 세뇨관을 둘러싸고 있다.

정답 및 해설 **40쪽**

개념확인 4 **빈칸에 들어갈 알맞은 말을 쓰시오.**

소화계에 의해 흡수된 영양소와 , 호흡계에 의해 몸속으로 들어온 산소는 (　　　) 에 의해 온몸의 조직세포로 운반된다.

● 생각해보기★★★
여러 기관계가 서로 연결되어 있는 이유는 무엇일까?

확인 + 4 **설명에 해당하는 기관계의 이름을 쓰시오.**

· 기체 교환을 통하여 산소를 흡수하고 이산화 탄소를 내보낸다. · 순환계와 연결되어 조직 세포에 산소를 공급한다. · 외부와 연결되어 있는 통로가 있다.

개념 다지기

01 건강한 사람의 몸에서 노폐물이 생성 · 배설되는 과정을 나타낸 것이다. 노폐물 (가)~(라)를 각각 바르게 짝지은 것은?

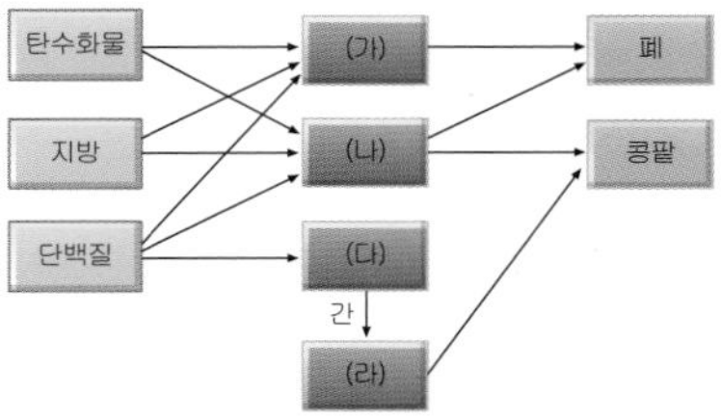

	(가)	(나)	(다)	(라)
①	물	요소	이산화 탄소	암모니아
②	물	이산화 탄소	요소	암모니아
③	요소	물	이산화 탄소	암모니아
④	이산화 탄소	물	암모니아	요소
⑤	이산화 탄소	요소	물	암모니아

02 배설 기관을 나타낸 것이다. 이에 대한 설명으로 옳지 <u>않은</u> 것은?

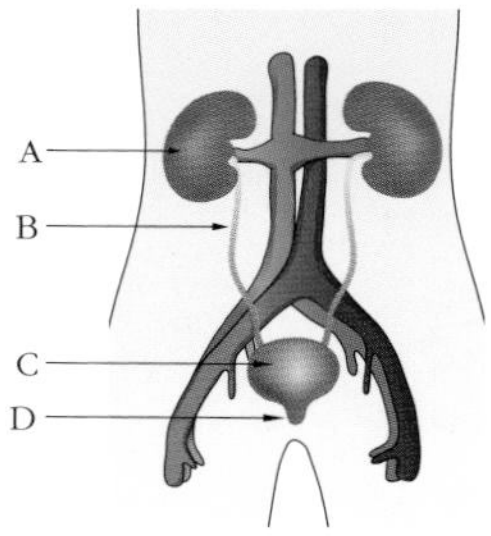

① A는 콩팥이며 강낭콩 모양이다.
② B는 세뇨관이며 여과액의 통로이다.
③ C는 방광이며 오줌이 저장되는 장소이다.
④ D는 요도이며 오줌이 밖으로 나가는 통로이다.
⑤ 배설기관을 통하여 우리 몸은 항상성을 유지한다.

03 오줌의 생성 과정에 대한 설명으로 옳은 것만을 〈보기〉에서 있는대로 고른 것은?

〈 보기 〉

ㄱ. 여과를 통하여 크기가 작은 물질이 걸러진다.
ㄴ. 요소는 우리 몸에 필요하므로 재흡수 된다.
ㄷ. 여과되지 못한 노폐물은 오줌관을 통하여 분비된다.

① ㄱ ② ㄴ ③ ㄷ
④ ㄱ, ㄴ ⑤ ㄱ, ㄷ

정답 및 해설 40쪽

04 오줌의 생성 과정에 대한 모식도이다. 이에 대한 설명으로 옳지 않은 것은?

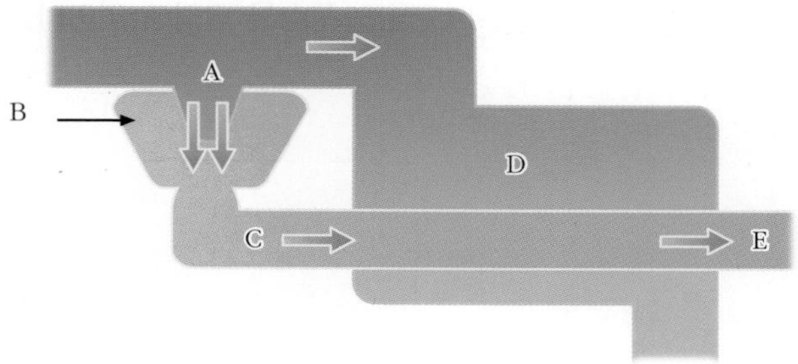

① A에서 B로 일어나는 과정을 여과라라고 한다.
② C는 원뇨라고 하며 세뇨관을 통하여 흐른다.
③ D는 세뇨관 주변에 모세혈관이며 재흡수만 일어난다.
④ E는 오줌관과 연결되어 있으며 생성된 오줌은 방광으로 간다.
⑤ 우리 몸에 필요한 영양소들은 오줌의 생성을 통하여 100% 재흡수된다.

05 콩팥 질환에 대한 설명으로 옳지 않은 것은?

① 콩팥 기능 상실증의 근본적인 치료 방법은 인공 콩팥이다.
② 콩팥에 이상이 있으면 몸이 붓거나 심한 피로를 느낄 수 있다.
③ 오줌 속에 단백질이 섞여 나오면 콩팥 질환을 의심해 봐야 한다.
④ 콩팥 질환을 예방하기 위해서는 항생제 등의 약물을 남용하지 말아야 한다.
⑤ 콩팥 질환은 초기 증상이 거의 없으므로 정기적으로 소변 검사를 실시하는 것이 좋다.

06 소화, 순환, 호흡, 배설 작용에 대한 설명으로 옳지 않은 것은?

① 에너지 생성을 위해 필요한 산소는 호흡계를 통하여 흡수된다.
② 영양소와 산소는 순환계를 통해 온몸의 조직세포로 전달된다.
③ 에너지 생성을 위해 필요한 영양소는 소화계를 통해 분해된 후 체내로 흡수된다.
④ 세포 호흡 결과 발생한 이산화 탄소는 순환계를 거쳐 호흡계를 통해 몸 밖으로 나간다.
⑤ 소화계, 순환계, 호흡계, 배설계의 작용은 모두 독립적으로 일어나므로 서로 관련이 없다.

유형 익히기 & 하브루타

[유12-1] 노폐물의 생성과 배설기관

콩팥의 구조와 기능의 기본 단위인 네프론의 구성을 나타낸 것이다. 이에 대한 설명으로 옳지 않은 것은?

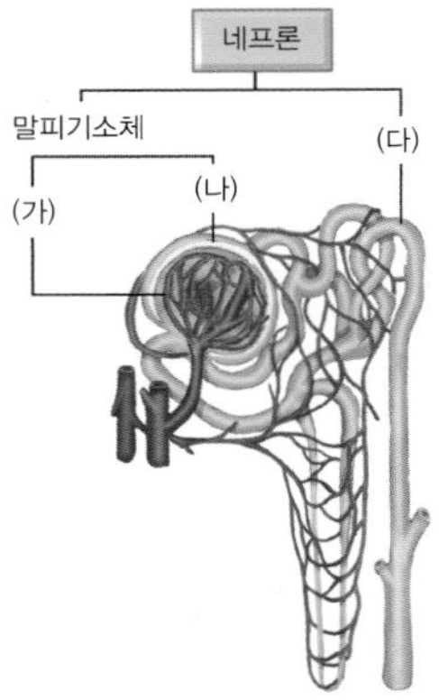

① (가)는 주로 콩팥의 속질에 분포한다.
② (나)는 보먼주머니이며 콩팥에서만 볼 수 있는 구조이다.
③ (다)는 세뇨관이라고 하며, 여러 세뇨관들이 모여 집합관이 된다.
④ (다) 주변에는 모세 혈관이 둘러싸고 있으며, 주로 속질에 분포한다.
⑤ 배설의 기능이 제대로 일어나려면 네프론의 구성 요소가 모두 필요하다.

Tip!

01 노폐물의 생성에 대한 설명으로 옳지 않은 것은?

① 세포호흡의 노폐물로 이산화 탄소와 물이 발생한다.
② 이산화 탄소는 폐를 통하여 날숨으로 우리 몸을 빠져 나간다.
③ 아미노산이 소화된 후 생성된 암모니아는 오줌으로 빠져 나간다.
④ 물은 폐, 피부, 콩팥을 통하여 다양한 형태로 우리 몸을 빠져 나간다.
⑤ 암모니아는 독성이 있어 그대로 우리 몸을 빠져나가지는 못하고 간에서 요소로 전환된 후 배설된다.

02 배설 기관에 대한 설명으로 옳은 것만을 〈보기〉에서 있는대로 고른 것은?

〈 보기 〉

ㄱ. 콩팥과 방광은 세뇨관으로 연결되어 있다.
ㄴ. 네프론은 콩팥의 겉질과 속질에 걸쳐 분포한다.
ㄷ. 콩팥 깔때기에 모인 오줌은 오줌관을 통해 방광으로 이동한 뒤 요도를 통해 몸 밖으로 나간다.

① ㄱ ② ㄴ ③ ㄱ, ㄴ ④ ㄱ, ㄷ ⑤ ㄴ, ㄷ

정답 및 해설 41쪽

[유형12-2] 오줌의 생성

네프론에서 오줌이 생성되는 과정을 모식도로 나타낸 것이다. 이 그림에 대한 설명으로 옳은 것은?

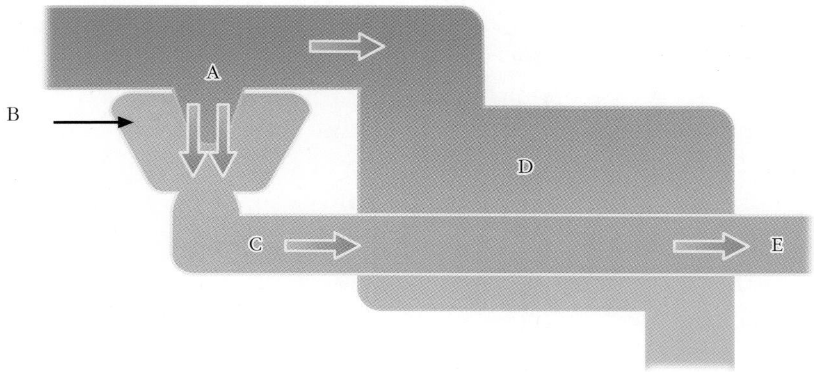

① A에서 B로 물질이 이동하는 것은 여과이며 확산의 원리로 일어난다.
② B는 사구체라고 하며 주머니 모양의 배설 기관이다.
③ C는 세뇨관이라고 하며 이곳에서는 재흡수만 일어난다.
④ D는 모세 혈관을 나타내며 콩팥 주위에 분포하며 재흡수와 분비가 일어난다.
⑤ E는 요도를 의미하고, 방광과 연결되어 오줌을 몸 밖으로 내보낸다.

03 오줌의 생성 과정에 대한 설명으로 옳지 않은 것은?

① 여과는 사구체에서 일어난다.
② 크기가 작은 물질만 여과가 일어난다.
③ 몸에 필요한 물질들이 모세 혈관으로 재흡수된다.
④ 모든 무기염류는 세뇨관에서 모세 혈관으로 100% 재흡수 된다.
⑤ 오줌의 배설 과정은 정교하게 조절되며, 이에 문제가 생기면 몸에 심각한 이상이 발생할 수 있다.

04 오줌의 배설 경로로 옳은 것은?

① 콩팥 동맥 → 사구체 → 보먼주머니 → 세뇨관 → 집합관
② 콩팥 정맥 → 사구체 → 보먼주머니 → 세뇨관 → 집합관
③ 모세 혈관 → 보먼주머니 → 사구체 → 세뇨관 → 집합관
④ 콩팥 동맥 → 보먼주머니 → 사구체 → 집합관 → 세뇨관
⑤ 콩팥 정맥 → 보먼주머니 → 사구체 → 집합관 → 세뇨관

Tip!

유형 익히기 & 하브루타

[유형12-3] 배설의 의의와 콩팥 질환

인공 콩팥의 원리 및 과정을 나타낸 것이다. 이에 대한 설명으로 옳지 않은 것은?

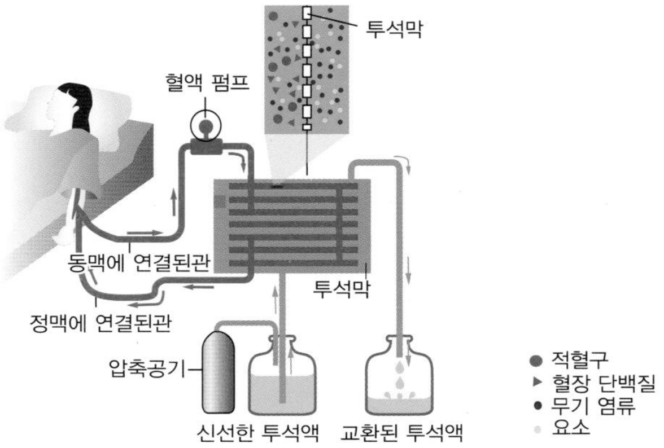

① 인공 콩팥은 콩팥의 기능을 대신하게 된다.
② 투석막은 우리 몸의 사구체의 역할을 대신한다.
③ 신선한 투석액에는 요소의 농도가 최저가 될수록 좋다.
④ 콩팥으로 들어가는 혈관이 콩팥 동맥이라는 것을 알 수 있다.
⑤ 콩팥 기능 상실증 환자에게 쓰는 치료법이며 복잡하다는 단점이 있다.

Tip!

05 물을 많이 마셨을 때 체액량과 물의 재흡수, 오줌량은 어떻게 되는 지 아래 표에서 고르시오.

	체액량	재흡수	오줌량
①	많아짐	낮아짐	적어짐
②	많아짐	낮아짐	많아짐
③	많아짐	높아짐	많아짐
④	적어짐	높아짐	많아짐
⑤	적어짐	높아짐	적어짐

06 배설에 대한 설명으로 옳은 것은?

① 배변도 배설의 일종이다.
② 항상성 유지에 관여하는 과정이다.
③ 콩팥은 반드시 두개가 다 있어야 한다.
④ 오줌에서 혈구가 섞여 나오는 것은 정상이다.
⑤ 콩팥 질환과 식생활 습관은 거의 관련이 없다.

정답 및 해설 41쪽

[유형12-4] 기관계의 상호작용

기관계의 상호작용을 나타낸 그림이다. 이 그림을 통하여 알 수 있는 것으로 가장 적절한 것은?

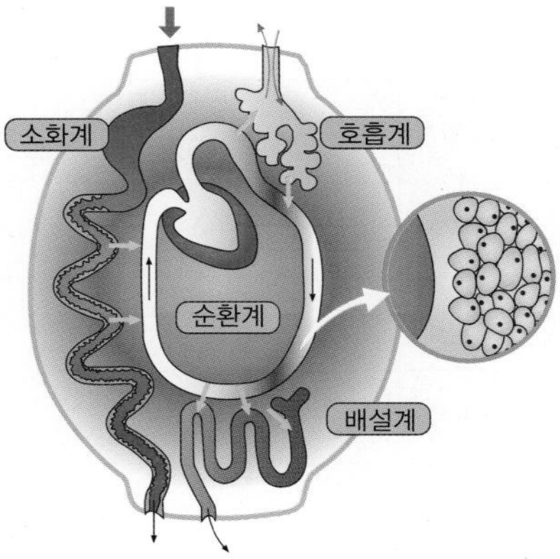

① 기관계는 서로 다른 위치에 있다.
② 기관계는 외부와 상호작용한다.
③ 기관계는 각자의 역할이 정확하게 분리되어 있다.
④ 기관계는 서로 상호작용 하며, 서로 밀접하게 연관되어있다.
⑤ 기관계는 서로 독립적으로 작용하면서 몸의 균형을 유지하는 역할을 한다.

07 기관계에 대한 설명으로 옳은 것을 〈보기〉에서 모두 고른 것은?

〈 보기 〉

ㄱ. 여러 기관계는 모두 독립적이다.
ㄴ. 소화계와 호흡계는 외부와 연결되어 있다.
ㄷ. 순환계는 혈액을 통하여 다른 기관계들과 상호작용 한다.

① ㄱ ② ㄴ ③ ㄱ, ㄴ ④ ㄴ, ㄷ ⑤ ㄱ, ㄴ, ㄷ

08 기관계에 대한 설명으로 옳은 것은?

① 순환계는 외부와 연결되어 있다.
② 소화계에 대장은 포함되지 않는다.
③ 배설계의 주요 기관은 콩팥이며, 항상성 유지에도 관여한다.
④ 모든 기관계는 서로 독립적으로 작용하여 효율성을 높이게 되어있다.
⑤ 호흡계는 주로 기체 교환과 소화가 끝난 노폐물의 처리를 담당하고 있다.

Tip!

창의력 & 토론마당

01 여러 가지 질소성 노폐물의 특성과, 여러 동물들의 질소성 노폐물의 종류와 비율을 나타낸 것이다.

종류	성질	노폐물 1g 배설시 필요한 수분량 (mL)	붕어	닭	사람
암모니아	수용성	500	73.3 %	3.0 %	4.8 %
요소	수용성	50	9.9 %	10.0 %	86.9 %
요산	불용성	10	-	87.0 %	0.65 %

암모니아는 요소나 요산에 비하여 독성이 많은데도 불구하고 붕어는 왜 암모니아를 주요 노폐물의 형태로 배설할 수 있는 지 서술하시오.

정답 및 해설 42쪽

02

건강한 사람이 기온에 따라 배출하는 오줌과 땀의 양의 그래프 (가)와, 오줌과 땀에 포함되어 있는 염분의 변화량의 그래프 (나)를 나타낸 것이다.

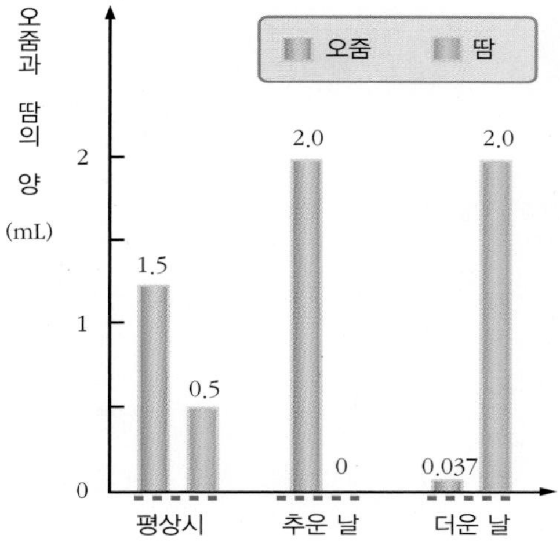

(가)

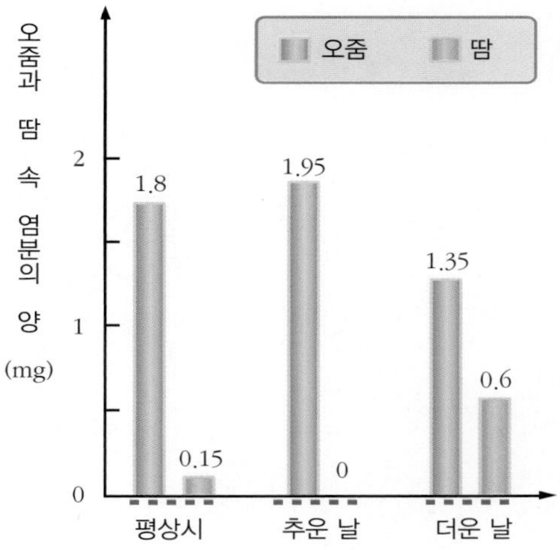

(나)

(1) 추운 날과 더운 날에 따른 오줌과 땀의 양을 비교하여 설명하시오.

(2) 그래프에 나타난 것처럼 기온에 맞추어 우리 몸이 오줌과 땀의 양과 농도를 조절하는 이유는 무엇인가?

03 콩팥에서 일어나는 물질의 여과량, 재흡수량, 배설량을 나타낸 것이고, 그림은 네프론에서 오줌을 만들 때 단백질과 물의 이동 경로를 나타낸 것이다. (단, 화살표 의 굵기는 물질의 상대적인 이동량을 나타낸 것이다.)

구분	여과량	재흡수량	배설량
물 (L/일)	180.0	178.2	1.8
포도당 (g/일)	180.0	180.0	0
아미노산 (g/일)	56.0	86.0	0
요소 (g/일)	52.2	26.1	26.1
단백질 (g/일)	0	0	0

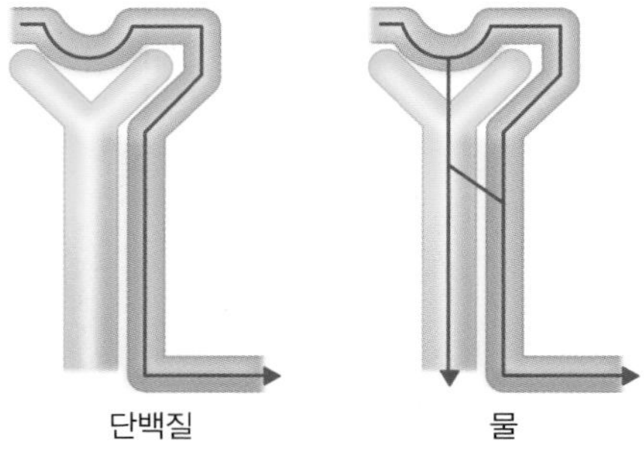

위의 표와 그림을 참고하여 포도당, 아미노산과 요소의 이동 경로를 그려보시오.

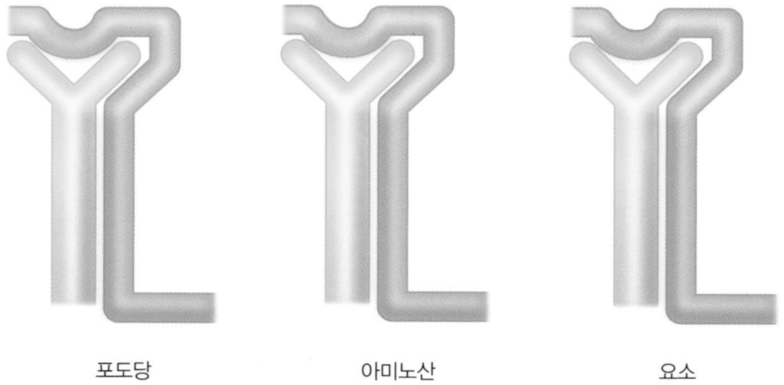

정답 및 해설 42쪽

04 사람이 일상 생활을 하는데 필요한 가구와 음식, 그리고 화장실이 달려 있는 방을 정밀한 저울에 매달아 무게를 잴 수 있다고 가정해 보자. 오로지 공기만이 방 내부와 외부를 자유롭게 이동할 수 있다. 방안의 음식을 모두 먹고 소화시킨 후 공부를 하였다. 일정 시간이 지난 후 무게를 재었을 때 방안의 무게는 처음의 무게와 어떻게 변화하였을 지 예상하여 그 이유와 함께 설명하시오.

스스로 실력 높이기

A

01 배설 기관에 대한 설명으로 옳은 것은 O표, 옳지 않은 것은 ×표 하시오.

(1) 탄수화물이 소화되면 이산화 탄소와 물의 형태로 노폐물이 생성된다. (　)

(2) 암모니아는 콩팥을 통하여 몸 밖으로 배설된다. (　)

(3) 세뇨관과 집합관은 콩팥의 겉질에 주로 분포한다. (　)

(4) 콩팥은 오줌관을 통하여 방광과 연결된다. (　)

02 배설 기관에 대한 설명이다. 〈보기〉를 보고 옳은 것만을 있는 대로 골라 기호로 답하시오.

〈 보기 〉

ㄱ. 네프론은 콩팥의 기본 단위이다.
ㄴ. 콩팥으로 들어가는 혈관은 콩팥 동맥이다.
ㄷ. 사구체는 모세혈관이다.

(　　　　)

03 괄호 안에 알맞은 말을 써 넣으시오.

(　　　　)은 소변을 만들어내는 콩팥의 구조와 기능의 기본 단위로, 사구체와 보먼주머니, 세뇨관으로 구성되어 있다.

(　　　　)

04 오줌의 생성에 대한 설명으로 옳은 것은 O표, 옳지 않은 것은 ×표 하시오.

(1) 여과는 사구체의 빠른 혈류 속도에 의하여 작은 물질이 걸러지는 과정이다. (　)

(2) 무기염류는 세뇨관에서 모세 혈관으로 100% 재흡수된다. (　)

(3) 분비는 미처 여과되지 않은 노폐물이 세뇨관으로 이동하는 과정이다. (　)

(4) 원뇨의 성분과 오줌의 성분은 거의 비슷하다. (　)

05 사구체와 보먼주머니에서 일어나는 (가)과정의 이름이 무엇인지 쓰시오.

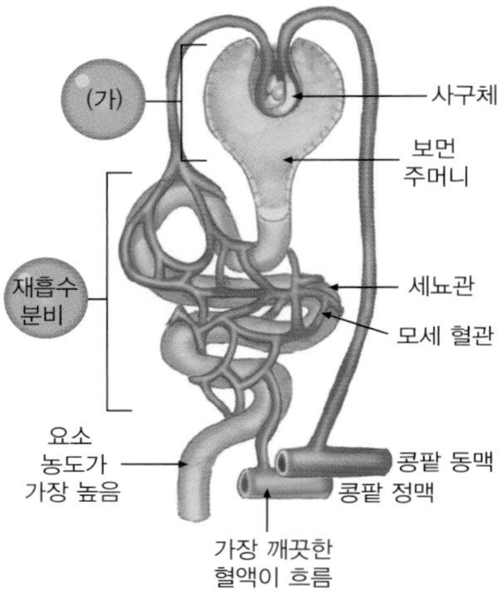

(가) : (　　　　)

06 〈보기〉의 물질 중 100% 재흡수가 되는 물질들을 모두 골라 기호로 나타내시오.

〈 보기 〉

ㄱ. 포도당　　ㄴ. 물　　ㄷ. 무기염류

(　　　　)

정답 및 해설 42쪽

07 물을 많이 마신 상황에서 체액의 양, 체액의 농도, 물의 재흡수량, 오줌량이 각각 어떻게 변하는지 비교해 놓은 것이다. A, B에 들어갈 말을 '증가'와 '감소' 중에서 골라 쓰시오.

체액의 양	체액의 농도	물의 재흡수량	오줌량
A	감소	B	증가

A : (　　　　)　　　B : (　　　　)

08 괄호 안에 알맞은 말을 써 넣으시오.

배설은 ㉠(　　　　)을 제거함으로써 생명 활동이 원활하게 일어나도록 하고 ㉡(　　　　)의 농도를 일정하게 유지시켜 항상성에도 관여한다.

㉠ : (　　　　)　　　㉡ : (　　　　)

09 기관계의 상호작용에 대한 설명으로 옳은 것은 ○표, 옳지 않은 것은 ×표 하시오.

(1) 순환계는 다른 모든 기관계들과 상호작용 한다. (　)

(2) 호흡계에서는 폐포를 통하여 기체 교환이 일어난다. (　)

(3) 소화계는 특정한 관을 통하여 배설계와 연결되어 있다. (　)

(4) 기관계의 상호 작용의 궁극적인 목적은 에너지의 생성이다. (　)

10 배설계에 대한 설명이다. <보기>를 보고 옳은 것만을 있는 대로 골라 기호로 답하시오.

〈 보기 〉

ㄱ. 배설계는 소장을 통하여 노폐물을 몸 밖으로 내보낸다.
ㄴ. 배설계는 순환계와 연결되어 있어 노폐물들을 받아 처리한다.
ㄷ. 배설계에 가장 중심이 되는 기관은 콩팥이다.

(　　　　)

B

11 설명에 해당하는 기관의 이름을 쓰시오.

· 쓸개즙을 생성한다.
· 독성 물질들을 해독하는 역할을 한다.
· 요소를 합성한 후 콩팥으로 보낸다.

(　　　　)

12 네프론에서 오줌이 생성되는 과정을 나타낸 것이다. 그림을 참고하여 괄호 안에 알맞은 말을 써 넣으시오.

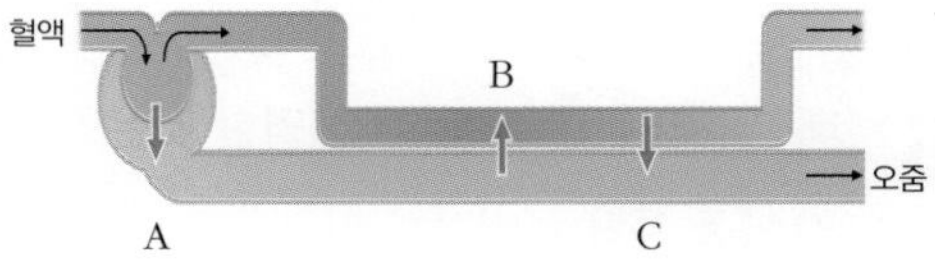

콩팥에서 크기가 작은 물질들은 혈액의 압력차에 의해 A(　　　　)되어 걸러지고 세뇨관을 지나는 동안 우리 몸에 필요한 물질들은 모세혈관으로 B(　　　　)된다. 그리고 모세혈관에서 세뇨관으로 C(　　　　)가 일어나 남아 있는 노폐물이 이동한다.

A : (　　　　), B : (　　　　), C : (　　　　)

13 빈칸에 공통적으로 들어갈 혈관의 이름을 쓰시오.

· 폐포는 (　　　)으로 둘러쌓여 있다.
· 사구체는 (　　　)이 뭉친 덩어리이다.
· 세뇨관 주변에는 (　　　)이 분포한다.

(　　　　　　)

14 사구체에서 보먼주머니로 이동하는 물질만을 〈보기〉에서 모두 골라 기호로 쓰시오.

〈 보기 〉
ㄱ. 물　ㄴ. 요소　ㄷ. 단백질
ㄹ. 적혈구　ㅁ. 포도당　ㅂ. 무기 염류

(　　　　　　)

15 배설의 의미를 가장 잘 설명한 것은?

① 폐를 통하여 이산화 탄소등을 내보낸다.
② 소화를 완료하고 대변을 몸 밖으로 내보낸다.
③ 콩팥에서 만들어진 오줌을 내보내는 과정이다.
④ 체내의 항상성을 유지하기 위하여 물을 밖으로 내보내는 과정이다.
⑤ 영양소의 분해 결과 생성된 노폐물을 여러 가지 형태를 통하여 몸밖으로 내보내는 과정이다.

16 포도당과 지방산, 모노 글리세리드에는 없고 아미노산에만 포함되어 있는 구성 원소만을 〈보기〉에서 모두 고른 것은?

〈 보기 〉
ㄱ. 탄소　ㄴ. 질소　ㄷ. 산소　ㄹ. 수소

① ㄱ　② ㄴ　③ ㄷ
④ ㄷ, ㄹ　⑤ ㄱ, ㄹ

17 배설과 콩팥 질환에 대한 설명으로 옳은 것만을 〈보기〉에서 모두 고른 것은?

〈 보기 〉
ㄱ. 심하게 짠 음식은 콩팥에 좋지 않다.
ㄴ. 배설은 우리 몸의 항상성을 유지하는 데 중요한 역할을 한다.
ㄷ. 콩팥 질환의 증상으로 몸이 붓거나 심한 피로감이 온다.

① ㄱ　② ㄴ　③ ㄱ, ㄴ
④ ㄴ, ㄷ　⑤ ㄱ, ㄴ, ㄷ

18 그림은 인공 콩팥의 투석막을 나타낸 것이다. 이와 비슷한 과학적 원리를 이용한 것을 고르시오.

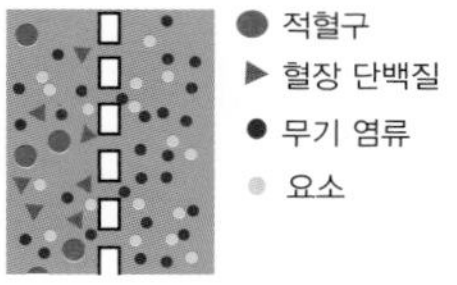

① 채를 이용하여 흙을 걸러낸다.
② 물은 높은 곳에서 낮은 곳으로 흐른다.
③ 향수를 뿌리면 냄새가 방안을 가득 채운다.
④ 빗면을 이용하여 높은 곳에 물체를 올려 놓는다.
⑤ 고정 도르래를 이용하여 바닥에 있던 물체를 옥상으로 끌어 올린다.

정답 및 해설 42쪽

[19~20] 오줌의 생성 과정을 모식도를 통하여 나타낸 것이다.

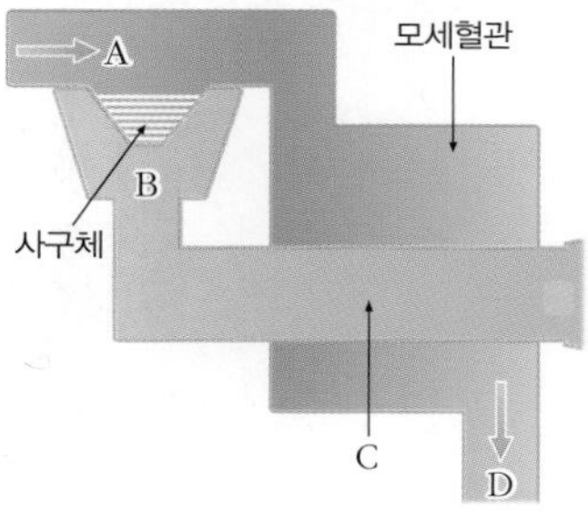

19 위에 대한 설명으로 옳은 것은?

① A에는 단백질이 섞여 있지 않다.
② B는 보먼주머니로 모세 혈관이다.
③ C는 세뇨관으로 집합관으로 모이게 된다.
④ D는 콩팥 동맥과 연결되어 콩팥을 빠져나간다.
⑤ 재흡수와 분비는 사구체와 보먼주머니를 통하여 일어난다.

20 오줌의 생성에 대한 설명이다. 빈칸에 공통으로 들어갈 알맞은 말을 고르시오.

> 사구체는 (　　　　)이 실타래처럼 뭉쳐 있어 높은 혈압에 의해 크기가 작은 물질들을 걸러낸다. 그리고 여과된 혈액은 세뇨관 주변에 (　　　　)으로 재흡수와 분비 과정을 통하여 여러 가지 물질들을 처리하게 된다.

① 모세혈관　　② 정맥
③ 동맥　　④ 림프관
⑤ 도관

C

21 사람의 배설 기관을 나타낸 것이다. 이에 대한 설명으로 옳지 않은 것은?

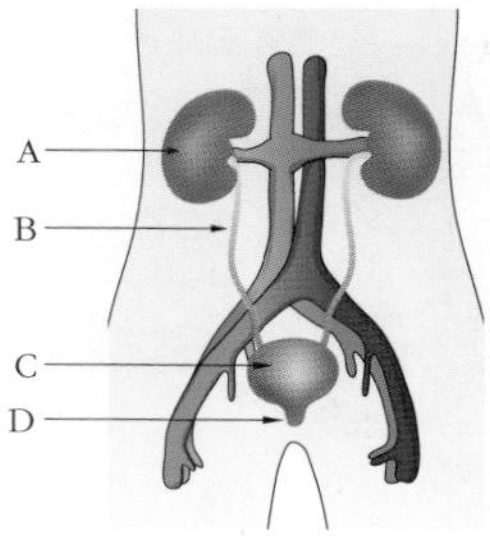

① A는 콩팥이며 좌우에 한쌍이 있다.
② B는 오줌관이며 콩팥과 방광을 연결한다.
③ C는 콩팥깔때기로 오줌을 모아 일시적으로 저장한다.
④ D는 요도로 생성된 오줌이 몸 밖으로 빠져나가는 통로이다.
⑤ 배설 기관은 순환계와 연결되어 있으며 노폐물 처리를 위하여 상호작용한다.

22 동물체의 여러 기관계를 나타낸 것이다. 이에 대한 설명으로 옳지 않은 것은?

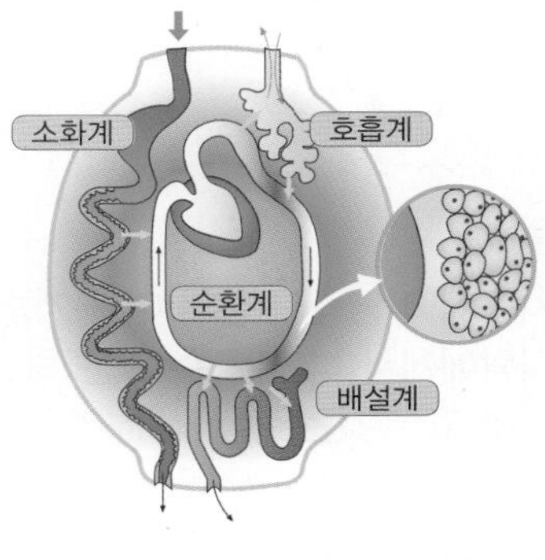

① 순환계는 영양소와 산소를 세포에 전해준다.
② 호흡계에서 산소를 받아들이고 이산화 탄소를 몸 밖으로 내보낸다.
③ 소화계에서 영양소를 체내로 흡수하는 작용이 일어난다.
④ 소화관에서 흡수되지 않은 물질은 배설계를 통해 몸밖으로 내보내진다.
⑤ 세포는 영양소를 산화시켜 생명 활동에 필요한 에너지를 얻는다.

스스로 실력 높이기

23 인공 콩팥(혈액 투석 장치)을 나타낸 것이다. 이에 대한 설명으로 옳은 것만을 〈보기〉에서 있는 대로 고른 것은?

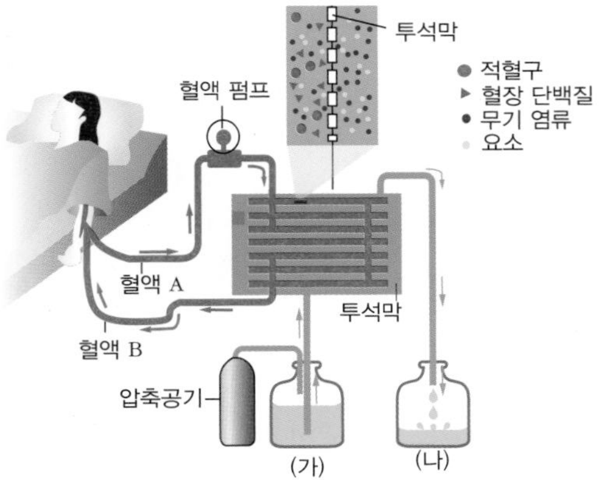

〈 보기 〉

ㄱ. 혈액 A는 환자의 동맥에서 나온다.
ㄴ. 혈액 B는 환자의 정맥으로 들어간다.
ㄷ. 요소의 농도는 투석액(가)가 (나)보다 높다.
ㄹ. 투석액과 혈액에 들어 있는 노폐물의 농도 차를 이용하여 노폐물을 걸러낸다.

① ㄱ, ㄴ ② ㄷ, ㄹ ③ ㄱ, ㄴ, ㄷ
④ ㄱ, ㄴ, ㄹ ⑤ ㄴ, ㄷ, ㄹ

24 사구체에 염증이 생겨 여과 기능에 문제가 생긴 사람에게서 나타날 수 있는 증상을 〈보기〉에서 <u>모두</u> 고른 것은?

〈 보기 〉

ㄱ. 오줌에서 혈액이 섞여 나온다.
ㄴ. 오줌에 단백질이 섞여 나온다.
ㄷ. 오줌 속의 요소의 농도가 건강한 사람보다 더 높아진다.

① ㄱ ② ㄷ ③ ㄱ, ㄴ
④ ㄴ, ㄷ ⑤ ㄱ, ㄴ, ㄷ

25 건강한 사람의 콩팥 구조 중 일부를 모식도로 나타낸 것이다. 각 부위의 용액을 채취하여 베네딕트 반응과 뷰렛 반응을 시켰을 때, 검출 반응이 일어나는 부위를 옳게 짝지은 것은?

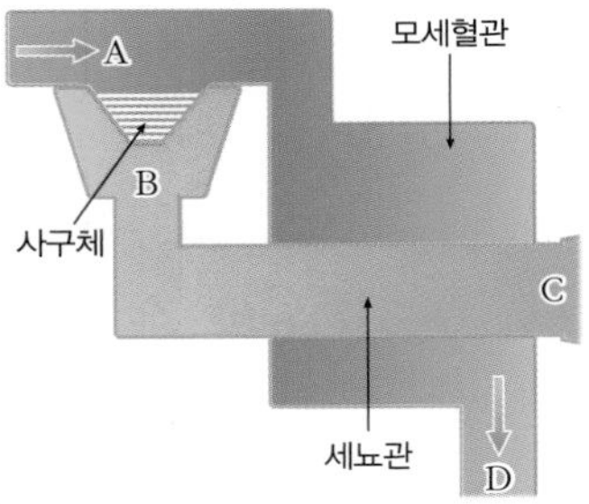

	베네딕트 반응	뷰렛 반응
①	A	B
②	B	C
③	C	B
④	C	D
⑤	D	A

[26~27] 3대 영양소의 배설 과정을 모식도로 나타낸 것이다.

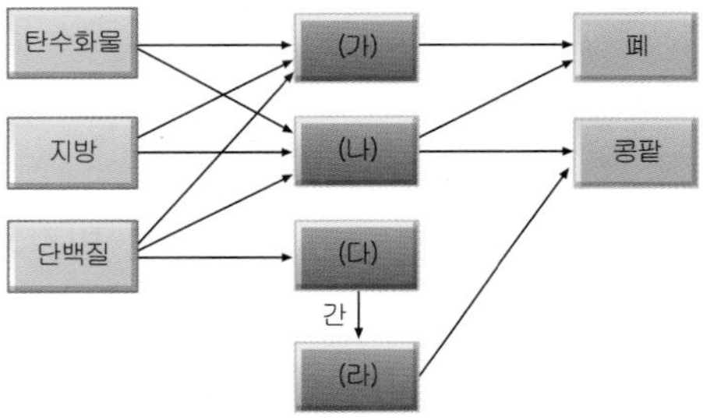

26 (가)~(라)에 해당하는 것이 무엇인지 쓰시오.

27 (다)는 간에서 (라)로 바뀌어서 처리가 되는데 그 이유를 쓰시오.

정답 및 해설 43쪽

[28~29] 건강한 사람의 혈장, 여과액, 오줌에서 여러 가지 물질의 농도를 비교한 것이다.

(단위: g/100 mL)

물질	혈장	여과액	오줌
물	90	90	95
단백질	7	0	0
포도당	0.1	0.1	0
아미노산	0.05	0.05	0
요소	0.03	0.03	2.0

28 혈장 속에는 단백질이 포함되어 있으나 여과액 속에는 포함되어 있지 않은 이유를 서술하시오.

29 포도당과 아미노산이 여과액에는 있으나 오줌에는 포함되어 있지 않은 이유를 서술하시오.

30 겨울철에는 여름철보다 오줌량이 증가하는 이유와 이를 통해 알 수 있는 배설의 의의를 한 가지만 서술하시오.

창의력 서술

31 다음 〈보기〉를 읽고 물음에 답하시오.

〈 보기 〉

달걀 다이어트식

완전 식품 달걀이 주 메뉴인 화학적 다이어트 방법으로 하루 평균 700~900Kcal의 적은 칼로리지만 달걀 하나에 모든 영양소가 들어있어 효율적으로 섭취할 수 있다. 단, 주의사항은 달걀은 삶아서 소금을 치지 않고 간을 전혀 하지 않은 상태로 달걀과 야채만 섭취해야 한다. 이 다이어트 방식은 처음에는 체중이 감소하지만, 다시 염분이 든 음식과 탄수화물을 섭취하게 되면 체중이 증가하며 몸이 붓는다.

달걀 다이어트식 이후 일반식을 하게 되면 체중이 증가하는 이유를 설명하시오.

32 여름철 땀을 지나치게 지속적으로 많이 흘리게 되면 건강에 해로운 이유를 설명하시오.

인공 심장

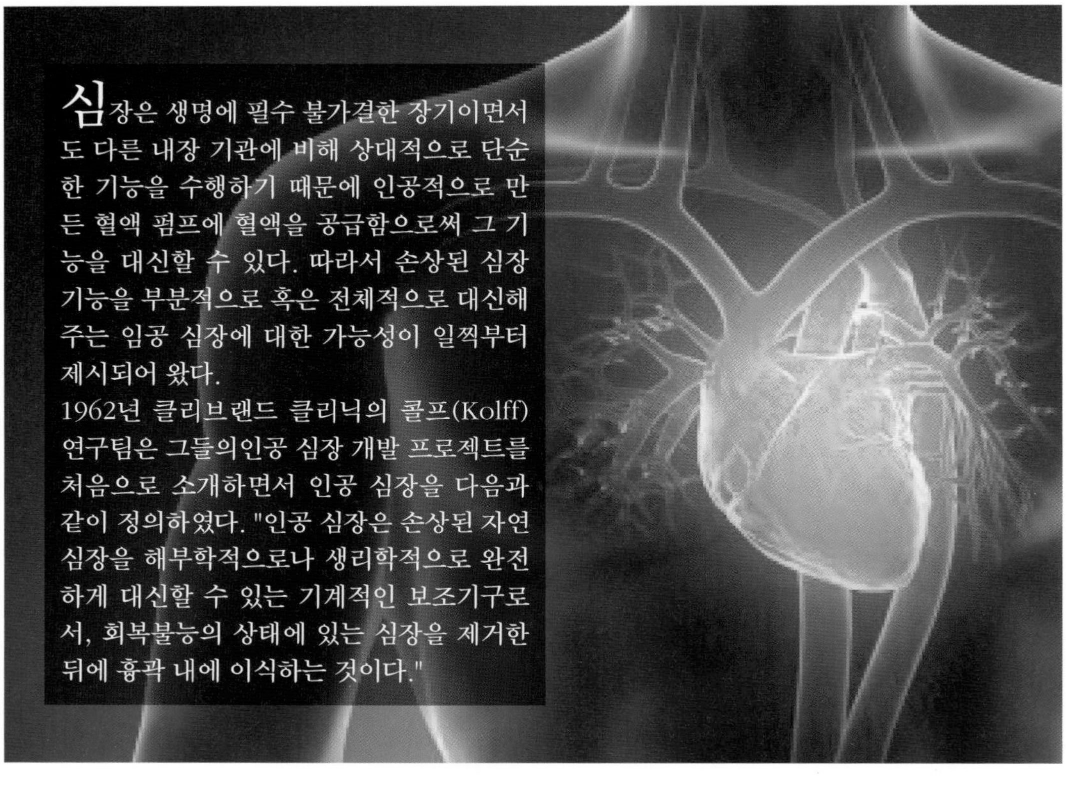

심장은 생명에 필수 불가결한 장기이면서도 다른 내장 기관에 비해 상대적으로 단순한 기능을 수행하기 때문에 인공적으로 만든 혈액 펌프에 혈액을 공급함으로써 그 기능을 대신할 수 있다. 따라서 손상된 심장 기능을 부분적으로 혹은 전체적으로 대신해 주는 인공 심장에 대한 가능성이 일찍부터 제시되어 왔다.

1962년 클리브랜드 클리닉의 콜프(Kolff) 연구팀은 그들의인공 심장 개발 프로젝트를 처음으로 소개하면서 인공 심장을 다음과 같이 정의하였다. "인공 심장은 손상된 자연 심장을 해부학적으로나 생리학적으로 완전하게 대신할 수 있는 기계적인 보조기구로서, 회복불능의 상태에 있는 심장을 제거한 뒤에 흉곽 내에 이식하는 것이다."

인공 심장은 기능상 완전 인공 심장인 TAH(Total Artificial Heart)와 보조 인공 심장인 VAD(Ventricular Assist Device), IABP(Intra Aortic Baloon Pump)로 나눌 수 있다.

▼ TAH(Total Artificial Heart)

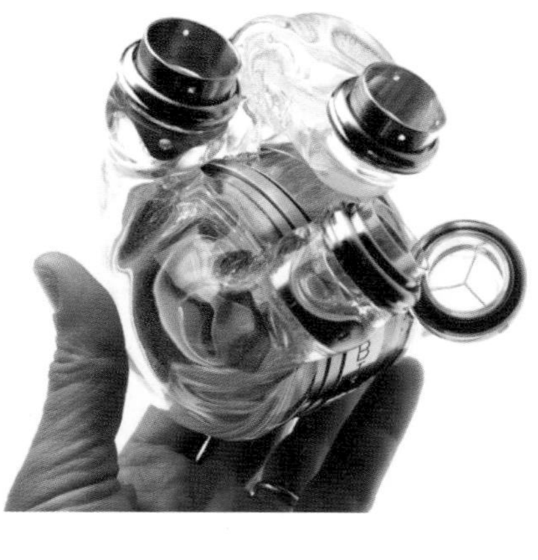

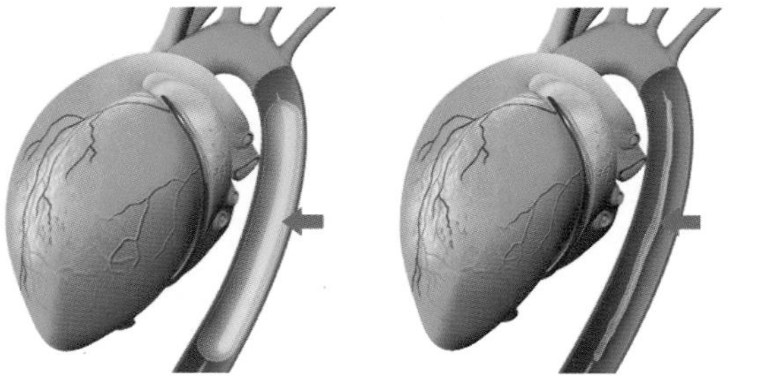

▲ IABP(Intra Aortic Baloon Pump)

IABP는 인공 심장의 가장 원시적인 형태로 혈액 순환의 일부만을 보조하는 역할을 하지만, 시술이 비교적 간단하기 때문에 현재 가장 많이 사용되고 있다.

정답 및 해설 44쪽

IABP의 기본 원리는 대퇴 동맥이나 말초 동맥으로부터 풍선을 부착한 관을 왼쪽 빗장밑 동맥 바로 아래까지 삽입하고, 풍선의 수축과 확장을 심장의 박동 주기에 맞추어 작동시킨다. 이는 심장의 확장기에 풍선이 확장되고, 수축기 직전에 풍선이 급속히 수축되어, 좌심실압을 낮추어 줌으로써 심장의 부담을 덜어준다. 동시에 심장 근육이 운동할 때 사용하는 산소 소비량을 감소시키는데 도움을 준다. 또한 심장 동맥은 심장에 양분을 공급하는 기능을 하는데, IABP의 사용에 의하여 심장 동맥에 들어가는 혈류량을 증가시킨다.

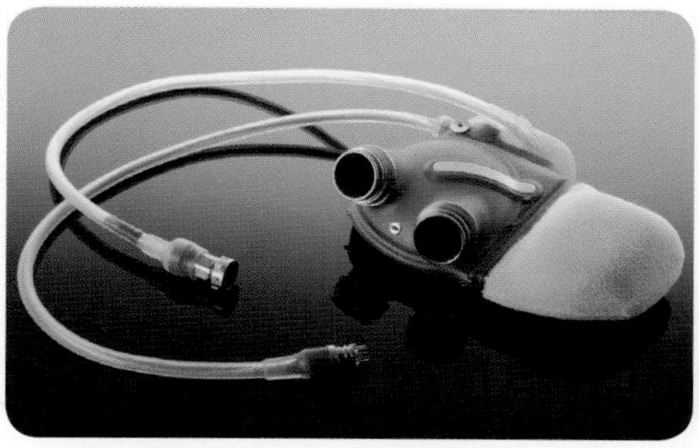
▲ VAD(Ventricular Assist Device)

IABP만으로 혈액 순환이 불가능한 경우에 사용되는 것이 VAD이다. 이는 심실의 혈액 방출 작업을 보조해 주는 장치이다. 주로 좌심실에 걸리는 부하가 많기 때문에 좌심실의 기능에 이상이 생긴 환자가 많으며, 따라서 좌심실보조장치(Left VAD)가 보편적으로 많이 사용되고 있다.

한편 심장의 기능이 완전히 저하된 경우 자연 심장의 기능을 전적으로 대신해 주는 TAH를 사용한다. TAH는 자연 심장의 좌우심방과 대동맥 및 폐동맥과 연결 부위를 잘라낸 자리에 부착되어 자연 심장의 기능을 완전히 대체하는 것이다.

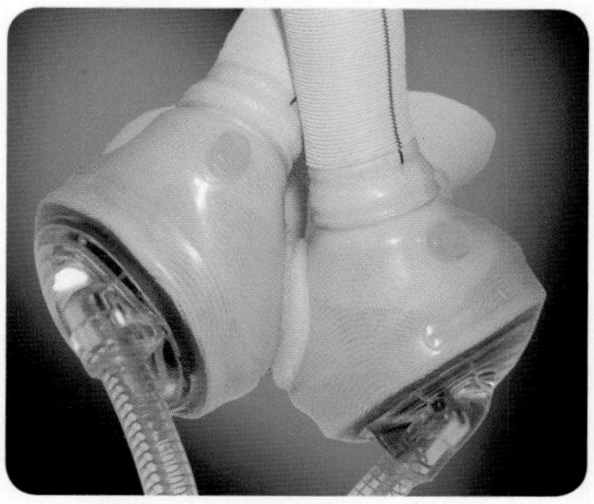
TAH(Total Artificial Heart) ▶

현재 인공 심장 장치의 문제점은 에너지와 크기이다. 인공 심장 장치는 큰 에너지를 필요로 하기 때문에 배터리의 규모가 커지게 되고, 결국 전체적인 장치의 크기가 커지게 된다. 따라서 에너지 효율이 높은 장치를 개발하는 것이 관건이다. 또한 실제 심장의 피는 뭉치지 않는 반면 인공 심장 장치는 이물질이기 때문에 플라스틱, 금속 등에 피가 뭉치는 것이 가장 큰 문제로 지적되고 있다. 인체에 이식할 수 있는 인공 심장이 되기 위해선 아직도 많은 문제점을 해결해야 한다.

전 세계적으로 많은 연구팀들은 전기 기계식 인공 심장이 차세대 인공 심장으로 가능하리라 예상하고 이의 개발에 매진하고 있다. 자연 심장의 기능을 완벽하게 대신할 수 있는 인공 심장의 개발이 현재는 매우 어렵고 힘들지만, 급속히 발전하고 있는 기초 과학 및 응용 과학의 도움으로 인하여 현재의 인공 심장이 가지고 있는 문제들이 하나씩 해결될 수 있으리라 기대해 본다.

Q1 현재 상용화된 인공 심장 장치가 갖고 있는 문제점은 무엇인가?

Project 3 - 탐구

[탐구-1] 영양소 검출

준비물 | 녹말풀, 양파즙, 달걀 흰자, 식용유, 아이오딘-아이오딘화 칼륨 용액, 베네딕트 용액, 수단Ⅲ 용액, 뷰렛 용액, 알코올 램프, 집게

실험 과정

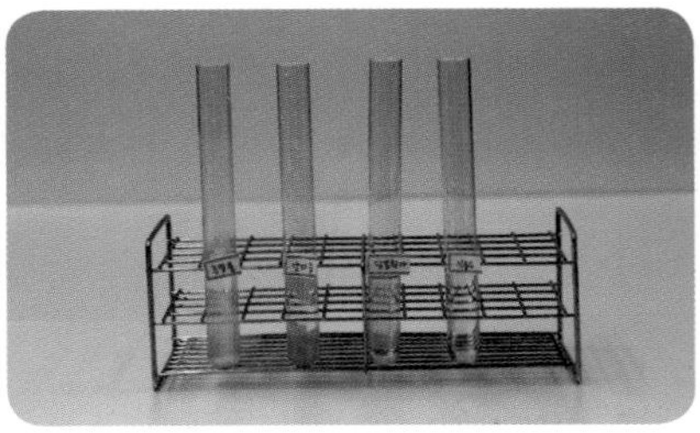

시험관1	시험관2	시험관3	시험관4
녹말풀	양파즙	달걀 흰자	식용유

① 위의 표와 같이 처리한 시험관1~4를 4세트 만든다.

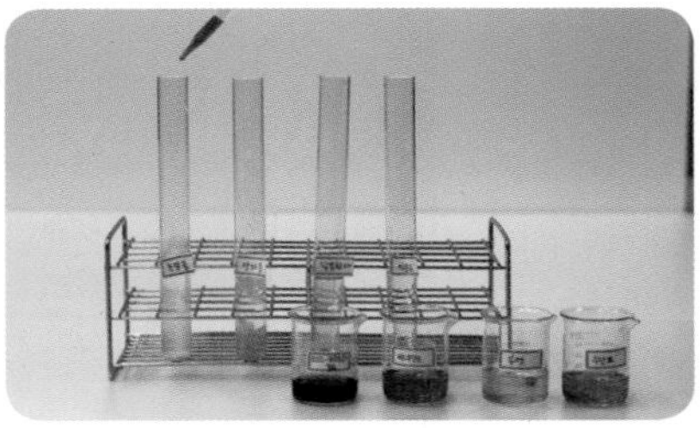

② 첫번째 세트의 시험관1~4에 아이오딘-아이오딘화 칼륨 용액을 넣어서 시험관 용액의 색깔 변화를 관찰한다.

③ 두번째 세트의 시험관1~4에 베네딕트 용액을 넣어서 음식물과 잘 섞은 후, 시험관을 가열하여 시험관 용액의 색깔 변화를 관찰한다.

④ 세번째 세트의 시험관1~4에 뷰렛 용액을 넣고, 네번째 세트의 시험관1~4에 수단Ⅲ 용액을 넣어 각 시험관 용액의 색깔 변화를 관찰한다.

정답 및 해설 44쪽

탐구 결과 아래 표에 시험관 용액의 색깔 변화를 적어보자.

음식물	아이오딘-아이오딘화 칼륨 용액	베네딕트 용액	뷰렛 용액	수단Ⅲ 용액
녹말풀				
양파즙				
달걀 흰자				
식용유				

탐구 문제

1. 각 음식물에 주로 포함된 영양소를 쓰시오.

2. 과정 ③의 베네딕트 반응에서 시험관을 가열하는 이유는 무엇인가?

3. 식용유 대신 고체 상태인 버터를 사용할 경우 어떤 실험 과정을 추가해야 할까?

4. 〈보기〉는 영양소 검출 시약을 사용하지 않고 당분, 단백질, 지방을 검출할 수 있는 방법이다. 각 방법은 어떤 영양소를 검출할 수 있는 것인지 쓰시오.

〈 보기 〉

㉠ 흰색 종이나 천에 묻힌 후 말리면 반투명 얼룩이 생긴다.
㉡ 물질을 태웠을 때 머리카락 타는 냄새가 난다.
㉢ 맛을 보았을 때 단맛이 난다.

당분 (　　　) 단백질 (　　　) 지방(　　　)

정답 및 해설 44쪽

[탐구-2] 들숨과 날숨의 성분

준비물 | BTB 용액, 빨대, 비커, 석회수

실험 과정

BTB 용액의 변화 관찰

① 2개의 비커 A와 B에 청색 BTB 용액을 같은 양 넣는다.

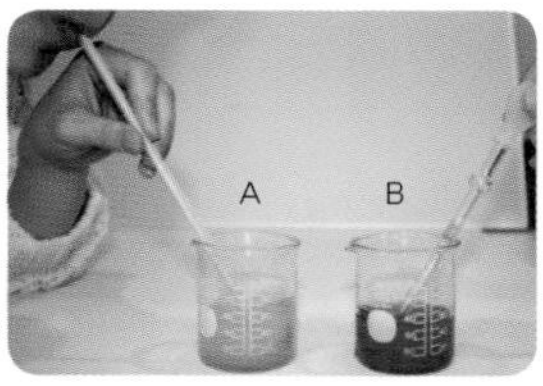

② 비커 A에 빨대로 입김을 불어 넣고, 비커 B에는 공기 펌프로 공기를 넣으며 BTB 용액의 색깔 변화를 관찰한다.

석회수의 변화 관찰

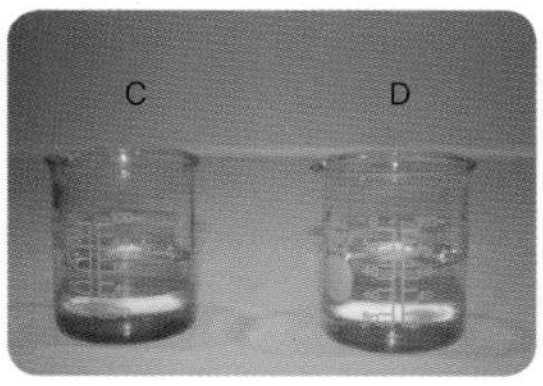

③ 2개의 비커 C와 D에 석회수를 같은 양 넣는다.

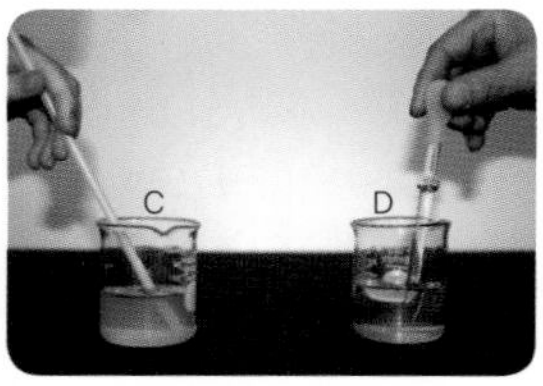

④ 비커 C에는 빨대로 입김을 불어넣고, 비커 D에는 공기 펌프로 공기를 넣으며 석회수의 변화를 관찰한다.

탐구 결과 각 비커 안에 있는 용액의 색깔 변화를 적어보자.

구분	비커 A	비커 B
BTB 용액의 변화		

구분	비커 C	비커 D
석회수의 변화		

1. 실험에서 빨대로 입김을 불어 넣을 때와 공기 펌프로 공기를 넣을 때는 들숨과 날 숨 중 어느 경우를 나타내기 위한 것인가?
   (1) 빨대로 입김을 불어 넣을 때 :
   (2) 공기 펌프로 공기를 넣을 때 :

2. 이 실험에서 BTB 용액의 색깔이 변하고, 석회수가 뿌옇게 흐려지는 이유는 무엇인가?

탐구 문제

1. BTB 용액의 액성에 따른 색깔을 쓰시오.

구분	염기성	중성	산성
BTB 용액의 색깔			

2. 석회수는 주로 무엇을 확인할 때 사용하는 시약인가?

3. 실험 결과로 알 수 있는 들숨과 날숨의 성분의 차이점을 서술하시오.

4. 석회수에 입김을 계속 불어 넣으면 어떠한 변화가 나타날까?

창의력과학

세페이드

창의력과학

세페이드

2F. 생명과학(상) 개정판
정답과 해설

윤찬섭
무한상상 영재교육 연구소

〈온라인 문제풀이〉
[스스로 실력 높이기] 는 동영상 문제풀이를 합니다.
http://cafe.naver.com/creativeini

무한상상

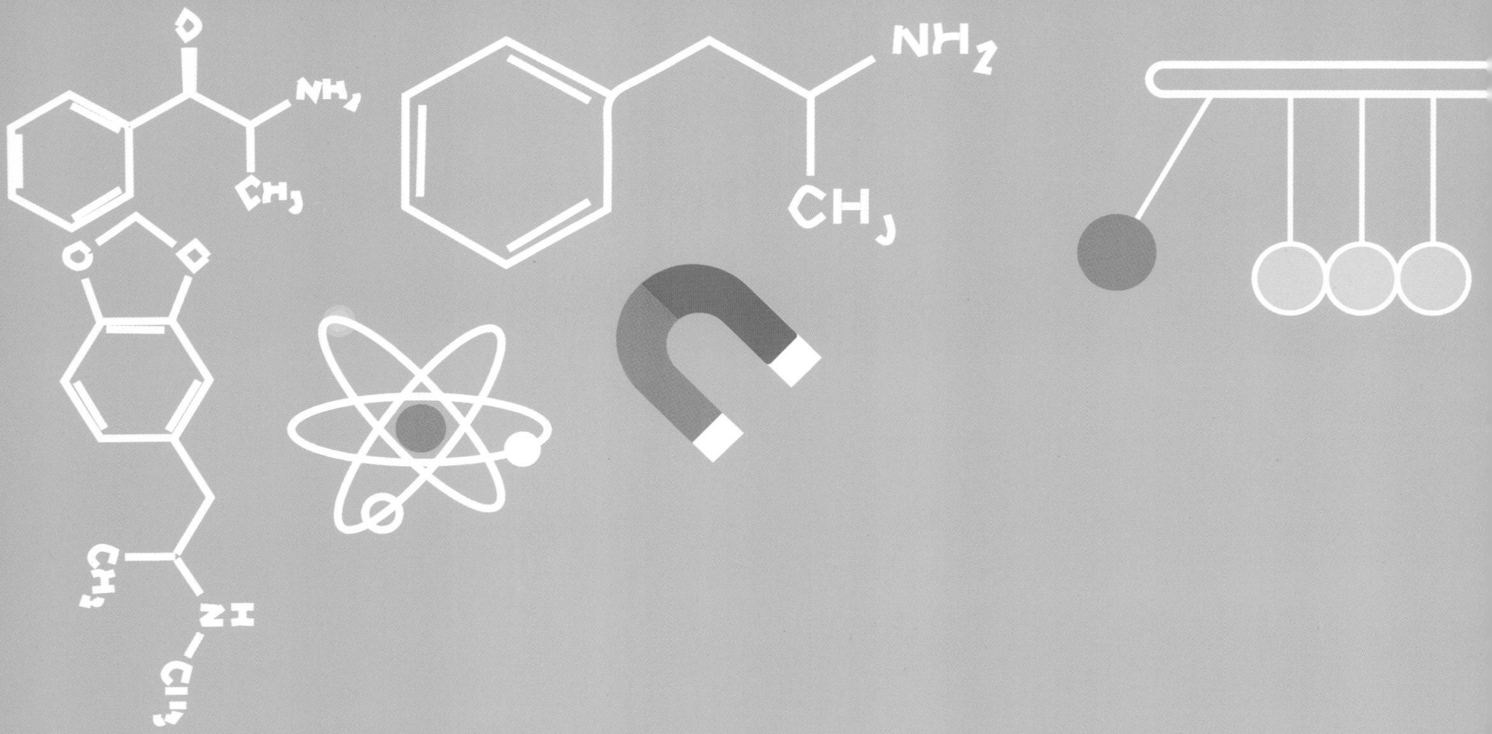

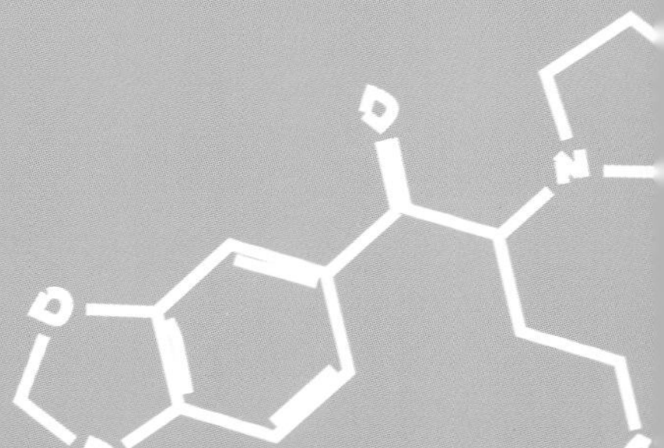

창의력과학

세페이드

2F. 생명과학(상) 개정판
정답과 해설

〈온라인 문제풀이〉
[스스로 실력 높이기] 는 동영상 문제풀이를 합니다.
http://cafe.naver.com/creativeini

무한상상

Ⅰ 생물의 구성

1강. 세포와 세포의 관찰

개념 확인 10~13쪽

1. A 접안렌즈, F 대물렌즈　2. 800
3. 세포　4. (1) 액포 (2) 핵

확인+ 10~13쪽

1. B 조동 나사, C 미동 나사
2. ㉠ 짧다 ㉡ 작다 ㉢ 넓다 ㉣ 길다 ㉤ 어둡다 ㉥ 적다
3. (1) X (2) O (3) O (4) X (5) O
4. 엽록체, 세포벽

3. 답 (1) X (2) O (3) O (4) X (5) O
해설 (1) 식물 세포에는 세포벽이 있지만, 동물 세포에는 세포벽이 없다.
(4) 세포의 크기와 모양은 한 생물체 내에서도 부위에 따라 다르다.

4. 답 엽록체, 세포벽
해설 식물 세포에만 있는 세포의 구조에는 엽록체와 세포벽이 있다. 액포는 식물 세포에 더 크게 발달되어 있지만, 식물 세포에만 있는 것은 아니다.

개념 다지기 14~15쪽

01. ⑤　02. ①　03. ⑤　04. ④　05. ④
06. ②

01. 답 ⑤
해설 ① A는 눈을 대고 보는 접안 렌즈이다.
② B는 현미경 표본에 접하는 대물 렌즈이다.
③ C는 재물대로 올라오는 빛을 조절하는 조리개이다.
④ D는 빛을 반사시켜 빛을 대물렌즈로 보내는 반사경이다.

02. 답 ①
해설 재물대 이동식 현미경은 조절 나사를 돌리면 재물대가 상하로 움직이면서 상이 좌우 반대로 보이는 현미경이다. 상을 중앙(↗)방향으로 움직이려면 ↗ 방향과 좌우 반대인 ↖ 방향으로 표본을 움직여야 한다.

03. 답 ⑤
해설 그림은 모두 사람의 몸을 구성하는 세포이다. 세포의 모양과 크기는 세포의 기능과 세포가 있는 부위에 따라 다양하다.

04. 답 ④
해설 ㄴ. 생물체의 종류에 따라 세포의 모양과 크기는 다양하다.
ㅁ. 세포의 기능과 세포가 있는 부위에 따라 여러 종류의 세포로 구분할 수 있다.

05. 답 ④
해설 ① 세포질은 핵과 세포막 사이의 물질로 세포 소기관을 포함한다.
② 세포벽은 식물 세포의 세포막 바깥을 둘러싸는 단단한 벽이다.
③ 핵은 세포 활동을 조절하며 유전 물질이 들어있다. 양분과 노폐물의 저장 장소는 액포이다.
⑤ 식물 세포에도 미토콘드리아를 관찰할 수 있다.

06. 답 ②
해설 세포벽(A)이 있어 세포의 형태가 유지되고, 액포(D)가 크게 발달한 것을 관찰할 수 있고, 엽록체(C)가 있다.

유형 익히기 & 하브루타 16~19쪽

[유형1-1] A : 접안렌즈, B : 대물렌즈, C : 조리개,
D : 조동 나사, E : 미동나사
01. H 조리개, I 반사경
02. A 접안렌즈, D 대물렌즈
[유형1-2] ④　03. 200　04. ①, ③
[유형1-3] ⑤　05. ⑤　06. (1)X (2)O (3)X
[유형1-4] A : 핵, B : 미토콘드리아, C : 엽록체,
D : 세포벽, E : 세포막, F : 액포
07. (1) 세포막 (2) 엽록체
(3) 미토콘드리아 (4) 액포
08. C 엽록체, F 세포벽

[유형1-1] 답 A : 접안렌즈, B : 대물렌즈, C : 조리개, D : 조동 나사, E : 미동 나사
해설 A는 눈을 대고 보는 렌즈로 대물렌즈에 의해 확대된 상을 2차로 확대한다.
B는 현미경 표본에 접하는 렌즈로 물체의 상을 1차로 확대한다.
C는 재물대로 올라오는 빛의 양을 조절한다.
D는 재물대를 위아래로 움직여 대강의 상을 찾을 때 사용한다.
E는 재물대를 미세하게 움직여 정확한 상을 찾을 때 사용한다.

01. 답 H 조리개, I 반사경
해설 빛의 양을 조절하여 관찰할 표본의 밝기를 조절하는 장치는 조리개와 반사경이다. 조리개는 재물대로 올라오는 빛의 양을 조절하는 장치이며, 반사경은 빛을 반사시켜 빛을 대물렌즈로 보내는 역할을 하는 거울이다.

02. 답 A 접안렌즈, D 대물렌즈
해설 물체의 상을 확대하는 장치는 접안렌즈와 대물렌즈이다. 대물랜즈는 현미경 표본에 접하는 렌즈로 물체의 상을 1차로 확대한다. 접안렌즈는 눈을 대고 보는 렌즈로 대물렌즈에 의해 확대된 상을 2차로 확대한다.

[유형1-2] 답 ④
해설 상이 상하좌우가 반대로 보이는 현미경은 경통 이동식 현미경이다. 경통 이동식 현미경으로 글자를 관찰하면 종이에 글자를 쓰고 180° 돌렸을 때의 모습과 같다.

03. 답 200배
해설 많은 수의 세포를 관찰할 수 있는 배율은 저배율이다. 저배율일 때 상의 범위가 넓어서 보이는 상의 수가 많아진다. 접안렌즈의 배율과 대물렌즈의 배율의 곱이 현미경의 배율이고 현미경의 배율이 낮을수록 저배율이므로, 접안렌즈와 대물렌즈가 각각 가장 낮은 배율일 때 가장 많은 수의 세포를 관찰할 수 있다.

(접안렌즈 10배) × (대물렌즈 20배) = 200배

04. 답 ①, ③
해설 고배율의 특징

구분	대물렌즈 길이	상의 크기	상의 밝기	상의 범위	보이는 상의 수	작동 거리
고배율	길다	크다	어둡다	좁다	적다	짧다

[유형1-3] 답 ⑤
해설 일반적으로 세포의 크기는 10~20㎛로 매우 다양하다. 사람의 신경 세포는 1m 이상, 백혈구는 12~25㎛, 적혈구는 7.5㎛, 사람의 난세포는 0.25mm 정도 크기이다. (1㎛(마이크로미터) = 10^{-6}m) 생물의 몸을 이루는 세포는 몸의 부위에 따라, 생물의 종류에 따라 그 크기와 기능, 모양이 다양함을 알 수 있다.

05. 답 ⑤
해설 코끼리가 쥐보다 몸집이 큰 이유는 쥐보다 세포수가 많기 때문이다.

06. 답 (1) X (2) O (3) X
해설 (1) 같은 생물이라도 세포의 기능에 따라 모양이 다 다르다.
(3) 세포는 모든 생물체를 구성하는 구조적, 기능적 기본 단위이다.

[유형1-4] 답 A : 핵, B : 미토콘드리아, C : 엽록체, D : 세포벽, E : 세포막, F : 액포
해설 A는 세포 활동을 조절하며 유전 물질(DNA)이 들어있는 핵이다.
B는 미토콘드리아로 세포 내 호흡 기관으로 세포의 생명 활동에 필요한 에너지를 생성한다.
C는 엽록체로 식물 세포에만 있으며 식물의 광합성이 일어나는 장소이다.
D 는 식물 세포의 세포막 바깥쪽을 둘러싸고 있는 단단한 세포벽이다.
E 는 세포를 감싸고 있는 얇은 막으로 세포 내 물질을 보호하고 물질의 이동을 조절한다. F는 생명 활동 결과로 생긴 양분과 노폐물의 저장 장소인 액포이다.

08. 답 C 엽록체, F 세포벽
해설 엽록체와 세포벽은 동물 세포에서는 볼 수 없다. 엽록체는 식물의 광합성이 일어나는 장소이며, 세포벽은 세포막 바깥을 둘러싸고 있는 두껍고 단단한 벽으로 세포를 보호하고 형태를 유지시켜 주며 식물체를 지탱해 준다.

창의력 & 토론마당 20~23쪽

01

꿀이 매우 농도가 높기 때문에 삼투 현상으로 인해 곰팡이의 세포 내의 물이 밖으로 빠져나가 세포 내부가 건조한 상태가 되어 살아갈 수 없기 때문이다.

해설 꿀이나 잼은 오래 보관해 두어도 상하지 않는다. 이는 당의 농도가 증가하면 삼투 현상으로 곰팡이나 미생물의 세포 내부의 물이 밖으로 빠져나가 탈수 증상이 일어나 파괴되기 때문이다. 일반적으로 과일이나 음식을 보관할 때 설탕 등으로 재어서 보관하면 더 오래 보관할 수 있는 이유가 이 때문이다.

02

(1) 동물 세포 : (나), (라) 식물 세포 : (가), (다)
(2) 1. 식물 세포에 녹색을 띠는 엽록체가 있다. 2. (가)와 (다)는 세포들이 규칙적으로 배열되어 있는것을 통해 세포벽이 있다는 것을 알 수 있다.

해설 그림 (가)와 (다)는 식물의 세포이고 (나)는 사람의 정자, (라)는 입안 상피 세포이다. (가)와 (다)에는 염색을 하지 않아도 녹색을 띠는 엽록체가 있는 것을 볼 수 있다. 엽록체 안에 녹색을 띠고 있는 엽록소라는 색소가 많이 있기 때문에 잎은 녹색을 띤다. 또한 (가)와 (다)는 세포들이 다각형 모양으로 규칙적으로 배열된 것을 볼 수 있다. 이는 세포벽이 세포의 모양을 유지하고 있기 때문이다. 세포벽은 세포막 바깥쪽을 둘러싸고 있는 두껍고 단단한 벽으로 주 성분은 셀룰로오스(섬유소)이다.

03

〈예시 답안〉 적혈구는 산소를 운반하는 기능을 하기 때문에 다른 세포 소기관들 대신에 산소를 운반하는 역할을 하는 헤모글로빈의 비율을 높여 산소 운반을 더 효과적으로 할 수 있다.

해설 적혈구의 헤모글로빈은 산소와 결합하여 조직 세포로 산소를 운반하는 기능을 담당한다. 적혈구가 한 번에 더 많은 양의 산소를 공급하기 위해서는 헤모글로빈의 양이 많아야 한다. 적혈구는 핵을 비롯한 세포 소기관이 거의 없어 매우 단순한 구조로 되어 있어 최대한 많은 양의 헤모글로빈을 함유할 수 있고, 이 때문에 한 번에 많은 양의 산소를 운반할 수 있다는 장점이 있다.

04

〈예시 답안〉
유리한 점 : 물질 교환이 효율적이다, 세포가 손상되었을 때 세포의 회복이 더 쉬울 것이다 등
불리한 점 : 세포 분열에 너무 많은 에너지와 영양소를 소비한다, 영양소의 저장에 불리하다 등

해설 세포가 클수록 물질 교환이 어려워지지만 세포가 작은 것이 모든 면에서 유리한 것은 아니다. 세포가 작으면 세포 분열에 너무 많은 에너지와 영양소를 소비한다. 그리고 세포마다

필요한 세포막이나 DNA를 만드는데 재료가 더 많이 들어간다. 또한 세포가 분열하는 과정에서 돌연 변이가 생길 확률이 높아지고 여러 가지 세포 소기관을 모두 담기에 불리하다.

05 하나의 세포가 모든 일을 다 하는 것보다 세포 내부 기관이 각각의 기능을 함으로써 효율적으로 일을 처리할 수 있다.

해설 세포 소기관은 핵이 있는 세포의 내부에 존재하는 세포의 여러 가지 기능을 분업하고 있는 구조 단위를 뜻한다. 각각의 소기관에는 고유의 효소 또는 단백질이 존재하여 세포 소기관 각자의 고유한 기능을 갖는다. 세포 내 호흡 기관인 미토콘드리아는 에너지를 많이 필요로 하는 세포인 근육 세포, 심장 세포 등에서 발달되어 있고, 액포는 생명 활동 결과 생긴 노폐물이 저장되는 곳으로 주머니 모양으로 생겼다. 성숙한 식물 세포일수록 액포의 크기가 크고, 동물은 노폐물을 스스로 배설하는 배설 기관이 있으므로 액포가 잘 발달하지 않았다. 각각의 세포 소기관에 따라 다양한 기능을 갖기 때문에 하나의 세포가 모든 일을 하는 것보다 분업화하여 일을 하므로 더 효율적이다.

스스로 실력 높이기 24~27쪽

01. C, 대물렌즈 02. E, 조리개 03. H, 미동나사
04. E, F 05. ⑤ 06. D, 세포벽 07. C, 엽록체
08. B, 미토콘드리아 09. E, 세포막
10. A 핵 11. F 액포 12. 대물렌즈, 접안렌즈
13. 200 14. (1) 작다 (2) 밝다 15. ④
16. ②, ③ 17.해설 참고 18. ② 19. ③
20. (1) 20 (2) 100 21. ② 22. ④ 23. ④
24. ④ 25. ⑤ 26 ~ 33. 〈해설 참조〉

[01 ~ 05]

해설

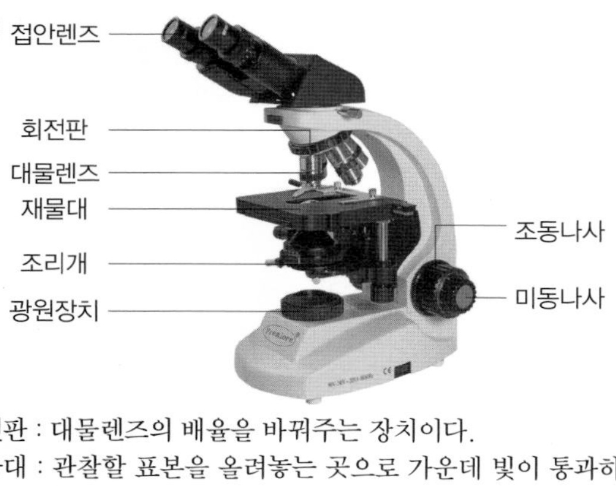

· 회전판 : 대물렌즈의 배율을 바꿔주는 장치이다.
· 재물대 : 관찰할 표본을 올려놓는 곳으로 가운데 빛이 통과하는 구멍이 있다.
· 조리개 : 재물대로 올라오는 빛의 양을 조절한다.
· 광원 장치 : 빛을 반사시켜 빛을 대물렌즈로 보낸다.
· 접안렌즈 : 눈을 대고 보는 렌즈로 대물렌즈에 의해 확대된 상을 2차로 확대한다.
· 대물렌즈 : 현미경 표본에 접하는 렌즈로 물체의 상을 1차로 확대한다.
· 조동 나사 : 재물대를 위아래로 움직여 대강의 상을 찾을 때 사용한다.
· 미동 나사 : 재물대를 미세하게 움직여 정확한 상을 찾을 때 사용한다.
· 상을 확대하는 장치 : 대물렌즈, 접안렌즈
· 초점을 조절하는 장치 : 조동나사, 미동나사
· 밝기를 조절하는 장치 : 조리개, 광원장치

[06 ~ 1''

해설

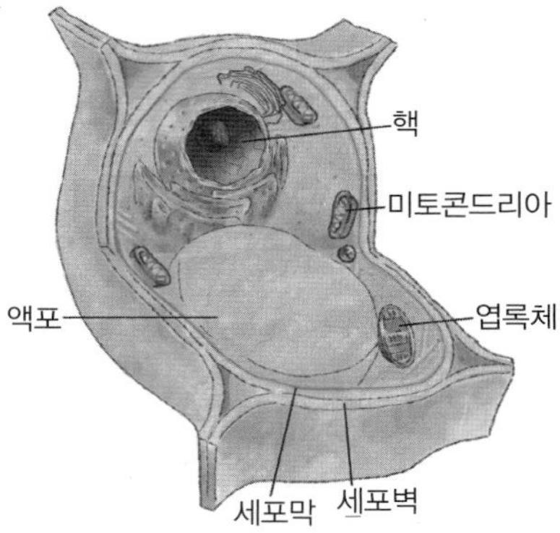

· 핵 : 세포 활동을 조절하며 유전 물질(DNA)이 들어 있다.
· 세포막 : 세포를 감싸고 있는 막으로 세포 내 물질을 보호하고 물질의 이동을 조절한다.
· 세포질 : 핵과 세포막 사이의 물질로 세포 소기관을 포함한다.
· 미토콘드리아 : 세포 내 호흡 기관으로 활동에 필요한 에너지를 생성한다.
· 액포 : 생명 활동 결과로 생긴 양분과 노폐물의 저장 장소이며, 식물 세포가 더 크게 발달되어 있다.
· 엽록체 : 식물의 광합성이 일어나는 장소이다.
· 세포벽 : 식물 세포의 세포막 바깥쪽을 둘러싸고 있는 단단한 벽으로, 세포의 형태를 유지한다.

12. 답 대물렌즈, 접안렌즈
해설 현미경의 배율은 접안렌즈의 배율과 대물렌즈의 배율의 곱과 같다.

13. 답 200
해설 (접안렌즈 배율 10배) × (대물렌즈 배율 20배) = 200배

15. 답 ④
해설 코끼리처럼 몸이 큰 동물은 몸을 구성하고 있는 세포의 수가 많은 것이다. 세포의 크기와는 상관이 없다.

16. 답 ②, ③
해설 ① 세포벽은 식물 세포에만 있다.
④ 액포는 주로 식물 세포에 발달되어 있다.
⑤ 미토콘드리아는 식물 세포와 동물 세포에 모두 있는 에너지 생성기관이다. 식물의 광합성이 일어나는 장소는 엽록체이다.

17. 답

구분	핵	세포막	세포질	액포	엽록체	세포벽
동물 세포	㉠(○)	㉡(○)	㉢(○)	작거나 없다	㉣(×)	㉤(×)
식물 세포	㉥(○)	㉦(○)	㉧(○)	크게 발달	㉨(○)	㉩(○)

18. 답 ②
해설 제물대 이동식 현미경은 상이 좌우로 바뀌어 보인다. 따라서 거울을 글자 옆에 놓았을 때 거울 속에 비친 상과 같다.

19. 답 ③
해설 (가)는 경통 이동식 현미경이다. 따라서 상이 상하좌우로 모두 바뀐다. 상을 중앙(↖방향)으로 오게 하려면 ↖ 방향과 상하좌우 반대인 ↘ 방향으로 표본을 움직여야 한다.

20. 답 (1) 20 (2) 100
해설 상이 가장 크게 보이도록 하는 것은 고배율로 관찰하는 것이다. 문제에 주어진 렌즈로 관찰할 수 있는 고배율은 접안렌즈 20배, 대물렌즈 100배이다.

21. 답 ②
해설 ② B는 핵으로 세포 활동을 조절하며, DNA가 들어 있다.

22. 답 ④
해설 식물 세포에만 있는 세포소기관은 C 엽록체와 F 세포벽이다.

23. 답 ④
해설 C는 엽록체로 식물 세포에만 있는 세포소기관으로 광합성을 하여 양분을 생성하는 기관이다.

24. 답 ④
해설
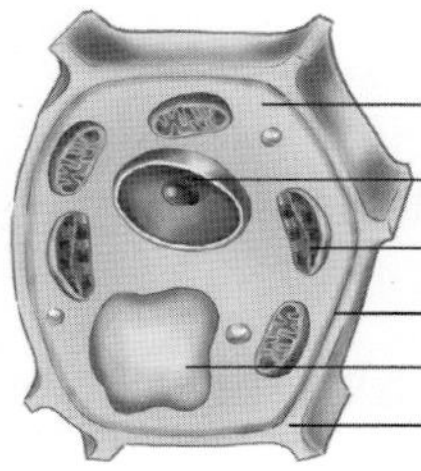

25. 답 ⑤
해설 A는 식물 세포에만 있는 세포벽, 엽록체, B는 식물 세포와 동물 세포 모두에 있는 핵, 세포막, 미토콘드리아가 포함된다.

26. 답 (1) 조동 나사 : 대강의 상을 찾을 때 이용한다. (2) 미동 나사 : 정확한 상을 찾을 때 이용한다.
해설 현미경에서 상의 초점을 맞추는 구조는 조동 나사와 미동 나사가 있다.

27. 답 상의 크기는 작아지며, 상의 밝기는 밝아진다. 상의 시야는 넓어진다.
해설 저배율과 고배율의 비교

구분	대물렌즈 길이	상의 크기	상의 밝기	상의 범위	보이는 상의 수	작동 거리
저배율	짧다	작다	밝다	넓다	많다	길다
고배율	길다	크다	어둡다	좁다	적다	짧다

28. 답 1. 세포의 모양과 크기는 생물체의 종류에 따라 다르다. 2. 한 생물체 내에서도 부위에 따라 모양과 크기가 다르다.
해설 세포는 모든 생물체를 구성하는 기본 단위로, 생물의 종류, 부위에 따라 기능이 다르므로 크기와 모양이 매우 다양하다.

29. 답 사람을 구성하는 세포 수가 개미를 구성하는 세포 수보다 훨씬 많기 때문이다.
해설 몸집이 큰 생물과 작은 생물은 구성하는 세포의 크기가 차이나는 것이 아니라 구성하는 세포의 개수가 차이가 난다. 어린 아이가 어른이 되어 몸집이 커지는 것도 세포의 수가 증가하기 때문이다.

30. 답 (가), 엽록체 : 광합성이 일어나는 장소이다. 세포벽 : 세포막을 둘러싸고 있는 단단한 벽으로 세포의 형태를 유지한다.
해설 식물 세포 안에서만 볼 수 있는 세포의 구조는 엽록체와 세포벽이다. 액포는 식물 세포에서 잘 발달하였지만 동물 세포에도 액포가 있다.

31. 답 소금은 배추보다 고농도이다. 삼투현상은 농도가 낮은 용액에서 농도가 높은 용액으로 물이 이동하는 것이다. 그러므로 소금을 뿌린 배추에서는 삼투 현상이 발생하여 배추 세포 속에 있던 물이 세포막(반투과성막) 밖으로 빠져나가기 때문에 소금을 뿌린 배추의 숨이 죽는 것이다.

32. 답 동물 세포인 적혈구는 세포막으로 되어 있으므로 고농도 용액에 있을 때 늘어나다가 터질 수 있지만, 식물 세포인 양파의 표피세포는 세포막 바깥쪽을 둘러싸고 있는 단단한 벽인 세포벽이 있어 세포의 형태를 유지시켜주기 때문에 적혈구처럼 터지지는 않는다.

2강. 생물체의 구성과 분류

개념 확인 28~33쪽

1. ㉠ 단세포 ㉡ 다세포
2. (1)-㉠-D (2)-㉣-C (3)-㉡-A (4)-㉢-B
3. 종 4. 원핵생물계 5. 균계 6. ③

확인+ 28~33쪽

1. (1) ㄱ, ㄴ, ㄹ, ㅂ (2) ㄷ, ㅁ
2. (1) 기관계 (2) 조직계 3. 목, 강, 문, 계
4. ㄱ, ㄷ 5. ㄱ, ㄴ, ㄹ 6. ③

2. 답 (1) 기관계 (2) 조직계
해설 동물의 구성 단계는 세포 - 조직 - 기관 - 기관계 - 개체이고, 식물의 구성 단계는 세포 - 조직 - 조직계 - 기관 - 개체이다.

3. 답 목, 강, 문, 계
해설 같은 계에 속한 생물들 중 비슷한 특징을 지닌 생물들을 문으로 나눠서 분류하고, 같은 문에 속한 생물들 중 비슷한 특징을 지닌 생물들을 강으로 나눠서 분류한다. 이와 같은 분류 단계에 따라 같은 과에 속하면, 과 보다 높은 분류 단계인 목, 강, 문, 계는 같다.

4. 답 ㄱ, ㄷ
해설 짚신벌레와 아메바는 원생생물계이다.

05. 답 ㄱ, ㄴ, ㄹ
해설 염주말은 원핵생물계, 곰팡이와 버섯은 균계이다.

06. 답 ③
해설 아메바는 원생생물계이다.

생각해보기 28~33쪽

★ 단세포와 다세포는 크기의 차이가 아니라 몸을 구성하는 세포의 수로 정해진다. 단세포 생물은 하나의 세포로 이루어진 생물로 그 크기가 육안으로 잘 보이지 않을만큼 작은 것도 있다. 또한 여러 개의 세포로 이루어져 있지만 크기가 매우 작은 다세포 생물도 있다.

개념 다지기 34~35쪽

01. ③, ⑤ 02. ⑤ 03. ③ 04. ⑤ 05. ⑤
06. ⑤ 07. ① 08. ②

01. 답 ③, ⑤
해설 해캄, 물고기, 물벼룩은 다세포 생물이다.

02. 답 ⑤
해설 ①, ② 동물의 구성 단계 : 세포 - 조직 - 기관 - 기관계 - 개체, 식물의 구성 단계 : 세포 - 조직 - 조직계 - 기관 - 개체
③ 생물의 구성 단계 중 가장 넓은 범위는 독립적으로 생활을 하는 개체이다.
④ 생물의 구성단계에서의 최소 단계는 세포이다.

03. 답 ③
해설 계통수에서 가까운 가지에 있을수록 유연관계가 가까운 생물이다.

04. 답 ⑤
해설 원핵생물계의 특징
· 뚜렷이 구분되는 핵이 없다 · 단세포 생물이며 세포벽이 있다.
· 여러 개의 세포가 모여 군체를 이루기도 한다.
· 주로 분열법으로 번식한다.
· 편모를 가지고 운동을 하는 것도 있고, 광합성을 하는 것도 있다.

05. 답 ⑤
해설 흔들말과 헬리코박터 파일로리균은 원핵생물계에 속하는 생물들로 세포에 핵이 없는 원핵세포로 이루어진 생물이다. 흔들말은 광합성을 할 수 있고, 헬리코박터 파일로리균은 운동성이 있다.

06. 답 ⑤
해설 흔들말은 원핵생물계에 속하는 생물이다.

07. 답 ①
해설 ② 원핵생물계에 속하는 생물들만 원핵세포로 구성되어 있다.
③ 균계에 속하는 생물들은 운동성이 없다.
④ 대장균과 폐렴균은 원핵생물계이다. 균계에는 버섯, 곰팡이, 효모 등이 있다.
⑤ 균계의 생물들은 엽록체가 없어 스스로 양분을 만들지 못하고 몸 밖으로 효소를 분비하여 영양분을 분해한 후 흡수한다.

08. 답 ②
해설 원생생물계는 진핵세포로 구성된다.

유형 익히기 & 하브루타 36~41쪽

[유형2-1] ㄱ, ㄷ
01. ㉠ 단세포 ㉡ 다세포 02. ⑤
[유형2-2] (가) ㄷ (나) ㄴ (다) ㄹ (라) ㅁ (마) ㄱ
03. (1) 조직 (2) 세포 (3) 개체 (4) 기관
04. ③
[유형2-3] ②
05. (1) O (2) X (3) O 06. ③
[유형2-4] ㄷ, ㅅ, ㅇ
07. 원핵생물계 08. ③
[유형2-5] ⑤
09. ③ 10. ①, ②
[유형2-6] ①
11. (1) X (2) O (3) O 12. ②

[유형2-1] 답
해설 하나의 세포로 이루어진 생물을 단세포 생물이라고 한다. 달걀은 하나의 난세포이고, 유글레나는 광합성을 할 수 있고, 편모로 움직일 수 있는 단세포 생물이다. 물벼룩과 민들레, 해캄은 여러 개의 세포로 구성된 다세포 생물이다.

02. 답 ⑤
해설 단세포 생물에 속하는 생물들은 아메바, 짚신벌레, 유글레나, 종벌레, 반달말 등이 있다.

[유형2-2] 답 (가) ㄷ (나) ㄴ (다) ㄹ (라) ㅁ (마) ㄱ
해설 (가)는 표피 조직, (나)는 잎세포, (다)는 표피 조직계, 기본 조직계, 관다발 조직계, (라)는 개체, (마)는 영양기관(잎)과 생식기관(꽃)을 나타낸다.

04. 답 ③
해설 기관, 기관지, 폐는 호흡기관으로 여러 조직들이 모여 일정한 형태를 띠며 호흡의 기능을 한다.

[유형2-3] 답 ②
해설 ㄱ. 계통수의 위쪽에 있는 생물이 고등한 생물이다. F는 공통 조상을 나타낸 것이고, A ~ E는 F로부터 진화된 생물을 나타낸 것이다.
ㄷ. B와 가장 유연관계가 가까운 생물은 C이다. 계통수의 가지가 나누어지는 지점이 아래일수록 분화가 먼저 이루어진 것이며, 위로 올라갈수록 최근에 분화된 것이다. F에서 A, B, C와 D, E가 분화되었고, A, B, C에서 다시 A와 B, C가 분화된 후 B와 C가 각각 분화되었다. 따라서 가장 마지막에 분화된 B와 C의 유연관계가 가장 가깝다.

05. 답 (1) O (2) X (3) O
해설 (2) 말과 당나귀는 노새를 낳을 수 있지만, 그 노새는 생식 능력이 없다. 종이란 생식 능력이 있는 자손을 낳을 수 있는 개체들을 말하므로 말과 당나귀는 같은 종이라고 할 수 없다.

06. 답 ③
해설 자연 분류는 생물의 형태나 구조로 분류하거나(척추동물과 무척추 동물), 번식 방법으로 분류하는 것이다(포자 번식과 종자 번식). 이 외에 사람의 이용 측면(식용, 약용)이나, 생물의 식성(초식, 육식), 서식지(수상, 육상)로 분류하는 것은 인위 분류이다.

[유형2-4] 답 ㄷ, ㅅ, ㅇ
해설 원생생물계 : ㄴ, ㄹ, ㅂ 균계 : ㄱ, ㅁ

7. 답 원핵생물계
해설 원핵생물계의 생물들은 뚜렷하게 구분되는 핵이 없고, 유전 물질이 세포질 내에 존재하는 원핵세포로 이루어진 가장 원시적인 형태의 생물들이다.

8. 답 ③
해설 원핵생물계의 생물들은 가장 원시적인 형태의 생물들이다.

[유형2-5] 답 ⑤
해설 다시마, 미역, 해캄은 원생생물계에 속하는 생물들이다. 원생생물계에 속하는 생물들은 핵막으로 둘러싸인 핵이 있고, 세포 소기관이 발달한 진핵세포로 이루어져 있다. 원핵세포는 뚜렷하게 구분되는 핵이 없고 유전물질이 세포질 내에 존재하는 세포이다.

9. 답 ③
해설 균계에 포함되는 생물들은 버섯, 곰팡이, 효모 등이 있다. 이끼는 식물계, 대장균은 원핵생물계, 아메바는 원생생물계이다.

10. 답 ①, ②
해설 원생생물계는 종류가 매우 다양하고 광범위하여 하나의 통합된 특성으로 정의하기 힘들다. 광합성을 하는 원생생물계의 생물들로는 유글레나, 반달말, 해캄, 김, 미역, 다시마 등이 있다.

[유형2-6] 답 ①
해설 (가)는 엽록체와 세포벽이 있고, 운동성이 없으며, 포자나 종자로 번식을 하는 식물계이고, (나)는 엽록체와 세포벽이 없고, 운동성이 있으며 수정을 통해 번식하는 동물계를 설명하는 것이다.

11. 답 (1) X (2) O (3) O
해설 (1) 균계는 몸이 균사로 이루어진 생물들의 무리이다. 핵이 없는 세균들의 무리는 원핵생물계이다.

12. 답 ②
해설 ② 세포벽이 있는 다세포 생물 무리는 식물계이고, 버섯과 곰팡이도 세포에 세포벽이 있다.

창의력 & 토론마당 42~45쪽

01 〈해설 참고〉

해설

생물의 구성 단계	세포	조직	기관	개체
집의 구성 요소	벽돌 , 유리 , 전선 한가닥	벽, 유리창, 전선들	거실, 주방	집
이유	집을 지을 때 필요한 기본적인 재료들이다.	벽돌이 모여 벽돌 벽이 되고, 유리 여러 개로 유리 창을 만들고, 전선들이 모여 전선 묶음이 된 것처럼 모양과 기능이 비슷한 재료들의 모임이다.	여러 조직이 모여 일정한 형태와 고유한 기능하는 단계로, 휴식을 하는 공간과, 음식을 하는 공간으로 구분할 수 있다.	여러 재료들을 기반으로 우리가 살아갈 수 있는 집을 이루고 있다.

02 파리지옥은 광합성을 하여 스스로 영양소를 합성할 수 있으므로 식물로 분류한다.

해설 파리지옥은 광합성을 하여 스스로 영양소를 합성할 수 있으므로 식물로 분류한다. 파리지옥의 주된 영양 공급 방법은 광합성에 의한 것이지만, 토양으로부터 얻을 수 있는 질소에는 한계가 있어 부족한 질소를 얻기 위해서 곤충을 잡아먹는다.

03 〈예시답안〉
다세포 생물이 더 유리할 것이다. 1. 환경에 적응하기가 단세포 생물보다 유리하다. 2. 세포의 기능이 여러 가지로 나누어져 있어서 더 효율적이다. 3. 유전적으로 더 다양한 자손을 남길 수 있다. 4. 몸이 여러 개의 세포로 이루어져 있으므로, 외부 충격으로부터 몸을 보호하는 것이 더 유리하다. 등

해설 단세포 생물은 세포 하나하나에서 모든 생명 활동이 모두 일어나야 한다. 예를 들어 소화, 호흡, 배설, 생식 작용 등이다. 이에 비해 다세포 생물은 수많은 세포가 기능에 맞게 서로 일을 나누어 하고 있으므로, 다세포 생물이 살아가는데 더 효율적이라고 할 수 있다.

04 식물의 기관은 기관계로 묶을 정도로 발달되어 있지 않기 때문에 동물과 다르게 기관계가 없다.

해설 기관계는 여러 기관들의 모임으로 여러 개의 기관이 기능적으로 공통점을 가지고 협동하여 작용한다. 동물은 식물에 비해 구조와 기능이 복잡하기 때문에 식물에 비해 기관이 많이 발달하였으며, 이들 비슷한 기관들이 서로 관련되어 기관계를 이루며 각각의 기능을 한다. 예를 들어 소화계에는 위, 소장, 이자, 대장 등으로 구성되어 있고, 이 기관들은 서로 상호작용하여 음식물을 소화시켜 영양소를 흡수한다. 반면에 식물들은 분열 조직과 영구조직을 동시에 포함하는 기관으로 가기 전에 조직이지만 기능이 상당히 다른 부분이 있어 기능상 인위적으로 조직계로 부르기로 하였다.(1875년 J. 작스). 식물은 기관을 더 이상의 단계로 묶을 정도로 분화되지 않았기 때문에 동물과는 달리 기관계가 없다.

05 〈예시 답안〉 1. 광합성을 이용해 스스로 양분을 끊임없이 만들어 사용할 수 있기 때문에 2. 나무의 대부분은 죽은 세포로 되어 있어 적은 양의 세포에서만 생명 활동이 일어나기 때문에

해설 식물세포는 동물세포와 달리 단단한 세포벽이 있기 때문이다. 대부분 오래된 나무는 전체의 40~80%가 섬유질을 주성분으로 하는 죽은 세포인 세포벽으로 이루어져 있다. 줄기의 살아 있는 세포는 계속 세포 분열하여 부피 생장을 하다가 오래된 세포는 죽어서 나무가 버티고 살아가는데 받침대 역할을 한다. 따라서 나무는 살아있는 적은 양의 세포에서만 생명 활동이 일어나기 때문에 양분이나 수분에 대한 부담이 동물보다 작다. 또한 물과 양분이 이동하는 물관은 단순한 구조로 되어있어 쉽고 빠르게 물과 무기 영양분을 나뭇잎까지 빠르게 운반하여 광합성이 잘 일어나는데 도움을 준다.

스스로 실력 높이기 46~51쪽

01. ㄷ, ㄹ, ㅁ　02. ㄱ, ㄷ, ㄹ, ㅁ
03. ㉠ 조직 ㉡ 조직계　04. 분류　05. ⑤
06. ㉠ 속 ㉡ 목 ㉢ 문 ㉣ 계
07. (1) 인 (2) 인 (3) 인
08. (1) ㉡ (2) ㉤ (3) ㉠ (4) ㉢ (5) ㉣
09. ④　10. ⑤　11. (나)　12. ②
13. 계통수　14. D　15. ⑤　16. ①
17. B　18. (가) ㄴ (나) ㅁ (다) ㄱ (라) ㄷ
19. ①　20. 늑대　21. (1) O (2) X (3) O
22. ③　23. ㅅ, ㅇ　24. ㄹ, ㅂ, ㅈ
25. ㄱ, ㅋ　26~32. 〈해설 참조〉

01. 답 ㄷ, ㄹ, ㅁ
해설 · 단세포 생물 : ㄱ, ㄴ, ㅂ · 다세포 생물 : ㄷ, ㄹ, ㅁ

02. 답 ㄱ, ㄷ, ㄹ, ㅁ
해설 물벼룩은 다세포 생물이다.

03. 답 ㉠ 조직 ㉡ 조직계
해설 식물은 세포 - 조직 - 조직계 - 기관 - 개체의 구성 단계를 나타낸다. 동물은 세포 - 조직 - 기관 - 기관계 - 개체로 나타낸다.

05. 답 ⑤
해설 다양한 생물들을 일정한 기준에 따라 구분하는 것을 분류라고 한다. 생물 분류를 함으로써 생물의 진화 과정과 생물들 사이의 유연관계를 파악할 수 있다.

07. 답 (1) 인 (2) 인 (3) 인
해설 사람의 이용 목적이나 편의를 기준으로 분류하는 것을 인위분류(식용 여부, 약용 여부, 서식지, 식성 등), 생물 고유 특징으로 분류하는 것을 자연 분류(생물의 형태나 구조, 유전적 특징, 번식 방법 등)라고 한다. 과학에서는 사람의 이용 목적이나 편의를 기준으로 분류하면 사람에 따라 분류 결과가 달라질 수 있으므로 자연 분류를 한다.

09. 답 ④
해설 해캄은 원생생물계에 속하며, 광합성을 하는 다세포 생물이다.

10. 답 ⑤
해설 ① 주로 포자로 번식하는 무리는 균계이다.
② 원생생물계는 세포에 핵이 있는 진핵세포로 구성되어있다. 원핵세포로 구성된 무리는 원핵생물계이다.
③ 대부분 물속에서 생활하고, 육상에서도 수분이 있는 곳에서 쉽게 발견할 수 있다.
④ 대장균, 젖산균 등은 원핵생물계이다.

11. 답 (나)
해설 (나)는 물관 조직과 체관 조직 등으로 구성된 관다발 조직계이다.

12. 답 ②
해설 열매와 꽃은 생식을 담당하는 기관이고, 줄기는 식물체를 지지하고 수송을 담당하는 기관이며, 잎은 광합성이 일어나는 기관이다. 물관은 물과 양분의 이동 통로 조직이다.

14. 답 D
해설 계통수에서 가장 가까운 가지에 있을수록 유연관계가 가까운 것이므로 E와 유연관계가 가장 가까운 생물은 D이다.

15. 답 ⑤
해설 버섯과 곰팡이는 균계에 속하는 생물들이다. 균계에속하는 생물들은 몸이 균사로 이루어져 있다.
① 버섯과 곰팡이는 세포에 세포벽이 있다.
② 버섯과 곰팡이는 세포에 엽록체가 없어 광합성을 하지 못하고 몸 밖으로 효소를 분비하여 영양분을 분해한 후 흡수한다.
③ 두 생물은 운동성이 없다.
④ 버섯과 곰팡이는 균계에 속한다.

16. 답 ①
해설 ① A는 소화 기관 중 하나인 위이다. 식물의 물관과 체관은 조직에 속한다.

17. 답 B
해설 특정한 생리 작용(소화, 호흡, 순환, 배설 등)에서 역할을 분담하고 있는 기관들의 모임을 기관계라고 한다.

18. 답 (가) ㄴ (나) ㅁ (다) ㄱ (라) ㄷ
해설 (가)는 순환계, (나)는 소화계, (다)는 호흡계, (라)는 배설계이다.

19. 답 ①
해설 (나)는 음식을 섭취하여 소화시켜 영양분을 얻는 작용을 하는 소화계이다. 방광은 생성된 오줌이 저장되며 배설계에 속하는 기관이다.

20. 답 늑대
해설 늑대와 여우는 같은 개과에 속하며, 고양이는 고양이속, 고양이과에 속한다.

21. 답 (1) O (2) X (3) O
해설 (2) 여우와 고양이는 같은 식육목에 속한다. 같은 목에 속하기 때문에 그 보다 더 상위 단계인 같은 문, 같은 계에 속한다. 여우와 고양이는 모두 포유강, 척삭동물문, 동물계이다.

22. 답 ③
해설 ㄱ. A는 원핵세포로 이루어진 원핵생물계를 나타내며 B는 진핵세포로 이루어진 생물의 무리로 C는 식물계, D는 균계의 생물들이다.
ㄴ. 원핵생물계에 속하는 생물들도 세포벽이 있다.

26. 답 단세포 생물은 몸이 한 개의 세포로 이루어진 생물로 아메바, 짚신벌레 등이 이에 속한다. 다세포 생물은 몸이 여러 개의 세포로 이루어진 생물로 물벼룩, 사람 등이이에 속한다.
해설 단세포 생물은 몸이 한 개의 세포로 이루어진 생물로 하나의 세포 안에서 모든 생명 활동이 일어난다. 단세포 생물은 아메바, 짚신벌레, 유글레나, 종벌레, 반달말 등이 있다. 다세포 생물은 몸이 여러 개의 세포로 이루어진 생물로 세포들이 특정한 기능을 하도록 분업화 되어있기 때문에 단세포 생물보다 더 효율적인 생명 활동을 한다. 다세포 생물에는 물벼룩, 해캄, 백합, 장미, 독수리, 고등어, 사람 등이 있다.

27. 답 세포 - 조직 - 기관 - 기관계 - 개체, 식물의 구성 단계와 다르게 기관계가 있으며, 식물의 구성 단계에 있는 조직계는 없다.
해설 동물은 식물에 비해 구조와 기능이 복잡하기 때문에 식물에 비해 기관이 많이 발달하였으며, 이들 비슷한 기관들이 서로 관련되어 기관계를 이루며 각각의 기능을 한다. 식물은 기관을 더 이상의 단계로 묶을 정도로 분화되지 않았기 때문에 동물과는 달리 기관계가 없다.

28. 답 같은 종은 생식 능력을 가진 자손을 낳을 수 있어야 하는데, 노새는 생식 능력이 없기 때문에 말과 당나귀는 같은 종으로 분류하지 않는다.
해설 종은 생물을 분류하는 기본 단위로, 자유롭게 교배하여 생식 능력을 가진 자손을 낳을 수 있는 개체들을 말한다. 암말과 수탕나귀 사이에서 태어난 노새는 생식 능력이 없으므로 말과 당나귀는 서로 다른 종이다.

29. 답 원핵생물계는 뚜렷이 구분되는 핵이 없는 원핵세포로 구성되고, 원생생물계는 핵막으로 둘러싸인 핵이 있는 진핵세포로 구성되어 있다. 원핵생물계에는 염주말, 대장균 등이 있고, 원생생물계에는 미역, 해캄 등이 있다.
해설 원핵생물계는 핵이 없는 세균류로 가장 원시적인 형태의 생물들이다. 주로 분열법으로 번식하고, 편모를 가지고 운동을 하는 것도 있고, 광합성을 하는 것도 있다. 염주말, 흔들말, 포도상구균, 대장균, 폐렴균 등이 이에 속한다. 원생생물계는 핵이 있고, 기관이 발달하지 않은 다양한 생물들로 식물계, 균계, 동물계 중 어디에도 속하지 않는 진핵생물 무리를 모은 분류군으로 볼 수 있다. 대부분 물속에서 생활하며 먹이를 섭취하거나 광합성을 하여 양분을 얻으며 포함된 생물들의 종류와 특징이 매우 다양하다. 원생생물계에는 다시마, 미역, 해캄, 아메바, 짚신벌레 등이 속한다.

30. 답 버섯과 곰팡이 효모는 모두 균계의 생물들이며, 진핵세포로 구성되어 있다. 운동성이 없어 움직일 수 없고, 엽록체가 없어서 몸 밖으로 효소를 분비하여 영양분을 분해한 후 흡수한다.
해설 균계는 몸이 균사로 이루어진 곰팡이와 버섯 등을 포함한 생물 무리이다. 진핵세포로 이루어진 다세포 생물로, 운동성이 없고, 세포에 엽록체가 없어 광합성을 하지 못하므로 몸 밖으로 효소를 분비하여 영양분을 분해한 후 흡수한다.

31. 답 유글레나는 엽록체와 편모를 모두 가지고 있어 식물과 동물의 공통된 영역에 해당된다.
해설 유글레나는 세계에 약 150종이 분포한다. 몸체는 원뿔 모양이고 길이는 0.025~0.254mm정도이다. 몸 안에 엽록체를 가지고 있어 광합성을 하는 점에서는 식물이라고 할 수 있으나, 몸을 싸는 세포벽이 없고 편모로 유영하며, 또 안점(眼點)으로 빛을 감각하는 점에서는 동물이라 할 수 있다.

32. 답 주로 습지대 같은 생존 조건이 가혹한 지역에 서식하는 식물의 포획활동은 습지 토양에는 없거나 부족한 질소, 인, 칼륨 같은 원소를 동물로부터 얻음으로써 척박한 환경에서 생장, 번식을 가능하게 해준다. 늪이나 습지의 토양은 일반 토양에 비해 산소가 부족하고 공기의 유통이 잘 되지 않는다. 유입되는 유기물의 양은 많지만 유기물을 분해시키는 호기성 미생물의 활동은 저조하여 유기물질들이 잘 썩지 않는다. 유기물의 분해는 식물의 필수 영양물질인 질소의 공급원이라는 점에서 볼 때, 늪지의 토양은 식물이 이용할 수 있는 질소가 절대적으로 부족한 곳이기 때문이다.

3강 Project 1

논/구술 52~53쪽

Q1

눈이나 뇌를 이루는 세포는 20~25세까지 만들어지는데, 사람이 나이가 들면서 수명이 다한 눈이나 뇌 세포가 죽게 되기때문이다.

해설 눈이나 뇌를 이루는 세포가 죽고 나면 그 자리를 채워 줄 다른 세포가 생성되어야 하는데 25세 이후에는 세포분열을 하지 않아 눈이나 뇌를 이루는 세포가 더 이상 만들어지지 않는다. 따라서 세포의 기능이 약해지거나 세포가 죽어서 없어지면 노안이나 치매가 오게 된다.

Q2

세포가 외부의 충격에 의해 상처가 난 것으로 네크로시스(necrosis) 라고 생각할 수 있다.

해설 운동을 하다가 넘어져 상처가 나는 것은 외부의 압력에 의해 죽는 것이므로 세포 스스로 죽는 아폽토시스(apoptosis)가 아닌 네크로시스(necrosis)이다.

탐구 1. 현미경 사용법 익히기 54~55쪽

〈실험 과정 이해하기〉

1. 재료가 슬라이드 글라스와 커버 글라스에 잘 달라붙게 하기 위해서이다.

2. 기포가 생기지 않도록 하여 정확한 상을 관찰하기 위해서이다.

3. ④

해설 재물대 이동식 현미경은 시야에 나타난 상의 모습이 좌우 반대로 바뀌어 보인다. 시야의 점을 중앙으로 옮기기 위해서는 남서쪽 방향으로 이동시켜야 한다. 따라서 실제로 프레파라트는 좌우 반대인 동남쪽 방향으로 이동시켜야 한다.

탐구 2. 식물 세포와 동물 세포 관찰하기 56~57쪽

〈탐구 결과〉

구분	세포 배열	세포 모양	핵의 유무
양파 표피 세포	규칙적	육각 구조	있다
구강 상피 세포	불규칙적	대체로 둥글다	있다

〈탐구 문제〉

1. 핵을 염색시켜 뚜렷이 관찰하기 위해서이다.

2. 세포벽

해설 세포벽은 두껍고 단단하여 세포를 보호하고 모양을 유지시켜준다. 세포막과 같이 물질을 선택적으로 투과시키지 못하여 물과 용질을 모두 통과시킨다. 세포벽의 주성분은 셀룰로오스로 흔히 '섬유소'라고 불리는 물질로 이루어져 있다. 수중생물이 육상생물로 진화하기 위해 거쳐야할 큰 과제는 중력에 대항하여 몸체를 유지시키는 것이었다. 이 과정에서 식물은 세포벽을 발달시켜 자신의 몸체를 유지시키며 육상생활에 적응해 나가기 시작하였다.

3. 세포의 모양을 일정하게 유지시킬 수 있는 세포벽이 없기 때문이다.

Ⅱ 식물의 구조와 기능

4강. 뿌리와 줄기

개념 확인 60~63쪽

1. E, 뿌리골무　2. B - D - C - A　3. 체관
4. 지지 작용, 운반 작용, 저장 작용, 호흡 작용

확인+ 60~63쪽

1. (1) 곧은뿌리 (2) 수염뿌리　2. A - C - D - B
3. D, 형성층　4. (가) 쌍떡잎 식물 (나) 외떡잎 식물

1. 답 (1) 곧은뿌리 (2) 수염뿌리
해설 곧은뿌리는 곧게 뻗은 원뿌리 주변에 곁뿌리가 나 있는 모양이고, 수염뿌리는 굵기와 길이가 비슷하여 원뿌리와 곁뿌리의 구별이 없는 뿌리이다.

2. 답 A - C - D - B
해설 물은 흙에서 물관쪽으로 이동한다.

3. 답 D, 형성층
해설 형성층은 물관과 체관의 사이에 위치한다.

4. 답 (가) 쌍떡잎 식물 (나) 외떡잎 식물
해설 쌍떡잎 식물은 관다발 배열이 규칙적이지만 외떡잎 식물은 관다발 배열이 불규칙적이다.

생각해보기 62 쪽

★ 온대 지방의 식물은 계절에 따라 생장 속도가 다른데 주로 형성층의 분열 속도에 의해 세포의 밀도가 낮은 부분과 밀도가 높은 부분의 색 차이가 발생한다. 이것이 둥근 나이테 무늬를 만들게 된다.

개념 다지기 64~65쪽

01. ②　02. ④　03. ③　04. ①, ②, ④, ⑥
05. ①　06. ③

1. 답 ②
해설 체관은 잎과 줄기에서 이동하는 유기물이 지나가는 통로이다.

2. 답 ④
해설 뿌리는 지지 작용, 저장작용, 호흡 작용, 흡수 작용의 기능을 한다.

3. 답 ③
해설 뿌리털에서 물이 흡수되어 물관까지 이동하기 위해서는 안으로 갈수록 농도가 높아야 한다.

4. 답 ①, ②, ④, ⑥
해설 줄기는 지지작용, 운반 작용, 저장 작용, 호흡 작용의 기능을 한다.

5. 답 ①
해설 ② B(형성층)는 쌍떡잎식물에만 있다.
③ 나이테가 생기는 이유는 B(형성층) 때문이다.
④ (나) 외떡잎식물은 형성층이 없어 부피 생장이 일어나지 않는다.
⑤ A와 E는 체관으로 잎에서 만들어진 유기 양분의 이동 통로이다. 뿌리에서 흡수한 물과 무기양분이 이동하는 통로는 C와 D(물관)이다.

6. 답 ③
해설 옥수수, 보리는 외떡잎식물이다. 쌍떡잎 식물은 봉선화, 민들레, 해바라기, 복숭아나무, 땅콩 등이 속한다.

유형 익히기 & 하브루타 66~69쪽

[유형4-1] A : 뿌리털 B : 물관 C : 생장점 D : 뿌리골무
01. ④　02. ⑤
[유형4-2] (1) 삼투 현상으로 농도차에 의한 흡수
(2) A > B > C
03. ②　04. ③
[유형4-3] (1) C, 속 (2) D, 물관 (3) E, 형성층
(4) A, 표피 (5) B, 체관
05. ④　06. (1) 물 (2) 물 (3) 물 (4) 체
[유형4-4] ③, ④, ⑤
07. 물관　08. ㉠ 있다 ㉡ 안한다 ㉢ 불규칙적

[유형4-1] 답 A : 뿌리털 B : 물관 C : 생장점 D : 뿌리골무

해설

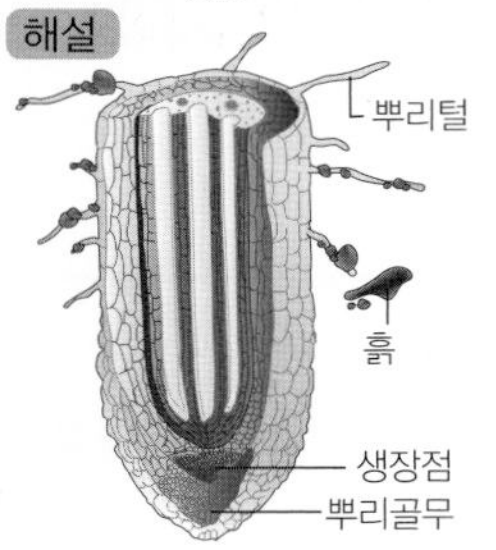

· 뿌리털 : 흙 속의 물과 무기 양분을 흡수한다.

· 생장점 : 세포 분열이 활발하게 일어나 새로운 세포가 만들어져 뿌리의 길이 생장이 일어난다.

· 뿌리골무 : 생장점을 싸서 보호하며 죽은 세포로 구성되어 있다.

01. 답 ④

해설 뿌리털은 세포 분열을 하지 않는다. 뿌리에서 세포 분열이 왕성하게 일어나서 길이 생장이 일어나는 곳은 생장점이다.

02. 답 ⑤

해설 (가)는 곧은뿌리이고, (나)는 수염뿌리이다. 곧은뿌리에는 곧게 뻗은 원뿌리 주변에 곁뿌리가 나 있으며, 쌍떡잎식물과 겉씨식물이 곧은뿌리이다. 수염뿌리는 굵기와 길이가 비슷하여 원뿌리와 곁뿌리의 구별이 없는 뿌리이며 외떡잎식물이 수염뿌리이다.

[유형4-2] 답 (1) 삼투 현상으로 농도차에 의한 흡수
(2) A 〉 B 〉 C

해설 물이 흡수되는 원리는 삼투 현상으로 용액의 농도가 낮은 쪽에서 높은 쪽으로 물이 반투과성 막을 통하여 이동하는 현상으로, 농도는 흙 속 〈 뿌리털 〈 피층 〈 내피 〈 물관 순이다.

03. 답 ②

해설 뿌리털은 반투과성 막으로 물과 무기 양분을 삼투 현상에 의해 흡수한다. ① A는 반투과성 막이다. ③ 물은 A(뿌리털)을 통해 뿌리 속으로 흡수된다. ④ 물은 농도가 낮은 쪽에서 높은 쪽으로 이동한다. ⑤ 물은 A - B - C - D

04. 답 ③

해설 뿌리에서 물이 흡수되는 원리는 삼투 현상이다. ① - 증발, ②, ⑤ - 확산, ④ - 모세관 현상의 예이다.

[유형4-3] 답 (1) C 속 (2) D 물관 (3) E 형성층 (4) A 표피
(5) B 체관

해설 · 표피 : 줄기의 가장 바깥쪽에 있는 한 겹의 세포층으로 줄기를 싸서 보호한다.
· 피층 : 표피 안쪽의 여러 겹의 세포층이다.
· 속 : 줄기의 가장 안쪽의 세포층이다.
· 물관 : 뿌리에서 흡수한 물과 무기 양분의 이동 통로
· 체관 : 잎에서 광합성으로 만들어진 유기 양분의 이동 통로이다.
· 형성층 : 세포 분열이 일어나 줄기의 부피 생장이 일어나는 부분이다

05. 답 ④

해설 (가) 물관, (나) 형성층, (다) 체관, (라) 표피
(다) 체관은 살아있는 세포로 구성되어 있다.

[유형4-4] 답 ③, ④, ⑤

해설 A - 체관, B - 물관, C - 형성층, (가) 쌍떡잎식물, (나) 외떡잎식물
① (가)는 쌍떡잎 식물이다.
② (나)는 외떡잎 식물이다.

7. 답 물관

해설 붉은 물감을 탄 물이 식물 줄기의 어느 부분을 통하여 위로 올라가는지 알아보기 위한 실험이다. 식물 줄기를 물에 담그는 경우 물이 물관을 타고 위로 이동하여 물관부가 붉게 물든다. 뿌리가 없어도 잎의 증산 작용이나 물 분자의 응집력, 모세관 현상 등을 통해 물은 줄기를 통해 위로 이동할 수 있다.

창의력 & 토론마당 70~73쪽

01

뿌리털, 한 개의 표피 세포가 변형되어 표면적을 넓히는 구조로, 흙과의 접촉면이 넓어져 삼투압에 의한 물의 이동이 더 효율적으로 이루어진다.

해설 소장의 융털과 폐의 폐포는 모두 표면적을 넓혀 기능을 더 효과적으로 이용하는 예이다. 식물의 뿌리털은 뿌리의 표피세포가 변형되어 바깥쪽으로 자라나온 것이다. 뿌리의 중요한 기능 중 하나가 물과 무기염류를 식물체에 공급해 주는 일이다. 이를 효율적으로흡수하기 위해서 물과 무기염류와 접촉하는 면적을 넓히기 위해 뿌리털은 얇고 길게 변형된 것이다. 부피가 5리터 정도 되는 호밀 뿌리에 달린 뿌리털의 표면적은 테니스 코트 2개에 해당하는 면적이다.

02

〈예시 답안〉 식물이 살던 환경이 갑자기 바뀌면 적응하기가 힘들기 때문에 원래 살던 환경과 비슷하게 만들어 준다.

해설 나무를 옮겨 심을 때 뿌리에 달린 흙을 크게 싸서 함께 옮겨 심는다. 식물의 뿌리에서 흙을 억지로 떼어 내면 흙 속에 엉겨 있는 뿌리털까지도 떨어져 나가게 된다. 뿌리털이 떨어져 나가면 새로운 곳에서 나무가 자라는데 어려움이 있으므로 흙을 떼어내지 않고 같이 옮겨 심는다.

03

나이테는 6~8월 경 세포 분열이 활발하게 일어나는데 이때 만들어진 세포는 크고 세포벽도 얇고 부드러워 색이 연하다. 그리고 7~9월에 이르면 세포 분열 활동이 느려져 세포의 크기가 작고 세포벽이 두껍고 진한 색을 띠게 된다. 따라서 계절 변화가 뚜렷한 온대지방에서는 이 경계선이 1년에 하나씩 계속 추가되지만 계절 변화가 없는 열대 기후에서는 나이테가 생기기 어렵다. 따라서 (가)는 계절 변화가 거의 없는 열대지방, (나)는 계절의 변화가 뚜렷한 온대지방의 나무일 것이다.

해설 나이테는 춘재와 하재를 만들 수 있을 만큼 계절 변화가 뚜렷한 온대나 한대 지방의 나무에서만 나타난다. 열대 지방에서는 우기/건기에 따라 비슷한 테가 생기기도 하지만 그것은 진정한 나이테가 아니다. 나이테는 그 해의 기후에 많은 영향을 받는다. 비와 햇빛이 적당한 날이 계속되면 나이테가 넓고 그렇지 않은 경우엔 좁아진다. 나이테는 나무가 자라는 환경의 영향도 많이 받기 때문에 나무가 한창 자랄 시기에 가뭄이나 병이 돌아 환경이 나빠진 경우에는 가짜 나이테가 생기거나 아예 안만들어지기도 하며, 환경에 큰 변화를 주는 일이 발생한 해에는 정상적이지 않은 모양의 테가 생기기도 한다.

04

식물 전체에 물을 공급해 줄 수 있을 만큼의 물관이 남아있으면 죽지 않고 생존할 수 있다.

해설 식물의 생존과 직결되는 부분은 물관이기 때문에 물관이 손상되지 않으면 식물은 죽지 않는다. 실제로 잎에 물이 공급되지 않으면 양분의 합성이 일어날 수가 없다. 줄기의 껍질을 벗겨 놓더라도 체관은 손상되지 않아서 양분이 뿌리로 공급이 되지 않아서 생장이 되지 않을 뿐 식물은 죽지 않는다.

05

그대로이다. 식물의 생장 부위는 생장점으로 뿌리 끝과 식물의 줄기 끝 부분에만 있기 때문에 나무의 1m 부근에 표시된 지점은 이미 생장이 멈춘 부분이다. 따라서 그 위치는 변하지 않고 그대로 있다.

해설

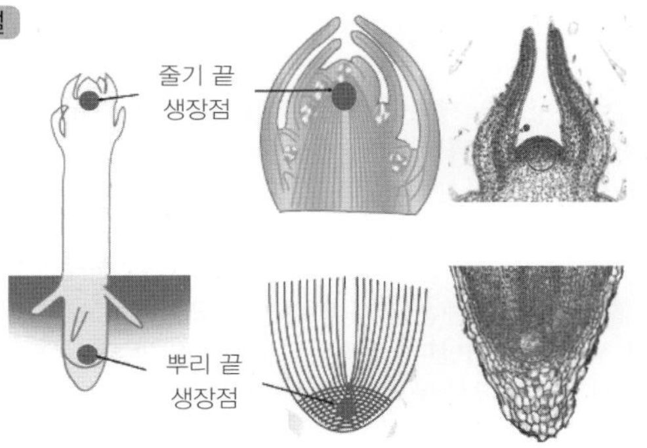

스스로 실력 높이기 74~79쪽

01. C, 뿌리털　02. D, 생장점
03. E, 뿌리골무　04. ㉠ 저 ㉡ 고
05. C, 체관　06. E, 물관　07. D, 형성층
08. ㄱ, ㄷ, ㄹ, ㅅ　09. ③　10. ④　11. ①
12. ②　13. ③　14. ⑤　15. ④
16. 올라간다　17. ②, ③, ⑤　18. ③
19. ③　20. ④　21. ⑤　22. ④　23. ②
24. ①　25. ①, ④, ⑤　26~32 〈해설 참조〉

[01 ~ 03]
해설

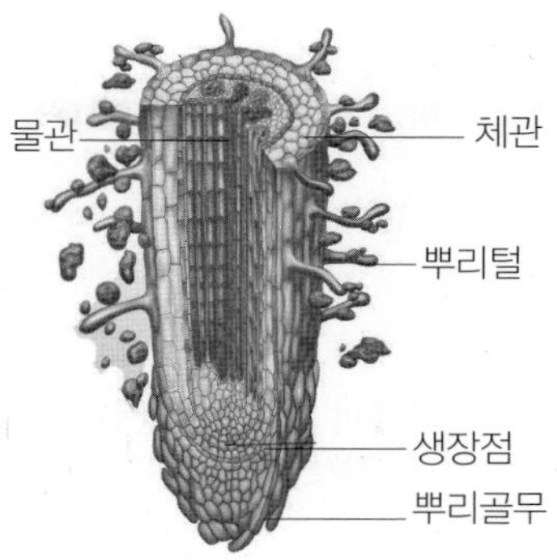

04. 답 ㉠ 저 ㉡ 고
해설 삼투 현상은 반투과성 막을 통해서 저농도 용액의 물이 고농도 용액으로 이동하는 현상이다. 반투과성 막을 사이에 두고 저농도 용액과 고농도 용액이 있을 때 삼투 현상에 의해서 고농도의 용액의 양은 점점 많아지고, 저농도 용액의 양은 점점 줄어든다.

[05 ~ 07]
해설

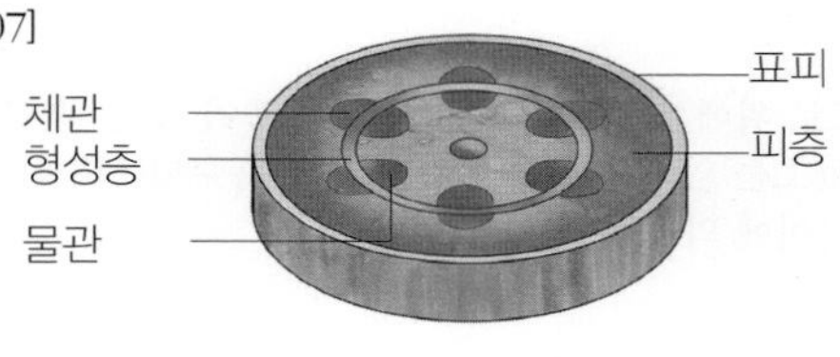

08. 답 ㄱ, ㄷ, ㄹ, ㅅ
해설 줄기는 지지, 운반, 저장, 호흡 작용을 한다.
· 지지 작용 : 식물체를 지탱한다.
· 운반 작용 : 물과 양분을 운반한다.
· 저장 작용 : 여분의 양분을 줄기에 저장한다.
· 호흡 작용 : 피목을 통해 산소를 호흡하고 이산화 탄소를 내보낸다.

09. 답 ③
해설 C는 물관이다. 물관은 뿌리털에서 흡수한 물과 무기양분의 통로이다.

10. 답 ④
해설 D는 생장점으로 세포 분열이 활발하게 일어나 새로운 세포가 만들어져 생장하는 부분으로 뿌리의 길이 생장이 일어난다.

11. 답 ①
해설 E는 뿌리골무로 죽은 세포로 구성되어 생장점을 싸서 보호하는 역할을 한다.
② 물과 무기 양분은 뿌리털을 통해 흡수된다.
③ 길이 생장을 할 수 있는 부분은 생장점이다.
④ 뿌리골무는 죽은 세포로 구성되어 있다.
⑤ 뿌리의 표면적을 넓혀 주는 역할을 하는 것은 뿌리털이다

12. 답 ②
해설 뿌리에서는 식물체를 지탱(지지 작용)하고, 유기 양분을 뿌리에 저장하고(저장 작용), 물과 무기 양분을 흡수(흡수 작용)한다. 또한 흙 속의 산소를 흡수하고 이산화 탄소를 배출하기도 한다.(호흡 작용)

13. 답 ③
해설 ① (가)는 곧은뿌리로 곧게 뻗은 원뿌리 주변에 곁뿌리가 나 있다.

② (가)는 쌍떡잎식물인 봉선화, 민들레, 땅콩 등과 겉씨식물인 소나무, 은행나무 등이 포함된다.
④ (나)는 수염뿌리로 벼, 보리, 양파, 옥수수, 백합 등에서 관찰할 수 있다.
⑤ 뿌리는 유기 양분을 흡수하는 기능이 아니라 무기 양분과 물을 흡수한다.

14. **답** ⑤
해설 비료를 너무 많이 주면 뿌리를 통한 물의 흡수가 제대로 일어나지 못해 식물이 말라 죽을 수 있다.

15. **답** ④
해설 감자는 줄기에, 보리와 옥수수는 열매에, 당근, 민들레, 무, 고구마는 뿌리에 양분을 저장한다.

16. **답** 올라간다
해설 증류수는 셀로판지를 통과하지만 설탕 분자는 셀로판지를 통과하지 못하여 물이 설탕물 쪽으로 이동하여 설탕물의 농도가 낮아지는 삼투 현상이 일어나서 설탕물의 높이가 상승하게 된다.

17. **답** ②, ③, ⑤
해설 ① 도로 위에 소금을 뿌리면 눈이 더 빨리 녹게 된다.
④ 이산화 탄소는 잎의 기공을 통해 식물로 흡수되는데 이것은 기체의 농도 차이에 의한 확산 현상이다.

18. **답** ③
해설 물은 용질의 농도가 낮은 곳에서 용질의 농도가 높은 곳으로 삼투 현상에 의해 이동하기 때문에 농도는 시작점인 D부분이 가장 낮고 A부분이 가장 높다.

19. **답** ③
해설

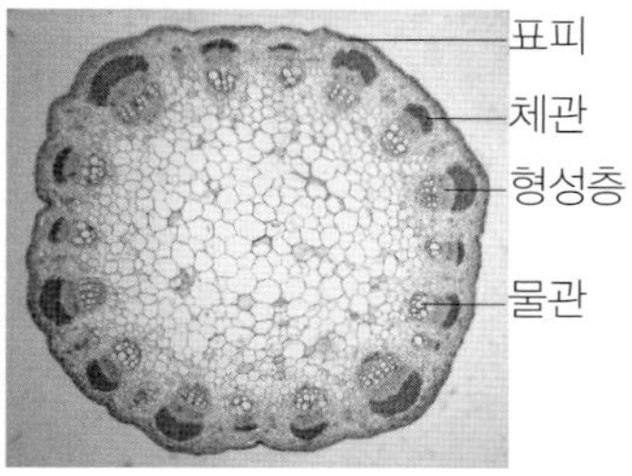

① A는 표피로 한 겹의 세포층으로 줄기를 싸서 보호한다.
② B는 체관으로 잎에서 만들어진 유기 양분의 이동 통로이다.
④ C는 형성층으로 쌍떡잎식물과 겉씨 식물에서만 관찰할 수 있다.
⑤ D는 물관으로 죽은 세포로 구성되어 있고 세포벽이 두껍다.

20. **답** ④
해설 ④ (가)에서는 생장점인 D에서, (나)에서는 형성층인 ⓓ에서 세포 분열이 활발하게 일어난다.

21. **답** ⑤
해설 ① 쌍떡잎식물과 겉씨식물에만 형성층이 있다.
② 외떡잎식물의 체관도 쌍떡잎식물처럼 바깥쪽에 위치한다.
③ 물관은 죽은 세포로 이루어져있다.
④ 외떡잎식물은 분열 조직(형성층)이 없다.

22. **답** ④
해설 (가)는 외떡잎식물인 옥수수, (나)는 쌍떡잎식물인 봉선화의 줄기를 관찰한 것이다. 이 실험에서 붉게 물든 식물의 부분은 물관이다.

23. **답** ②
해설 그림은 체관의 모습으로 잎에서 만들어진 유기 양분이 저장 기관으로 이동하는 통로이다.
① 체관은 살아있는 세포로 구성되어 있다.
③ 세포 분열이 활발하여 부피 생장이 일어나는 곳은 형성층이다.
④ 물과 무기양분의 이동통로는 물관이다.
⑤ 줄기의 가장 바깥쪽에 있는 부분은 표피이다.

24. **답** ①
해설 물관은 위아래 세포 사이에 세포벽이 없어서 하나의 연속된 관을 형성하며, 죽은 세포로 이루어져 있다. 체관은 살아 있는 세포로 이루어져 있으며 잎에서 만들어진 양분이 이동하는 통로이며, 위아래 세포 사이의 세포벽에 작은 구멍이 많이 뚫려 있는 체판이 존재한다.

25. **답** ①, ④, ⑤
해설 환상박피를 하면 줄기의 바깥쪽에 있는 체관이 잘려서 잎에서 만들어진 유기 양분이 아래로 전달되지 못하게 된다.
① 유기 양분은 위에서 아래로 이동하므로 A 부분이 부풀어 오른다.
④ 잎에서 만들어진 유기 양분이 열매에 저장이 되는 것이므로 유기 양분이 전달되지 않는 D 열매는 C 보다 작아진다.
⑤ 물관은 줄기의 안쪽에 위치하므로 껍질을 벗겨지더라도 물과 무기 양분은 정상적으로 공급되어 식물이 죽지 않는다.

26. **답** 쌍떡잎식물은 곧게 뻗은 원뿌리 주변에 곁뿌리가 나 있는 곧은뿌리를 가지고, 외떡잎식물은 굵기와 길이가 비슷하여 원뿌리와 곁뿌리의 구별이 없는 수염뿌리를 가진다.

27. **답** 뿌리털의 세포막은 반투과성 막으로, 뿌리 내부의 농도가 흙의 농도보다 높아 삼투 현상에 의해 저농도인 흙에서 고농도인 뿌리털로 물이 이동하게된다.

28. **답** 형성층은 세포 분열이 일어나 줄기의 부피 생장이 일어나는 부분으로 물관과 체관 사이에 위치한다. 형성층은 봉선화, 민들레와 같은 쌍덕잎식물과 소나무, 은행나무 등의 겉씨식물에서만 관찰할 수 있다.

29. **답** 쌍떡잎식물은 관다발 배열이 규칙적이고 형성층이 있어 부피 생장이 일어난다. 외떡잎식물은 관다발 배열이 불규칙적이고 형성층이 없어서 부피 생장이 일어나지 않는다.

30. **답** 줄지는 식물체를 지탱하는 지지 작용, 물과 양분을 운반하는 운반 작용, 여분의 양분을 저장하는 저장 작용, 피목을 통해 호흡하는 호흡 작용을 한다.

31. **답** 나무를 옮겨 심으면 뿌리가 나무를 지탱하는 힘이 부족하여 기울어지거나 쓰러질 수 있기 때문에 지지대를 설치한다. 지지대가 나무의 뿌리 역할 중 지지 작용을 한다.
해설 나무를 옮겨 심을 때에는 지지대를 먼저 설치해야 한다. 물을 먼저 주게 되면 나무가 넘어질 수 있다. 뿌리가 아직 활착(옮겨 심거나 접목한 식물이 서로 붙거나 뿌리를 내려서 사는 것)되지 않은 상태에서 물을 주면 뿌리가 물을 흡수하는 과정에서 나무의 무게를 지탱하지 못하기 때문이다.

32. **답** 흙의 양이 거의 그대로인 것으로 보아 나무를 구성하는 물질은 흙에서 온 것이 아니라 물에서 온 것이라는 것을 알 수 있다. 즉, 버드나무가 뿌리를 통해 물을 흡수하여 성장했다는 것을 알 수 있다.

5강. 잎과 증산 작용

개념 확인 80~83쪽

1. 해면 조직　　2. 증산 작용
3. ㄱ, ㄹ, ㅁ　　4. (1) 뿌리압 (2) 모세관 현상

확인+ 80~83쪽

1. ①, ③, ④　　2.(1) 공변세포 (2) 열리고, 닫힌다
3. (1) O (2) X (3) O　　4. ㄹ, ㄴ, ㄱ, ㄷ

3. 답 (1) O (2) X (3) O
해설 (2) 물이 증발되면서 많은 열을 빼앗아가므로 높은 태양열에도 식물체의 온도는 크게 올라가지 않고 체온이 조절된다.

생각해보기 80~83쪽

★ 식물 잎의 잎맥의 끝자락에는 기공과 비슷하게 생긴 수공이 있고, 공변 세포는 없지만 계속 열린 상태를 유지하여 별도로 물을 외부로 내보내고 있다.

* 일액 현상 : 밤에는 기공이 닫혀 증산 작용이 일어나지 않지만, 뿌리에서는 물을 계속 흡수하므로 남은 물이 생긴다. 이것을 잎의 가장자리의 죽은 공변세포로 된 수공(작은 구멍)을 통해 내보내는데 이와 같은 현상을 일액 현상이라 하며 주로 밤에 일어난다.

개념 다지기 84~85쪽

01. ③	02. ③	03. ③
04. ④	05. ④	06. ④

01. 답 ③
해설 D는 물관이며 줄기의 물관과 연결된다.

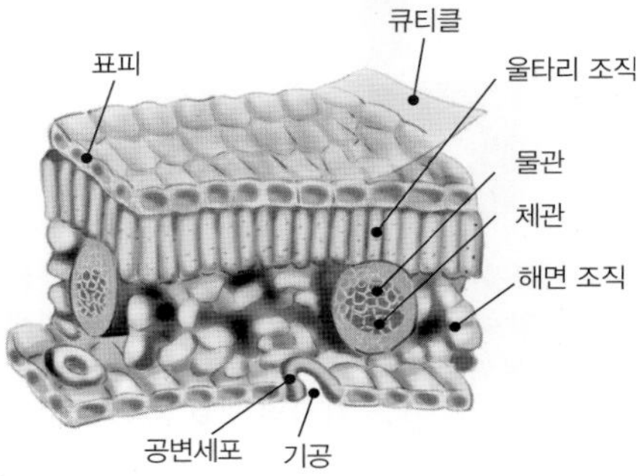

02. 답 ③
해설 C(울타리 조직), F(해면 조직), G(공변 세포)는 엽록체가 들어 있는 세포로 구성되어서 광합성이 일어난다.

03. 답 ③
해설

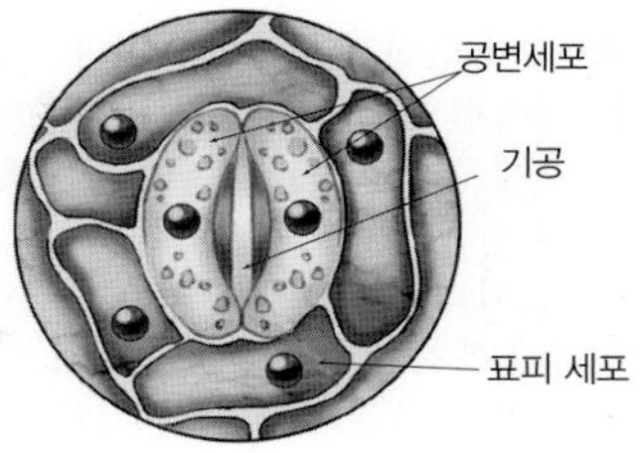

대부분의 식물에서 기공은 주로 광합성이 활발한 낮에 열려서 이산화 탄소의 흡수와 산소의 배출이 잘 일어나게 된다.

04. 답 ④
해설 기공은 햇빛이 강할때 광합성이 활발해져 포도당 생성으로 세포 내의 농도가 높아졌을 때 열린다.

05. 답 ④
해설 광합성은 증산 작용에 의해 더 효율적으로 일어나지는 않는다. 광합성 속도는 빛의 세기와 이산화 탄소의 농도, 온도의 영향을 받는다.

06. 답 ④
해설 광합성에서 일어나는 작용으로 물이 소모되지만 이것은 잎의 주변에서 일어나는 일이므로 물 이동의 원동력이라고 볼 수 없다.

유형 익히기 & 하브루타 86~89쪽

[유형5-1] (1) B, 울타리 조직 (2) D, 체관 (3) F, 기공
01.(다), 해면 조직　02. ③
[유형5-2] (1) O (2) O (3) X
03.(1) ㉠ 공변세포 ㉡ 엽록체
(2) ㉢ 기공 ㉣ 흡수 ㉤ 팽압　04. ①
[유형5-3] (1) A (2) 물　05. ①, ⑤　06. ⑤
[유형5-4] (나) 물 분자의 응집력
07. (1) (가) 증산작용
(나) 물 분자의 응집력
(다) 모세관 현상　(라) 뿌리압
(2) 가, 나, 라, 다
08. ④

[유형5-1] 답 (1) B, 울타리 조직 (2) D, 체관 (3) F, 기공
해설

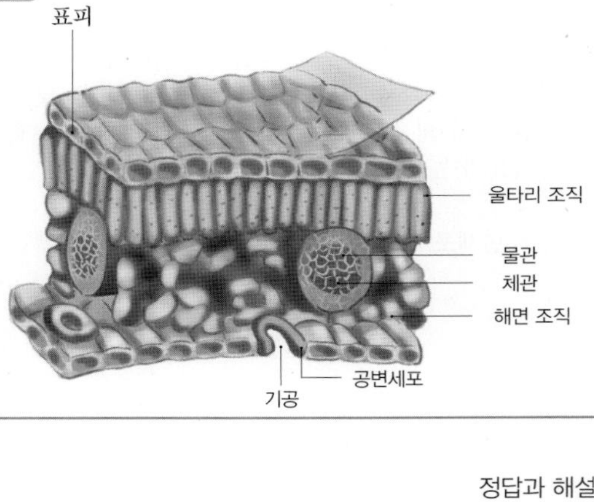

· A 표피 : 잎을 감싸고 있는 한 겹의 세포층으로, 큐티클층으로 싸여 있으며 엽록체가 없어 광합성이 일어나지 않는다.
· B 울타리 조직 : 길쭉한 모양의 세포가 규칙적으로 배열되어 있고, 엽록체가 있으며 광합성이 가장 활발하게 일어나는 장소이다.
· C 물관, D 체관 : 물관과 체관으로 구성된 관다발을 잎맥이라고 한다. 잎을 지탱하며 물질의 이동 통로이다.
· E 해면 조직 : 세포가 엉성하게 배열되어 세포 사이의 빈틈으로 기체의 통로가 형성되며 엽록체가 있어서 광합성이 일어난다.
· F 기공 : 2개의 공변세포 사이의 구멍이나 주로 잎의 뒷면에 분포하고 기체의 출입이 일어나는 장소이다.

[01~02]

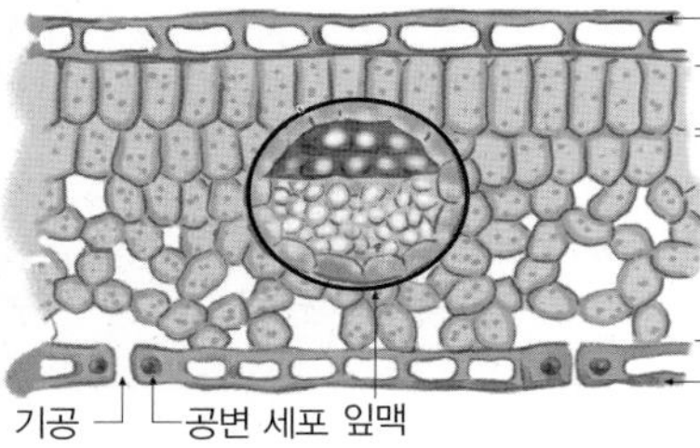

01. 답 (다) , 해면 조직
해설 해면 조직은 식물 세포가 엉성하게 배열되어 있는 조직으로 광합성이 일어나며, 기체들의 이동 통로가 된다.

02. 답 ③
해설 ③ (다)는 해면 조직으로 세포가 엉성하게 배열되어 세포 사이의 빈틈으로 기체의 통로가 형성된다. 또한 엽록체가 있어서 광합성이 일어난다.

[유형5-2] 답 (1) O (2) O (3) X
해설

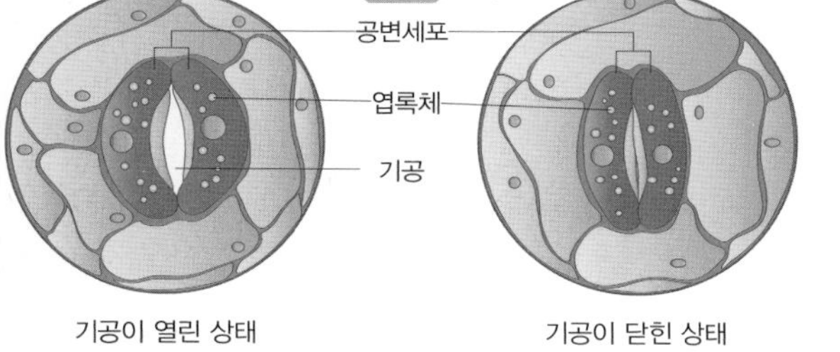

공변세포는 표피가 변형된 반달 모양 세포로 주로 잎의 뒷면에 분포한다.
(1) A는 공변세포로, 공변세포 내의 농도에 의해 삼투 현상이 일어나 기공이 열리거나 닫혀서 증산 작용을 조절한다.
(2) B는 엽록체이다. 공변세포 내 엽록체에서 광합성이 일어나 포도당의 생성으로 공변세포 내의 농도가 증가하면 삼투 현상에 의해 주변 세포로부터 물을 흡수한다. 물을 흡수한 공변세포는 팽압이 증가하여 활처럼 휘어지면서 기공이 열리게 된다.
(3) 기공이 열린 (가)상태는 광합성이 활발하게 일어나는 낮에 볼 수 있는 상태이다. (나)의 상태는 주로 밤이나, 햇빛이 약할 때, 기온이 낮을 때, 습도가 높을 때 볼 수 있다.

03. 답 (1) ㉠ 공변세포 ㉡ 엽록체 (2) ㉢ 기공 ㉣ 흡수 ㉤ 팽압

04. 답 ①
해설

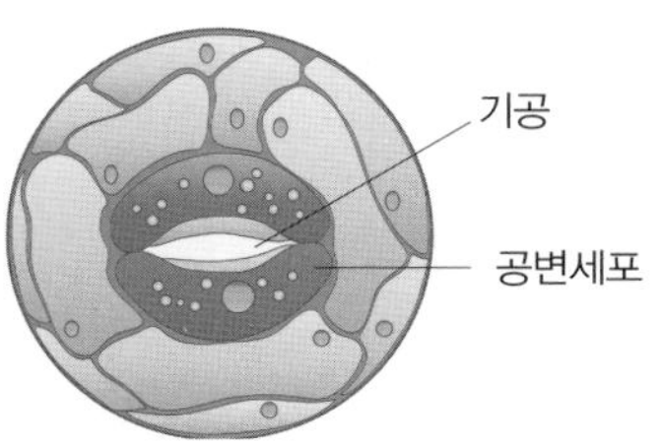

① 기공은 주로 낮에 열린다. 광합성이 활발하게 일어날 때, 포도당의 생성으로 공변세포 내의 농도가 증가하여 삼투 현상에 의해 주변 세포로부터 물을 흡수하여 공변세포의 팽압이 증가하여 공변세포가 활처럼 휘어지게 되어 기공이 열리게 된다.

[유형5-3] 답 (1) A (2) 물
해설 (1) 물이 가장 많이 줄어들었다는 것은 증산 작용이 가장 활발하게 일어났다는 것을 뜻한다. B는 잎이 없어서 증산 작용이 일어나지 않기 때문에 물이 줄지 않는다. C는 증산 작용으로 빠져나온 수증기가 응결되어 비닐 주머니에 맺히면서 습도가 높아지기 때문에 증산 작용이 어느 정도 일어나면 더 이상 활발하게 일어나지 않는다. 따라서 가장 물이 많이 줄어든 시험관은 A가 된다.
(2) C 에서는 증산 작용이 일어나면서 식물체 내에 있는 물이 수증기 형태로 기공을 빠져나와 물방울로 응결되어 비닐 주머니에 맺힌다.

05. 답 ①, ⑤
해설 A와 B를 비교하여 잎의 유무에 따라 물이 증발되는 양을 비교하여 증산 작용이 잎에서 일어난다는 것을 알 수 있다.A와 C를 비교하여 습도가 증산 작용에 영향을 준다는 것을 알 수 있다.

06. 답 ⑤
해설 ⑤ 증산 작용은 햇빛이 강하고, 온도가 높고, 바람이 강하고, 습도가 낮고, 식물의 체내 수분량이 많을 때 활발하게 일어난다.

[유형5-4] 답 (나), 물 분자의 응집력
해설

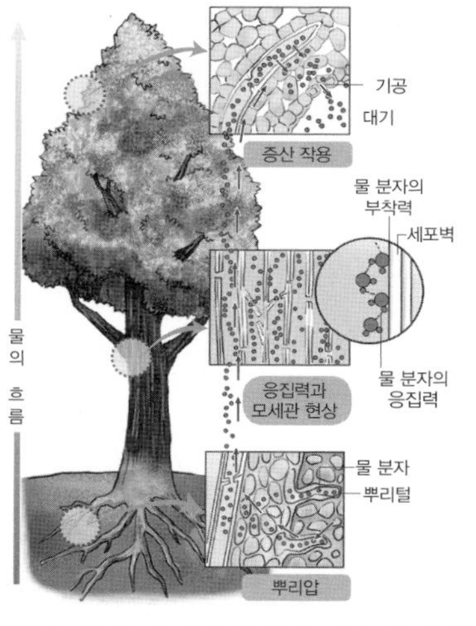

· 증산 작용 : 기공을 통해 빠져나간 물을 보충하기 위해 물관이 물을 흡수하는 압력이 커지고, 뿌리의 물이 나무 꼭대기까지 올라갈 수 있는 원동력이다.
· 물 분자의 응집력 : 물 분자 사이에 서로 잡아당기는 힘이 작용하여 뿌리에서 잎까지 하나의 긴 물기둥이 만들어진다.
· 모세관 현상 : 물관이 모세관의 역할을 하여 관을 따라 물이 위로 올라간다.

· 뿌리압 : 뿌리에서 삼투압 현상으로 흡수한 물을 위로 밀어올리는 힘
· 상승력의 세기 : 증산 작용 〉 응집력 〉 뿌리압 〉 모세관 현상

07. 답 (1) (가) : 증산작용 (나) : 물 분자의 응집력 (다) : 모세관 현상 (라) : 뿌리압 (2) 가, 나, 라, 다
해설 대표유형 5-4 해설 참고

08. 답 ④
해설 광합성 작용으로 빛을 이용하여 포도당을 만든다. 광합성 작용은 식물체 내에서 물 상승 원동력의 직접적인 요인에 해당하지 않는다.

창의력 & 토론마당 90~93쪽

01

보통 식물의 기공은 잎에 많이 존재한다. 특히 육상 식물은 외부 환경에 노출이 덜 되는 잎의 뒷면에 기공이 많이 있다. 그러나 물 위에 뜬 잎에서는 기공이 앞면에 많이 존재하며, 잎이 물속에 들어가 있는 식물의 경우에는 기공이 존재하지 않는다.

해설 수생 식물의 가장 큰 특징은 육상 식물과는 다르게 표피층이 매우 얇고, 기공이 발달해 있지 않다. 육상 식물은 기공이 잎의 뒷면에 있는 반면, 물 위에 떠서 생활하는 식물들은 기공이 잎의 앞면에 있다. 수생 식물은 물속에서 자라기 때문에 강렬한 햇빛을 피할 수 있고 물 밖의 물리적인 환경(바람 등)에 큰 영향을 받지 않기 때문에 잎 표피의 큐티클 층이 없기도 하고 표피 조직이 단층으로 이루어져 있다. 따라서 다른 육상 식물들보다 부드러운 몸을 가지고 있다.
* 기공의 위치에 따른 식물의 종류
① 식물의 뒷면 : 일반적으로 육지에 살고, 잎이 넓은 식물의 경우 잎의 뒷면에 더 많은 기공이 분포한다.
→ 고무나무, 대부분의 속씨식물, 쌍떡잎 식물
② 식물의 앞면 : 잎이 물 위에 떠 있는 식물의 경우에는 잎의 앞면에 기공이 더 많다.
→ 수련, 마름, 가래 등 물에 떠 있는 부엽 식물
③ 식물의 양면 : 잎이 가늘거나 원통형 모양이어서 앞뒤의 구별이 어려운 경우는 잎의 앞면과 뒷면에 거의 비슷하게 기공이 분포해 있다.
→ 해바라기, 귀리, 옥수수, 콩, 감자, 배, 버드나무 등 외떡잎 식물 등

02

(1) 수련은 물 위에 떠서 생활하는 식물로, 잎 내부에 있는 빈 공간에 공기가 들어 있어서 전체가 가벼워서 물 위에 뜰 수 있다.
(2) 옥수수는 잎이 전체적으로 위를 향하고 있어 햇빛을 골고루 받는다. 따라서 앞뒷면의 구분 없이 모두 울타리 조직이 발달해 있다.

해설 (1) 대부분의 목본성 쌍떡잎식물과 관목에서는 잎의 아랫면에만 기공이 있고, 연꽃과 같은 수생 식물의 경우에는 윗면에만 기공이 있다. 기공의 개폐는 빛과 이산화 탄소의 농도, 수분, 온도에 의해 영향을 받게 된다. 연꽃의 기공이 잎의 아랫면에 있다면, 기공이 수면에 접하고 있어 잎과 대기 사이에서 공기층의 움직임이 적어지기 때문에 확산이 일어나지 않게 되고, 식물은 기공을 통해 이산화 탄소와 산소의 교환을 할 수가 없게 되어 광합성에 심각한 제한을 받게 될 것이다. (2) 잎에서 햇빛을 많이 받는 부분에 주로 엽록체가 많이 있는 울타리 조직이 발달해 있다. 옥수수의 경우에는 잎의 앞뒷면의 구별이 없어 잎의 어느 부분에서도 모두 햇빛을 강하게 받을 수 있기 때문에 잎의 앞뒷면에 모두 울타리 조직이 발달해 있는 것을 관찰할 수 있다.

03

· 수액 주사를 놓는 부분 : 물관
· 수액 주사를 놓기에 적절한 때 : 증산 작용이 왕성할 때(바람이 강하고, 온도가 높을 때, 습도가 낮을 때, 빛의 세기가 강할 때 등)

해설 병균에 오염되거나 양분이 부족한 노쇠한 나무는 수액 주사를 놓는데 수액 주사는 식물의 물관부를 통해 공급해 주며 중심 쪽의 물관부보다는 바깥쪽의 물관부가 약물의 이동 통로가 된다. 물관을 통하여 주입된 수액은 가지와 잎으로 퍼져나가게 된다. 증산 작용이 활발하게 일어날 때 물의 상승도 활발히 일어나기 때문에 맑게 개인 날이나 또는 건조한 시기의 이른 아침에 수액 주사를 놓는 것이 가장 적당하다.

04

식물이나 동물은 체온이 지나치게 상승하면 생체 구성 물질이 변성되어 생존에 위협을 받기 때문에 물을 증발시키는 과정을 통하여 체열을 발산하게 된다. 식물에서의 증산 작용처럼 동물에서는 땀이 분비되어 물이 기화되면서 많은 열이 빠져나가 체온이 일정하게 유지된다.

05

갯잔디, 삼투압에 잘 견딜 수 있는 식물은 주변 환경이 높은 농도로 이루어진 곳에서 자라나는 염생식물이다.

· 염생식물 : 바닷가에서 사는 식물들 가운데 염분에 특히 잘 견디는 식물을 염생식물이라고 한다. 이들은 자신의 세포 속에 소금기가 축적되어도 살 수 있도록 하는 것이 적응의 목표이다. 세포 속에 소금기가 많이 들어 있기 때문에 오히려 세포 안의 삼투압이 높아져서 주변에서 물을 더욱 효율적으로 흡수할 수 있다.
· 건생식물 : 바위나 모래밭같이 물기가 적고 마른 곳에서 잘 자라는 식물로 공기가 건조한 곳이나 온도가 낮은 곳, 토양의 염류 농도가 높은 곳 등 수분 흡수가 곤란한 곳에서도 생육할 수 있다.

스스로 실력 높이기 94~99쪽

01. A, 표피 02. D, 잎맥 03. C, 해면 조직
04. B, 울타리 조직 05. E, 공변세포
06. 증산 작용 07. 공변세포
08. (1) O (2) O (3) X 09. ㅁ, 모세관 현상
10. ㄱ, ㄹ, ㅁ, ㅂ 11. ② 12. ④ 13. ②
14. ① 15. ① 16. ⑤ 17. ③ 18. ③
19. ④ 20. ④ 21. ㄹ - ㄴ - ㄷ - ㅁ - ㄱ
22. ② 23. (가) 24. ① 25. ③
26~32. 〈해설 참조〉

[01~05] 해설

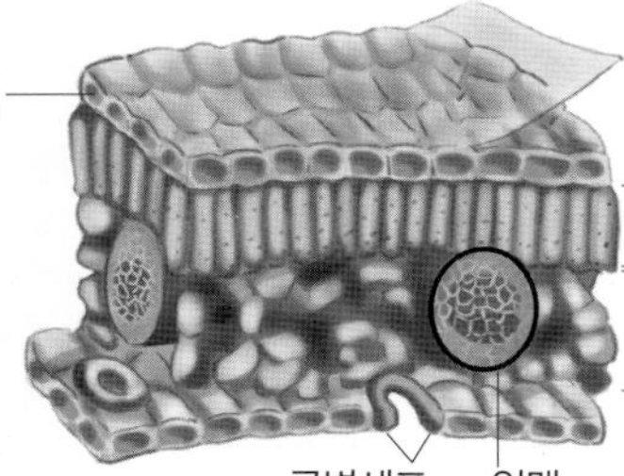

- A 표피 : 잎을 감싸고 있는 한 겹의 세포층으로, 큐티클층으로 싸여 있으며 엽록체가 없어 광합성이 일어나지 않는다.
- B 울타리 조직 : 길쭉한 모양의 세포가 규칙적으로 배열되어 있고, 엽록체가 있으며 광합성이 가장 활발하게 일어나는 장소이다.
- C 해면 조직 : 세포가 엉성하게 배열되어 세포 사이의 빈틈으로 기체의 통로가 형성되며 엽록체가 있어서 광합성이 일어난다.
- D 잎맥 : 물관과 체관으로 구성된 관다발을 잎맥이라고 한다. 잎을 지탱하며 물질의 이동 통로이다.
- E 공변세포 : 표피 세포가 변형된 반달 모양 세포로, 잎의 뒷면에 주로 분포한다.08. 답 (1) O (2) O (3) X

해설 (3) 식물체 내의 광합성량을 조절하는 요인은 빛의 세기, 이산화 탄소의 농도, 온도이다.

06. 답 증산 작용
해설 증산작용은 식물체 내의 물질의 흐름을 생기게 할 뿐만 아니라, 뿌리로부터 계속 물을 흡수할 수 있게 도와주며, 증산이 일어날 때 많은 열을 빼앗으므로 식물체의 체온 상승을 방지하기도 한다.

07. 답 공변 세포
해설 광합성이 활발할 때 열려서 증산 작용이 잘 일어나게 하여 뿌리로부터 광합성에 필요한 물을 잘 공급 받을 수 있게 한다.

08. 답 (1) O (2) O (3) X
해설 (3) 증산 작용을 통해 광합성에 필요한 물을 공급해 주기는 하지만 광합성량을 조절하지는 않는다.

09. 답 ㅁ, 모세관 현상
해설 식물체 내의 물관은 얇은 관의 모양을 하고 있으므로 모세관 현상을 통해서 물이 뿌리로부터 위로 이동할 수 있다.

10. 답 ㄱ, ㄹ, ㅁ, ㅂ
해설 광합성을 하기 위해서 식물체는 물을 필요로 하는데, 뿌리에서 흡수한 물을 증산 작용, 물분자의 응집력, 뿌리압, 모세관 현상 등으로 식물체의 각 부분으로 끌어올린다.

11. 답 ②
해설 (가)는 기공이 닫힌 상태, (나)는 기공이 열린 상태, A는 공변세포이다.
ㄱ. 물과 무기 양분의 이동 통로는 물관이다.
ㄷ 공변세포에도 엽록체가 있어서 광합성이 일어난다.

12. 답 ④
해설 기공이 열리는 조건은 빛이 강하고, 기온이 높고, 바람이 불며, 식물체 내 수분량이 많고, 습도가 낮을 때이다.

13. 답 ②
해설 ① 물이 증발되면서 많은 열을 빼앗아가므로 높은 태양열에도 식물체의 온도가 올라가지 않는다.
③ 증산 작용은 햇빛이 강할 때, 온도가 높을 때, 바람이 강할 때, 습도가 낮을 때, 체내 수분량이 많을 때 활발하게 일어난다.
④ 광합성의 결과로 식물체 내에 필요한 양분을 만들어 낼 수 있다.
⑤ 증산 작용과 물과 무기 양분의 저장과는 상관이 없다. 무기 양분이 과도하게 묽은 상태로 물에 녹아 있는 경우에 증산 작용을 통해 물을 증발시켜서 무기 양분을 농축하는 작용을 한다.

14. 답 ①
해설 증산 작용이 잘 일어나는 조건은 바람이 불고, 기온이 높고, 습도가 낮을 때, 식물의 잎이 많고 식물체 내 수분량이 많을 때이다.

15. 답 ①
해설 증산 작용은 햇빛이 약할 때에도 일어난다.

16. 답 ⑤
해설 물과 무기 양분을 흡수하는 것은 식물의 뿌리이다.

17. 답 ③
해설 ③ 습도에 따른 증산 작용의 정도를 비교하기 위해서는 A와 C를 비교해야 한다. A와 B를 비교하면 증산 작용은 잎이 많을수록 잘 일어난다는 것을 알 수 있다.

18. 답 ③
해설 낮에는 광합성이 활발하게 일어나 공변 세포 내 농도가 높아져 삼투압이 증가하게 되어 세포 밖에서 안으로 물이 들어오게 된다. 그 결과 공변 세포가 더 많이 휘어지면서 기공이 열리게 된다.

19. 답 ④
해설 증산 작용은 식물의 식물체 내의 물이 기공을 통해 수증기 형태로 증발되는 현상이다. 증산 작용은 빨래가 잘 마르는 날씨와 비슷한 환경에서 잘 일어난다. 온도가 높고, 햇빛이 강하고, 습도가 낮고, 바람이 강하고, 체내 수분량이 많을 때 증산 작용이 잘 일어난다. 증산 작용은 식물체 내부의 물 상승의 원동력이 되며, 식물체 내의 수분량을 조절하는 작용도 한다.
④ 물이 증발하면서 많은 열을 빼앗아가므로 높은 태양열에도 식물체의 온도는 올라가지 않는다. 또한 무기 양분이 과도하게 묽은

상태로 물에 녹아 있는 경우 물을 증발시켜서 농축한다.

21. 답 ㄹ - ㄴ - ㄷ - ㅁ - ㄱ

해설

공변세포 내 엽록체에서 광합성이 일어난다. → 포도당의 생성으로 공변세포 내의 농도가 증가한다. → 삼투 현상에 의해 주변 세포로부터 물을 흡수한다. → 공변세포의 팽압이 증가한다. → 공변세포가 휘어지면서 기공이 열린다.

22. 답 ②

해설 A와 B는 모두 공변세포로 A는 기공이 닫힌 상태, B는 기공이 열린 상태이다. 설탕물은 (물에 비해)삼투압이 높기 때문에 공변세포는 상대적으로 설탕물에 비해 저농도가 된다.
따라서 삼투 현상에 의해 공변세포에서 설탕물쪽으로 물을 방출하고, 공변세포의 팽압은 감소하며 공변세포의 부피가 줄어들면서 기공이 닫히게 된다.
그러나 이미 A는 기공이 닫혀 있는 상태이기 때문에 큰 변화가 일어나지 않는다.

23. 답 (가)

해설 기공은 잎의 뒷면에 많이 있으므로 잎의 뒷면에 바셀린을 바르면 기공을 통한 증산 작용이 잘 일어나지 않게 되어 물이 잘 줄어들지 않는다.

24. 답 ①

해설 ② 증산 작용은 습도가 낮을 때 더 잘 일어나지만 이 실험을 통해 알 수 있는 사실은 아니다.
⑤ 빛의 세기가 강하면 공변 세포의 팽압이 높아지기는 하지만 이 실험을 통해 알 수 있는 사실은 아니다.

25. 답 ③

해설 증산량이 오전 8시 경에서 오후 4시경에 많은 것으로 보아 햇빛이 강한 시간에 증산 작용이 많이 일어남을 알 수 있다.

26. 답 · 광합성 작용 : 엽록체에서 빛을 이용하여 포도당을 합성한다.
· 증산 작용 : 식물체 내의 물을 기공을 통해 수증기 형태로 공기중으로 방출한다.
· 호흡 작용 : 기공을 통해 산소를 받아들이고, 이산화 탄소를 방출한다.

27. 답 · 공변세포 : 표피 세포가 변형된 반달 모양 세포로 주로 잎의 뒷면에 분포한다. 엽록체가 있어 광합성이 일어난다.
· 울타리 조직 : 길쭉한 모양의 세포가 규칙적으로 빽빽하게 배열되어 있다, 엽록체가 있으며 광합성이 가장 활발하게 일어난다.
· 해면 조직 : 세포가 엉성하게 배열되어 세포 사이의 빈틈으로 기체의 통로가 형성된다, 엽록체가 있어 광합성이 일어난다.

28. 답 공변세포 내 엽록체에서 광합성이 일어나 포도당을 생성하고, 이로 인해 공변세포 내의 농도가 증가한다. 농도 차이에 의한 삼투 현상으로 주변 세포로부터 물을 흡수하여 공변세포의 팽압이 증가하여 공변세포가 휘어지면서 기공이 열린다.

29. 답 · 식물체 내부의 물 상승의 원동력 : 기공을 통해 물을 내보내면 부족한 물을 보충하기 위해 물을 흡수한다.
· 식물체의 체온 조절 : 물이 증발되면서 많은 열을 빼앗아가므로 높은 태양열에도 식물체의 온도가 올라가지 않는다.
· 식물체 내의 수분량 조절 : 식물체 내의 수분의 양이 적당량 유지되도록 식물체로부터 수분이 방출된다.
· 식물체 내의 무기 양분 농축 : 무기 양분이 과도하게 묽은 상태로 물에 녹아 있는 경우 물을 증발시켜서 농축한다.

30. 답 · 증산 작용 : 기공을 통해 빠져나간 물을 보충하기 위해 물관이 물을 흡수하는 압력이 커진다.
· 물 분자의 응집력 : 물 분자사이에 서로 잡아당기는 힘이 작용하여 뿌리에서 잎까지 하나의 긴 물기둥이 만들어진다.
· 모세관 현상 : 물관이 모세관의 역할을 하여 관을 따라 물이 위로 올라간다.
· 뿌리압 : 뿌리에서 삼투압 현상으로 흡수한 물을 위로 밀어올리는 힘

31. 답 증산 작용이 활발하게 일어나는 조건으로는 햇빛이 강할 때, 온도가 높은 때, 바람이 많이 불 때, 습도가 낮을 때, 체내 수분량이 많을 때이다.
증산 작용이 일어나는 기공과 공변세포가 잎의 앞면에 있으면 뜨거운 자외선의 영향(강한 햇빛과 높은 온도)을 받아 파괴되기 쉽기 때문에 뒷면에 많이 분포한다.

32. 답 뿌리가 활착(옮겨 심거나 접목한 식물이 서로 붙거나 뿌리를 내려서 사는 것)되기 전에는 원활한 수분 공급이 어렵기 때문에 활발한 증산 작용을 방지하기 위해서이다.

6강. 광합성과 호흡

개념 확인 100~103쪽

1. ㉠ 엽록체 ㉡ 포도당 ㉢ 산소
2. 빛의 세기, 이산화 탄소의 농도, 온도
3. ㉠ 녹말 ㉡ 체관 4. ㉠ 산소 ㉡ 에너지

확인+ 100~103쪽

1. (1) 엽록체 (2) 엽록소 (3) 기공 2. ㄱ, ㄴ
3. (1) X (2) X (3) O 4. (1) 〉 (2) =

2. 답 ㄱ, ㄴ
해설 ㄷ. 어느 정도 이상의 온도가 되면 광합성량은 오히려 감소하게 된다. 일반적으로 30~40℃ 정도의 온도에서 광합성이 가장 활발하게 일어나고, 온도가 더 높아지면 광합성량은 급격히 감소한다.

3. 답 (1) X (2) X (3) O
해설 (1) 광합성은 물과 이산화 탄소로부터 포도당을 생성한다.
(2) 생물의 호흡에 필요한 산소를 생성한다.

생각해보기 100~103쪽

★ 식물이 광합성 결과로 만든 산소를 호흡에 이용하며, 식물이 만들어낸 포도당을 섭취하여 에너지를 얻기도 한다.

★★ 수생 식물들도 물속으로 들어오는 빛에너지를 이용하여 광합성을 한다. 그 결과 발생되는 산소는 잎 주변에 공기 방울 형태로 맺혀 있다.

★★★ 엽록체 안에 있는 엽록소는 빨간색 빛과 파란색 빛을 주로 흡수하여 광합성을 하고, 초록색 빛은 광합성에 사용하지 않고 반사시킨다. 이렇게 반사시킨 녹색 빛이 우리 눈에 들어오기 때문에 식물이 녹색으로 보이는 것이다.

개념 다지기 104~105쪽

01. ③	02. ②	03. ⑤
04. ③, ⑤	05. ①	06. ③

01. 답 ③
해설 광합성은 빛에너지를 이용해 물과 이산화 탄소를 재료로 포도당을 합성하는 과정으로 주로 낮에 일어난다.

02. 답 ②
해설 ㄴ. 양분이 이동할 때는 주로 물에 녹기 쉬운 상태인 포도당(D) 상태로 이동한다.
ㄹ. 양분이 저장될 때는 압축된 형태인 녹말(C)로 저장된다. 이런 형태가 부피를 작게 차지하고 농도를 낮추어 더 많은 양분이 농축되어 저장될 수 있기 때문이다.

03. 답 ⑤
해설 온도와 빛의 세기가 충족되지만 이산화 탄소가 존재하지 않으면, 호흡을 통해 방출되는 약간의 이산화 탄소로 일어나는 광합성보다 더 많은 광합성은 일어날 수 없다.

04. 답 ③, ⑤
해설 ③ 온도는 식물체의 물질대사에 중요한 영향을 미치지만 적당한 온도 이상일 때는 식물체 구성 물질이 열에 의해 변성될 수 있기 때문에 ③과 같은 그래프가 나타난다.
⑤ 빛의 세기 또한 광합성에 중요한 역할을 하지만 일정 세기 이상일 때는 포도당 합성 속도가 최대치에 도달하여 더 이상 빨라지지 않는다.

05. 답 ①
해설 식물은 빛에너지를 직접 생명 에너지로 활용할 수 없기 때문에 생활에 필요한 에너지를 얻기 위해 항상 호흡을 하고 있다. 즉, 광합성을 통해 빛에너지를 유기물의 화학 에너지로 전환한 다음, 호흡을 통해 이것을 분해하는 과정에서 생명 활동에 필요한 에너지를 얻을 수 있기 때문이다.

06. 답 ③
해설 (나)처럼 약한 빛에서는 광합성량과 호흡량이 같아서 외부에서 보았을 때 기체의 출입이 없는 것처럼 보인다.

유형 익히기 & 하브루타 106~109쪽

[유형6-1] (1) (가) 물 (나) 이산화 탄소 (다) 포도당 (라) 산소 (마) 녹말
(2) ① O ② O ③ X
01. 엽록소 02. ㉠ 빛 ㉡ 포도당 ㉢ 녹말
[유형6-2] (1) (나) (2) (다)
03. ①, ③, ⑤ 04. 광포화점
[유형6-3] ㄴ, ㄷ
05. ㉠ 포도당 ㉡ 녹말 ㉢ 포도당 ㉣ 체관
06. ④
[유형6-4] ㄴ, ㄷ
07. (1) X (2) O (3) O
08. (1) 낮 (2) 아침 · 저녁 (3) 밤

[유형6-1] 답 (1) (가) 물 (나) 이산화 탄소 (다) 포도당 (라) 산소 (마) 녹말 (2) ① O ② O ③ X
해설

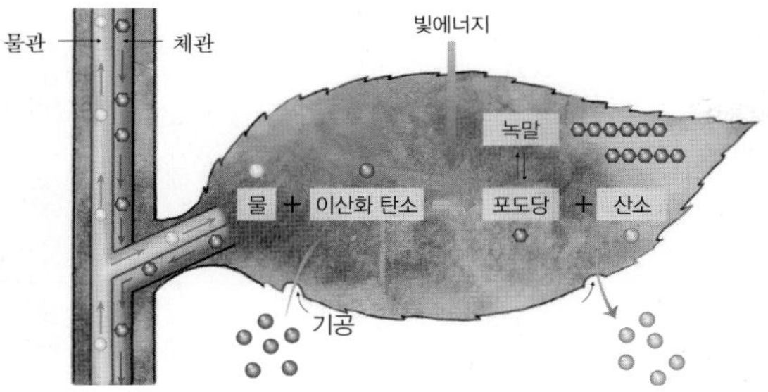

(2) ① 광합성 결과로 만들어지는 최초의 유기물은 포도당으로 저장할 때에는 녹말 형태로 저장 한다.
② 뿌리털을 통해 흡수된 물은 물관(A)을 통하여 잎까지 전달된다.
③ 광합성으로 만들어진 양분은 (다) 포도당의 형태로 이동한다.

01. 답 엽록소
해설 엽록소는 엽록체 안에 있는 녹색 색소로 엽록소가 녹색을 띠고 있어 엽록체가 녹색으로 보이고, 식물의 잎도 녹색으로 보인다.

02. 답 ㉠ 빛 ㉡ 포도당 ㉢ 녹말
해설 광합성은 빛에너지를 이용하여 유기화합물인 포도당을 합성하는 과정이다. 광합성으로 최초로 만들어지는 유기 양분은 포도당이지만, 대부분의 식물은 녹말의 형태로 저장한다.

[유형6-2] 답 (1) (나) (2) (다)
해설 (1) 빛의 세기가 강할수록 광합성량이 어느 정도까지 증가하다가 더이상 증가하지 않는다. 이와 같은 모양의 그래프는 (나)이다.
(2) 온도가 높을수록 광합성량이 증가하지만 약 40℃이상이 되면 광합성량이 급격히 감소한다. 이는 광합성에 작용하는 여러 가지 효소들이 40℃ 이상에서 변형이 일어나기 때문이다.

03. 답 ①, ③, ⑤
해설 식물의 광합성에 영향을 미치는 환경요인에는 빛의 세기, 이산화 탄소의 농도, 온도가 있다. 물은 광합성을 하기 위해 꼭 필요하지만, 세포 내에 충분히 들어있으므로 광합성에 미치는 영향이 크지 않다.

04. 답 광포화점
해설 광합성량이 더 이상 증가하지 않을 때의 빛의 세기를 광포화점이라고 한다.

[유형6-3] 답 ㄴ, ㄷ
해설

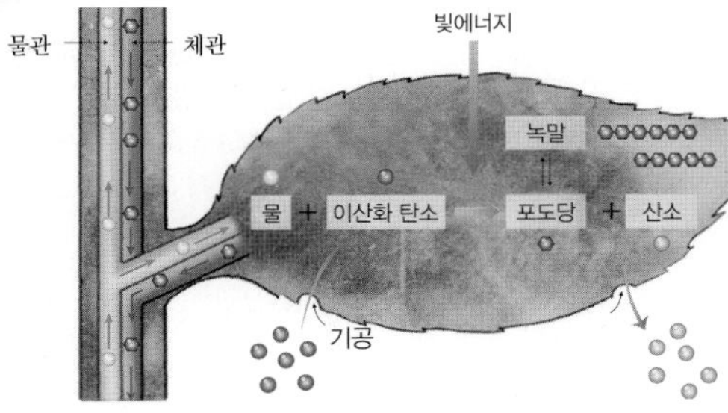

ㄱ. (가)는 물로 물관을 통해서 운반된다.
ㄴ. (마)는 녹말로 아이오딘-아이오딘화 칼륨 용액을 청람색으로 변화시킨다. 이 용액으로 광합성에 의해 생성된 녹말을 확인할 수 있다.
ㄷ. (나)는 이산화 탄소로 광합성에 이용되고, (라)는 산소로 호흡에 이용된다.

05. 답 ㉠ 포도당 ㉡ 녹말 ㉢ 포도당 ㉣ 체관
해설

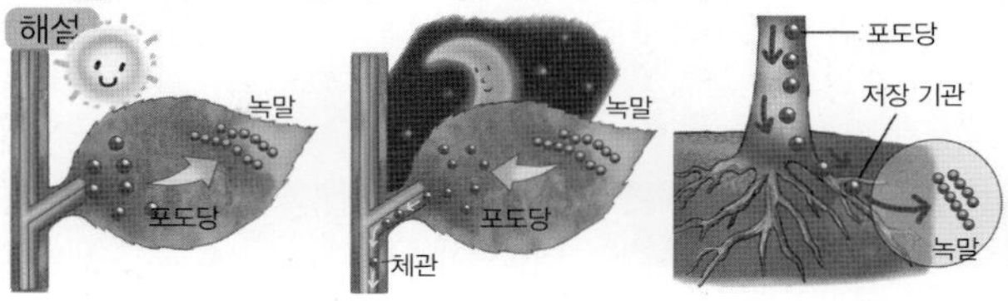

광합성의 결과 처음 생성되는 유기물은 포도당이다. 포도당은 녹말 형태로 잠시 잎에 저장된다. 이후 밤이 되면 잎에 저장된 녹말이 포도당으로 바뀌어 체관을 통해 이동한다. 저장기관(뿌리, 줄기, 잎)으로 이동한 포도당은 다양한 형태로 바뀌어 오랫동안 저장된다. 녹말은 분자량이 크고 물에 녹지 않기 때문에 분자량이 작고 물에 잘 녹는 포도당의 형태로 바뀌어 운반을 더 효율적으로 할 수 있다.

06. 답 ④
해설 광합성 결과 양분을 대부분 녹말 형태로 저장하지만 양파는 양분을 포도당의 형태로 저장한다.

[유형6-4] 답 ㄴ, ㄷ
해설 낮 동안에는 강한 빛이 있어 광합성이 활발하게 일어난다.
ㄱ, ㄴ. 낮에는 광합성량이 호흡량보다 많아 이산화 탄소를 흡수하고 산소를 방출한다.
ㄷ. 호흡의 결과로 생성된 이산화 탄소는 광합성에 이용된다.

아침 · 저녁	밤
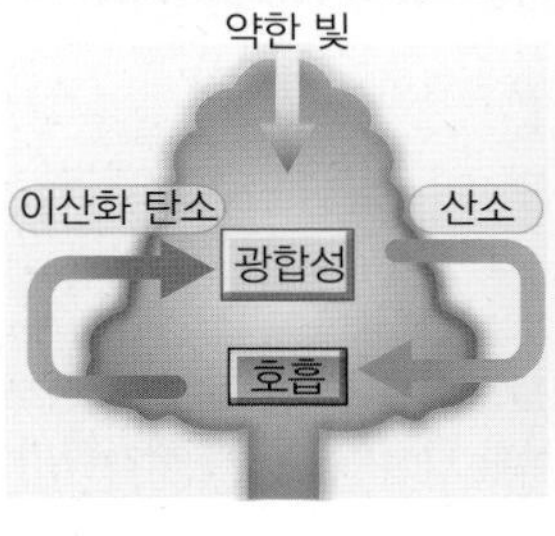	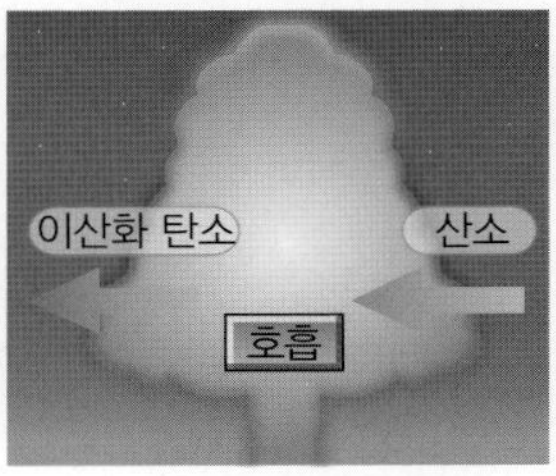
광합성량 = 호흡량 (외관상 기체의 출입이 없다.)	광합성량 < 호흡량 (호흡만 일어난다.)
광합성 결과로 발생된 산소는 모두 호흡에 이용되고, 호흡의 결과로 생성된 이산화 탄소는 모두 광합성에 이용된다.	호흡만 일어나기 때문에 잎의 기공을 통해 산소를 흡수하고 이산화 탄소를 방출한다.

07. 답 (1) X (2) O (3) O
해설 (1) 모든 세포의 미토콘드리아에서 밤낮 구분 없이 산소를 이용하여 호흡을 하여 에너지를 얻는다.
(2) 산소를 이용해 유기물을 분해하여 생활에 필요한 에너지를 얻고 이산화 탄소를 방출한다. (3) 호흡을 통하여 유기물을 무기물로 분해한다.

08. 답 (1) 낮 (2) 아침 · 저녁 (3) 밤
해설 (1) 낮에는 강한 빛을 받기 때문에 광합성량이 호흡량보다 많아 이산화 탄소를 흡수하고 산소를 방출한다.

(2) 광합성 결과로 발생된 산소가 모두 호흡에 이용되고, 호흡의 결과로 생성된 이산화 탄소가 모두 광합성에 이용되기 때문에 외관상 기체의 출입이 없는 것처럼 보인다.
(3) 빛이 없어 광합성은 일어나지 않고 호흡만 일어나기 때문에 잎의 기공을 통해 산소를 흡수하고 이산화 탄소를 방출한다.

창의력 & 토론마당 110~113쪽

01

(1) X : 산소, Y : 이산화 탄소, Z : 물
(2) 음지 식물, 해설 참조
(3) 연탄 난로 연소 결과 이산화 탄소가 발생되어 비닐하우스 안의 이산화 탄소 농도가 높아지기 때문에 광합성량이 증가한다.
(4) D, E, F

해설 (1) 광합성은 물과 이산화 탄소를 이용하여 산소와 포도당을 생성하는 반응이다. 따라서 생성된 기체 X는 산소이며, 광합성 반응에 필요한 기체 Y는 이산화 탄소이다. 그리고 이 반응에 추가적으로 필요한 물질 Z는 물이다.
(2) 양지 식물은 음지 식물보다 광포화점이 높다. 따라서 햇빛이 많은 곳에서는 양지 식물이 햇빛을 효율적으로 이용하여 광합성을 더 많이 하여 음지 식물보다 생장 속도가 빠르다. 하지만 빛의 세기가 약할 때는 양지 식물이 오히려 음지 식물보다 광합성 속도가 느리다. 음지 식물은 광포화점이 낮기 때문에 햇빛이 많은 곳에서는 광합성 효율이 양지 식물보다 낮다.(양지 식물보다 빨리 광포화점에 도달하여 광합성량이 많이 늘지 않기 때문이다.) 오히려 그늘에서는 광합성을 효율적으로 실시함과 동시에 호흡량이 적기 때문에 그늘에서 광합성 효율이 양지 식물보다 높다.
(3) 연탄이나 숯의 주성분은 탄소이고, 연소시키면 이산화 탄소와 물이 생성된다. 광합성에 꼭 필요한 이산화 탄소를 제공하기 때문이다.
(4) 광합성의 요인은 이산화 탄소의 농도, 빛의 세기, 온도이다. D : 연탄 연소로 인해 이산화 탄소의 농도가 증가하여 광합성 속도에 영향을 주게 된다. E : 화석 연료 역시 연소 결과 이산화 탄소의 농도를 증가시켜 광합성 속도에 영향을 주어 식물의 생장을 빠르게 한다. F : 겨울보다 여름에 식물의 생장 속도가 빠른 이유는 온도가 높기 때문이다.

02

(1) 해설 참조
(2) 식물은 이산화 탄소를 흡수하고 산소를 방출한다.

해설 (1) 촛불과 쥐는 각각 연소와 호흡을 하기 위해 산소를 소비하고 이산화 탄소를 방출한다. 하지만 식물과 함께 있으면 식물의 광합성 작용에 의해 생성된 산소를 소비하면서 지속적으로 연소와 호흡을 유지할 수 있다.

구분	결과	이유
(가)	촛불이 꺼진다	양초의 연소 결과 산소가 고갈되고 이산화 탄소가 증가하기 때문에
(나)	생쥐가 죽는다	생쥐의 호흡 결과 이산화 탄소가 증가하고 산소가 부족해져 생쥐가 더 이상 호흡할 수 없기 때문에
(다)	양초가 계속 탄다	식물의 광합성 작용에 의해 생성된 산소가 양초의 연소를 도와주기 때문에
(라)	생쥐가 계속 산다	식물의 광합성 작용에 의해 생성된 산소로 생쥐가 계속 호흡할 수 있기 때문에

(2) 프리스틀리는 동물의 호흡이나 양초의 연소로 오염된 공기가 식물에 의해 정화된다고 생각하였다. 그리고 이후에 식물이 산소를 배출한다는 사실을 발견하였다.

03

고도가 높은 고랭지의 경우 하루 동안의 일교차가 크다. 낮에는 평지와의 기온 차이가 거의 없으나, 밤에는 평지에 비해 기온이 낮으므로 호흡량이 상대적으로 적다. 작물의 생산량은 식물의 순 광합성량에 비례하고, 순 광합성량은 총 광합성량에서 호흡량을 제외한 값이므로 호흡량이 적은 고랭지의 수확량이 더 많다.

해설 고랭지 농업은 남부의 따뜻한 지방에서는 해발고도가 비교적 높은 곳에서, 북부지방에서는 낮은 곳에서 이루어지는 것이 일반적이다. 고랭지의 겨울은 온도가 낮고 눈이 쌓여 있는 기간이 길다. 여름철에는 평균 기온이 20℃ 내외로 비교적 선선하고 강우량도 많으며 일조시간이 길다. 기온이 낮고 수분 증발량이 적어 강수량이 적은 봄철에도 오랜 기간 토양의 수분이 마르지 않는다. 또한 여름철에는 낮의 기온은 평지와 비슷하지만 밤의 기온이 낮아 밤과 낮의 기온 차가 평지에 비하여 비교적 크다. 이러한 기후 관계로 병충해도 적다. 반면에 겨울에는 적설이 많고 동결하는 일이 많으므로 겨울 작물의 재배는 제한을 받게 되어 토지 이용률도 낮다. 강원도 대관령의 감자, 무, 배추 재배는 대표적인 고랭지 농업의 예이다.

04

다리 밑은 빛이 잘 안들어 약한 빛에서도 잘 자라는 음지 식물을심어야 하므로 (나) 식물을 심는 것이 유리하다.

해설 빛의 세기가 b일때, 음지 식물인 (나)는 잘 자라지만 양지 식물인 (가)는 이산화 탄소를 흡수하지 못하고 방출만 하기 때문에 살 수 없다. 음지 식물은 호흡량과 광합성량이 같아 외관상 기체의 출입이 없어 보일 때의 빛의 세기(보상점)가 낮아서 약한 빛에서도 잘 자라므로 그늘이 지는 큰 다리 아래는 음지 식물로 조경을 해야 한다.

스스로 실력 높이기 114~119쪽

01. 이산화 탄소 02. 빛에너지 03. 물
04. A : 엽록체, B : 물, C : 엽록소, D : 산소
05. ㉠ 포도당 ㉡ 녹말
06. ㉠ 빛 ㉡ 이산화 탄소 ㉢ 온도 07. ㄴ, ㄹ
08. ㉠ 포도당 ㉡ 이산화 탄소
09. (1) X (2) O (3) O 10. ㉠ 저장 ㉡ 방출
11. ② 12. ⑤ 13. ⑤ 14. ② 15. ④
16. ① 17. ⑤ 18. ④ 19. ④ 20. ④
21. ② 22. ④ 23. ③, ⑤ 24. ③
25. ⑤ 26~32. 〈해설 참조〉

01. 답 이산화 탄소
해설 광합성은 식물 세포의 엽록체에서 빛에너지를 이용하여 물과 이산화 탄소를 재료로 포도당을 생산하고 부산물로 산소를 얻는 과정이다.

02. 답 빛에너지
해설 빛에너지는 광합성의 에너지원으로 엽록소에서 흡수한다.

03. 답 물(H_2O)
해설 광합성이 일어나려면 물과 이산화 탄소가 필요한데, 이 중 물은 뿌리에서 흡수하여 물관을 통해서 잎의 엽록소까지 운반된다.

04. 답 A : 엽록체, B : 물, C : 엽록소, D : 산소
해설

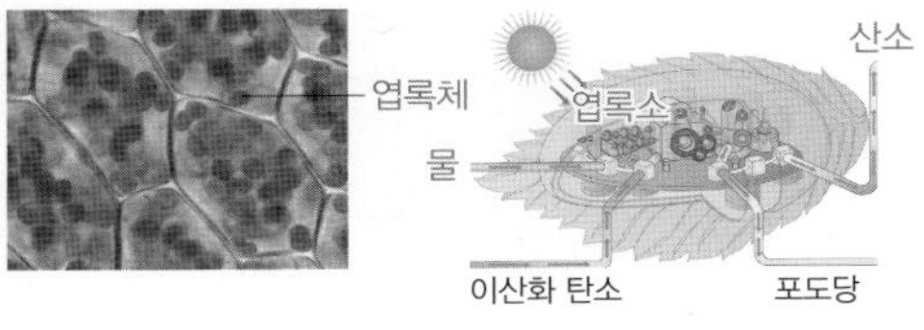

(가) (나)

· A 엽록체는 세포 속에서 알갱이 모양으로 보인다.
· B 물은 뿌리로부터 흡수되어 물관을 타고 잎에 공급된다.
· C 엽록소는 엽록체 속에 존재하는 녹색 색소이며, 빛에너지가 흡수되는 곳이다.

05. 답 ㉠ 포도당 ㉡ 녹말
해설 낮에 광합성 결과로 생성된 포도당은 녹말 형태로 잠시 잎에 저장된다. 이후 밤이 되면 잎에 저장된 녹말은 분자량이 작고 물에 잘 녹는 포도당의 형태가 되어 체관을 통해 이동한다.

06. 답 ㉠ 빛 ㉡ 이산화 탄소 ㉢ 온도
해설 광합성은 빛의 세기, 이산화 탄소의 농도, 온도의 영향을 받는다.

07. 답 ㄴ, ㄹ
해설 식물의 호흡이 활발한 시기는 싹이 틀 때, 꽃이 필 때, 식물이 생장할 때 등으로 에너지가 많이 필요할 때이다.
ㄱ. 양분을 만들 때에는 광합성이 활발하게 일어난다.

08. 답 ㉠ 포도당 ㉡ 이산화 탄소
해설 호흡은 산소를 이용해 유기물을 분해하여 생활에 필요한 에너지를 얻는 작용이다.

09. 답 (1) X (2) O (3) O
해설 (1) 호흡은 모든 세포의 미토콘드리아에서 밤낮 구분 없이 호흡을 하여 에너지를 얻는다.
(2) 호흡으로 이산화 탄소가 발생하며 이것은 석회수를 통과시켜 확인할 수 있다.
(3) 호흡은 싹이 틀 때, 꽃이 필 때, 식물이 생장할 때 활발하게 일어난다.

10. 답 ㉠ 저장 ㉡ 방출
해설 광합성은 빛에너지를 흡수하여 포도당의 형태로 에너지를 저장하는 과정이고, 호흡은 포도당을 분해하여 에너지를 얻는 과정에서 물과 이산화 탄소가 생성되는 과정이다.

구분	광합성	호흡
장소	엽록체	모든 세포 (미토콘드리아)
시간	낮	항상
기체의 출입	CO_2 흡수 O_2 방출	CO_2 방출 O_2 흡수
물질의 변화	무기물→유기물 양분 합성	유기물→무기물 양분 분해
에너지	저장(흡수)	방출

11. 답 ②
해설 ② (나) 이산화 탄소와 (라) 산소는 잎의 기공을 통해 이동한다. B는 체관으로 광합성 결과로 만들어진 포도당의 이동 통로이다. A는 물관으로 물과 무기양분들의 이동 통로이다.

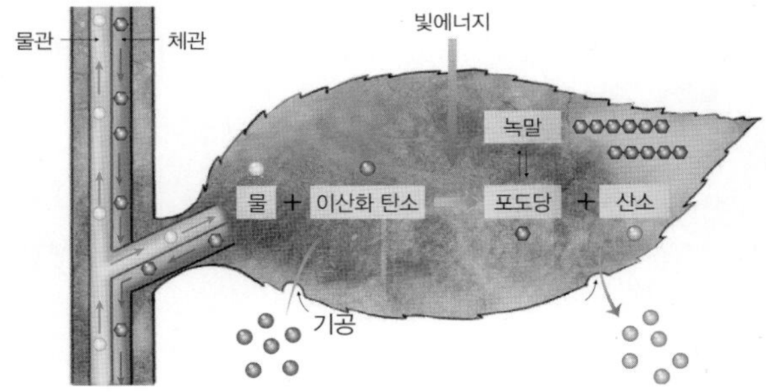

12. 답 ⑤
해설 광합성이 일어나는 장소는 엽록체이다. 따라서 엽록체가 있는 세포는 공변세포, 울타리 조직, 해면 조직이다

13. 답 ⑤
해설

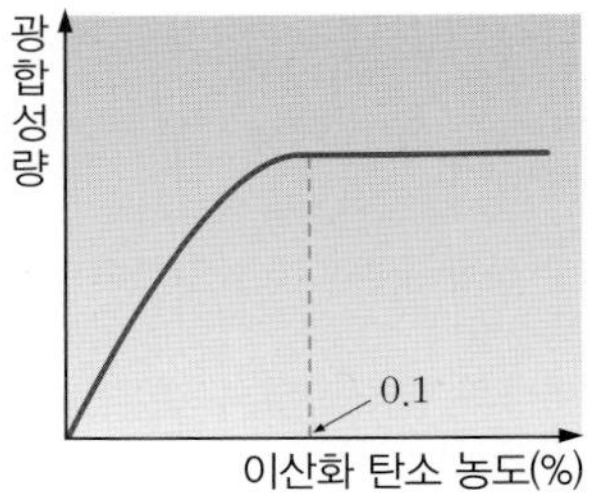

이산화 탄소의 농도가 증가할수록 광합성량이 어느 정도까지 증가하다가 더 이상 증가하지 않는다.

14. 답 ②

해설 ① 식물체 내에서 녹말이 이동할 때에는 물에 잘 녹는 포도당 형태로 체관을 통해 이동한다.
② 광합성 결과 잎에서 만들어지는 최초의 산물은 포도당으로 낮에는 녹말 형태로 저장을 했다가 주로 밤에 포도당 형태로 체관을 통해 이동시킨다.
③ 광합성을 통해 생성된 포도당은 고분자 형태인 녹말 상태로 잎에 잠시 저장된다.
④ 생성된 양분은 호흡에 사용하기 위해 주로 밤에 체관을 따라 이동한다.
⑤ 호흡에는 산소가 필요한데, 광합성 시 생성된 산소가 식물의 호흡에 다시 이용되기도 한다.

15. 답 ④

해설 아이오딘-아이오딘화칼륨 용액은 녹말 검출 반응에 이용된다. 이 용액은 갈색을 띠고 있으며 녹말과 반응하면 청람색으로 변한다.
얇은 잎을 가진 식물을 어두운 곳에 두는 이유는 저장되어 있던 녹말을 모두 소모시키기 위함이다. 그 뒤 녹말 검출 반응의 색깔 변화를 뚜렷하게 확인하기 위하여 물 중탕으로 가열하여 잎 속의 엽록소를 제거한다.
그 결과 빛을 받은 부분은 광합성이 일어나 녹말이 생성되었기 때문에 아이오딘-아이오딘 칼륨 용액의 색깔이 청람색으로 변하고, 은박지로 감싼 부분은 색깔이 변하지 않는다.
따라서 이 실험은 광합성 결과 녹말이 발생하는지를 알아보는 실험이다.

16. 답 ①

해설 ①, ④ 모든 세포의 미토콘드리아에서 밤낮 구분 없이 호흡이 일어나 산소를 이용하여 포도당을 분해하여 에너지를 얻는다.
②, ③ 유기물은 보통 탄소 화합물(이산화 탄소 제외)을 뜻하는데, 포도당과 녹말은 탄소 화합물이다. 호흡은 유기물을 분해하여 에너지를 얻는 과정이며, 이산화 탄소(무기물)가 생성된다.
⑤ 호흡은 유기물과 산소를 반응시켜 이산화 탄소가 생성되며, 생활에 필요한 에너지를 발생시키는 과정이다.

17. 답 ⑤

해설 호흡의 의의는 산소를 이용해 유기물을 분해하여 생활에 필요한 에너지를 얻는 것이다.

18. 답 ④

해설 호흡은 빛에 상관없이 항상 일어난다. 빛이 강할수록 광합성량은 증가하지만 광포화점 이상에서는 더이상 증가하지 않고 일정하게 유지된다.

19. 답 ④

해설 광합성량이 호흡량보다 클 때, 광합성에 필요한 이산화 탄소를 흡수하고 산소를 방출한다.

20. 답 ④

해설 식물은 낮에 광합성량이 호흡량보다 많아 이산화 탄소를 흡수하고 산소를 방출한다.
밤에는 호흡만 일어나기 때문에 잎의 기공을 통해 산소를 흡수하고 이산화 탄소를 방출한다.

21. 답 ②

해설 빛이 있으면 식물의 광합성 작용으로 쥐의 호흡에 필요한 산소를 공급하기 때문에 밀폐된 공간에서도 쥐가 빨리 죽지 않고 생존할 수 있다.
영국의 과학자 프리스틀리는 광합성의 과정이 밝혀지기 전 실험을 통하여 식물은 동물이 살아가는데 필요한 공기를 만들며, 오염된 공기를 신선한 공기로 바꾼다고 생각하였다. 프리스틀리가 생각한 오염된 공기는 오늘날의 이산화 탄소를, 신선한 공기는 산소를 뜻한다.

22. 답 ④

해설 검정말은 물속에서도 살 수 있고, 엽록소가 있어서 광합성을 하는 여러해살이 수초이다. 검정말에 빛을 쬐면 광합성을 하여 산소를 발생시킨다.
이 실험은 광합성으로 만들어지는 산소를 확인하는 실험이다. 산소는 다른 물질을 잘 타게 하는 조연성 기체로 꺼져가는 성냥을 갖다 대면 다시 타오르는 것을 볼 수 있다. 이 실험으로 검정말이 빛을 받아 광합성 작용을 통해 산소를 발생시키는 것을 알 수 있다.

23. 답 ③, ⑤

해설 기포의 수를 증가시키려면 광합성량을 증가시켜야 한다. 광합성은 빛의 세기가 더 밝을수록, 이산화 탄소의 농도가 높을수록, 온도가 높을수록 증가한다.
이 실험에서 광합성량을 증가시키기 위해서는 빛의 세기를 증가시키기 위해 광원과의 거리를 좁혀주거나, 물의 온도를 40℃ 미만으로 높여주면 된다.

24. 답 ③

해설 빛의 세기가 광합성에 미치는 영향을 알아보기 위해서는 빛의 세기를 다르게 하고 나머지 조건들은 모두 같아야 한다. 따라서 이산화 탄소 농도와 온도는 같고 빛의 세기만 다른 (가)와 (마)를 비교하면 빛의 세기가 광합성에 미치는 영향을 바르게 비교할 수 있다.

25. 답 ⑤

해설 ①, ② (가)는 싹튼 콩이 호흡을 하여 에너지가 방출되고, 이때 발생된 에너지가 열로 바뀌어 온도가 상승한다.
③ 핀치 콕을 열어 내부 기체를 석회수에 통과시키는 경우, (가)에서 호흡을 하여 이산화 탄소를 발생시키므로 석회수가 뿌옇게 흐려진다.
④, ⑤ 삶은 콩은 호흡이 일어나지 않으므로 에너지를 발생시키지 못해 온도의 변화가 없으며, 석회수에도 변화가 없다.

26. 답 광합성은 식물 세포의 엽록체에서 빛에너지를 이용하여 물과 이산화 탄소를 재료로 포도당을 생산하고 부산물로 산소를 얻는 과정이다.

물	+	이산화 탄소	$\xrightarrow{\text{빛에너지}}$	포도당	+	산소	+	물
$12H_2O$		$6CO_2$		$C_6H_{12}O_6$		$6O_2$		$6H_2O$

27. 답 빛의 세기, 이산화 탄소의 농도, 온도

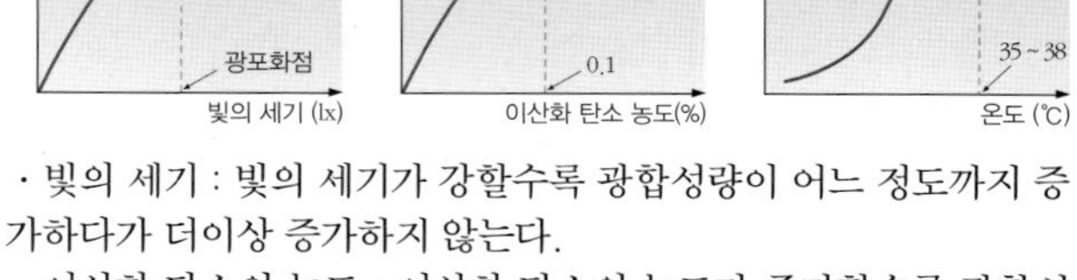

· 빛의 세기 : 빛의 세기가 강할수록 광합성량이 어느 정도까지 증가하다가 더이상 증가하지 않는다.
· 이산화 탄소의 농도 : 이산화 탄소의 농도가 증가할수록 광합성

량이 어느 정도까지 증가하다가 더 이상 증가하지 않는다.
· 온도 : 온도가 높을수록 광합성량이 증가하지만 약 40℃ 이상이 되면 광합성량이 급격히 감소한다.

28. 답 물풀에 빛의 세기를 달리하여 쪼여 주며 산소의 발생량을 측정하는 실험을 한다.
해설 식물의 광합성량은 산소 발생량을 통해 알 수 있다.
아래와 같이 실험 장치를 꾸민 후 식물과 전등 사이의 거리에 따라 시험관 속 물풀에서 나오는 기포의 수를 관찰한다.

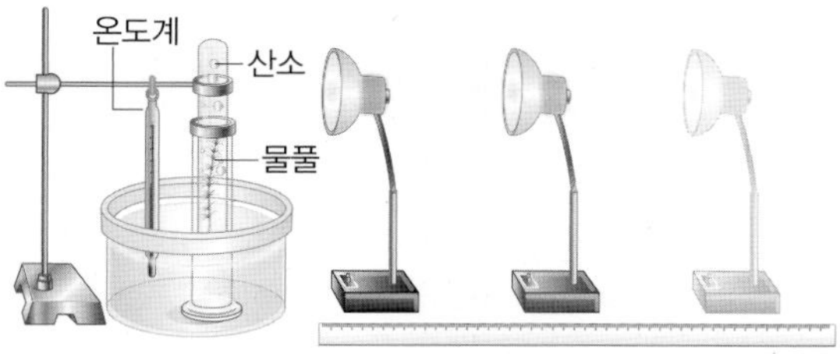

〈실험 결과〉

거리 (cm)	10	15	20	25
기포의 수	65	52	38	21

거리가 가까울수록 기포의 수가 많아지는 것으로 보아 빛의 세기가 클수록 광합성량이 증가한다는 것을 알 수 있다. 하지만 거리가 10cm보다 더 가까워 진다면 광합성량이 어느정도까지 증가하다가 더이상 증가하지 않게 된다.

29. 답 녹말은 분자량이 크고 물에 녹지 않기 때문에 녹말보다 분자량이 작고 물에 잘 녹는 포도당의 형태가 운반에 더 유리하기 때문이다.

30. 답 1. 광합성은 엽록체가 있는 세포에서만 일어나지만 호흡은 모든 세포의 미토콘드리아에서 일어난다.
2. 광합성은 빛에너지를 흡수할 수 있는 낮에만 일어나지만 호흡은 항상 일어난다.
3. 광합성은 이산화 탄소를 흡수하고 산소를 방출하지만, 호흡은 산소를 흡수하고 이산화 탄소를 방출시킨다.
4. 광합성은 무기물을 이용해 유기물 양분을 합성하고, 호흡은 유기물을 이용해 무기물 양분을 분해하는 작용을 한다.
5. 광합성은 에너지를 저장하고 호흡은 에너지를 방출한다.

31. 답 식물은 광합성을 통해 무기물(물과 이산화 탄소)을 유기물(탄수화물의 주성분인 포도당)로 합성하며, 이 유기물을 셀룰로스(섬유소)와 같은 탄수화물 형태로 식물 몸체에 저장한다는 것을 알 수 있다.

32. 답 벼가 익을 때는 광합성에 의한 녹말 생성이 필요하다. 벼의 경우에는 일조량(일정한 물체의 표면이나 지표면에 비치는 햇볕의 양)만 많으면 온도의 상승과 함께 광합성량이 증가한다. 그러나 흐리거나 비가 오는 날이 계속되면 햇빛이 부족하여 벼의 저장 녹말이 감소하게 되고 수확량이 떨어지게 된다.
해설 논벼는 식물체의 일부가 물속에 잠겨서 자라므로 어릴 때에는 수온의 영향을 많이 받지만, 수확할 때쯤에는 기온의 영향을 더 많이 받는다. 특히 일조량과 일조 시간이 벼의 광합성 작용에 미치는 영향은 매우 크다. 벼의 잎면적이 클수록, 일조량에 강한 것이 생육에 유리하므로, 물이 부족하지 않는 한 일사량이 강하고 일조 시간이 길수록 쌀 생산량은 높아진다.

7강. Project 2

서술 120~121쪽

Q1

크기가 같고 잎의 수가 같은 식물 2그루를 같은 모양, 같은 크기의 화분에 같은 양분의 흙을 넣고 심는다. 그 후 한쪽 식물에는 사랑한다, 예쁘다 등의 좋은 말만 계속 들려주고, 다른 한쪽 식물에는 미워한다, 못생겼다 등의 나쁜 말만 계속 들려준 후 두 식물의 생장 상태를 비교한다.

Q2

동물의 움직임은 먹이를 찾으러 움직이거나, 다른 동물(천적)을 피해서 자리를 이동하면서 움직인다. 반면 식물은 제자리에 뿌리를 내리고 잎이나 잔가지 등 몸의 일부분만 움직인다. 등

탐구1. 광합성의 원료 122~123쪽

〈탐구 과정 이해하기〉

1. 입김 속에 들어 있는 이산화 탄소가 용액 속에 녹아들어가 용액의 액성이 산성으로 변하기 때문이다.

2. 햇빛을 차단하기 위해서이다.

〈탐구 결과〉

1.

구분	A	B	C	D
색깔	청색	황색	청색	황색

2.

구분	A	B	C	D
시험관에서 일어나는 작용	광합성이 일어나 용액 중 이산화 탄소가 소모된다.	빛이 없어 광합성이 일어나지 않고 호흡만 일어나서 용액 속에 이산화 탄소가 많아진다.	BTB 용액의 온도가 높아져 용액 속의 이산화 탄소가 빠져 나간다.	변화없음

〈탐구 문제〉

1. 시험관 A를 통해 녹색 식물이 광합성을 하기 위해서는 이산화탄소가 필요하다는 사실을 알 수 있다. 물풀이 이산화탄소를 흡수하기 때문에 BTB용액의 산성도가 낮아져 황색에서 청색으로 바뀌는 것이다.

2. 시험관 B를 통해 녹색 식물이 광합성을 하기 위해서는 빛이 필요하다는 사실을 알 수 있다.

탐구2. 광합성의 산물 124~125쪽

〈탐구 결과〉

1.

높음 ← 이산화 탄소 농도 → 낮음		
황색	초록색	청색

2.

구분	A	B	C	D	E
색깔	녹색	황색	청색	황색	황색

3.

구분	광합성이 일어나는 시험관	호흡이 일어나는 시험관
시험관	C	B, D, E

〈탐구 문제〉

1. 녹색 식물은 빛을 이용하여 광합성을 하고 그 결과 산소를 생성한다. 하지만 빛이 없으면 호흡만 일어나게 되며, 그 결과 이산화탄소를 배출한다.

2. ③

해설 ③ 종자(씨앗)이 싹이 틀 때 호흡량이 늘어난다.
① 호흡은 빛이 있거나 없거나 항상 일어난다.
② 산소를 흡수하고 이산화 탄소를 배출한다.
④ 식물이 광합성을 통해 내놓는 산소를 이용하여 다른 생물들이 호흡한다.
⑤ 호흡결과 이산화 탄소의 농도가 증가하여 BTB용액의 색깔이 황색으로 변한다.

Ⅲ 소화, 순환, 호흡, 배설

8강. 영양소

개념 확인 128~131쪽

1. ③ 2. ④
3. ① 야맹증, ② 각기병, ③ 괴혈병, ④ 구루병
4. ③

1. 답 ③
해설 영양소는 몸을 구성하거나 몸의 생리 작용을 조절하며, 체온 유지 등 생활에 필요한 에너지를 제공한다. 산소은 혈액이나 적혈구를 통해서전달된다.

2. 답 ④
해설 ㄱ, ㄴ. 주 영양소인 탄수화물, 단백질, 지방은 모두 우리 몸을 구성하는 성분이며, 열량을 얻을 수 있다.
ㄴ. 탄수화물과 지방은 구성 원소가 C, H, O 이며, 단백질은 구성 원소가 C, H, O, N 등이다.

4. 답 ③
해설 ③ 포도당은 베네딕트 용액을 넣고 가열하여 반응 결과를 보면 황적색이 나타난다.
⑤ 지방은 쉽게 증발되지 않으므로 흰종이에 투명한 얼룩으로 남는다.

확인+ 128~131쪽

1. A : 물, B : 단백질, C : 지방 2. 3650kcal
3. ④ 4. ②

1. 답 ①
해설 표는 우리 몸의 구성 성분의 비율을 나타내는 표이다. 가장 많은 A는 물이고 그 다음으로 많은 B는 단백질, C는 지방이다.

2. 답 3650kcal
해설 (500g×4kcal) + (300g×4kcal) + (50g×9kcal) = 3650kcal

3. 답 ④
해설 A는 우리 몸을 구성하는 영양소 중 가장 많은 비율을 차지하고 있는 물이다. 물의 기능은 영양소와 노폐물을 운반하는 것이다.

4. 답 ②
해설 버터, 식용유 등에 많이 들어 있으며 체온 유지에 중요한 역할을 하는 것은 지방이다. 지방을 검출하는 방법은 수단Ⅲ용액을 이용하는 것이다. 색은 선홍색이 된다.

생각해보기 128~131쪽

★ 물은 우리 몸을 구성하는 성분 중 가장 많은 비율을 차지하고 있으며, 우리 몸에서 중요한 기능들을 담당하기 때문이다.
★★ 탄수화물은 지방의 형태로 저장되기 때문에 가장 피해야 하는 영양소이다. 따라서 다이어트를 효과적으로 하기위하여 권장되는 영양소는 단백질이다.

개념 다지기 132~133쪽

01. ④	02. ⑤	03. ①
04. ②	05. ①	06. ③

01. 답 ④
해설 우리 몸을 구성하고 있는 영양소 중 가장 많은 비율을 차지하고 있는 것은 물이다.

02. 답 ⑤
해설 밥, 국수, 감자, 빵 등을 구성하는 주요 영양소는 탄수화물이다.
① 탄수화물의 주요 구성 원소는 C, H, O 이다.
② 탄수화물과 지방은 체내에서 1g당 4kcal의 열량을 낸다.
③ 녹말 등의 탄수화물은 구성 단위가 포도당이며, 우리 몸의 주 에너지원이다.
④ 탄수화물은 많은 양을 섭취하지만 분해되어 에너지원으로 주로 쓰이므로 우리 몸을 구성하는 비율은 적다.
⑤ 세포의 원형질, 효소, 근육의 주요 구성 성분은 단백질이다. 성장기인 청소년기에는 몸이 커지고, 호르몬의 양도 많아 지므로 이러한 것들의 재료가 되는 단백질이 더 많이 필요하다.

03. 답 ①
해설 우리 몸에서 가장 많은 에너지를 사용하는 곳은 뇌이다. 뇌에서는 포도당만을 에너지원으로 사용하기 때문에 탄수화물의 대부분은 에너지원으로 사용되는 것이다.

04. 답 ②
해설 무기 염류는 에너지원은 아니지만 우리 몸의 구성 성분으로 사용되며 적은 양으로 다양한 생리 작용을 조절한다. 하지만 체내에서 합성되지 않으므로 반드시 음식을 통하여 섭취해야 한다는 단점이 있다.
② 부족하면 빈혈이 일어나는 무기 염류는 철이다.

05. 답 ①
해설 무기 염류와 바이타민 모두 에너지원은 아니다. 그리고 적은 양으로 몸이 생리 작용을 조절한다. 하지만 차이점은 무기 염류는 몸을 구성하는 성분이지만 바이타민은 아니다. 그리고 바이타민의 일부는 체내에서 합성되는 것이 있다.

06. 답 ③
해설 포도당의 검출 실험은 베네딕트 반응이며 가열한 이후 황적색으로 용액의 색이 변하게 된다.

유형 익히기 & 하브루타 134~137쪽

[유형8-1] ④	01. ⑤	02. ⑤
[유형8-2] ①, ②, ③	03. ④	04. ③
[유형8-3] ③	05. ③	06. ④
[유형8-4] ③	07. ⑤	08. ①

[유형8-1] 답 ④
해설 A는 탄수화물, 단백질, 지방으로 주영양소의 대표적인 예이다. B는 물, 무기 염류, 바이타민으로 부영양소의 대표적인 예이다.
A, B의 차이점은 에너지원으로 사용 가능한 지의 유무이다. 주영양소는 에너지원으로 사용 가능하고, 부영양소는 에너지원으로 사용이 되지 않는다.

01. 답 ⑤
해설 영양소의 섭취 비율에서는 물 〉 탄수화물 〉단백질 순으로 많고, 몸을 구성하는 영양소의 비율에서는 물〉 단백질〉 지방 순으로 많다.

02. 답 ⑤
해설 우리가 먹는 대부분의 가공 식품에는 '영양 성분'이라는 제목과 함께 영양소 함량과 영양소 기준치에 대한 비율이 표시되어 있다. 여기에는 5가지 의무표시 영양소인 열량, 탄수화물, 단백질, 지방, 나트륨에 대한 내용이 있다.

[유형8-2] 답 ①, ②, ③
해설 ④ 지방산과 글리세롤은 탄수화물이 아닌 지방을 구성하는 성분이며, 몸의 구성 성분 중 가장 많은 비율을 차지하는 것은 물이다.
⑤ 탄수화물은 섭취량은 많지만 주에너지원으로 사용되기 때문에 우리 몸을 구성하는 비율은 낮다.

03. 답 ④
해설 탄소, 수소, 산소로 이루어져 있으며 감자 등 전분에 많이 들어있고, 몸의 구성 성분이자 주에너지원은 탄수화물이다.

04. 답 ③
해설 단백질의 구성 단위는 아미노산이며 몸을 구성하는 비율이 높은 편이다. 그리고 구성 원소는 탄소, 수소, 산소, 질소 등이며 주에너지원으로 사용된다.

[유형8-3] 답 ③
해설 헤모글로빈의 성분은 철이다. 헤모글로빈은 적혈구안에 들어 있는 물질로, 산소를 운반하는 데 관여한다.

05. 답 ③
해설 그림 (가)는 바이타민 D가 결핍되었을 때 나타나는 결핍증인 구루병을 나타낸다. 구루병의 대표적은 증상으로는 하체와 척추가 휘어지는 것이다.
그림 (나)는 바이타민 C가 결핍되었을 때 나타나는 결핍증인 괴혈병을 나타낸 것이도 대표적인 증상으로는 구강에 출혈이 일어난다는 것이다.

06. 답 ④
해설 ① 바이타민 A - 야맹증,

② 바이타민 B_1 - 각기병, 바이타민 B_2 - 피부병
③ 바이타민 C - 괴혈병,
⑤ 바이타민E - 불임

[유형8-4] 답 ③
해설 A는 녹말 검출을 위한 아이오딘 반응이며 B는 단백질 검출을 위한 뷰렛 반응, C는 지방 검출을 위한 수단III반응이다.
아이오딘 반응은 녹말이 있을 때 청람색으로 용액의 색이 변하고, 뷰렛 반응은 단백질이 있을 때 보라색의 변화를, 수단III반응은 지방이 있을 때 선홍색의 변화를 볼 수 있다.

07. 답 ⑤
해설 살코기와 계란 흰자에 많이 들어있으며, 근육과 효소의 주성분인 영양소는 단백질이다. 단백질을 검출하는 방법은 5% 수산화 나트륨과 1% 황산구리 용액을 반응시켜 보는 것이다. 단백질이 포함된 시료는 반응 후 보라색을 띠게 된다.

08. 답 ①
해설 A + B는 아이오딘 반응이 나타나고, B + C는 나타나지 않았으므로 A에 녹말이 있다는 것을 알 수 있다.
A + B와 B + C 모두 뷰렛 반응 후 보라색으로 변하였으므로 A + B와 B + C에 공통적으로 포함된 B에 단백질이 포함되어 있다는 것을 알 수 있다.
A + B는 수단 III 용액의 색깔인 붉은 색을 나타내지만, A + C에서 수단 III 용액과 반응하여 선홍색으로 변하였으므로 C에 지방이 있다는 것을 알 수 있다.

창의력 & 토론마당 138~141쪽

01

(가)에서 알 수 있듯이 탄수화물은 물 다음으로 섭취율이 높다. 하지만 (나)에서 보면 우리 몸을 구성하는 비율은 낮다는 것을 알 수 있다. 즉 탄수화물의 대부분이 몸의 구성이 아닌 에너지원으로 쓰이고 있다는 것을 알 수 있다.

해설 우리 몸에서 에너지를 가장 많이 사용하는 기관은 뇌이다. 뇌에서는 포도당을 주로 에너지원으로 사용하기 때문에 탄수화물은 포도당으로 소화된 후 거의 저장되지 않고 뇌의 에너지원으로 사용된다.

02

600g

해설 하루에 필요한 열량이 3000kcal 이므로 9a + 4b + 4c = 3000 으로 나타낼 수 있다. (a : 섭취한 지방의 양, b : 섭취한 단백질의 양, c : 섭취한 탄수화물의 양)
이 사람이 식사를 통해 섭취하는 3대 영양소의 비율이 지방 : 단백질 : 탄수화물 = a : b : c = 20 : 20 : 60 = 1 : 1 : 3이다.
b와 c를 a로 치환하면, a = b, c = 3a가 되므로 9a + 4a+ 12a = 25a = 3000, a = 120이다.
∴ 이 사람이 섭취해야 하는 3대 영양소의 양은 지방(a) 120, 단백질(b) 120, 탄수화물(c) 360으로 총 600g이다.

03

무한	분류 기준	에너지원으로 사용되는지의 여부
	(가)의 특징	에너지원으로 사용되는 주영양소이다.
	(나)의 특징	에너지원으로 사용되지 않는 부영양소이다.
상상	분류 기준	몸의 생리 기능을 조절하는지 여부
	(다)의 특징	몸의 생리 기능을 조절하지 않는다.
	(라)의 특징	몸의 생리 기능을 조절한다.
알탐	분류 기준	몸을 구성하는지의 여부
	(마)의 특징	몸을 구성하는 영양소이다.
	(바)의 특징	몸을 구성하는 영양소가 아니다.

해설 무한이가 영양소를 나눈 기준은 (가)는 에너지원으로 사용되는 주영양소, (나)는 에너지원으로 사용되지 않는 부영양소이다.
상상이가 영양소를 나눈 기준은 (다)는 몸의 생리기능 조절과는 관련없는 탄수화물과 지방, (라)는 몸의 생리 기능 조절과 관련있는 단백질, 바이타민, 무기염류, 물이다.
알탐이가 영양소를 나눈 기준은 (마)는 몸을 구성하는 성분인 탄수화물, 단백질, 지방, 무기 염류, 물이고 (바)는 몸을 구성하는 것과는 관련이 없는 바이타민이다.

04

주어진 자료를 보았을 때 지방은 섭취율은 적지만 몸의 구성성분으로 사용되는 비율이 높고, 1g당 9kcal의 높은 에너지를 낼 수 있기 때문에 겨울잠을 자는 동물들은 지방의 형태로 에너지를 저장한다.

해설 지방은 다른 주 영양소인 단백질, 탄수화물에 비하여 높은 에너지를 낼 수 있고, 특히 피하에 저장되기 때문에 보온 효과도 지니고 있어 겨울철에 체온을 유지하고 고에너지를 저장하기에 가장 좋은 영양소이다.

05

(1) 칼슘
(2) 칼슘이 많이 함유된 우유, 생선 등의 식품을 섭취한다.

해설 (1) 뼈를 이루고 있는 무기 염류는 칼슘이다.
(2) 칼슘을 많이 함유하고 있는 대표적인 식품에는 우유, 생선등이 있다.

스스로 실력 높이기 142~147쪽

01. (1) O (2) X (3) O (4) O 02. ㄷ
03. 에너지 04. (1) O (2) O (3) X (4) X
05. ㉠ : 단백질, ㉡ : 탄수화물, ㉢ : 지방
06. 450kcal 07. 지방
08. ㉠ : 포도당, ㉡ : 지방
09. (1) O (2) O (3) X (4) O 10. ② 11. ④
12. ① 13. (1) O (2) X (3) O 14. ②
15. ① 16. ④ 17. ③ 18. ② 19. ⑤
20. ③ 21. ①, ⑤ 22. ③ 23. ④
24. ④ 25. ② 26~33 〈해설 참조〉

01. 답 (1) O (2) X (3) O (4) O
해설 (2) 부영양소 중 물과 무기 염류는 몸을 구성하는 성분이다.

02. 답 ㄷ
해설 ㄱ. 영양소 중 부영양소는 에너지원으로 사용되지 않는다.
ㄴ. 물은 주영양소가 아닌 부영양소이다.

03. 답 에너지
해설 영양소를 섭취하는 가장 큰 이유는 생명 활동에 필요한 에너지를 얻기 위해서이다.

04. 답 (1) O (2) O (3) X (4) X
해설 (3) 지방의 구성 단위는 지방산과 글리세롤이다.
(4) 탄수화물과 단백질은 4kcal의 열량을 각각 내고, 지방은 9kcal의 열량을 낸다. 따라서 지방이 가장 많은 열량을 낸다.

05. 답 ㉠ : 단백질, ㉡ : 탄수화물, ㉢ : 지방
해설 단백질은 아미노산들이 모여있는 것이고, 탄수화물은 육각형 모양의 포도당이, 지방은 지방산과 글리세롤이 합쳐진 것이다.

06. 답 450kcal
해설 단백질은 1g당 4kcal, 탄수화물은 1g당 4kcal, 지방은 1g당 9kcal의 열량을 낸다. (10g×4kcal) + (80g×4kcal) + (10g×9kcal) = 450kcal

08. 답 ㉠ : 포도당, ㉡ : 지방
해설 탄수화물의 구성 단위는 포도당이며 우리 몸의 주에너지원으로 사용된다. 여분의 포도당은 지방으로 바뀌어 몸에 축적된다.

09. 답 (1) O (2) O (3) X (4) O
해설 (3) 바이타민은 대부분 체내에서 합성되지 않는다.

10. 답 ②
해설 철은 헤모글로빈을 구성하는 성분이며, 칼슘은 뼈와 이를 구성하는 성분이다. 그리고 나트륨은 우리 몸의 삼투압 농도를 유지시키는 역할을 한다.

11. 답 ④
해설 바이타민 결핍 시 결핍증이 나타나며, 바이타민은 대부분 체내에서는 합성되지 않아 반드시 음식으로 섭취해야하고 적은 양으로 몸의 생리 기능을 조절한다.

12. 답 ①
해설 식용유, 버터, 땅콩은 대표적인 지방 함유 식품이다.

13. 답 (1) O (2) X (3) O
해설 (2) 포도당 검출은 베네딕트 반응이며 포도당을 넣고베네딕트 용액을 가열하면 황적색으로 변하게 된다.

14. 답 ②
해설 (가)는 에너지원으로 사용되는 주영양소를, (나)는 에너지원으로는 사용되지 않는 부영양소를 나타낸 것이다.

15. 답 ①
해설 에너지를 가장 많이 함유하고 있는 영양소는 지방이다. 지방은 대표적으로 식용유나 버터 등에 많이 함유되어 있으며 일반적으로 피부 밑에 저장되어 체온을 유지하는 역할을 한다. 우리 몸을 구성하는 영양소중 세번째로 비율이 높다.

16. 답 ④
해설 우리 몸을 구성하는 영양소의 비율은 물 〉 단백질 〉 지방 〉 무기 염류 〉 탄수화물 등의 순서이다.

17. 답 ③
해설 탄수화물은 섭취량이 많은 영양소이지만 우리 몸을 구성하는 영양소 중 비율이 작은 편이다. 이유는 우리 몸에서 가장 에너지를 많이 쓰는 기관인 뇌의 주 에너지원으로 쓰이기 때문이다.

18. 답 ②
해설 동물은 생명 활동에 필요한 에너지를 얻기 위하여 이동하면서 음식물을 찾고 섭취한다. 반면에 식물은 정착 생활을 하면서 광합성을 이용하여 영양소를 만들어 낸다.

19. 답 ⑤
해설 영양소는 우리 몸에서 다양한 기능을 한다.
1. 생명활동과 생활에 필요한 에너지를 제공한다.
2. 몸을 구성하는 성분으로 이용된다.
3. 몸의 생리적 기능을 조절한다.

20. 답 ③
해설 ① 단백질의 구성 단위는 아미노산이다.
② 몸을 구성하는 비율이 가장 적은 영양소는 탄수화물이다.
④ 지방산과 글리세롤로 구성된 영양소는 지방이다.
⑤ 생활에 필요한 에너지원으로 가장 많이 이용되는 영양소는 탄수화물이다.

21. 답 ①, ⑤
해설 D는 탄수화물이다. 탄수화물은 구성단위가 포도당이며 생활에 필요한 에너지를 가장 많이 제공한다.

22. 답 ③
해설 ① 바이타민 A - 밤에 사물이 잘 보이지 않는다.(야맹증)
② 바이타민 B_1 - 다리가 붓고 마비된다.(각기병)
③ 바이타민 C - 잇몸이 헐어 피가 난다.(괴혈병)
④ 바이타민 D - 척추나 다리가 구부러진다.(구루병)
⑤ 바이타민 E - 불임

23. 답 ④
해설 시험관 B와 D에서만 시약의 색깔이 변하였다. 뷰렛반응은 포도당을 검출하는데 사용되며, 수단Ⅲ반응은 지방을 검출하는데 사용된다. 시험관 B를 통해 단백질이 있다는 것을 알 수 있고, 시험관 D를 통해 포도당이 있다는 것을 알 수 있다.

24. 답 ④
해설 달걀 흰자에는 단백질이 주로 함유되어 있으며, 미음에는 녹말이 함유되어 있다.

25. 답 ②
해설 (가)는 지방, (나)는 단백질, (다)는 물이다.
ㄱ. (다) 물은 에너지원으로 사용되지 않는다.
ㄷ. 적은 양으로 생리 작용을 조절하는 영양소는 바이타민 이다.

26. 답 B - 베네딕트 용액이 들어있는 시험관이며 이 용액은 포도당을 검출할 때 사용된다. 포도당이 들어 있다면 이 용액을 가열했을 때 황적색으로 변한다.

27. 답 단백질 - 뷰렛반응에서 색이 보라색으로 변하였기 때문에, 지방 - 수단III반응에서 색이 선홍색으로 변하였기 때문에

28. 답 ㉠ : 헤모글로빈의 구성 성분이다.
㉡ : 뼈와 이의 구성 성분이다.
㉢ : 삼투압을 조절하여 세포 내 수분량을 일정하게 유지시킨다.
㉣ : 뼈, 세포핵, 이, 신경의 성분이다.

29. 답 주영양소는 탄수화물, 단백질, 지방이 있으며 부영양소에는 물, 무기 염류, 바이타민이 있다. 이를 나누는 기준은 에너지원으로 사용될 수 있는지의 여부이다.

30. 답 괴혈병은 바이타민 C의 결핍증이며, 잇몸이 붓고 출혈이 일어난다. 바이타민 D의 결핍증인 구루병은 척추나 다리가 굽어진다. 야맹증은 바이타민 A의 결핍증으로 밤에 사물이 잘 보이지 않는다.

31. 답 하루에 필요한 열량이 2,800kcal 이므로 $4a + 4b + 9c = 2800$ 으로 나타낼 수 있다. (a : 섭취한 탄수화물의 양, b : 섭취한 단백질의 양, c : 섭취한 지방의 양)
이 사람이 식사를 통해 섭취하는 3대 영양소의 비율이 탄수화물 : 단백질 : 지방 = $a : b : c = 10 : 30 : 60 = 1 : 3 : 6$이다.
b와 c를 a로 치환하면, $b = 3a$, $c = 6a$가 되므로 $4a + 4 \times 3a + 9 \times 6a = 70a = 2800$, $a = 40$이다.
∴ 이 사람이 섭취해야 하는 3대 영양소의 양은 탄수화물(a) 40g, 단백질(b) 120g, 지방(c) 240g으로 총 400g이다.

32. 답 지방은 다른 주 영양소인 단백질, 탄수화물에 비해 높은 에너지를 낼 수 있고, 특히 피하에 저장되기 때문에 보온 효과도 있으므로 겨울철에 체온을 유지하고 고에너지를 저장하기에 가장 좋은 영양소이다. 살이 찐 사람들은 마른 사람보다 체내 지방 함량이 높으므로 겨울철 추위를 덜 타게 된다.
해설 지방은 몸의 구성 성분으로 사용되는 비율이 높고, 1g당 9kcal의 높은 에너지를 낼 수 있다.

33. 답 적혈구 속 헤모글로빈이 부족하면 빈혈이 생긴다. 헤모글로빈은 철을 포함하고 있는 붉은색의 색소로, 산소와 결합하여 산소를 운반하는 역할을 한다. 빈혈을 막기 위하여 무기염류 철이 함유된 붉은 살코기, 간, 달걀노른자, 굴, 두부, 두유, 우유 및 유제품, 해조류(미역, 다시마 등)를 섭취해야 한다.

9강. 소화

개념 확인 148~151쪽

1. 소화 2. ㉠ : 아밀레이스 ㉡ : 엿당
3. (1) : 포도당 (2) : 아미노산
(3) : 지방산, 모노글리세리드
4. ㉠ : 융털, ㉡ : 표면적

2. 답 ㉠ : 아밀레이스, ㉡ : 엿당
해설 침 속에는 소화 효소인 아밀레이스가 있어 고분자 물질인 녹말을 2당류인 엿당으로 분해하여 단맛이 나게 한다.

3. 답 (1) 포도당 (2) 아미노산 (3) 지방산, 모노글리세리드
해설 소화 기관의 화학적 소화에 의해 탄수화물, 단백질, 지방은 최종적으로 포도당, 아미노산, (지방산+모노글리세리드)로 분해된다.

4. 답 ㉠ : 융털, ㉡ : 표면적
해설 소장은 우리 몸의 주 소화 기관으로 탄수화물, 단백질, 지방 등의 모든 영양소의 소화가 일어난다. 소장의 안쪽 벽은 많은 주름이 잡혀 있고, 주름 표면에 융털이 나있어서 영양소와 접촉하는 표면적을 넓혀 준다. 융털은 암죽관이 모세혈관으로 둘러싸인 구조로 암죽관으로는 지용성 물질이, 모세혈관으로는 수용성 물질이 흡수되어 심장으로 향한다.

확인+ 148~151쪽

1. 녹말, 지방, 단백질 2. 염산
3. ㉠ : 아밀레이스, ㉡ : 포도당 4. ㄱ, ㅁ

1. 답 녹말, 지방, 단백질
해설 녹말, 지방, 단백질은 각각 포도당, 지방산과 모노글리세리드, 아미노산의 형태로 분해되어야 흡수가 가능하다.

2. 답 염산
해설 염산은 위를 산성 환경으로 만들어 주어 단백질 분해 효소인 펩신의 활성화를 돕는다.

4. 답 ②
해설 A는 암죽관이며 지용성 영양소의 이동 통로이다.

생각해보기 148~151쪽

★ 침에 들어있는 녹말의 소화효소인 아밀레이스에 의해 녹말이 엿당으로 분해되었기 때문이다.
★★ 폐의 폐포, 식물 뿌리의 뿌리털 등

개념 다지기 152~153쪽

01. ④	02. ③	03. ③
04. ⑤	05. ⑤	06. ③

01. 답 ④
해설 소화는 에너지원으로 사용 가능한 물질들을 잘게 부수어 흡수하는 과정이다.

02. 답 ③
해설 ㄱ. 침 속에는 소화 효소인 아밀레이스가 들어 있어 녹말을 소화시켜 엿당으로 분해시킨다.
ㄴ. 씹는 운동을 통하여 음식물이 잘게 나누어지면 침과 닿는 표면적이 넓어져 아밀레이스가 녹말을 잘 분해하도록 한다.
ㄷ. 밥을 오래 씹었을 때 단맛이 나는 이유는 녹말이 침에 있는 소화 효소인 아밀레이스에 의하여 엿당으로 분해되었기 때문이다.

03. 답 ③
해설 ㄱ. 소화 효소는 물질을 화학적으로 분해하여 다른 물질로 만드는 역할을 한다.
ㄴ. 우리 몸의 소화 효소는 체온 범위에서 가장 활발하게 작용한다. 따라서 체온이 내려가면 소화가 안되는 일이 일어날 수 있다.
ㄷ. 우리 몸의 한 가지 소화 효소는 한가지 물질에만 작용하는 특이성이 있다. 아밀레이스는 탄수화물에만 작용한다.

04. 답 ⑤
해설 3대 영양소를 분해하는 소화 효소를 모두 포함하는 소화액을 생성하는 기관은 이자이며 E이다. 3대 영양소의 최종 소화가 일어나는 기관은 소장이며 F이다.

05. 답 ⑤
해설 소장의 표면에 무수히 많은 융털이 있어 표면적을 넓혀주어 영양소와 소화 효소 간의 접촉을 원활하게 하여 소화를 촉진할 뿐만 아니라 분해된 물질 흡수를 효율적으로 일어나게 한다.

06. 답 ③
해설 A는 모세혈관이며 수용성 영양소의 이동 통로이다. B는 암죽관이며 지용성 영양소의 이동 통로이다.
수용성 영양소의 대표적인 예는 포도당, 아미노산, 무기 염류, 바이타민 B, C이며, 지용성 영양소의 대표적인 예는 지방산, 글리세롤, 바이타민 A, D, E, K 이다.

유형 익히기 & 하브루타 154~157쪽

[유형9-1] ③	01. ④	02. ②
[유형9-2] ②	03. ⑤	04. ⑤
[유형9-3] ⑤	05. ④	06. ③
[유형9-4] ⑤	07. ③	08. ④

[유형9-1] 답 ③
해설 ㄱ. 그림이 나타내는 것은 분절 운동이다.
ㄴ. 위에서도 음식물과 위액을 골고루 섞기위해 분절 운동이 일어난다.
ㄷ. 꿈틀 운동과 분절 운동은 음식물과 소화액이 골고루 섞이게 하여 소화가 잘 일어나게 한다.

01. 답 ④
해설 ④ 기계적 소화는 물질의 크기만을 변화시킬 뿐, 화학적인 성질을 변화시키지는 않는다. 화학적인 성질을 변화시키는 것은 화학적 소화이다.

02. 답 ②
해설 화학적 소화는 소화 효소에 의하여 어떤 물질이 다른 물질로 분해되는 것이다. 밥을 입에 넣고 씹다보면 침에 들어있는 아밀레이스에 의하여 녹말이 엿당으로 변하게 된다.
③ 쓸개즙은 지방 덩어리를 작은 알갱이로 만들어 소화 효소인 라이페이스와 잘 섞이게 하는 지방 유화 작용을 한다.

[유형9-2] 답 ②
해설 B는 들문이라고 하며 식도와 위를 이어주는 부분이다. 위산은 위벽인 C에서 분비된다.

03. 답 ⑤
해설 위액에 포함된 염산은 위를 산성 환경으로 만들어 주어 단백질의 소화 효소인 펩신을 활성화시키며, 음식물과 함께 들어온 세균을 죽이는 역할을 한다.

04. 답 ⑤
해설 침에 들어있는 아밀레이스에 의하여 녹말이 엿당으로 분해되기 때문이다. 이빨의 기계적 소화로는 녹말이 잘게 부서지지만, 엿당으로 변하지는 않는다.

[유형9-3] 답 ⑤
해설 3대 영양소의 소화 효소를 모두 분비하는 곳은 E 이자이다. 이자에서 분비된 이자액은 C 소장이며, 소장에서 3대 영양소의 소화가 최종적으로 이루어 진다.

05. 답 ④
해설 지방은 쓸개즙에 의해 유화가 먼저 일어나야 하며 라이페이스와 반응하여도 지방산과 모노글리세리드로 완전히 분해될 수 없다.
③ 녹말을 아밀레이스와 반응시키면 포도당으로 분해되므로 소장에서 흡수가 가능하다.

06. 답 ③
해설 ㄴ. 소장에서 분절 운동과 꿈틀 운동은 일어나지만 씹는 운동은 입에서만 일어난다.
ㄷ. 이자에서 생성된 이자액이 소장(십이지장)으로 분비되어 트립신, 아밀레이스, 라이페이스가 소장에서 소화 작용을 돕지만, 펩신은 위샘에서 분비되어 위에서 단백질의 소화를 돕는다.

[유형9-4] 답 ⑤
해설 A는 모세혈관이며 수용성 영양소의 이동 통로이다. B는 암죽관이며 지용성 영양소의 이동 통로이다.
수용성 영양소의 대표적인 예는 포도당, 아미노산, 무기 염류, 바이타민 B, C이다.
지용성 영양소의 대표적인 예는 지방산, 글리세롤, 바이타민 A, D, E, K 이다.

07. 답 ③

해설 ㄱ, ㄷ. 대장에서는 소화액이 분비되지 않아 화학적 소화는 일어나지 않고, 주로 물이 흡수된다.
ㄴ. 흡수되지 않고 남은 물질은 대장의 꿈틀 운동에 의해 항문 밖으로 배출된다.

08. 답 ④
해설 바이타민 E는 지용성 바이타민이다. 지용성 바이타민에는 바이타민 A, D, E, K 가 있다.

창의력 & 토론마당 158~161쪽

01

쓸개에서 만들어진 쓸개즙이 분비되지 못하므로 지방의 유화가 덜 일어난다. 따라서 기름기가 많은 음식의 섭취를 피해야 한다.

해설 (가)는 담관으로 쓸개즙은 이 관을 통하여 이동하여 십이지장으로 분비된다.

02

(1) 위의 분절 운동을 도와 위액과 소화 효소와 음식물이 잘 섞이는 것을 도와준다.
(2) 단백질을 분해하는 역할을 한다.

해설 펩신은 단백질 소화효소이며 단백질을 더 작은 단백질로 분해하는 역할을 한다. 그리고 이 펩신은 위의 산성 환경에서 활성화가 된다.

03

소화제에는 소화 효소가 들어있어야 한다. 그래서 영양소들을 잘게 부수어 흡수가 빨리 일어날 수 있게 도와야 한다. 그러므로 위에서 분비되는 소화 효소인 펩신과 소장에서 분비되는 트립신, 아밀레이스, 라이페이스 등이 들어있다.

해설 소화제에는 보통 영양소들을 소화하는데 필요한 소화 효소들이 들어가 있다.

04

(가) = C : 소화 효소인 이자액과 지방의 유화를 돕는 물질인 쓸개즙이 둘 다 있으므로 소화 정도가 가장 크다.
(나) = A : 소화 효소인 이자액만 들어있으므로 소화 정도가 두번째로 크다.
(다) = B : 소화 효소는 없고, 유화를 돕는 쓸개즙만 들어있으므로 소화 정도가 가장 작다.

해설 지방은 라이페이스에 의하여 지방산과 모노글리세리드로 분해가 된다. 하지만 지방의 유화를 위해서는 쓸개즙도 필요하다.

스스로 실력 높이기 162~167쪽

01. (1) O (2) X (3) O (4) X　02. ㄱ
03. 기계적 소화　04. (1) X (2) O (3) O (4) X
05. 펩신　06. ㉠ : 위, ㉡ : 대장
07. 지방　08. ㉠ : 펩신, ㉡ : 트립신
09. (1) O (2) X (3) O (4) X　10. ㄱ　11. 염산
12. ㉠ : 아밀레이스, ㉡ : 펩신, ㉢ : 쓸개즙, ㉣ : 트립신
13. (1) X (2) O (3) X　14. ⑤　15. ③
16. ⑤　17. ②　18. ①　19. ④　20. ②
21. ②　22. ②　23. ②　24. ③　25. ④
26 ~ 33. 〈해설 참조〉

01. 답 (1) O (2) X (3) O (4) X
해설 (2) 소화는 영양소의 분해 과정이다. (4) 기계적 소화는 물리적인 힘으로 음식물을 잘게 부수거나, 소화액과 음식물이 잘 섞이게 하고, 이동시키는 작용이다.

02. 답 ㄱ
해설 ㄴ. 분절 운동은 소화액과 음식물을 잘 섞어주는 기계적 소화이다.
ㄷ. 소화 효소가 관여하는 것은 화학적 소화이다.

03. 답 기계적 소화
해설 소화는 기계적 소화와 화학적 소화로 분류된다.

04. 답 (1) X (2) O (3) O (4) X
해설 (1) 입에서는 기계적 소화가 일어난다.
(4) 입에서는 기계적 소화(씹는 운동, 혀의 작용)와 화학적 소화(침샘에서 아밀레이스 분비로 녹말 분해)가 모두 일어난다.

05. 답 펩신
해설 단백질은 펩신에 의하여 처음으로 분해가 일어난다. 이후 이자액에 포함되어 있는 트립신에 의해 더 작은 단백질로 분해된다. 이후 장액의 라이페이스에 의해 아미노산으로 최종 분해된다.

06. 답 ㉠ : 위, ㉡ : 대장
해설 주어진 자료는 음식물의 이동 경로를 나타낸 것이고, 자료에서 알 수 있듯이 소화관은 하나로 쭉 연결되어 있다.

09. 답 (1) O (2) X (3) O (4) X
해설 (2) 이자액에는 지방을 소화시키는 효소인 라이페이스가 들어있다.
(4) 이자에서 나오는 소화 효소들은 모두 이자에서 합성된다. 간에서는 쓸개즙이 만들어져 쓸개에 저장되었다가 십지이장으로 분비되어 지방을 유화시킨다.

10. 답 ㄱ
해설 ㄴ : 소장에서는 기계적 소화도 일어난다.
ㄷ : 쓸개즙은 지방의 유화를 돕는 물질로 소화 효소는 아니다. 쓸개즙은 간에서 만들어져 소장(십이지장)으로 분비된다.

13. 답 (1) X (2) O (3) X
해설 (1) 대부분의 물은 다른 영양소들과 마찬가지로 소장에서 흡수된다.
(3) 수용성 영양소는 모세 혈관으로, 지용성 영양소는 암죽관을 통하여 각각 이동하게 된다.

14. 답 ⑤
해설 A는 암죽관이고, B는 모세 혈관이다, A로 흡수되는 영양소는 지용성 영양소이다. 지용성 영양소에는 지방산, 글리세롤, 바이타민 A, D, E, K 가 있다.

15. 답 ③
해설 ㄷ. 수용성 영양소는 모세 혈관인 B를 통하여 이동한다. 수용성 영양소에는 포도당, 아미노산, 무기 염류, 바이타민 B, C가 있다.

16. 답 ⑤
해설 소화란 영양소를 체내에서 흡수할 수 있도록 잘게 분해하는 과정을 의미한다.

17. 답 ②
해설 화학적 소화란 소화 효소에 의해 음식물이 잘게 분해되는 과정이다. ㄱ, ㄷ. 씹는 운동과 꿈틀 운동은 기계적 소화의 예이다.

18. 답 ①
해설 지방은 지방산과 글리세롤이 결합한 것이고 녹말은 포도당들이 결합한 것이다. 단백질은 아미노산들이 결합한 것이다.

19. 답 ④
해설 그림에서 나타내고 있는 운동은 꿈틀 운동으로 음식물을 다음 소화관으로 이동시키는 소화관의 운동이다.

20. 답 ②
해설 소화 효소의 최적 온도는 체온(36.5℃)이다. 또한 효소는 단백질로 이루어져 있기 때문에 열에 의한 변성이 쉽게 일어난다. 그리고 한가지 물질에만 반응하는 특이성을 갖고있다.

21. 답 ②
해설 음식물은 처음에 입을 거쳐 식도로 들어간다. 식도로 들어간 음식물은 시간이 지나 위로 가게되고 소장을 거쳐 필요한 영양소는 흡수되고 대장에서 찌꺼기의 물을 흡수하고 찌꺼기가 머물러 있다가 항문을 통하여 대변으로 배출된다.

22. 답 ②
해설 탄수화물은 입에서 아밀레이스에 의해 최초로 소화가 일어나고 단백질은 위에서 펩신에 의해, 지방은 소장에서 라이페이스에 의해 최초로 소화가 일어나게 된다.

23. 답 ②
해설 (가)는 침샘과 이자액에서 분비되는 아밀레이스, (나)는 엿당, (다)는 소장에서 분비되는 탄수화물 소화 효소이다.
① (가)와 (다) 모두 탄수화물을 분해하는 효소로 화학적 소화에 해당한다.
② (가)는 녹말이 (나) 엿당으로 분해되는 과정으로 입과 소장에서 모두 일어난다.
③ (나)에 해당하는 물질은 이당류인 엿당이다.
④ (나)는 엿당으로 아이오딘 반응은 녹말을 검출할 때 이용된다.
⑤ (다)는 엿당이 포도당으로 분해되는 과정으로 소장에서 분비되는 탄수화물 소화 효소에 의해 일어난다.

24. 답 ③
해설 (가)는 지방의 유화를 돕는 쓸개즙, (나)는 지방을 지방산과 모노 글리세리드로 분해하는 라이페이스이다. (가)에 의하여 유화되는 것은 소화가 아니라 단순히 뭉쳐있던 지방들이 분리되는 것이다. (나)에 의하여 지방이 분해되는 것이 화학적 소화이다.

25. 답 ④
해설 (가)는 단백질을 위에서 최초로 분해하는 소화 효소인 펩신이다. (나)는 작은 단백질을 아미노산으로 분해하는 단백질 소화 효소에 해당한다. 트립신은 단백질을 작은 단백질로 분해하는 소화 효소이다. (다)는 단백질의 최종 분해 산물인 아미노산이다.

26. 답 3대 영양소가 모두 만들어지는 곳은 E 이자이다. 이자에서는 탄수화물을 분해하는 소화 효소인 아밀레이스, 단백질을 분해하는 소화 효소인 트립신, 지방을 분해하는 소화 효소인 라이페이스가 분비되어 영양소들을 분해한다.

27. 답 쓸개즙은 간(A)에서 만들어지며 쓸개(B)에 저장되었다가 뭉쳐있는 지방을 유화시키기 위하여 소장의 앞 부분인 십이지장(C)으로 분비된다. 쓸개즙은 큰 지방 덩어리를 작은 지방 덩어리로 쪼개어 라이페이스와 접촉하는 지방의 표면적을 넓혀준다.

28. 답 소장에서는 영양소의 흡수가 일어난다. 영양소를 더 효율적으로 흡수하기 위하여 소장의 표면에는 융털이 나있고, 융털에 의하여 흡수 표면적이 넓어져 더 효율적인 영양소의 흡수가 일어나게 된다.

29. 답 소장의 융털은 모세혈관과 암죽관으로 이루어져 있다. 모세혈관은 수용성 영양소의 이동 통로이고, 암죽관은 지용성 영양소의 이동 통로이다. 수용성 영양소의 대표적인 예는 포도당, 아미노산, 무기 염류, 바이타민 B, C이며, 지용성 영양소의 대표적인 예는 지방산, 글리세롤, 바이타민 A, D, E, K 이다.

30. 답 대장은 맹장, 결장, 직장의 세부분으로 이루어져 있다. 대장에서는 영양분의 흡수는 일어나지 않고, 물의 흡수만 일어나며, 흡수되지 않은 찌꺼기들이 몸밖으로 배출된다.

31. 답 파인애플, 키위 등 과일 속에는 단백질을 분해하는 소화 효소가 들어 있다. 따라서 과일이 들어가면 단백질이 분해되어 고기가 연해지고 맛있어진다.

32. 답 식물의 셀룰로스를 소화시킬 수 있는 셀룰레이스(cellulase)를 가지고 있는 미생물을 이용한다면 사람도 셀룰로스를 소화시킬 수 있다.

33. 답 밤 사이에 위액은 지속적으로 분비되기 때문에 위의 산성도는 매우 높아져 있다. 아침 식전에 유산균이 들어 있는 요구르트를 먹게 되면 유산균이 생존할 수 없게 되므로 아침 식사 후에 요구르트를 먹는 것이 좋다.

10강. 순환

개념 확인 168~171쪽

1. 혈장 2. 심장 박동 3. ㉠ : 동맥, ㉡ : 맥박
4. ㉠ : 폐동맥, ㉡ : 폐정맥

1. 답 혈장
해설 혈액을 원심 분리하면 액체 성분의 혈장과 아래에 가라앉는 성분인 혈구로 나누어지는데, 이 중 혈장에는 영양소, 효소, 각종 노폐물들이 포함되어 있다. 혈장은 대부분이 물이므로 체온 조절 기능을 할 수 있도록 한다.

2. 답 심장 박동
해설 심장의 규칙적인 수축과 이완을 통해 우심방에서 우심실로 판막이 열리면서 혈액이 들어가는 소리, 좌심실에서의 압력으로 온몸으로 혈액이 나오는 소리가 복합적으로 심장 박동 소리가 된다.

3. 답 맥박
해설 좌심실에서의 압력으로 대동맥을 통해 혈액이 온몸으로 퍼질 때 혈압이 가장 높으며, 맥박 소리도 가장 크다.

확인+ 168~171쪽

1. 헤모글로빈	2. 판막
3. 모세 혈관	4. ㄴ, ㄷ

1. 답 헤모글로빈
해설 헤모글로빈은 적혈구에 있는 물질로 산소 운반에 관여한다.

2. 답 판막
해설 심방과 심실 사이, 심실과 동맥사이, 정맥의 내부에는 혈액이 거꾸로 흐르는 것을 방지하기 위하여 판막이 존재한다.

4. 답 ㄴ, ㄷ
해설 정맥혈은 산소의 함량이 적은 혈액으로, 온몸을 돌고 온 혈액은 대정맥을 통하여 심장으로 들어간다. 이 정맥혈이 폐동맥을 통하여 폐의 모세혈관으로 들어가 폐에서 기체 교환을 하여 폐정맥으로 나올 때 산소가 풍부한 동맥혈로 바뀌게 된다.

생각해보기 168~171쪽

★ 동맥에 흐르는 것이 모두 동맥혈은 아니다. 동맥혈이란 산소의 함량이 풍부한 혈액을 의미한다.

개념 다지기 172~173쪽

01. ⑤	02. ③, ⑤	03. ③
04. ⑤	05. ②	06. ④

01. 답 ⑤
해설 A는 적혈구이다. 적혈구는 핵이 없으며 혈구 중 수가 가장 많다. 핵이 없으므로 김사액으로 염색해도 염색이 되지 않는다.

02. 답 ③, ⑤
해설 B는 혈액의 고체 성분이 가라 앉은 혈구들이다.
A는 나머지 액체 성분인 혈장이다. 혈장은 물이 주성분이며 영양소와 노폐물을 운반하는 역할을 한다. 그리고 혈구에는 식균 작용을 하는 백혈구, 혈액 응고 작용을 하는 혈소판, 산소를 운반하는 적혈구가 있다.

03. 답 ③
해설 ㄷ. 동맥의 높은 혈압을 견디어 내야 하기 때문에 심방의 벽보다 심실의 벽이 두껍다.

04. 답 ⑤
해설 ㄱ. 운동을 하면 심장 박동이 평소보다 빨라진다.
ㄴ, ㄷ. 맥박은 심장의 수축과 이완이 피부의 표면까지 전달된 것이므로 심장의 박동 수와 거의 같다.

05. 답 ②
해설 동맥혈은 폐정맥, 좌심방, 좌심실, 대동맥에 흐르며, 정맥혈은 대정맥, 우심방, 우심실, 폐동맥에 흐른다.

06. 답 ④
해설 ① 혈액은 동맥 → 모세혈관 → 정맥으로 흐른다.
② 동맥은 혈관벽이 두껍다.
③ 정맥은 심장으로 들어오는 혈액이 흐르는 혈관이다.
⑤ 모세 혈관은 혈관벽이 한겹의 세포층으로 되어있다.

유형 익히기 & 하브루타 174~177쪽

[유형10-1] ③	01. ①	02. ⑤
[유형10-2] ③	03. ④	04. ①
[유형10-3] ②	05. ③	06. ②
[유형10-4] ⑤	07. ③	08. ②

[유형10-1] 답 ③
해설 · A(적혈구) : 산소의 운반을 담당한다.
· B(혈장) : 영양소와 노폐물의 운반을 담당한다.
· C(혈소판) : 혈액의 응고를 담당한다.
· D(백혈구) : 식균 작용을 한다.

01. 답 ①
해설 혈액은 열을 생산하지 않고, 체온을 일정하게 유지시키는 기능을 한다.

02. 답 ⑤
해설 헤모글로빈은 적혈구에 있는 철을 포함하고 있는 붉은색의 색소로, 산소와 결합하여 산소를 운반하는 역할을 한다.

[유형10-2] 답 ③
해설 (가)는 확장기로 심방에서 심실로 혈액이 들어온다.
(나)는 수축기로 심실에서 동맥으로 혈액이 나간다. (
다)는 휴지기로 심방으로 혈액이 들어온다.
③ (다)에서 심방과 심실은 모두 이완한다.

03. 답 ④
해설 심실이 수축하면 혈액이 심장에서 동맥을 통하여 나가게 된다. 심방이 수축하면 심방에 있던 혈액이 심실로 이동하게 된다.

04. 답 ①
해설 맥박은 심장의 박동에 의하여 동맥의 벽에 전달된 압력으로 목이나 손목 부근에서 잘 느껴진다.

[유형10-3] 답 ②
해설 · A(동맥) : 벽이 두껍고 혈압이 가장 높다.
· B(모세혈관) : 한 겹의 세포 층으로 되어있고, 총 단면적이 가장 넓고, 혈류 속도가 가장 느리다.
· C(정맥) : 피부와 가까운 곳에 위치하고 있다.
· D(판막) : 혈액의 역류를 방지한다.

05. 답 ③
해설 동맥은 심장에서 나가는 혈액이 흐르는 혈관이다. 즉, 심실과 연결되어 심실의 수축에 의해 발생하는 높은 혈압을 견뎌야 한다. 따라서 다른 혈관에 비하여 두껍고 탄력있는 근육층으로 되어있다.

06. 답 ②
해설

구분	동맥	정맥
판막	없다	있다
혈압	높다	낮다
혈관 벽	두껍다	얇다
탄력성	크다	작다
분포	몸속 깊숙히	피부 근처

[유형10-4] 답 ⑤
해설 A : 대정맥, B : 폐동맥, C : 폐정맥, D : 대동맥
(가) : 우심방, (나) : 좌심방, (다) : 우심실, (라) : 우심실
⑤ A에 흐르는 혈액은 온몸을 돌고온 정맥혈이다. 따라서 산소가 풍부하지 않은 혈액이다.

07. 답 ③
해설 동맥혈은 산소가 풍부한 혈액으로 우리 몸에 산소와 영양분을 공급한다. 하지만 동맥을 통해서만 흐르는 것은 아니다.

08. 답 ②
해설 동맥혈은 폐정맥, 좌심방, 좌심실, 대동맥에 흐르며, 정맥혈은 대정맥, 우심방, 우심실, 폐동맥에 흐른다.

창의력 & 토론마당 178~181쪽

01

(1) ㉠ B, 백혈구 ㉡ A, 적혈구 ㉢ C, 혈소판
(2) 무한이는 정상인보다 적혈구가 많이 증가한 상황이기 때문에 높은 곳에 등산하고 있는 것처럼 산소가 많이 필요한 환경에서 생활하고 있을 것이다. 상상이는 정상인보다 백혈구가 많은 상황이므로, 외부 균이 몸을 침입한 상황이다. 알탐이는 정상인에 비하여 혈소판이 적은 상황이므로 혈액 응고에 문제가 생겼을 것이다.

해설 적혈구는 산소를 운반하는 역할을 한다. 그리고 백혈구는 외부에서 우리 몸에 침입한 세균을 잡아먹는 식균 작용을 하며, 혈소판은 출혈 시 혈액을 응고시키는 역할을 한다.

02

(1) 동맥과 정맥의 단위 시간당 이동한 거리가 같게 표시되어 있다. 동맥에서는 심장 박동으로 혈액이 밀려나오기 때문에 혈류 속도가 가장 빠르다. 정맥은 심장으로 들어가는 혈액이 흐르는 혈관으로 동맥보다 혈관 벽이 얇고, 혈압도 낮으며 혈류 속도도 느리다.
(2) · 동맥 : 혈압이 높고, 혈관벽이 두꺼우며, 몸 깊숙한 곳에 있다.
· 모세혈관 : 혈류 속도가 느리고, 단면적이 넓으며, 한겹의 세포층으로 되어있다.
· 정맥 : 피부 근처에 위치하고 있으며, 혈관벽이 얇고 판막이 있다.

해설 모세혈관에서는 혈류 속도가 가장 느리다. 따라서 조직세포 사이의 물질 교환이 효율적으로 일어난다. 혈류 속도는 동맥 〉 정맥 〉 모세혈관 순이다.
동맥은 심실과 연결되어 있고, 높은 혈압을 견뎌내기 위하여 두꺼운 벽을 갖고있다. 모세 혈관은 한 겹의 세포층으로 되어있고, 혈류의 속도가 가장 느리다. 정맥은 피부 근처에 위치하고 있으며, 혈관벽이 얇고 혈액이 거꾸로 흐르는 것을 방지하기 위한 판막을 갖고 있다.

03

(1) 심방과 심실 사이를 나누는 경계가 없기 때문에 동맥혈과 정맥혈이 섞이게 되어 제대로 된 혈액 순환이 이루어지기 힘들 것이다.
(2) 동맥혈과 정맥혈의 순환 경로를 달리하여 두 종류의 혈액이 섞이지 않게 하였다.

해설 우심방과 우심실은 정맥혈을 받아들여 폐로 보내는 폐순환 경로를 담당하고 있으며, 좌심방과 좌심실은 동맥혈을 받아들여 온몸으로 내보내는 역할을 하고있다.

04 정맥 주변에 근육이 수축하는 힘에 의하여 혈압이 0 이하로 떨어졌음에도 불구하고 혈액을 밀어내어 심장으로 보낼 수 있는 것이다.

해설 정맥은 피부 근처에 있기 때문에 주변에 근육들이 붙어있고, 이 근육들의 수축에 의하여 심장까지 돌아갈 수 있는 것이다.

스스로 실력 높이기 182~187쪽

01. (1) O (2) O (3) X (4) O 02. ㄱ, ㄴ, ㄷ
03. 헤모글로빈 04. (1) O (2) X (3) O (4) O
05. 판막 06. 수축기 07. 좌심실
08. ㉠ : 대정맥, ㉡ : 폐동맥
09. (1) O (2) O (3) X (4) O 10. ㄱ, ㄴ
11. 정맥 12. ㉠ : 삼첨판, ㉡ : 이첨판, ㉢ : 반월판
13. (1) O (2) O (3) X 14. ③ 15. ⑤
16. ⑤ 17. ⑤ 18. ⑤ 19. E : 좌심방
20. ④ 21. ④ 22. ② 23. ⑤ 24. ①
25. ④ 26~32. 〈해설 참조〉

01. 답 (1) O (2) O (3) X (4) O
해설 (3) 노폐물은 혈장이 운반한다.

04. 답 (1) O (2) X (3) O (4) O
해설 (2) 심장에 심방과 심실, 심실과 동맥 사이에는 혈액이 거꾸로 흐르는 것을 방지하기 위한 판막이 있다.

05. 답 판막
해설 판막은 심방과 심실 사이, 심실과 동맥 사이, 정맥에 위치해 있으며, 혈액이 거꾸로 흐르는 것을 방지한다.

06. 답 수축기
해설 심장 박동의 주기는 처음에 심방에서 심실로 혈액이 들어오는 확장기, 심실에서 동맥으로 피를 내뿜는 수축기, 다시 심방으로 혈액이 들어오는 휴지기의 세 부분으로 나뉜다.

09. 답 (1) O (2) O (3) X (4) O
해설 (3) 탄력성이 가장 센 혈관은 동맥이다.

10. 답 ㄱ, ㄴ
해설 혈관벽의 두께가 가장 두꺼운 혈관은 동맥이다.

12. 답 ㉠ : 삼첨판, ㉡ : 이첨판, ㉢ : 반월판
해설 삼첨판 : 우심방과 우심실 사이, 이첨판 : 좌심방과 좌심실 사이, 반월판 : 우심실과 폐동맥 사이, 좌심실과 대동맥 사이

13. 답 (1) O (2) O (3) X
해설 (3) 폐순환은 우심실과 폐동맥을 거쳐 폐로 지나가는 동안 CO_2를 내보내고 O_2를 받아 폐정맥을 거쳐 좌심방으로 돌아온다.

14. 답 ③
해설 좌심실과 대동맥을 거쳐 온몸을 돌고온 혈액은 대정맥을 통하여 우심방으로 들어간다. 온몸 순환을 통해 혈액과 조직세포 사이에서 물질 교환이 일어난다.

15. 답 ⑤
해설 혈관 B는 폐동맥이다. 폐동맥은 우심실에서 나가 폐를 향해 가는 혈관이다. 온몸을 순환하며 산소와 영양소를 공급하고 이산화 탄소와 노폐물을 받아온 정맥혈이 흐른다.

16. 답 ⑤
해설 · A(적혈구) : 오목한 모양을 하고 있고 핵이 없으며, 산소를 운반하는 역할을 한다.
· B(백혈구) : 우리 몸으로 들오온 외부 균을 잡아먹는 식균 작용을 한다.
· C(혈소판) : 혈액 응고의 기능을 갖고있다.

17. 답 ⑤
해설 적혈구(A)는 산소를 운반하는 역할을 한다. 따라서 적혈구의 수가 부족해지면 산소 운반이 원활하지 못해 빈혈 증세가 나타난다.

18. 답 ⑤
해설 헤모글로빈은 적혈구 안에 존재하는 붉은색의 색소로 산소와 결합한다.

19. 답 E : 좌심방
해설 폐를 거쳐 동맥혈로 바뀐 혈액은 좌심방을 통하여 심장으로 들어오게 된다.

20. 답 ④
해설 설명에 해당하는 (가)는 D 좌심실이다. 좌심실은 (나) 대동맥과 연결되어 있고, 온몸으로 혈액을 내보내야 하으로 벽이 가장 두꺼운 근육층으로 이루어져 있다.

21. 답 ④
해설 B는 판막으로 혈액이 일정한 방향으로만 갈 수 있도록 도와준다. 즉, 혈액이 거꾸로 흐르는 것을 방지한다.

22. 답 ②
해설 심장에 있던 혈액이 나가기 위해서는 심실이 수축하여 혈액이 동맥을 통해 나가야 한다. 심실(B)이 수축할 때 심방은 이완된 상태이며 D 판막은 열리고, 심방과 심실 사이의 C 판막은 닫힌다. 이러한 시기를 수축기라고 한다.

23. 답 ⑤
해설 모세혈관은 동맥과 정맥을 연결하는 혈관으로 온몸에 그물처럼 퍼져 있다. 모세혈관의 벽은 한 겹의 세포층으로 이루어져 있어 혈액과 조직세포 사이의 물질교환이 일어난다.

24. 답 ①
해설 피부 표면에 있으며 심장으로 들어가는 혈관은 정맥이다. 동맥은 몸속 깊이 분포하여 심장에서 나오는 혈액이 흐른다.

25. 답 ④
해설 (가)는 판막 (A)의 존재로 정맥임을 알 수 있고, (나)는 모세

혈관, (다)는 혈관 벽과 근육층이 두꺼운 동맥이다.

26. 답 B - 혈액이 일정한 방향으로 흐르는 것을 도와준다.

27. 답 (D) 좌심실이 가장 두껍다. 높은 혈압에도 견뎌내야 하기 때문이다.

28. 답 A, C. 혈액이 폐를 지나며 폐에서 이산화 탄소를 내보내고 산소를 받아오는 순환으로 정맥혈에서 동맥혈로 바뀐다.

29. 답 E, D, B 혈액이 심장에서 나와 온몸을 거쳐 심장으로 돌아오는 순환으로 좌심실에서 시작된다. 혈액이 온몸을 지나며 조직 세포에 산소와 영양소를 공급해 주고 이산화 탄소와 노폐물을 받아 대정맥을 거쳐 우심방으로 돌아온다. 동맥혈에서 정맥혈로 바뀐다.

30. 답 동맥혈 : 폐정맥, 대동맥 - 산소가 풍부한 혈액이다.
정맥혈 : 폐동맥, 대정맥 - 산소가 부족한 혈액이다.

31. 답 근육은 정맥의 혈액을 심장 쪽으로 잘 이동시켜 주어 모세 혈관의 혈장이 조직 세포 사이로 빠져나가 세포와 세포 사이가 늘어나 붓는 것을 방지해 준다.

32. 답 걷기 운동 또는 다리를 심장보다 높혀 주는 등 정맥에서의 혈액이 심장 방향으로 잘 흐를 수 있도록 하는 방법이 있다.

11강. 호흡

개념 확인 188~191쪽

1. ㉠ 기관, ㉡ 기관지, ㉢ 폐
2. ㉠ 갈비뼈, ㉡ 상하 운동
3. ㉠ 확산, ㉡ 높은 곳, ㉢ 낮은 곳
4. 산소

확인+ 188~191쪽

1. A. 폐정맥, B. 폐동맥 2. ㉠ 위로 ㉡ 위로 ㉢ 커진다.
3. ㄴ, ㄷ 4. 연소

1. 답 A. 폐정맥, B. 폐동맥
해설 A는 폐에서 심장으로 가는 폐정맥이다. B는 심장에서 폐로 가는 폐동맥이다.

2. 답 ㉠ 위로, ㉡ 위로, ㉢ 커진다.
해설 폐는 갈비뼈와 가로막의 상하 운동에 의하여 흉강의 부피가 변하게 되어서 호흡 운동을 하게 된다. 갈비뼈가 위로 올라가고 가로막이 아래로 내려가면 흉강의 부피는 커지고 압력은 작아져서 밖에서 안으로 공기가 들어오게 된다. (들숨)

3. 답 ㄴ, ㄷ
해설 내호흡은 조직세포와 주변의 모세 혈관 사이에서 일어나는 기체 교환이다.

4. 답 연소
해설 연소는 연료와 산소를 이용하여 고온에서 빠르게 일어난다. 세포의 미토콘드리아에서 영양소와 산소를 이용하여 에너지를 발생시키는 과정이 세포 호흡이다.

생각해보기 188~191쪽

★ 딸꾹질은 가로막의 과도한 운동으로 인하여 불규칙한 상하 운동이 일어나서 생긴다.
★★ 폐포는 표면적을 넓히는 구조로 되어있어 기체 교환의 효율을 높인다. 소장의 융털도 이와 비슷한 원리로 표면적을 넓혀 영양소 흡수의 효율을 높힌다.
★★★ 우리 몸에서 세포로 이루어지지 않은 부분들은 호흡이 일어나지 않는 곳이다.

개념 다지기 192~193쪽

01. ④ 02. ④ 03. ⑤ 04. ③ 05. ⑤ 06. ⑤

01. 답 ④
해설 폐포는 비누 거품 모양의 한겹의 세포 층으로 구성된 기관이다. 표면적을 넓혀 기체 교환을 용이하게 한다.

02. 답 ④
해설 날숨을 쉬려면 흉강의 압력이 높아져야 한다. 따라서 가로막은 위로 올라가고, 갈비뼈는 아래로 내려가야 한다.

03. 답 ⑤
해설 Y자관은 기관, 고무 풍선은 폐, 고무막은 가로막에 해당된다. 호흡 운동 모형에서 갈비뼈에 해당하는 것은 없다. 호흡 운동 모형에서 고무 막을 아래로 잡아당긴 경우는 들숨에 해당한다.

04. 답 ③
해설 호흡은 에너지를 내기 위한 과정이다. 기체 교환을 통하여 조직 세포에 전달된 산소는 영양소와 함께 세포 호흡을 통하여 에너지를 발생하는 원료로 사용된다.

05. 답 ⑤
해설 A는 동맥혈이고, B는 정맥혈이다. 따라서 B에는 이산화 탄소가 많이 들어있다.

06. 답 ⑤
해설 폐포에서 일어나는 기체 교환의 원리는 확산이다. 확산에는 에너지가 필요없다.

유형 익히기 & 하브루타 194~197쪽

[유형11-1] ②	01. ②, ③, ④ 02. ④
[유형11-2] ⑤	03. ⑤ 04. ①, ③
[유형11-3] ①, ②, ③	05. ① 06. ③, ⑤
[유형11-4] ①	07. ⑤ 08. ②

[유형11-1] 답 ②
해설 A는 코, B는 기관, C는 폐, D는 가로막이다. A → B → C로 공기가 이동하는 것은 들숨이다.

01. 답 ②, ③, ④
해설 기체 교환이 활발하게 일어나는 장소는 코가 아니라 폐포이다. 폐포는 한 겹의 세포층으로 되어있으며 주변에 모세 혈관이 둘러싸고 있어, 기체 교환을 하게 된다.

02. 답 ④
해설 (가)부분은 폐포이며, 폐포는 한겹의 세포층으로 둘러 쌓여 있고, 근육층이 없어 호흡 운동 시 갈비뼈와 가로막의 도움으로 호흡 운동을 하게 된다. 표면이 모세 혈관에 둘러쌓여 있어, 기체 교환이 일어나게 된다.

[유형11-2] 답 ⑤
해설 호흡 운동의 모형에서 갈비뼈를 표현할 수 있는 것은 없다. 유리관은 기관, 고무 풍선은 폐, 고무막은 가로막에 해당한다.

03. 답 ⑤
해설 들숨은 몸 밖에서 폐로 공기가 들어오는 것이고, 날숨은 폐에서 몸 밖으로 공기가 나가는 것이다.

04. 답 ①, ③
해설 유리관은 기관을 나타내고, 고무풍선은 폐를 나타낸다. 유리병은 흉강, 고무막은 가로막을 나타낸다. 자료로 제시된 과정을 통하여 들숨의 원리를 알 수 있다.

[유형11-3] 답 ①, ②, ③
해설 (가)는 폐로 들어오는 폐동맥으로 정맥혈이 흐른다.
A는 이산화 탄소, B는 산소이며 폐와 모세 혈관에서의 기체 교환을 통하여 이산화 탄소는 몸 밖으로, 산소는 안으로 확산되게 된다. 이렇게 기체 교환을 마치고 동맥혈이 된 혈액은 폐정맥(나)를 통하여 좌심방으로 들어가게 된다. 산소는 대부분 적혈구의 헤모글로빈과 결합하여 운반되고, 이산화 탄소의 대부분은 탄산수소 이온이나 탄산수소 나트륨의 형태로 운반된다.

05. 답 ①
해설 폐포와 모세 혈관 사이에서 일어나는 기체 교환의 원리는 확산이다. 어항의 물이 줄어드는 것은 증발이다.

06. 답 ③, ⑤
해설 (가)는 폐포와 모세 혈관 사이에서 일어나는 기체 교환의 과정인 외호흡이다. A는 동맥혈에 들어있는 산소를 의미하며 (나)는 조직 세포와 모세 혈관 사이에 일어나는 기체 교환인 내호흡이다. B는 정맥혈에 들어있는 이산화 탄소를 의미한다.

[유형11-4] 답 ①
해설 (가)는 세포에 공급되는 산소를 의미한다. 세포는 이렇게 받아들인 산소와 영양소를 이용하여 에너지를 생성하는데 이를 세포 호흡이라고 한다.

07. 답 ⑤
해설 호흡은 산소와 영양소를 이용하여 우리 생활에 필요한 에너지를 만들어 내는 반응이다. 세포 호흡의 결과 물과 이산화 탄소라는 노폐물이 발생한다.

08. 답 ②
해설 호흡은 산소와 영양소를 이용하여 우리 생활에 필요한 에너지를 만들어 내는 반응이다. 세포 호흡의 결과 물과 이산화 탄소라는 노폐물이 발생한다. 세포 호흡은 연소와 비교했을 때 저온에서 느리게 일어난다.

창의력 & 토론마당 198~201쪽

01

폐포가 확장되어서 전체적인 표면적이 감소하였다. 따라서 기체 교환의 효율성이 낮아질 것이며, 이에 따른 호흡 곤란 증상도 있을 것이다.

해설 주어진 자료에서 폐기종은 폐포가 확장되어 생긴 병이라고 하였다. 정상 폐와 비교하였을 때 폐포의 표면적이 줄어든 것이 차이점이라고 할 수 있다.

02

(1) 주류연은 필터를 한번 거치고, 우리 폐에도 들어갔다 나온 연기이다. 하지만 부류연은 필터를 거치지 않고, 불완전 연소에 의하여 발생한 연기이다.
(2) 주류연보다 부류연이 더 유해하다. 따라서 부인이 비흡연자라 하더라도 흡연자인 남편에 의하여 부류연에 노출되면 폐질환이 걸릴 수 있다.

해설 주류연과 부류연의 차이점을 주어진 자료를 통하여 파악하고, 문제에 주어진 자료를 이에 기반하여 해석하는 것이 중요하다.

03

(1) 코와 입은 연결되어 있다. 따라서 입을 통하여 공급된 공기가 코를 통하여 빠져나가지 않도록 코를 막는다.
(2) 날숨에는 산소가 이산화 탄소에 비하여 약 5배 정도 더 들어있다. 따라서 날숨을 환자에게 공급해서 인공 호흡 실시가 가능한 것이다.

해설 구강과 비강이 서로 연결되어 있다는 것을 아는 것이 중요하다. 그리고 주어진 자료(들숨과 날숨의 구성)를 정확하게 해석하여, 문제에 답을 찾는 것이 중요하다. 날숨에는 이산화 탄소가 들숨에 비하여 100배 이상 많이 들어있는 것은 사실이지만, 산소는 훨씬 더 많이 들어 있다.

04 C 스쿠버 탱크. 보통 공기의 조성과 가장 흡사하기 때문이다.

해설 주어진 자료를 보면 이산화 탄소의 비율이 많아지거나 산소의 비율이 적어지면 호흡 속도가 늘어난다. 그리고 폐활량도 증가한다. 따라서 오랜 시간동안 안정한 호흡을 유지하려면 보통 공기와 가장 유사한 비율의 스쿠버 탱크를 써야할 것이다.

스스로 실력 높이기 202~207쪽

01. (1) X (2) O (3) O (4) X　02. ㄱ, ㄴ
03. 호흡　04. (1) O (2) X (3) O (4) X
05. (가) 폐, (나) 가로막　06. ㉠ 폐동맥, ㉡ 폐정맥
07. A 산소, B 이산화 탄소　08. ㉠ 외호흡, ㉡ 내호흡
09. (1) O (2) O (3) O　10. ㄱ, ㄷ　11. 기관
12. A 동맥혈, B 정맥혈　13. ③　14. ②
15. ②　16. ①　17. ②　18. ①　19. ③
20. ①　21. ④　22. ③　23. ①　24. ③
25. ⑤　26 ~ 33. 〈해설 참조〉

01. 답 (1) X (2) O (3) O (4) X
해설 (1) 호흡기관은 외부와 통하는 열린 구조이다. (4) 공기는 코를 지나면서 습한 상태로 변한다.

02. 답 ㄱ, ㄴ
해설 ㄷ. 폐포는 이산화 탄소의 농도보다 산소의 농도가 더 높다. 따라서 모세 혈관으로 산소가 확산된다.

04. 답 (1) O (2) X (3) O (4) X
해설 (2) 숨을 들이마시는 들숨이 일어나려면 흉강의 부피가 커져야 한다.
(4) 들숨에서는 갈비뼈가 올라가고 가로막이 내려가게 된다.

06. 답 ㉠ 폐동맥, ㉡ 폐정맥
해설 폐동맥은 정맥혈이고, 폐정맥은 동맥혈이다.

07. 답 A 산소, B 이산화 탄소
해설 들숨과 날숨 모두에서 산소가 이산화 탄소보다 비율이 높다는 것에 주목하자.

10. 답 ㄱ, ㄷ
해설 ㄴ. 우리의 신체 활동에서 에너지가 가장 많이 필요한것은 두뇌 활동이다. 두뇌 활동에 필요한 에너지 또한 세포 호흡을 통하여 얻는다.

11. 답 기관
해설 기관은 기관지로 더 나아가 세기관지로 갈라져 폐포와 연결된다.

12. 답 A 동맥혈, B 정맥혈
해설 폐포에서 산소를 받아들인 후 조직 세포에 산소가 전달된다.

13. 답 ③
해설 A는 산소, B는 이산화 탄소
① 산소는 광합성에 필요하지 않다.
② 호흡의 결과 이산화 탄소가 생긴다.
③ 이산화 탄소는 석회수를 뿌옇게 한다.
④ B는 이산화 탄소이다.
⑤ B가 많이 포함된 혈액을 정맥혈이라고 한다.

14. 답 ②
해설 ① 폐포에서 기체 교환이 일어난다.
③ 기관은 안쪽에 섬모가 나있다.
④ 폐는 근육이 없다.
⑤ 폐포는 한 층의 세포로 이루어져 있다.

15. 답 ②
해설 폐포와 모세 혈관 사이에서 일어나는 기체 교환의 원리는 확산이다. 향수를 뿌리면 향기가 멀리 퍼져 나간다는 것은 확산의 대표적인 예이다.

16. 답 ①
해설 ㄴ. 세포 호흡은 연소에 비하여 낮은 온도에서 일어난다.
ㄷ. 세포 호흡은 공급된 산소를 이용하여 천천히 일어난다.

17. 답 ②
해설 ㄱ. 호흡 운동은 보통 무의식적으로 일어난다.
ㄷ. 감정이 격해질 때나 운동을 할 때는 호흡 운동 속도가 빨라진다.

18. 답 ①
해설 섬모는 기관지의 안쪽에 붙어서 외부에서 오는 이물질을 걸러준다.

19. 답 ③
해설 (가)는 폐동맥이고, (나)는 폐정맥이다.
A는 이산화 탄소이고, B는 산소이다. 그림은 폐포와 모세 혈관 사이에서 일어나는 기체 교환에 대하여 표현한 것이다. 산소는 대부분 적혈구의 헤모글로빈과 결합하여 운반되고, 이산화 탄소의 대부분은 탄산수소 이온이나 탄산수소 나트륨의 형태로 운반된다.

20. 답 ①
해설 폐포와 모세 혈관 사이에서 일어나는 기체 교환의 원리는 확산이다.

21. 답 ④
해설 D는 폐포를 의미하며, 폐포는 한겹의 모세 혈관 층이 아닌 한겹의 세포 층으로 구성되어 있어, 기체 교환에 용이하다.

22. 답 ③
해설 석회수는 이산화 탄소를 만나게 되면 뿌옇게 흐려진다. 들숨보다 날숨에 이산화 탄소가 많기 때문에 비커 B의 석회수가 먼저 뿌옇게 흐려진다.

23. 답 ①
해설 A는 갈비뼈이고, B는 가로막이다.

24. 답 ③

해설 A 구간은 대기압이 폐포 내압이 큰 상황이므로 공기가 몸속으로 들어온다. B 구간은 대기압보다 폐포 내압이 큰 상황이므로 공기가 몸밖에서 나간다.

25. 답 ⑤
해설 땅콩의 연소에 관한 실험이다. 연소는 세포 호흡과 비교하여 빠른 속도로 일어나며 고온에서 일어난다. 단계적이 아닌 한번에 폭발적으로 에너지를 방출한다.

26. 답 외부의 먼지와 이물질을 걸러내는 역할을 한다.

27. 답 표면적을 넓혀 기체 교환을 용이하게 한다.

28. 답 A : 폐정맥, B : 폐동맥 - 폐동맥을 통하여 폐포로 온 정맥혈은 모세 혈관에서 폐포와 기체 교환을 하여 산소를 얻게되어 동맥혈로 바뀌어 폐정맥을 통하여 좌심방으로 돌아가게 된다.

29. 답 A : 질소, B : 산소, C : 이산화 탄소, D : 수증기
이산화 탄소가 날숨에 많고, 산소가 들숨에 많은 이유는 폐에서 기체 교환이 일어났기 때문이다.

30. 답 세포 호흡은 연소에 비하여 저온에서 천천히 일어나는 과정이다. 그리고 에너지가 단계적으로 방출된다.

31. 답 사고로 호흡을 멈춘 사람은 스스로 늑간근과 횡격막의 수축, 이완 작용이 일어나지 않기 때문에 대기압과의 압력 차이를 만들 수 없다. 따라서 인공 호흡을 통해서 인위적으로 대기압과의 압력 차이를 만들어 줌으로써 조직 세포로 산소를 공급하고, 호흡 운동을 부활시키기 위해서이다.

32. 답 밤에는 빛이 없기 때문에 식물은 호흡을 통해 이산화 탄소를 공기 중으로 배출한다. 따라서 밀폐된 방안의 공기 중 이산화 탄소의 농도가 높아지게 되고, 결국 무한이는 산소가 부족해진다. 산소가 체내로 유입이 잘 되지 않으면 산소 없이 체내의 글리코겐을 분해하여 에너지를 생성하기 때문에 그 결과 피로 물질인 젖산이 축적된다. 그러므로 자고 난 후에도 피로감은 느끼는 것이다.

33. 답 · 식물 근처에 스탠드를 켜 놓아 광합성이 일어날 수 있도록 한다.
· 산소가 들어있는 공기 통을 실내에 가져다 놓고 조금씩 새어 나오도록 조작한다.
· 밤에 광합성 작용을 하는 선인장, 알로에, 산세베리아 같은 다육식물을 함께 둔다.
해설 건조한 사막 지역에서 자란 식물들은 낮에 기공을 열면 수분이 날아가므로 밤에 기공을 열어 이산화 탄소를 흡수하여 포도당을 합성하고 산소를 배출한다. 이 식물은 낮 동안에 햇볕을 충분히 쬐어야 밤에 더 많은 이산화 탄소를 흡수할 수 있다.

12강. 배설

개념 확인 208~211쪽

1. 배설 2. ㉠ 보먼주머니, ㉡ 집합관
3. ㉠ 항상성, ㉡ 노폐물 4. 순환계

확인+ 208~211쪽

1. A : 사구체, B : 보먼주머니 2. 여과
3. 인공 콩팥 4. 호흡계

1. 답 A : 사구체, B : 보먼주머니
해설 A는 모세혈관이 실타래처럼 엉킨 사구체이며 B는 보먼주머니이다.

2. 답 여과
해설 사구체의 높은 혈압에 의해 크기가 작은 물질이 사구체에서 보먼주머니로 걸러지는 과정을 여과라고 한다.

3. 답 인공 콩팥
해설 콩팥 기능 상실증 환자의 혈액을 몸밖에서 여과시켜 노폐물을 제거한 후 몸 안으로 돌려보내는 장치를 인공 콩팥이라고한다.

4. 답 호흡계
해설 호흡계는 외부와 연결되어 있으며, 기체 교환을 통하여 우리 몸에 산소를 전달하고, 이산화 탄소를 내보낸다.

생각해보기 208~211쪽

★ 혈구나 단백질이 오줌에 섞여 나오는 혈뇨, 단백뇨 등이 나타나게 된다.
★★ 사막에서는 물이 부족한 상황이므로 콩팥에서 물의 재흡수가 활발하게 일어나 오줌에 물의 양이 적어지고 색은 진해진다.
★★★ 기관계는 서로 연결되어 있어 상호 작용하며 효율적으로 일을 처리할 수 있기 때문이다.

개념 다지기 212~213쪽

01. ④	02. ②	03. ①
04. ③	05. ①	06. ⑤

01. 답 ④
해설 탄수화물과 지방, 단백질은 공통적으로 소화 후 이산화 탄소, 물이 발생한다. 이산화 탄소는 폐를 통해서만 몸밖으로 나가가므로 (가)는 이산화 탄소이다. 물은 소량은 폐를 통해 날숨으로, 나

머지는 콩팥을 거쳐 오줌의 형태로, 피부에서 땀의 형태로 몸밖으로 나가므로 (나)는 물인것을 알 수 있다. 단백질에 의하여 생기는 암모니아는 독성이 있기 때문에 간에서 요소로 합성되어 콩팥을 통하여 오줌의 형태로 나간다. 따라서 (다)는 암모니아, (라)는 요소이다.

02. 답 ②
해설 B는 오줌관이며 콩팥과 방광을 연결하는 통로이다.

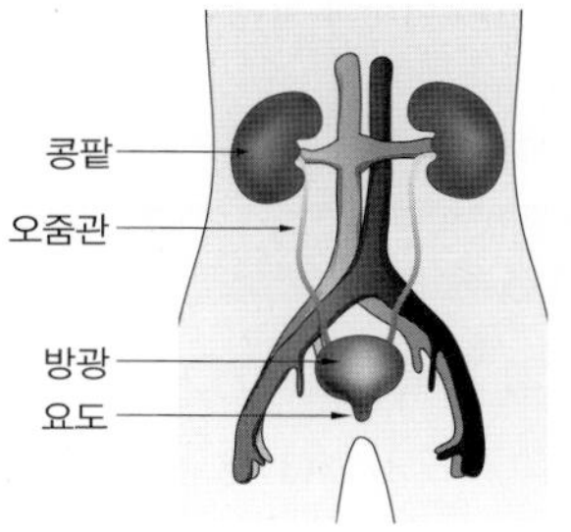

03. 답 ①
해설 ㄴ. 요소는 재흡수되지 않고 분비만 된다. ㄷ. 여과되지 못한 노폐물은 세뇨관으로 분비된다.

04. 답 ③
해설 D는 모세 혈관이며 재흡수와 분비가 모두 일어난다.

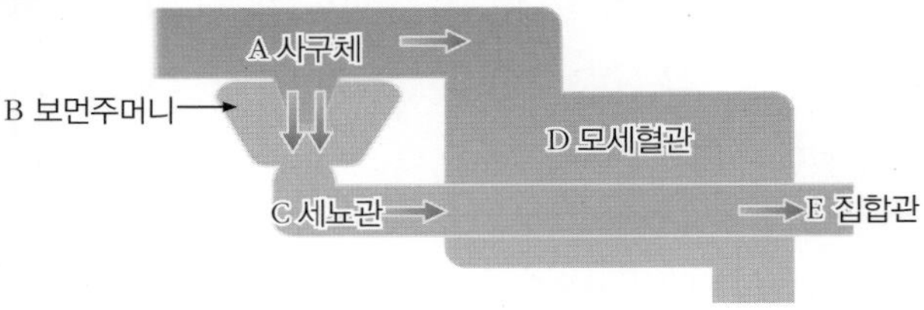

05. 답 ①
해설 콩팥 기능 상실증의 근본적인 치료 방법은 콩팥 이식이다. 인공 콩팥은 콩팥의 기능을 대신하여 몸 안에 쌓인 노폐물을 제거해주지만 콩팥 기능 상실증을 근본적으로 치료할 수는 없다. 투석기에 콩팥 동맥, 콩팥 정맥을 연결시켜야 하므로 여러가지 단점이 있다.

06. 답 ⑤
해설 소화, 순환, 호흡, 배설은 각각 독립적으로 일어나는 것이 아니라 서로 밀접하게 연관되어 있다.

유형 익히기 & 하브루타 214~217쪽

[유형12-1] ①	01. ③	02. ⑤
[유형12-2] ④	03. ④	04. ①
[유형12-3] ④	05. ②	06. ②
[유형12-4] ④	07. ④	08. ③

[유형12-1] 답 ①
해설 (가)는 사구체, (나)는 보먼주머니, (다)는 세뇨관이다. 사구체와 보먼주머니는 겉질에 분포하고, 세뇨관은 주로 속질에 분포한다.

01. 답 ③
해설 아미노산은 세포호흡으로 분해되어 암모니아가 생성된다. 암모니아는 바로 배설되지 않고 간에서 독성이 약한 요소로 전환된 후에 배설된다.

02. 답 ⑤
해설 ㄱ. 콩팥과 방광은 오줌관으로 서로 연결되어 있다.

[유형12-2] 답 ④
해설 A는 사구체, B는 보먼주머니 C는 세뇨관, D는 모세 혈관, E는 집합관이다.

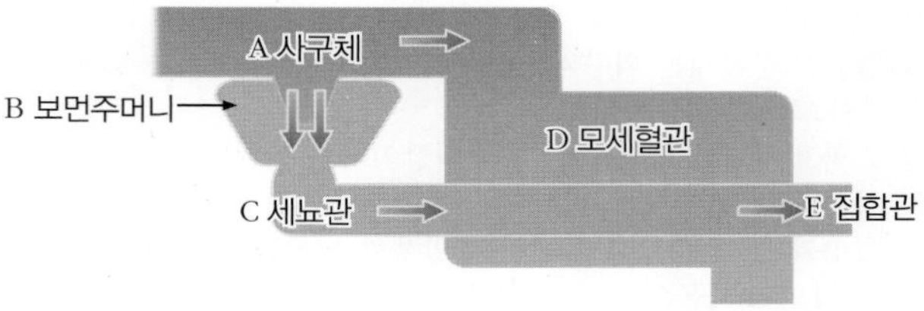

① A에서 B로 물질이 이동하는 과정은 여과이며 혈액의 압력 차이로 크기가 작은 물질들이 여과된다.
② B는 보먼주머니로 사구체(A)를 감싸고 있는 주머니이다.
③ C는 세뇨관이다. 세뇨관은 보먼주머니에 연결된 매우 가느다란 관으로 분비와 재흡수가 모두 일어난다.
④ D는 모세혈관으로 분비와 재흡수가 모두 일어난다.
⑤ 세뇨관 모이는 집합관을 의미하며 오줌은 집합관과 오줌관을 통해 방광으로 모인 후 요도를 통해 몸밖으로 배출된다.

03. 답 ④
해설 무기염류는 세뇨관에서 필요한 양만 재흡수가 되고, 포도당과 아미노산은 100% 재흡수 된다.

04. 답 ①
해설 콩팥 동맥을 통하여 혈액이 사구체로 들어오고 보먼주머니로 여과가 된 후에 만들어진 원뇨는 세뇨관을 지나면서 재흡수와 분비가 일어나게 되고 최종적으로 집합관을 통하여 콩팥 깔대기로 가게된다.

[유형12-3] 답 ④
해설 인공 콩팥은 혈액 투석기라고도 하며 콩팥의 역할을 대신한다. 투석막은 사구체 역할을 대신하게 되어 콩팥동맥을 통해 들어온 혈액들을 여과한다. 영양소들의 농도는 혈액과 같게하고, 노폐물의 농도는 최저로 설정된 신선한 투과액으로 물질들이 투석막을 통하여 확산된다. 이 후 투석이 끝난 혈액이 다시 콩팥 정맥을 통하여 몸속으로 들어가게 된다. 인공 콩팥은 콩팥의 기능을 대신하여 노폐물을 제거해 줄 수 있지만 근본적으로 콩팥의 기능을 치료할 수는 없다. 따라서 콩팥이 손상되지 않도록 음식을 짜게 먹지 않고, 적당한 운동으로 건강한 생활을 유지하여야 한다.

05. 답 ②
해설 물을 많이 마시게 되면 체액량이 증가하고, 물의 재흡수량은 줄어들게 되고, 오줌량은 많아진다. 이 과정이 콩팥에 의한 항상성 유지의 과정이다.

06. 답 ②
해설 ① 배변은 소화계에서 일어나는 과정이며 배출이라고 한다.
③ 콩팥은 한개만 있어도 살 수 있다.
④ 콩팥에서 혈구가 섞여나오면 혈뇨라고 하며 콩팥 이상의 전조증상이다.

⑤ 콩팥 질환을 피하기 위해서는 짠 음식의 섭취를 최소화 해야한다.

[유형12-4] 답 ④

해설 소화계, 순환계, 호흡계, 배설계는 모두 상호작용을 하며 연결되어 있다. 이들의 궁극적인 목표는 에너지 생산이다. 에너지가 생산되면 나머지 노폐물들은 배설계와 호흡계를 통하여 밖으로 빠져나가게 된다.

07. 답 ④

해설 ㄱ. 여러 기관계는 모두 연결되어 있으며 상호 작용을 한다.

08. 답 ③

해설 ① 순환계는 외부와 연결되어 있지 않다. 혈관을 통해서만 혈액이 흐르기 때문이다.

② 소화계의 구성요소 중 하나가 대장이다.

④ 모든 기관계는 서로 상호작용 한다.

⑤ 호흡계는 기체 교환에 의하여 발생한 노폐물의 처리를 담당한다. 소화의 노폐물의 처리는 대장이 한다.

창의력 & 토론마당 218~221쪽

01 붕어의 서식 환경은 물이 많은 담수이다. 따라서 암모니아의 독성이 중화될 수 있기 때문에 암모니아로 질소 노폐물을 배설하게 된다.

해설 동물들은 자신의 서식 환경에 맞게 질소 노폐물을 배설한다. 암모니아로 배설하는 동물은 주변에 물이 많은 환경에 살며, 요산으로 배설하는 동물은 주변에 물이 거의 없다. 그리고 요소와 요산의 합성 시에 에너지가 필요하다.

02 (1) 추운 날은 오줌량이 늘고 땀의 양은 줄어들며, 더운 날은 오줌량이 줄고 땀의 양은 늘어난다.

(2) 우리 몸의 체액의 항상성을 유지하기 위하여

해설 추운날에 땀을 많이 흘리게 되면 기화열로 인하여 열을 빼앗기므로 안된다. 따라서 땀을 최소화하고 오줌으로 물을 내보낸다. 기온이 어떻게 변하든 우리 몸은 체액의 양을 항상 일정하게 유지하려고 한다.

03

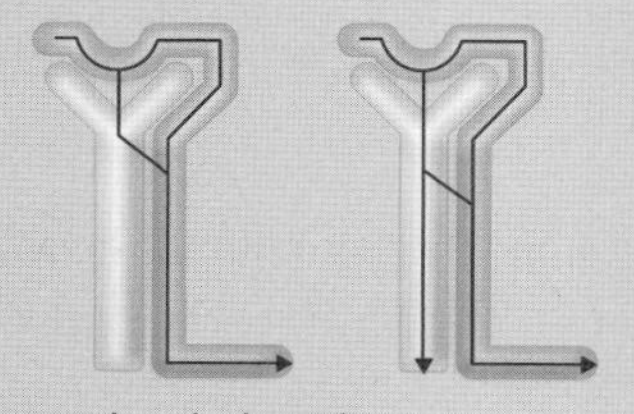

해설 포도당과 아미노산은 여과 후에 100% 재흡수 되기 때문에 위와 같은 모양을 가지며, 요소는 여과 후에 미처 여과되지 못한 요소들이 다시 분비가 되기 때문에 위와 같은 모양을 가진다.

04 오로지 공기만이 드나들 수 있는 공간이다. 세포 호흡의 결과로 산소가 쓰이고 이산화 탄소가 발생한다. 이산화탄소는 밖으로 나갈 것이기 때문에 시간이 지날수록 저울은 추쪽으로 기울 것이다.

해설 세포 호흡을 위하여 산소와 영양소가 필요하고 그 결과로 물과 이산화 탄소가 발생한다.

스스로 실력 높이기 222~227쪽

01. (1) O (2) X (3) X (4) O　02. ㄱ, ㄴ, ㄷ
03. 네프론　04. (1) X (2) X (3) O (4) X
05. (가) : 여과　06. ㄱ　07. A : 증가, B : 감소
08. ㉠ : 노폐물 ㉡ : 체액　09. (1) O (2) O (3) X (4) O
10. ㄴ, ㄷ　11. 간　12. A : 여과, B : 재흡수, C : 분비
13. 모세 혈관　14. ㄱ, ㄴ, ㅁ, ㅂ　15. ⑤
16. ②　17. ⑤　18. ①　19. ③　20. ①
21. ③　22. ④　23. ④　24. ⑤　25. ⑤
26~32. 〈해설 참조〉

01. 답 (1) O (2) X (3) X (4) O

해설 (2) 암모니아는 독성이 강하기 때문에 간에서 요소로 전환된 후에 콩팥을 통하여 밖으로 나간다. (3) 세뇨관과 집합관은 주로 콩팥의 속질에 분포한다.

04. 답 (1) X (2) X (3) O (4) X

해설 (1) 여과는 혈액이 콩팥 동맥에서 얇고 가느다란 모세혈관으로 이루어진 사구체를 지날때 생기는 높은 압력에 의하여 이루어진다. (2) 무기 염류는 필요한 만큼만 재흡수 된다. 100% 재흡수 되는 물질은 포도당이다. (4) 원뇨의 성분과 오줌의 성분은 다르다. 사구체에서 보먼주머니로 여과된 성분을 원뇨라고 한다. 원뇨에는 포도당이 포함되지만 오줌에는 포도당이 없다. 또한 세뇨관에서 재흡수와 분비과정이 일어나 요소와 물의 양도 달라지게 된다.

05. 답 (가) : 여과

해설 사구체의 높은 압력에 의하여 보먼주머니로 여과가 일어난다.

06. 답 ㄱ

해설 포도당과 아미노산은 세뇨관에서 모두 재흡수되고, 물도 대부분 재흡수되며 무기염류는 필요한 양만큼 재흡수 된다.

07. 답 A : 증가, B : 감소

해설 배설은 항상성을 유지해 체액의 농도를 일정하게 유지한다. 물을 많이 마시게 되면 체액의 양은 많아지고, 체액의 농도는 낮아지며, 물의 재흡수가 감소하여 오줌량이 많아진다.

09. 답 (1) O (2) O (3) X (4) O

해설 (3) 소화계와 배설계는 서로 연결하는 특정한 관은 없다. 소화계, 호흡계, 순환계, 배설계는 모두 온몸에 퍼져있는 모세혈관으로 연결되어 있다.

10. 답 ㄴ, ㄷ

해설 ㄱ. 소장은 소화계의 구성 요소이다. 배설계에서 노폐물을 걸러내고는 일은 콩팥에서 일어난다. ㄷ. 배설계는 콩팥의 네프론이 기본 단위가 되어 오줌을 만들어 노폐물을 처리한다.

11. 답 간
해설 간에서는 해독 작용, 여분의 탄수화물 저장, 쓸개즙 생산 등 여러가지 역할을 한다. 간에서 만들어진 쓸개즙은 관을 통하여 쓸개로 이동한 후에 분비 전까지 저장된다.

12. 답 A : 여과, B : 재흡수, C : 분비
해설 사구체의 높은 압력에 의하여 보먼 주머니로 크기가 작은 물질들이 걸러지는 과정을 여과하고 한다. 세뇨관에서 모세혈관으로 우리 몸에 필요한 물질들이 이동하는 것을 재흡수라고 한다. 그리고 모세혈관에서 세뇨관으로 미쳐 여과되지 못한 물질들이 이동하는 것을 분비라고 한다.

13. 답 모세 혈관
해설 폐포 주변에는 모세 혈관이 있어, 기체 교환의 역할을 담당하게 된다. 그리고 사구체는 모세 혈관으로 이루어진 구조물로 높은 압력을 갖게 되며, 세뇨관 주변에도 모세 혈관이 있어 재흡수와 분비가 일어나게 된다.

14. 답 ㄱ, ㄴ, ㅁ, ㅂ
해설 사구체에서 보먼주머니로 이동하는 물질은 크기가 작은 물질로 여과가 일어날 수 있는 물질이다. 단백질이나 적혈구는 크기가 커서 여과가 일어나지 않는다.

15. 답 ⑤
해설 배설은 소화의 결과 생성된 노폐물을 처리하는 과정으로 크게 물, 이산화탄소, 질소 노폐물의 처리로 나뉜다.

16. 답 ②
해설 포도당과 지방은 탄소, 수소, 산소로 이루어져 있고, 단백질은 탄소, 수소, 산소, 질소 등으로 이루어져 있다.

17. 답 ⑤
해설 콩팥은 우리 몸에서 배설, 항상성 유지 등을 맡고있는 기관이다. 콩팥 질환의 증상은 몸이 붓거나 심한 피로를 느끼며 오줌에 단백질이나 혈구 등이 섞여나오게 된다. 콩팥 질환을 예방하기 위해서는 짠 음식을 피하고 항생제나 진통제 등의 약물을 남용하지 않는다. 또한 정기적으로 소변 검사를 실시하여 몸의 상태를 잘 알아두는 것이 중요하다.

18. 답 ①
해설 인공 콩팥의 투석막을 보면 크기가 큰 적혈구나 혈장단백질은 통과하지 못하고, 무기 염류나 요소 같이 크기가 작은 물질들이 통과할 수 있다.

19. 답 ③
해설

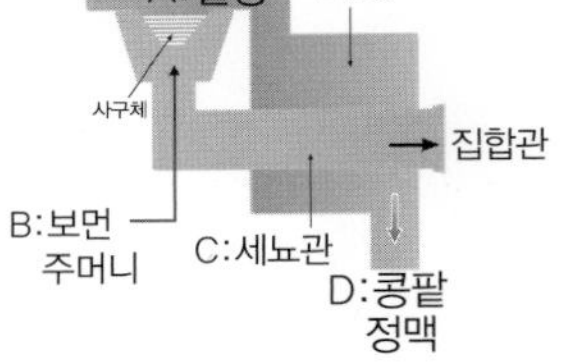

① A는 여과되기 전 혈액으로 단백질이 섞여있다. ② B는 보먼 주머니다. 모세 혈관으로 이루어진 것은 사구체이다. ③ C는 세뇨관으로 집합관으로 모이게 된다. ④ D는 콩팥 정맥과 연결되어 콩팥을 빠져나간다. ⑤ 재흡수와 분비는 세뇨관과 모세 혈관을 사이에서 일어난다.

20. 답 ①
해설 사구체는 모세 혈관이 실타래처럼 뭉쳐있는 형태로 높은 혈압이 발생되어 보먼 주머니로 혈액의 여과가 일어나게 된다.

21. 답 ③
해설

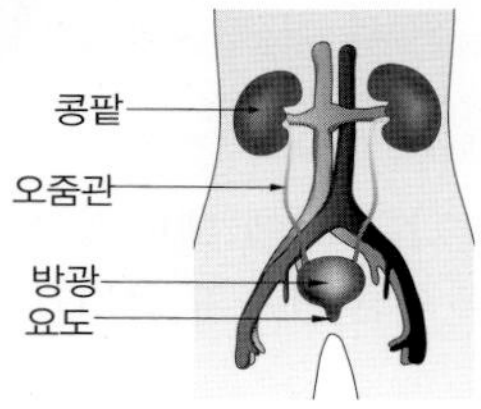

C는 방광으로 콩팥에서 만들어진 오줌이 일시적으로 저장되는 장소이다.

22. 답 ④
해설 소화계와 배설계는 서로 연결되어 있지 않다. 소화관에서 흡수되지 않은 물질은 대장을 통하여 대변의 형태로 우리 몸을 나가게 된다.

23. 답 ④
해설 ㄱ,ㄴ. 혈액 A가 흐르는 관은 동맥에 연결된 것이고, 혈액 B가 흐르는 관은 정맥에 연결된 것이다. ㄷ. 투석액(가)는 신선한 투석액으로 혈액에 있던 요소가 빠져나와야 하므로 요소의 농도가 최저가 되야한다. ㄹ. 노폐물 농도가 높은 혈액에서 노폐물 농도가 낮은 투석액 쪽으로 노폐물이 확산되어 이동한다.

24. 답 ⑤
해설 혈구와 단백질은 크기가 커서 여과가 되지 않는 물질이다. 오줌속의 단백질이나 혈구처럼 크기가 큰 물질이 섞여 나오면 병적인 증상이다.

25. 답 ⑤
해설 베네딕트 반응에 의하여 포도당이 검출되고, 뷰렛 반응에 의하여 단백질이 검출된다. 포도당은 여과가 되어 B에서 검출할 수 있고, 100% 재흡수 되므로 D에서도 검출된다. 단백질은 여과가 되지 않으므로 A와 D에서 검출 반응이 나타난다.

26. 답 (가) 이산화 탄소 (나) 물 (다) 암모니아 (라) 요소

27. 답 (다)는 암모니아이고, (라)는 요소이다. 암모니아는 독성이 있는 형태이기 때문에 간에서 요소로 바뀌어 배설해야 한다.

28. 답 단백질은 크기가 크기 때문에 사구체에서 보먼주머니로 여과되지 않는다.

29. 답 포도당과 아미노산은 우리 몸에 꼭 필요한 영양소이기 때문에 100% 재흡수 된다.

30. 답 겨울철은 땀을 통하여 물이 배설되지 않는다. 따라서 오줌으로만 배설이 되므로 오줌의 양이 증가하게 되고 이처럼 균형적인 배설을 통하여 우리 몸의 체액의 항상성을 유지하게 된다.

31. 답 염분이 없는 달걀만 먹게 되면 체내 삼투압이 낮아져 세뇨관에서 모세혈관으로 재흡수되는 수분의 양이 감소하게 된다. 따라서 체내 수분량이 줄어들면서 체중 감소효과를 가져온다. 하지만 일반식을 통해 체내에 염분과 탄수화물의 양이 늘어나게 되면 체내 삼투압이 증가하기 때문에 체중이 증가하게 된다.

32. 답 과도한 땀 분비로 인해 다량의 물과 어느 정도의 염분을 잃게 된다. 체액의 수분량 부족으로 체액의 농도가 높아져 삼투압이 증가하게 되는데 이때 체내의 조직 세포가 정상 기능을 하지 못하기 때문에 건강에 해롭다.

13강. Project 3

논/구술 228~229쪽

01

큰 에너지를 필요로 하기 때문에 배터리의 규모가 커지게 되고, 결국 전체적인 장치의 크기가 커지게 된다는 문제점이 있다.

해설 인공 심장 장치의 크기를 작게하기 위해선 고성능 배터리를 개발해야 한다. 기계 장치 안에서 혈액의 응고가 되지 않도록 하는 기술이 필요하다.

탐구-1 영양소 검출 230~231쪽

탐구 결과

음식물	아이오딘-아이오딘화 칼륨 용액	베네딕트 용액	뷰렛 용액	수단Ⅲ 용액
녹말풀	청남색	-	-	-
양파즙	-	황적색	-	-
달걀 흰자	-	-	보라색	-
식용유	-	-	-	선홍색

탐구 문제

1. 녹말풀 - 녹말, 양파즙 - 포도당,
달걀 흰자 - 단백질, 식용유 - 지방

2. 상온에서 베네딕트 반응은 반응 속도가 매우 느리기 때문에 가열하여 반응 속도를 빠르게 해주는 것이다.

3. 고체 상태인 지방은 물에 녹지 않기 때문에 벤젠이나 에테르에 녹여서 검출해야 한다.

4. 당분 (㉢), 단백질 (㉡), 지방 (㉠)

2.

해설 베네딕트 용액에는 구리 이온(Cu^{2+})이 포함되어 있다. 구리 이온은 청록색을 띠기 때문에 베네딕트 용액의 색깔은 청록색을 띤다. 만약 베네딕트 용액 속의 구리 이온이 환원되어 전자를 얻으면 +1의 구리 이온(Cu^{+})이 되고 용액의 색깔도 바뀐다. 포도당은 환원력을 갖고 있는 분자이기 때문에 다른 물질로부터 전자를 빼앗겨 자신은 산화되고 다른 물질을 환원시키는 능력이 뛰어나다. 즉, 베네딕트 용액과 반응하여 +2의 구리 이온을 환원시킬 수 있다. 따라서 베네딕트 용액과 포도당을 섞고 가열하면, 포도당이 베네딕트용액의 +2의 구리 이온(Cu^{2+})에 전자를 주어 환원시키고, +1의 구리 이온(Cu^{+})을 만든다. 이 때 산화 구리(Cu_2O) 침전물이 생기면서 용액의 색깔을 황적색으로 변화시키게 된다.

탐구-2 들숨과 날숨의 성분 232쪽

탐구 결과

구분	비커 A	비커 B
BTB 용액의 변화	황색으로 변함	-

구분	비커 C	비커 D
석회수의 변화	뿌옇게 흐려짐	-

1. (1) 날숨 (2) 들숨

2. 날숨 속에 들어 있는 이산화 탄소와 반응했기 때문

탐구 문제

1.

구분	염기성	중성	산성
BTB 용액의 색깔	청색	녹색	황색

2. 이산화 탄소

3. 날숨에는 들숨에 비해 이산화 탄소가 많이 포함되어 있다.

4. 뿌옇게 흐려진 석회수에 입김을 계속 불어 넣으면 다시 투명해 진다.

4.

해설 석회수는 $Ca(OH)_2$이다. 따라서 석회수와 이산화 탄소의 반응을 화학식으로 나타내면 $Ca(OH)_2 + CO_2 \rightarrow CaCO_3 + H_2O$이다. 여기서 $CaCO_3$는 탄산 칼슘으로 흰색 앙금이다. 여기에 CO_2를 더 넣어주면 $CaCO_3 \downarrow + H_2O + CO_2 \rightarrow Ca(HCO_3)_2$ 가 된다. $Ca(HCO_3)_2$는 탄산수소 칼슘으로 투명하다.

창의력과학

세페이드

시리즈

무한상상 교재 활용법

무한상상은 상상이 현실이 되는 차별화된 창의교육을 만들어갑니다.

아이앤아이 시리즈

특목고, 영재교육원 대비서

	아이앤아이 영재들의 수학여행	아이앤아이 꾸러미	아이앤아이 꾸러미 120제	아이앤아이 꾸러미 48제	아이앤아이 꾸러미 과학대회	창의력과학 아이앤아이 I&I
	수학 (단계별 영재교육)	수학, 과학	수학, 과학	수학, 과학	과학	과학
6세~초1	출시 예정 수, 연산, 도형, 측정, 규칙, 문제해결력, 워크북 (7권)					
초 1~3	 수와 연산, 도형, 측정, 규칙, 자료와 가능성, 문제해결력, 워크북 (7권)					
초 3~5	출시 예정 수와 연산, 도형, 측정, 규칙, 자료와 가능성, 문제해결력 (6권)		수학, 과학 (2권)	수학, 과학 (2권)	 과학토론 대회, 과학산출물 대회, 발명품 대회 등 대회 출전 노하우	
초 4~6	출시 예정 수와 연산, 도형, 측정, 규칙, 자료와 가능성, 문제해결력 (6권)					
초 6						
중등	출시 예정 수와 연산, 도형, 측정, 규칙, 자료와 가능성, 문제해결력 (6권)		 수학, 과학 (2권)	 수학, 과학 (2권)		 물리(상,하), 화학(상,하), 생명과학(상,하), 지구과학(상,하) (8권)
고등					과학토론 대회, 과학산출물 대회, 발명품 대회 등 대회 출전 노하우	